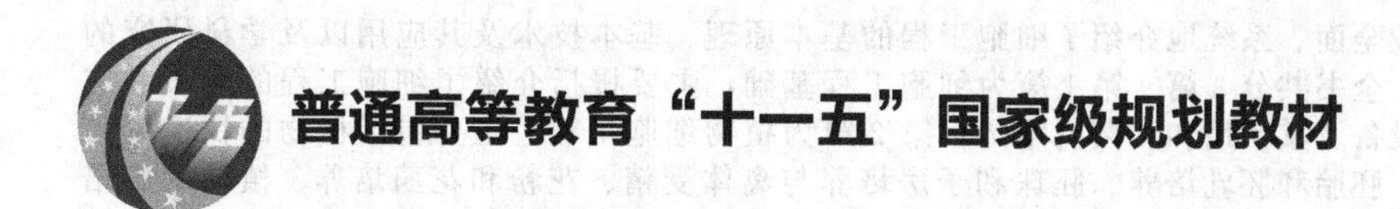

CELL ENGINEERING

细胞工程

第二版

殷红　主编

化学工业出版社

·北京·

本书较全面、系统地介绍了细胞工程的基本原理、基本技术及其应用以及学科研究的最新成果。全书共分3篇。第1篇为细胞工程基础，主要概括介绍了细胞工程的发展和应用、基本设备及其使用和无菌技术等；第2篇为植物细胞工程，主要包括植物的快速繁殖与脱病毒、胚胎和胚乳培养、胚珠和子房培养与离体受精、花粉和花药培养、植物细胞培养以及次生物质生产、原生质体培养与体细胞杂交和植物种质的超低温保存技术等；第3篇为动物细胞工程，主要包括动物细胞培养的基本技术、细胞融合与杂交瘤技术、细胞重组与动物克隆以及干细胞技术等。

本书可用作综合院校、师范院校以及农林院校细胞工程课程的教材，也可供其他院校有关专业的相关课程选用或参考。

图书在版编目（CIP）数据

细胞工程/殷红主编．—2版．—北京：化学工业出版社，2013.5（2023.1重印）
普通高等教育“十一五”国家级规划教材
ISBN 978-7-122-16873-3

Ⅰ.①细… Ⅱ.①殷… Ⅲ.①细胞工程-高等学校-教材 Ⅳ.①Q813

中国版本图书馆CIP数据核字（2013）第060975号

责任编辑：赵玉清　　文字编辑：张春娥
责任校对：蒋　宇　　装帧设计：尹琳琳

出版发行：化学工业出版社（北京市东城区青年湖南街13号　邮政编码100011）
印　　装：北京科印技术咨询服务有限公司数码印刷分部
787mm×1092mm　1/16　印张14¾　字数361千字　　2023年1月北京第2版第8次印刷

购书咨询：010-64518888　　售后服务：010-64518899
网　　址：http://www.cip.com.cn
凡购买本书，如有缺损质量问题，本社销售中心负责调换。

定　　价：30.00元

本书编写人员

主编 殷　红

编者 殷　红　郭　斌　赵宇玮

第二版前言

我们编写的《细胞工程》教材自2006年9月问世以来已经6年有余，在此期间，细胞工程领域的发展日新月异，新成果层出不穷。因此，在化学工业出版社和西北大学有关部门的大力支持下，我们在保持第一版原有体系和特色的基础上，参考国内外最新资料，对本教材的内容进行了全面修订，力求使新版教材能够更好地反映细胞工程学科的最新研究成果和最新技术，紧跟学科发展的步伐。

本书的修订工作历时两载，初稿完成后，承蒙曹孜义教授和曹峻岭教授再次认真审阅了书稿并提出了宝贵的指导性意见；在本书的出版过程中，化学工业出版社的有关编辑给予了很大的帮助并付出了辛勤的劳动，再次表示诚挚的谢意。由于细胞工程涉及范围很广，而且该学科发展非常迅速，加之作者水平所限，书中难免会有疏漏和不足，仍请读者不吝赐教，批评指正。

编者

2012年秋于西安

第一版前言

细胞工程是现代生物技术的重要组成部分，是当前生命科学中最具活力的学科之一，无论在生命科学基础研究方面还是在生物高科技产业领域，都已取得举世瞩目的成就，并带来了巨大的经济效益和良好的社会效益。因此，《细胞工程》也是目前各高校普遍开设的生物技术和生物工程专业的骨干课程。但由于该专业起步较晚，相关教材较少，尚不能满足各类院校不同的教学要求。因此，我们在多年教学工作中积累的资料和讲义的基础上编写了这本教材，力求能够较全面、系统地介绍细胞工程的基本原理、基本技术及其应用，以及学科的最新研究成果，以帮助学生通过学习该门课程，能较好地掌握细胞工程的基本内容，达到拓宽知识面，打好专业基础，提高专业能力的目的。

考虑到本课程一般是在相关专业学生学完植物学、动物学、生物化学、细胞生物学和微生物学等课程之后开设的，因此，在注意教材系统性的同时，本书在内容上尽量避免与其他前期基础课程的重复。本书主要分为3篇：第1篇为细胞工程基础，主要概括介绍了细胞工程的发展和应用、基本设备及其使用和无菌技术等；第2篇为植物细胞工程，主要包括植物的快速繁殖与脱病毒、胚胎和胚乳培养、胚珠和子房培养与离体授粉、花粉和花药培养、植物细胞培养以及次生物质生产、原生质体培养与体细胞杂交技术等；第3篇为动物细胞工程，主要包括动物细胞培养的基本技术、细胞融合与杂交瘤技术、干细胞技术、细胞重组与动物克隆等。由于学生在微生物学和发酵工程等课程中要学到微生物的细胞培养技术，故本书对此不做介绍。

本书可用作综合院校、师范院校以及农林院校细胞工程课程的教材，也可供其他院校有关专业的相关课程选用或参考。

本书的出版得到了西北大学教务处和化学工业出版社的大力支持，获得学校教学改革与教材建设工程项目的资助，并被评为普通高等教育“十一五”国家级规划教材。本书由殷红担任主编，杨淑慎（西北农林科技大学）、郝建国（西北大学）担任副主编。在编写过程中，甘肃农业大学的曹孜义教授和西安交通大学医学院的曹峻岭教授不辞辛劳，在百忙中抽时间以严谨的治学态度仔细审阅了书稿，提出了许多非常宝贵的指导性意见；在本书的出版过程中，出版社有关人员以十分认真负责的态度给予了很大的帮助并付出了辛勤的劳动；在本书的编写和出版过程中还得到了西北大学贾敬芬教授、崔智林教授、王卫卫教授和汪涛老师以及边宇洁老师的大力帮助和支持；生命科学学院的硕士研究生陈娟莉、沈书庆和徐婉茹等同学帮助校核了部分书稿，在此一并表示诚挚的谢意。

由于本书涉及范围较广，而且该学科发展很快，加之作者水平有限，书中难免有疏漏和不足之处，敬请读者不吝赐教，批评指正。

编著者

2006年6月

目　录

第1篇　细胞工程基础

第1章　绪论 …… 1
1.1　细胞工程的定义和基本内容 …… 1
1.2　细胞工程中的基本技术 …… 2
1.2.1　细胞培养技术 …… 2
1.2.2　细胞融合技术 …… 3
1.2.3　其他技术 …… 3
1.3　细胞工程发展简史 …… 3
1.3.1　植物细胞工程的发展 …… 3
1.3.2　动物细胞工程的发展 …… 4
1.4　细胞工程的主要应用 …… 5
1.4.1　植物细胞工程的应用 …… 5
1.4.2　动物细胞工程的应用 …… 6
思考题 …… 7
第2章　细胞工程中的常用设备 …… 8
2.1　细胞工程实验室常用部分仪器设备 …… 8
2.1.1　水纯化装置 …… 8
2.1.2　超声波清洗器 …… 8
2.1.3　蒸汽压力灭菌器 …… 9
2.1.4　干热灭菌设备 …… 10
2.1.5　过滤除菌装置 …… 10
2.1.6　超净工作台 …… 12
2.1.7　培养箱 …… 12
2.1.8　摇床 …… 13
2.1.9　移液器 …… 13
2.1.10　显微镜 …… 14
2.1.11　显微操作仪 …… 14
2.1.12　冷冻存储设备 …… 15
2.1.13　血球计数板 …… 15
2.2　常用器皿 …… 16
2.2.1　培养器皿 …… 16
2.2.2　金属器械 …… 17
2.3　常用培养用品的清洗 …… 17
2.3.1　玻璃器皿的清洗 …… 17
2.3.2　橡胶制品的清洗 …… 17
2.3.3　除菌滤器的清洗 …… 18
2.3.4　塑料器皿的清洗 …… 18
2.3.5　金属器械的清洗 …… 18
2.3.6　其他 …… 18
2.3.7　常用洗涤液的种类和配制 …… 18
思考题 …… 19
第3章　无菌技术 …… 20
3.1　常用灭菌方法及原理 …… 20
3.1.1　热力灭菌 …… 20
3.1.2　电离辐射灭菌 …… 22
3.1.3　紫外线杀菌 …… 23
3.1.4　过滤除菌 …… 23
3.1.5　化学杀菌 …… 23
3.2　无菌操作注意事项 …… 24
3.2.1　无菌操作室的消毒 …… 24
3.2.2　常见污染原因和预防措施 …… 25
3.3　实验室生物安全 …… 26
思考题 …… 27

第2篇　植物细胞工程

第4章　植物细胞工程的基本原理和技术基础 …… 28
4.1　植物细胞工程的基本原理 …… 28
4.1.1　植物细胞的全能性 …… 28
4.1.2　植物激素的调控作用 …… 28
4.2　植物细胞和组织培养所需的营养和环境条件 …… 29
4.2.1　培养基的组成和配制 …… 29
4.2.2　影响植物组织培养的环境条件 …… 32
4.3　外植体的选择及消毒 …… 33
4.3.1　外植体的选择 …… 33
4.3.2　植物材料的消毒 …… 34
4.4　外植体的切取和培养 …… 36
4.4.1　外植体的切取 …… 36
4.4.2　外植体的接种和培养 …… 36
思考题 …… 37

第 5 章　植物离体快速繁殖和脱病毒技术 …… 38
5.1　植物的快速繁殖技术 …… 38
5.1.1　快速繁殖的一般技术 …… 38
5.1.2　无糖组织培养技术 …… 42
5.1.3　快速繁殖中应注意的问题 …… 45
5.1.4　快繁实例：月季快繁 …… 47
5.2　植物工厂化育苗 …… 47
5.2.1　工厂化育苗的概念和基本特点 …… 47
5.2.2　工厂化育苗的一般程序 …… 48
5.2.3　工厂化育苗的主要设施 …… 48
5.2.4　操作实例：葡萄试管苗的快速繁殖及工厂化育苗 …… 49
5.3　无病毒植物的培养 …… 50
5.3.1　脱除植物病毒的方法 …… 50
5.3.2　脱病毒植株的鉴定 …… 54
5.3.3　操作实例：葡萄脱毒及无毒苗试管繁殖技术 …… 55
思考题 …… 56
第 6 章　植物的胚胎培养和离体受精 …… 57
6.1　植物的胚胎培养 …… 57
6.1.1　成熟胚的培养 …… 57
6.1.2　幼胚的培养 …… 58
6.1.3　植物胚胎培养的应用 …… 61
6.2　胚珠和子房培养 …… 62
6.2.1　胚珠培养 …… 62
6.2.2　子房培养 …… 63
6.2.3　未传粉子房和胚珠培养产生单倍体 …… 64
6.3　离体授粉 …… 65
6.3.1　离体授粉技术的基本过程 …… 65
6.3.2　影响离体授粉成功的因素 …… 66
6.3.3　离体授粉技术在杂交育种上的应用 …… 67
6.3.4　操作实例：小麦雌蕊的离体授粉 …… 67
6.4　离体受精 …… 68
6.4.1　雌雄配子分离 …… 68
6.4.2　诱导融合 …… 69
6.4.3　合子培养 …… 70
6.5　胚乳培养 …… 71
6.5.1　胚乳培养的基本过程 …… 72
6.5.2　影响胚乳培养的主要因素 …… 73
6.5.3　操作实例：大麦的胚乳培养 …… 75
思考题 …… 76
第 7 章　花药和花粉培养 …… 77
7.1　花药培养 …… 77
7.1.1　材料的选择 …… 77
7.1.2　预处理 …… 78
7.1.3　培养基 …… 78
7.1.4　培养方式 …… 80
7.1.5　培养条件 …… 80
7.1.6　花粉植株的倍性及染色体加倍 …… 81
7.2　花粉培养 …… 82
7.2.1　材料的选择和预处理 …… 82
7.2.2　花粉的分离 …… 83
7.2.3　花粉培养方法 …… 83
7.3　花药和花粉培养中的白化苗问题 …… 84
7.3.1　白化苗产生的原因 …… 84
7.3.2　植物白化苗研究存在的问题与展望 …… 87
7.4　操作实例 …… 88
7.4.1　烟草花药培养 …… 88
7.4.2　烟草花粉培养 …… 88
思考题 …… 88
第 8 章　植物的细胞培养及次生物质生产 …… 89
8.1　植物的单细胞培养 …… 89
8.1.1　单细胞的分离 …… 89
8.1.2　单细胞培养技术 …… 90
8.2　植物细胞的悬浮培养 …… 93
8.2.1　细胞悬浮培养的一般过程 …… 93
8.2.2　悬浮培养工艺 …… 94
8.3　植物细胞的大规模培养和次生物质生产 …… 95
8.3.1　细胞株的筛选 …… 97
8.3.2　培养基的选择 …… 97
8.3.3　培养条件的选择 …… 99
8.3.4　生物反应器的选择 …… 99
8.3.5　产物的分离纯化 …… 104
8.3.6　操作实例：伊贝母细胞培养及生物碱含量测定 …… 105
思考题 …… 106
第 9 章　原生质体培养和体细胞杂交 …… 107
9.1　原生质体的分离与纯化 …… 107
9.1.1　原生质体的分离 …… 107
9.1.2　原生质体的纯化与活力测定 …… 109

9.2 原生质体培养 …………………………… 111
9.2.1 培养基 ……………………………… 111
9.2.2 培养方法 …………………………… 111
9.2.3 原生质体的再生培养 ……………… 113
9.2.4 操作实例：三叶半夏的原生质体培养 ……………………………… 114
9.3 体细胞杂交 …………………………… 115
9.3.1 原生质体的选择 …………………… 115
9.3.2 原生质体诱导融合的方法 ………… 116
9.3.3 杂种细胞的选择 …………………… 118
9.3.4 体细胞杂种的鉴定 ………………… 119
9.3.5 体细胞杂种的遗传特征 …………… 120
思考题………………………………………… 120
第10章 植物种质的超低温保存 ……… 121
10.1 抑制外植体生长的离体保存方法…… 121
10.1.1 降低温度……………………………… 122
10.1.2 降低环境中的氧含量……………… 122
10.1.3 使用生长抑制物质………………… 122
10.1.4 其他方法…………………………… 122
10.2 离体植物材料的超低温冰冻保存技术………………………………………… 123
10.2.1 超低温保存原理及基本程序…… 123
10.2.2 材料的选择………………………… 123
10.2.3 材料的预处理……………………… 123
10.2.4 冰冻保护剂预处理………………… 124
10.2.5 降温冰冻操作……………………… 124
10.2.6 化冻操作…………………………… 127
10.2.7 化冻材料的活力检测……………… 128
10.2.8 超低温种质保存实例……………… 128
思考题………………………………………… 129

第3篇 动物细胞工程

第11章 动物细胞培养所需的基本条件 ……………………………… 130
11.1 动物细胞培养基的组成和制备……… 130
11.1.1 水和平衡盐溶液…………………… 130
11.1.2 天然培养基………………………… 131
11.1.3 合成培养基………………………… 133
11.1.4 无血清培养基……………………… 135
11.2 影响动物细胞培养的环境因素……… 138
11.2.1 温度………………………………… 138
11.2.2 pH ………………………………… 138
11.2.3 氧气和二氧化碳…………………… 139
11.2.4 渗透压……………………………… 139
思考题………………………………………… 139
第12章 动物细胞培养技术 …………… 140
12.1 原代培养……………………………… 140
12.1.1 取材………………………………… 140
12.1.2 分离细胞…………………………… 141
12.1.3 原代培养常用方法………………… 145
12.2 传代培养……………………………… 146
12.2.1 贴壁生长细胞传代………………… 146
12.2.2 半悬浮生长细胞传代……………… 146
12.2.3 悬浮生长细胞传代………………… 146
12.3 细胞系与细胞克隆…………………… 147
12.3.1 细胞系（株）的建立……………… 147
12.3.2 细胞克隆技术……………………… 147
12.3.3 克隆的分离………………………… 149
12.4 动物细胞的大规模离体培养技术…… 150
12.4.1 气升式培养系统…………………… 151
12.4.2 微载体培养系统…………………… 151
12.4.3 中空纤维培养系统………………… 152
12.4.4 微囊培养系统……………………… 154
12.4.5 旋转式细胞培养系统……………… 154
12.4.6 大规模动物细胞培养技术的应用和存在的问题…………………… 155
12.5 动物细胞的超低温保存技术………… 155
12.5.1 冷冻保护剂………………………… 156
12.5.2 常规冷冻方法……………………… 156
12.5.3 玻璃化冻存方法…………………… 156
思考题………………………………………… 157
第13章 动物细胞融合和杂交瘤技术 ……………………………… 158
13.1 动物细胞融合技术…………………… 158
13.1.1 诱导细胞融合的方法……………… 158
13.1.2 融合细胞的筛选…………………… 161
13.1.3 杂交细胞的遗传表型……………… 162
13.2 杂交瘤技术与单克隆抗体生产……… 162
13.2.1 亲本选择…………………………… 163
13.2.2 细胞融合…………………………… 164
13.2.3 杂交细胞的筛选…………………… 164
13.2.4 杂交瘤细胞的克隆培养…………… 165
13.2.5 单克隆抗体的生产………………… 165
思考题………………………………………… 166
第14章 细胞重组及动物克隆技术…… 167

14.1 细胞重组技术…………………………… 168
14.1.1 细胞重组的方式…………………… 168
14.1.2 细胞重组原料的制备……………… 168
14.2 细胞核移植和动物克隆技术………… 170
14.2.1 核移植技术的一般操作程序…… 170
14.2.2 胚胎细胞核移植…………………… 172
14.2.3 体细胞克隆………………………… 173
14.2.4 异种克隆…………………………… 174
14.3 动物克隆技术的意义及展望………… 174
14.3.1 促进生物学基础问题的研究…… 175
14.3.2 加速良种繁育，保护濒危动物…………………………… 175
14.3.3 培育转基因克隆动物，生产生物药物……………………… 176
14.3.4 与基因和干细胞技术结合，开展治疗性克隆………………… 176
14.3.5 动物克隆技术中存在的问题…… 177
思考题……………………………………… 178
第 15 章 干细胞技术……………………… 179
15.1 干细胞概述…………………………… 179
15.1.1 干细胞研究的发展………………… 179
15.1.2 干细胞的定义和分类……………… 180
15.1.3 干细胞的生物学特点……………… 181
15.2 细胞分离纯化常用技术……………… 184
15.2.1 利用细胞体积和密度进行分离纯化……………………………… 184
15.2.2 选择性细胞凝集…………………… 185
15.2.3 基于不同黏附特性的细胞分离方法……………………………… 185
15.2.4 利用细胞表面标志分离纯化细胞的方法…………………………… 185
15.3 胚胎干细胞…………………………… 187
15.3.1 胚胎干细胞的分离………………… 187
15.3.2 胚胎干细胞的培养………………… 187
15.3.3 胚胎干细胞的鉴定………………… 189
15.3.4 胚胎干细胞的诱导分化…………… 189
15.3.5 胚胎干细胞的应用前景及存在问题………………………………… 190
15.4 成体干细胞…………………………… 192
15.4.1 间充质干细胞……………………… 193
15.4.2 造血干细胞………………………… 194
15.4.3 成体干细胞的应用前景和存在问题………………………………… 197
15.5 诱导性多潜能干细胞………………… 199
15.5.1 iPS 细胞的建立 …………………… 200
15.5.2 iPS 技术的改进 …………………… 201
15.5.3 iPS 细胞的应用前景和尚待解决的问题………………………… 204
思考题……………………………………… 206
附录 ………………………………………… 207
附录 1 植物组织细胞培养基 …………… 207
附录 2 一些植物生长物质及其主要性质 ……………………………… 213
附录 3 动物细胞培养基 ………………… 214
附录 4 无血清培养液的添加成分 ……… 219
附录 5 一些常用有机物的性质 ………… 220
附录 5.1 一些碳水化合物及其主要性质 ……………………………… 220
附录 5.2 一些维生素及其主要性质 …… 221
附录 5.3 一些氨基酸及其主要性质 …… 221
参考文献 ………………………………… 223

第1篇　细胞工程基础

第1章　绪　论

1.1　细胞工程的定义和基本内容

细胞工程（cell engineering）是现代生物技术的重要组成部分，是在细胞水平研究、开发、利用各类细胞的一门技术。其主要内容就是通过无菌操作，大量培养细胞、组织乃至完整个体，或者应用细胞生物学和分子生物学等方法进行细胞水平的遗传操作，以快速繁殖生物个体、改良品种、生产生物产品或活性成分等，它是在细胞生物学、遗传学、生物化学、生理学、分子生物学、发育生物学、发酵工程等学科交叉渗透、互相促进的基础上发展起来的。

细胞工程涉及的范围很广。根据研究层面，有组织水平、细胞水平、细胞器水平和分子水平等不同研究层次；根据研究对象不同，高等生物的细胞工程可分为植物细胞工程与动物细胞工程。由于植物和动物在细胞结构、生长方式和营养要求等方面有很大不同，尤其在全能性表现上存在差异，因此，虽然植物细胞和动物细胞的离体培养具有一定的相似性，如基本上都是模拟体内的生长环境，提供良好的营养条件和物理环境，使活的组织细胞在体外无菌条件下生长发育的过程；培养的结果都是培养物在一定程度上表现出与在体内相似的生长行为，如细胞生长、分裂、分化、代谢等，但是二者在培养技术、研究内容及深度等方面都存在一些差异。如：①能进行离体培养的材料范围不同。植物离体培养时可使用的材料比较广泛，器官和组织（包括它们的切块）、细胞、原生质体等都可进行培养。不论是幼嫩的尚未分化的细胞组织，还是成熟的已分化的细胞组织，都有可能通过适当的培养过程获得再生植株。而动物体外培养的材料主要是分散的细胞和小的组织块等，较大的、较为成熟的动物器官一般很难在体外环境中长时间维持生命活动。②所需的培养条件不同。虽然离体培养的植物组织细胞在最初阶段处于异养状态，但在培养后期，特别是叶片形成后，就可利用光能进行某种程度上的自养生长，所以植物的组织和细胞培养大多需在一定的光照条件下进行。而培养的动物细胞是异养的，必须完全依赖外界所提供的营养才能生长。因而在离体培养时，动物细胞比植物细胞所需的营养更全面、更复杂，而且对环境条件的要求也更严格。③生长形式不同。例如，以植物组织块为材料时，其生长可能是在表面形成愈伤组织，也可能是直接分化出根、芽或胚状体。

总的来讲，植物材料在离体培养条件下有较强的生长、分裂及分化能力，而且由各种外植体分化成完整植株的全过程均可在体外进行；而动物组织在体外培养条件下的生长形式主要以细胞的存活生长、有限增殖以及一定程度的分化为特征。培养的动物细胞虽然也能发生脱分化现象，但在目前条件下，还不能像植物细胞那样重返全能的未分化特征。一些高度分化的动物细胞也很难在体外恢复分裂增殖活动，存活时间也很有限。

1.2 细胞工程中的基本技术

1.2.1 细胞培养技术

细胞培养是生物技术各领域的基础技术和重要的研究手段之一，大多数的动植物细胞，只要有适宜的条件，就能在体外的培养容器中生长和增殖。

1.2.1.1 植物细胞培养

由于植物细胞具有发育的全能性，即在适宜的条件下，一个来自已分化的根、茎、叶等组织的细胞，经过离体培养可以发育成同其亲本一样的完整植株。不管培养或操作的对象是植物胚胎、器官、组织或细胞，培养的目的都是为了使细胞全能性向操作者所需的方向表达，对培养结果起决定作用的都是植物细胞具有全能性，因此，所有类型的植物外植体的培养均属植物细胞培养（也即植物组织培养或称植物组织和细胞培养）范畴。由于植物细胞培养技术中培养的是脱离植物母体的部分，所以该技术也叫植物的离体培养（culture *in vitro*）。根据需要还可将该技术进一步细分，如，根据培养对象不同，可以分为：植株培养（plant culture），如试管苗或小植株的培养；胚胎培养（embryo culture），即成熟或未成熟的离体胚或胚珠的培养；器官培养（organ culture），包括对植物的根尖、茎尖、叶片、茎段、花器官各部分和未成熟果实等的培养；愈伤组织培养（callus culture），即从植物各外植体增殖而形成的愈伤组织的培养；细胞培养（cell culture），即分散的细胞或小的细胞团的培养；原生质体培养（protoplast culture），即去除细胞壁的裸露原生质体的培养等。根据培养方法不同可以分为：平板培养（plate cultivation）、微室培养（microchamber culture）、悬浮培养（suspension cultivation）等。还可根据培养目的分为：离体授粉（*in vitro* pollination）、试管嫁接（test tube micrografting）等。

植物离体培养的基本过程一般如下：①从健康植株的特定部位或组织，选取用于细胞和组织培养的起始材料（即外植体，explant）——可以是离体的植物器官（根、茎、叶、花、果实等）、组织（形成层、胚乳、皮层等）、细胞（体细胞和生殖细胞等）以及原生质体等。②选用次氯酸钠、漂白粉、升汞和酒精等消毒剂对外植体的表面进行消毒，接种在人工配制的培养基上，建立无菌培养体系。③外植体在适当的培养条件下，一般先形成愈伤组织，再由愈伤组织分化出芽和根，最终形成小植株；也可从植物组织培养物诱导胚状体发生而再生植株。

1.2.1.2 动物细胞培养

动物细胞培养有两种方式：一种是非贴壁培养，一般用于血液、淋巴细胞、肿瘤细胞，包括杂交瘤细胞和一些转化细胞等的培养，这些细胞可采用类似于微生物培养的方式进行悬浮培养。另一种是贴壁培养，大多数动物细胞需贴附于带适量正电荷的固体或半固体表面才能进行培养。

动物细胞培养的一般步骤是：①在无菌条件下从动物体内取出适量组织，剪切成小薄片或小块。②采用酶消化法或机械解离等方法使细胞分散。③将分散的细胞制成悬液，以一定的细胞密度接种于培养基中，在适宜条件下进行原代培养，并适时进行传代培养。

1.2.2 细胞融合技术

在两个或多个细胞相互接触后，其细胞膜发生分子重排，导致细胞合并、染色体等遗传物质重组的过程称为细胞融合。动物细胞融合与植物细胞融合的原理和步骤基本相似，不同之处主要是植物细胞融合前必须先脱壁制备成原生质体。

细胞融合过程主要包括以下几个步骤：①制备原生质体。由于植物细胞具坚硬的细胞壁，因此需用合适的酶液将其细胞壁降解后才有可能进行融合，而动物细胞则无此障碍。②诱导细胞融合。将两亲本细胞（或原生质体）的悬液调至一定的细胞密度，按比例混合后，一般采用聚乙二醇（PEG）等化学促融剂诱导融合，或用电激诱导的方法促进融合。③筛选杂合细胞。将上述诱导融合后的混合液移到特定的筛选培养基上，让杂合细胞生长，而其他未融合细胞不能生长，藉此获得具有双亲遗传特性的杂合细胞。

1.2.3 其他技术

近年来，动物克隆和干细胞技术等发展很快，已成为细胞工程中新的亮点。另外，染色体工程、组织工程、胚胎工程和转基因技术等生物技术领域中的高新技术也是在细胞工程的基础上发展起来的；酶工程、生化工程等也离不开细胞工程。因此，从某种意义上讲，细胞工程是生物技术的基础，是生命科学领域中最具活力的技术之一。

1.3 细胞工程发展简史

1.3.1 植物细胞工程的发展

1.3.1.1 萌芽阶段：理论渊源和早期的尝试（20世纪初至30年代中期）

在Schleiden和Schwann创立的细胞学说基础上，德国植物生理学家Haberlandt在1902年提出了植物细胞全能性的概念，认为植物细胞有再生出完整植株的潜在能力。他培养了几种植物的叶肉组织和表皮细胞等，限于当时的技术和水平，培养未能成功，但在技术上是一个良好的开端。1922年，Haberlandt的学生Kötte和Robbins采用无机盐、葡萄糖和各种氨基酸培养豌豆和玉米的茎尖，结果形成缺绿的叶和根，并能进行有限生长。1925年，Laibach将亚麻种间杂交不能成活的胚取出来进行培养，使杂种胚成熟，继而萌发。这些工作虽然是初步的，但对植物组织培养技术的建立和发展起到了先导作用。

1.3.1.2 奠基阶段：植物离体培养技术的建立（20世纪30年代中期到50年代中期）

1934年，美国植物生理学家White培养番茄根，建立了活跃生长的无性繁殖系，并能进行继代培养，在以后的28年间转接培养1600代仍能生长。利用根系培养物，他们研究了光、温度、pH以及培养基组成等对根生长的影响。1937年，他们首先配制成由无机盐和有机成分组成的White培养基，发现了B族维生素等对离体根生长的重要性。在此期间，Cautheret和Nobecourt培养块根和树木形成层使其生长。White、Cautheret和Nobecourt建立的培养方法，成为以后各种植物组织培养的技术基础。1941年，Overbeek等在基本培养基上附加椰乳（CM），使曼陀罗心形期的胚离体培养能成熟。1943年，White正式提出植物细胞“全能性”学说并出版了《植物组织培养手册》，使植物组织培养开始成为一门新兴学科。1948年，Skoog和崔澂在烟草茎切段和髓培养以及器官形成的研究中，发现腺嘌呤或腺苷可以解除吲哚乙酸（IAA）对芽形成的抑制，并诱导成芽，从而确定腺嘌呤/IAA比例是根和芽形成的控制条件。1955年，Miller等发现了比嘌呤活力高3万倍的激动素，此后，细胞分裂素与生长素的比值成为控制器官发育的模式，大大促进了植物组织培养的发展，而且至今仍是植物组织培养技术的关键之一。

1.3.1.3 蓬勃发展阶段（20世纪50年代末至今）

1958年，Steward等使悬浮培养的胡萝卜髓细胞形成了体细胞胚，并发育成完整植株。该实验充分证明了植物细胞的全能性学说，这是植物组织培养的第一大突破，影响深远。1960年，Cocking成功地用酶法分离原生质体，开创了植物原生质体培养和体细胞杂交工作，这是植物组织培养的第二大突破。1960年，Morel通过培养兰花茎尖，使其脱病毒并快速繁殖，该技术很快在兰花生产中得到广泛应用。在其高效益的刺激下，植物离体微繁技术和脱病毒技术得到了迅速发展，实现了试管苗的产业化，取得了巨大的经济效益和社会效益。1964年，Guha和Maheshwari成功地从曼陀罗花药培养出花粉单倍体植株，从而促进了植物花药单倍体育种技术的发展。另外，1956年，Routin和Nickell首次申报了利用植物细胞培养技术生产天然产物的专利，1959年，Tulecke和Nickell首次将微生物培养用的发酵工艺应用到高等植物细胞的悬浮培养中。目前，利用生物反应器大规模培养植物细胞生产次生产物方面已取得很大成就，并且日益发展为一个新兴产业。

1.3.2 动物细胞工程的发展

美国生物学家Harrison是公认的动物组织培养的创始人。1907年，他以淋巴液为培养基，观察了蛙胚神经细胞突起的生长过程，首创了体外组织培养法。1912年，Carrel把外科无菌操作的概念和方法引入了组织培养中，将鸡胚心肌组织块培养在血浆和鸡胚提取液的混合物内，并将原代细胞进行了长期的传代培养。1940年，Earle首创了从单个细胞进行克隆培养的方法，还建立了可以无限传代的小鼠结缔组织L细胞系。Carrel和Earle的工作令人信服地证明了动物细胞有可能在体外培养条件下无限生长。1951年，Earle等开发了能促进动物细胞体外培养的人工培养液，更进一步促进了动物细胞培养技术的发展和应用。

1954年，美国微生物学家索尔克利用原代培养的猴肾细胞制备的脊髓灰质炎疫苗首先进入工业化规模生产；1962年，Capstick等人将BHK（幼年仓鼠肾）细胞成功地进行了类似微生物细胞的悬浮培养，标志着动物细胞培养工业化应用的突破性进展。

1957年，冈田善雄等发现，已经灭活的仙台病毒可以诱使艾氏腹水肿瘤细胞融合，从此开创了动物细胞融合的崭新领域，植物细胞融合技术也是在动物细胞融合的基础上发展起来的。

1952年Briggs发现胚胎早期细胞的核具有发育成完整个体的全能性；而发育到胚胎后期以后的核难以重演胚胎发育的过程。而1964年Gurdon用非洲爪蟾体细胞核进行的核移植实验提示了体细胞核仍具有遗传全能性。他们的工作为动物细胞核遗传全能性的研究和动物克隆技术的发展起到了巨大的推动作用。

20世纪60年代，童弟周教授及其合作者独辟蹊径，在鱼类和两栖类中进行了大量的核移植实验，在探讨核质关系方面做出了重大贡献。

1975年，Köhler和Milstein巧妙地创立了淋巴细胞杂交瘤技术，获得了珍贵的单克隆抗体，不仅在免疫学上取得了重大突破，而且对动物细胞的工业化应用产生了深远的影响。现已用动物细胞培养技术生产出了多种天然蛋白质产品，取得了良好的社会效益和巨大的经济效益。

1981年，Illmensee等首先用小鼠幼胚细胞核克隆出正常小鼠；进入90年代，利用幼胚细胞核克隆哺乳动物的技术已几近成熟。1997年，Wilmut领导的小组用体细胞核克隆出了

“多莉（Dolly)”绵羊，使得哺乳动物的体细胞克隆成为了现实。

1981年，Evans和Kaufman从小鼠囊胚中分离获得了内细胞团并建立了胚胎干细胞系，开创和推动了胚胎干细胞研究的迅速发展。1998年，Thomson等成功建立了人胚胎干细胞系，1999年成体干细胞的“可塑性”又被发现，其后干细胞研究不断取得新的进展，使人们看到了在体外培育所需的细胞、组织甚至器官，用于临床修复或取代人体内的坏损或病变组织器官的美好前景。2006年，Takahashi和Yamanaka从小鼠成纤维细胞建立了诱导性多潜能干细胞（iPS细胞)，又使得干细胞的研究向临床应用迈进了新的一步。世纪之交的这一系列重大突破和进展，不仅对生命科学研究具有重要的理论价值，对人类健康具有重要意义，而且存在着巨大的潜在经济效益，其应用前景十分广阔。

1.4 细胞工程的主要应用

1.4.1 植物细胞工程的应用

植物组织和细胞培养技术具有取材少、培养材料经济、培养条件可人为控制、生长周期短、繁殖率高、管理方便以及利于自动化控制等特点，因此在生产和研究中得到了广泛的应用。

1.4.1.1 离体快速繁殖和脱病毒技术

离体快速繁殖和脱病毒技术是目前植物组织培养应用最多、最广泛和最有效的一个方面。

（1）快速繁殖技术　快速繁殖技术（rapid propagation）也称微繁殖技术（micropropagation）等，是利用组织培养方法，将植物体某一部分的组织小块进行培养并诱导分化成大量的小植株，从而达到快速无性繁殖的目的。其特点是繁殖速度快、周期短、不受季节气候等的影响，并可实现工业化生产。这一技术已有几十年历史，现已基本成熟。对新育成或新引进品种、稀缺良种、优良单株、濒危植物和基因工程植株等都可以通过离体快速繁殖及时提供大量优质种苗。目前，很多观赏植物、园艺作物、经济林木、无性繁殖作物等都可用离体快速繁殖技术提供苗木。

（2）植物的去病毒技术　植物的去病毒技术也称脱毒技术（virus eradication)，是微繁殖技术的一个分支。植物的病毒病严重影响着农业生产。植物病原病毒的种类很多，而且可以通过维管束传导，因此，无性繁殖的植物一旦染上病毒，就会代代相传，越趋严重。常见的马铃薯、草莓等一年比一年小的“退化”现象就是病毒造成的。过去人们曾试用过多种物理、化学及生物防治的方法，都收效甚微。情况严重时，只能采取拔除并销毁病株的方法。自从20世纪50年代初，Morel和Martin发现用茎尖培养方法可以从严重感染病毒的大丽花（*Dahlia pinnata*）植株得到无病毒苗，以及Morel（1960）又利用茎尖培养获得无病毒的兰花以来，利用茎尖培养技术已在多种植物，尤其是许多园艺植物中解决了病毒危害问题。此后，还建立了通过愈伤组织培养脱病毒等多种获得无病毒苗的方法。目前，应用组织培养脱毒技术已在无性繁殖的农作物（甘薯、甘蔗等)、果树（苹果、葡萄等)、蔬菜（马铃薯、大蒜等）和花卉（兰花、水仙等）等许多植物的常规生产中得到应用，提高了产量或恢复了原品种的优良性状。

1.4.1.2 花药、花粉培养和育种

花粉是单倍体，在离体条件下培养诱导成的单倍体花粉小植株，其隐性基因可不受显性

基因的影响而表达，便于选择。经人工加倍后，就可获得纯合二倍体。自从 Guha 和 Maheshwari首次从植物花药培养出花粉植株以来，世界上已有多种植物成功地获得了花粉植株。花药和花粉培养能缩短育种周期，简化选育程序，已成为一种在植物育种工作上十分有效的技术。现已育成一大批高产优质品种，并在生产中得到推广应用。其他技术如未授粉胚珠和子房培养也可以用于单倍体育种，在其基础上建立的离体授粉受精技术，既可用于植物生殖生物学的基础研究，又在杂交育种等方面也有重要意义。胚培养技术等可拯救杂种胚，获得一些有用的材料或品种。这些都表明，植物组织培养能应用于育种实践，加速植物育种的进程。

1.4.1.3 原生质体培养和体细胞杂交

无壁的植物原生质体仍具有在一定条件下长成完整植株的全能性。由于原生质体的膜很薄，所以给实验操作带来了不少便利。自从 Cocking 用酶法去除植物细胞壁以来，已有 300 多种植物的原生质体培养获得成功，为通过体细胞融合实现细胞杂交奠定了基础，也为外源基因导入等遗传操作以及许多细胞生物学基础研究提供了良好的材料。随着原生质体培养体系的不断完善，除成功获得一批体细胞杂种外，细胞融合技术近年来已在一些重要作物的育种中得到了初步应用。

1.4.1.4 次级代谢产物的生产

植物中存在着许多难以人工合成、但具有显著药用或经济价值的特殊物质。由于环境恶化和人类需求量的日益增大，许多植物资源正面临枯竭的危险。所以，利用植物组织或细胞大规模培养来生产人类需要的植物所特有的产物，受到了世界许多国家和科学工作者的极大重视，并已取得令人振奋的进展。目前，能用植物细胞工程生产的次级代谢产物包括药物、香精、食品、化工产品等许多类型，有些已投入工业化生产，预计今后还将会有更大的发展。

1.4.1.5 植物种质资源的保存和交换

植物种质资源的保存有两大难题：一是由于环境破坏，遗传资源日趋枯竭，造成有益基因的丧失；二是常规田间保存耗资巨大，而且在遇到自然灾害时往往达不到万无一失的目的。利用离体植物组织和细胞超低温保存技术，既可长期保存种质，还可大大节约人力、物力和土地，同时也便于种质资源的交换和转移，防止病虫害的人为传播，应用前景广阔。

1.4.2 动物细胞工程的应用

1.4.2.1 生物制品生产

20 世纪 50 年代动物细胞大规模培养技术的建立和发展，大大促进了生物活性物质、药品和疫苗的生产。例如，人们可以在反应器中大规模培养动物细胞，待细胞长到一定密度后，接种病毒，病毒再利用培养的细胞进行复制，从而产生大量病毒。基于动物细胞培养技术生产的病毒疫苗，在过去的几十年里，已经拯救了成千上万人和动物的生命。若能获得可分泌目标蛋白的细胞系，用大规模细胞培养技术还可以生产多种药用蛋白产品。自 20 世纪 70 年代以来，随着基因重组技术以及杂交瘤技术的建立和发展，许多外源蛋白基因可转入动物细胞并能大量扩增，使动物细胞能够高质量地表达有价值的蛋白质，如酶、细胞因子、干扰素、生长激素等。同时，杂交瘤技术使得各种单克隆抗体可以通过杂交瘤细胞分泌产生，这些单抗现已在多种疾病的诊断和治疗中得到了广泛应用。单抗在与化学药物、放射性同位素或毒素蛋白结合后，具有导向携带各种治疗药物攻击靶细胞的特性，已被用于抗肿瘤和其他多种疾病的治疗研究。

1.4.2.2 动物克隆

采用动物胚胎细胞和体细胞核移植技术，目前已经成功地克隆出了包括鼠、猪、牛、羊、兔和猴等在内的大量动物，异种克隆也已有成功的例证。这些技术的发展和应用，无疑为加速动物繁殖、培育优良畜种、保护珍稀动物等开辟了新的途径。由于克隆动物的遗传背景相同，因此它们也是模拟疾病以及开展对生长、发育、衰老和健康机理等方面研究的良好实验材料。细胞核移植技术在治疗性克隆等领域的研究与应用中也具有重要作用。

1.4.2.3 干细胞技术

20世纪末以来，关于干细胞的研究不断取得突破性的进展。利用干细胞的无限增殖能力和多向分化潜能等特征，通过体外培养干细胞，诱导干细胞定向分化或利用转基因技术处理干细胞改变其特性，就有可能利用干细胞造福于人类。目前，各类造血干细胞移植技术已经逐渐成熟并在临床上得到常规应用。作为细胞治疗与组织工程的种子细胞，干细胞技术为修复组织器官损伤和退行性病变的细胞替代治疗带来了新的希望。将其作为疾病基因治疗的载体，则有可能解决目前基因治疗中所面临的用作载体的细胞在体外不能被稳定改造和传代的问题。胚胎干细胞与基因定位整合技术相结合，对于研究基因在胚胎发育中的表达与功能，揭示以前不能在体内充分证明的分子调控机制也具有重要的作用。胚胎干细胞可以经过体外诱导，为人类提供各种组织类型的细胞，这为药物筛选、鉴定及其毒理的研究提供了便利，也有助于人类疾病细胞模型的建立及新药开发。而成体干细胞可塑性的发现以及具有和胚胎干细胞类似生物学特征的iPS细胞研究的突破性进展，由于不涉及胚胎干细胞所面临的伦理、宗教及免疫排斥等问题，为干细胞的研究和应用开辟了更为广阔的空间。目前，干细胞生物学的研究几乎涉及了所有生物医药领域，对生命科学和人类健康都具有重大意义。

综上所述，细胞工程无论在生命科学基础研究、还是在生物高科技产业领域，都已取得举世瞩目的进展，并为人类带来了巨大的经济效益和良好的社会效益，而且还将获得更大的发展。

思 考 题

1. 什么是细胞工程？其主要研究内容和基本技术有哪些？
2. 在植物细胞工程和动物细胞工程的建立和发展过程中，哪些工作起到了关键性的作用？
3. 植物细胞和动物细胞培养技术有哪些主要区别？
4. 简述细胞工程的应用和发展前景，并追踪其最新进展。

第 2 章　细胞工程中的常用设备

2.1　细胞工程实验室常用部分仪器设备

2.1.1　水纯化装置

细胞培养对水质要求很高，用于细胞工程的培养基和其他溶液一般都要用重蒸水或三次蒸馏水来配制。目前国内实验室常用的是石英玻璃自动纯水蒸馏器［图 2-1(a)、(b)］，它有不同的型号和规格，使用方便，蒸馏速度快，但最好不要用自来水直接蒸馏，以免造成蒸馏器内很快结满水垢。还有超纯水装置（图 2-2），主要由数个过滤部件组合而成。水先经过预过滤层除去粗杂质，然后经过去有机层、去离子层、去热原层，再经过 0.22μm 微孔滤膜过滤除菌，最后便可制备出理想的供配制培养用液的优质超纯水。

(a) 自动双重纯水蒸馏器

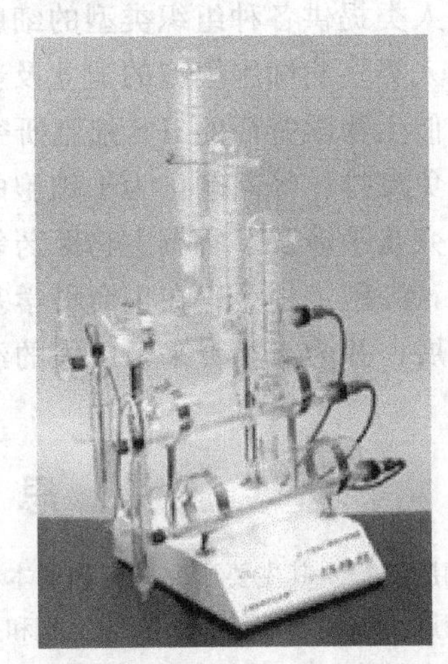
(b) 自动三重纯水蒸馏器

图 2-1　石英玻璃自动纯水蒸馏器

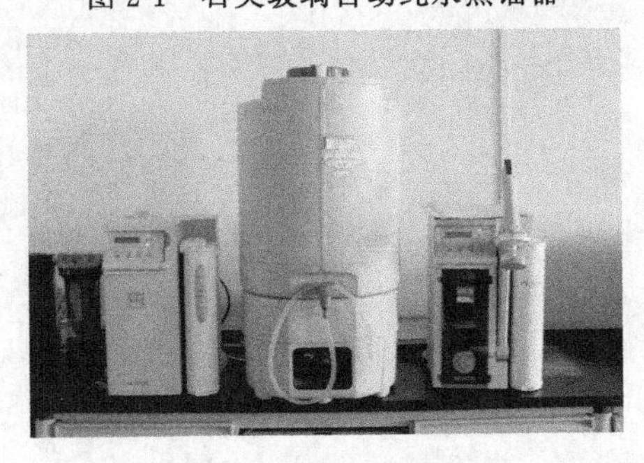

图 2-2　超纯水装置

2.1.2　超声波清洗器

超声波清洗主要是利用超声波在液体中的“空化”作用，使黏附在物体表面的各类污物剥落，同时超声波在液体中又能加速溶解和乳化作用等，再加上合适的清洗液配合，就可达到清洗的目的。超声波清洗效果好、速度快，尤其对于采用一般常规清洗方法难于达到清洁度要求，以及手工清洗解决不了的缝隙、小孔、内腔等，都能达到理想的清洗效果。如图2-3所示，即为超声波清洗器。

图2-3 超声波清洗器

2.1.3 蒸汽压力灭菌器

细胞培养中所有与培养物接触的物品都必须无菌，实验室中最常用的灭菌设备就是高压蒸汽灭菌器。现今已有使用更加安全、方便的多种类型灭菌器，常见的样式有立式、卧式和手提式等几种（图2-4），每种又有不同的型号和规格；按操作又可分为普通型、自动控制型和智能型等。各实验室可根据自身的需要和条件来进行选择。

(a) 立式

(b) 卧式

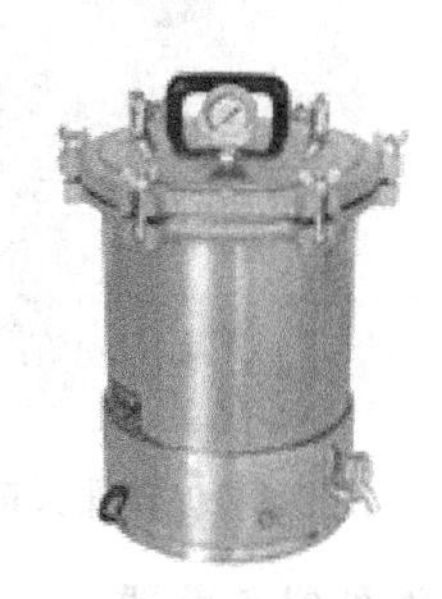

(c) 手提式

图2-4 几种不同类型的高压蒸汽灭菌器

手提灭菌锅的一般操作步骤如下，其他类型灭菌器的使用方法大同小异，具体按说明书操作即可。

（1）向锅内注入水到规定刻度，注意导气管要畅通。

（2）将待灭菌物放入锅内，其上最好覆以耐水纸以防冷凝水沾湿棉塞。盖锅盖并对称旋紧螺帽。

（3）通电加热，当压力达49kPa时排放冷气。

（4）加热至压力达额定值，调整电源保持上述要求到所需时间，切断电源。

（5）当压力降到49kPa时放开排气阀，压力到零时旋开锅盖螺帽，微开15min左右。

(6) 取出灭菌物，摆放在清洁室内或搬入预先消毒好的接种室。

2.1.4 干热灭菌设备

2.1.4.1 电热干燥箱

电热干燥箱（烘箱，图 2-5）是通过电热丝进行加温和调温，可用于器械和玻璃器皿的干热灭菌或烘干。一般使用方法如下：

图 2-5 电热干燥箱

(1) 将待灭菌物置入箱内，注意不要放得太挤，以利空气流通。

(2) 关箱门，接通电源，打开开关，旋动恒温调节器至指定温度。若需鼓风，则应与升温同时开始，不能先升温后鼓风，以免导致起火或玻璃器皿破裂。

(3) 温度上升至设定温度后维持到所需的时间，一般为 2h 左右。

(4) 灭菌或烘干完毕后切断电源，待温度降至 70℃以下时，方可开箱取物。

2.1.4.2 玻璃珠灭菌器

玻璃珠灭菌器（glass bead sterilizers，图 2-6）又称干热玻璃珠灭菌器（dry glass bead sterilizer）。这类灭菌器可以方便地放置在工作台上，无气体、明火和烟雾等，使用安全。能快速、高效地杀灭各种微生物及孢子，可用于无菌剪、镊子、解剖刀、接种环与接种针等小型固体金属与玻璃器具的灭菌。使用过程中，需根据说明书定期清洗或更换玻璃珠。

图 2-6 玻璃珠灭菌器

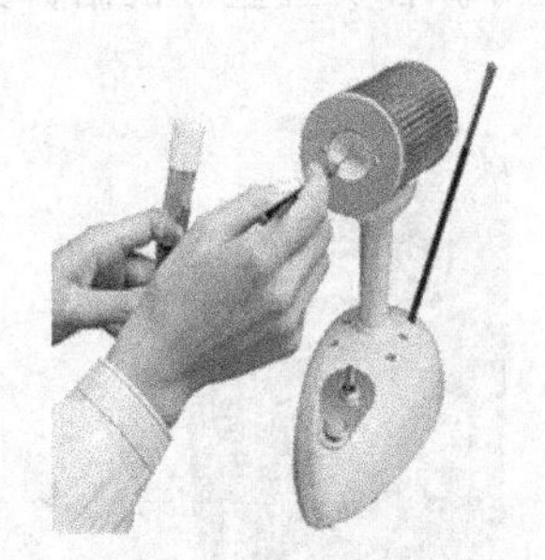

图 2-7 红外线灭菌器

2.1.4.3 红外线灭菌器

红外线灭菌器（图 2-7）也称红外电热灭菌器、红外线接种环灭菌器。该设备采用红外线热能灭菌，体积小，重量轻，使用安全方便，无明火、不怕风，可完全替代酒精灯用于接种环或针的杀菌，灭菌彻底。可以应用于生物安全柜、净化工作台、流动车等环境中，而且红外线灭菌器工作时不耗氧，可以用于厌氧室中。

2.1.5 过滤除菌装置

常用的有正压式不锈钢滤器和蔡氏（Zeiss）滤器等。适用于不能用热力灭菌的培养液、酶溶液、血清等的除菌。

2.1.5.1 蔡氏滤器

使用混合纤维素酯微孔滤膜，孔径有 0.22μm、0.45μm 等不同规格。蔡氏滤器可分为抽滤式（负压）和加压式（正压）两种。抽滤式滤器的进液口与盛液瓶相连，出液口与抽滤瓶连接。由真空泵抽气形成负压以过滤液体。加压式滤器的容器密闭，与一正压泵或蠕动泵相连。加入待过滤的液体后，通以气体，造成容器内正压力，使溶液滤过［图 2-8(a)］。

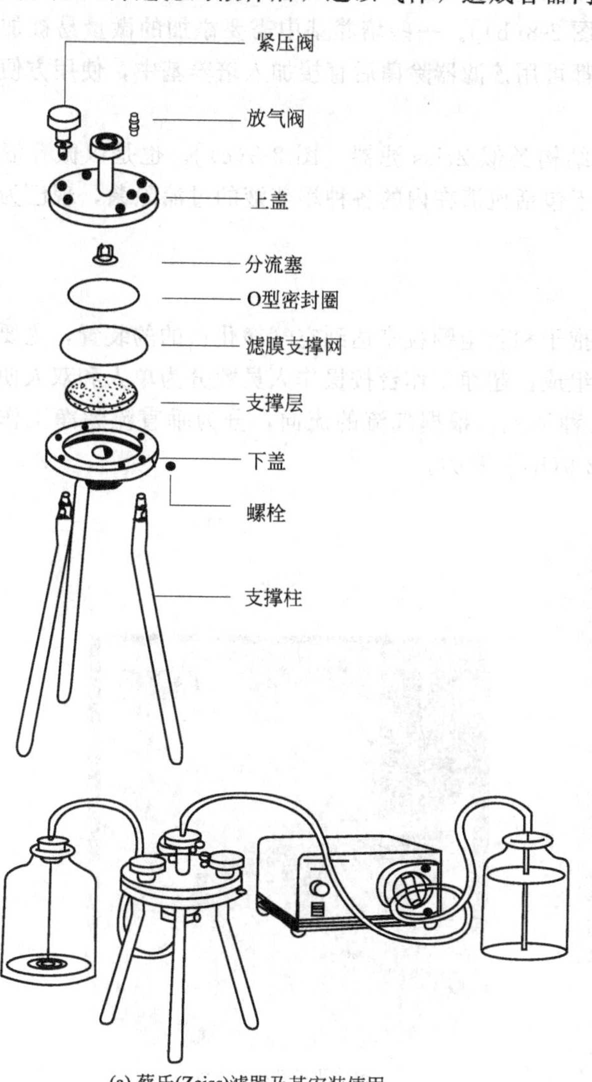

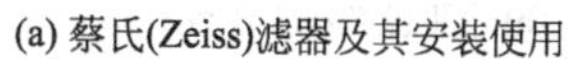
(a) 蔡氏(Zeiss)滤器及其安装使用

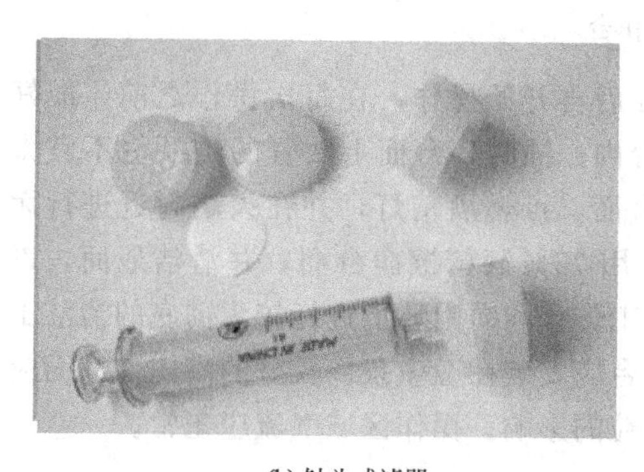

(b) 针头式滤器

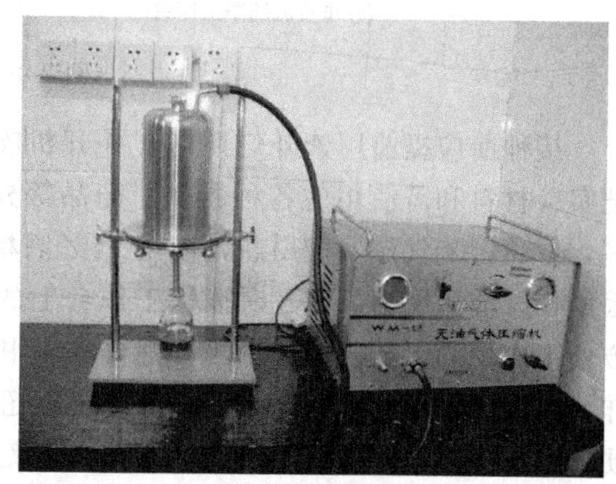

(c) 正压式不锈钢滤器

图 2-8　过滤除菌装置

2.1.5.2　针头式滤器

针头式加压塑料小滤器的上下部件为螺旋式连接，中间夹一层微孔滤膜（常用孔径为0.22μm），滤器上部的进液口可直接接在注射器上，液体经注射器加压进入滤器，经滤膜过滤除菌后，由滤器下部的出液口流出［图 2-8(b)］。一些培养基中需要添加的微量易被加热破坏的成分，如植物激素和维生素等，都可用该滤器除菌后直接加入培养基中，使用方便。

2.1.5.3　正压式金属滤器

正压式金属滤器为不锈钢滤器，其结构类似 Zeiss 滤器［图 2-8(c)］，也是以微孔滤膜过滤除菌。该滤器过滤速度较快，可用于包括血清在内的各种培养液的过滤除菌，现已为许多实验室使用。

2.1.6　超净工作台

超净工作台是以空气过滤去除杂菌孢子和灰尘颗粒来达到空气净化目的的装置，主要由鼓风机、滤板、操作台和照明灯等部分组成。超净工作台按操作人员数分为单人和双人使用的两种；根据结构有单边和双边操作两种形式；根据气流的流向，分为垂直流超净工作台［图 2-9(a)］和水平流超净工作台［图 2-9(b)］两类。

(a) 垂直流超净工作台

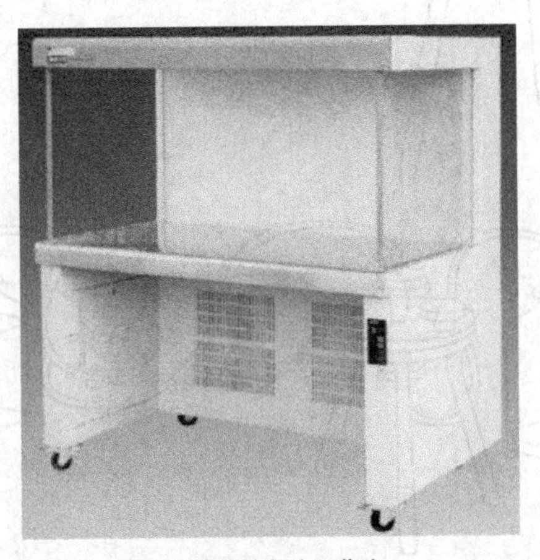

(b) 水平流超净工作台

图 2-9　超净工作台

接种前应提前用紫外灯照射，并开机吹 30min 后再开始操作。在每次操作之前，最好把实验材料和需使用的各种器械、药品等先放入台内；同时，台面上放置的物品也不宜太多，以免影响气流。使用前，应用 75%酒精擦净台面，点燃酒精灯，并在火焰附近进行无菌操作。使用完后，应及时清除工作台上的物品，用 75%酒精擦净台面，并清洁地面，以方便下次使用。若长时间未用，则再次使用前应对工作台和周围环境进行较为彻底的清洁工作，并采用消毒剂和紫外线照射等处理。超净工作台应安装在卫生条件较好的室内，地面应便于清扫除尘，还应注意门窗严密，以避免外界尘粒的影响。操作区域气流应正常。

2.1.7　培养箱

细胞在离体培养时，都需要一定的温度，尤其是哺乳动物细胞的要求较高，在多数情况下温差变化不能超过±0.5℃。恒温培养箱包括能控制和调节温度的一般培养箱和增加了湿度和 CO_2 调节的二氧化碳培养箱［动物细胞培养常用，图 2-10(a)］以及增加了照明条件的光照培养箱［植物细胞培养常用，图 2-10(b)］等。

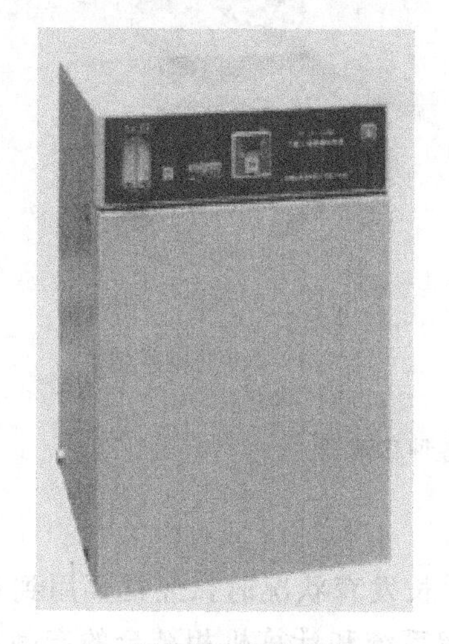

(a) 二氧化碳培养箱

(b) 光照培养箱

图 2-10　培养箱

2.1.8　摇床

实验室进行细胞悬浮培养时，常需要用到摇床（图 2-11）。摇床一般有水平往复式［图 2-11(a)］和回旋式［图 2-11(b)］两类，它们的振荡速度因培养材料和培养目的不同而异。

(a) 往复式摇床

(b) 回旋式双层摇床

图 2-11　摇床

2.1.9　移液器

移液器根据操作方式可分为：手动移液器和电动移液器；根据移液方式分为：固定式和微量可调式；根据通道数可分为：单道移液器和多道移液器等几种（图 2-12）。每种移液器都有各种规格的一次性吸头与之适配。移液器本身一般不必灭菌，吸头经灭菌即可。

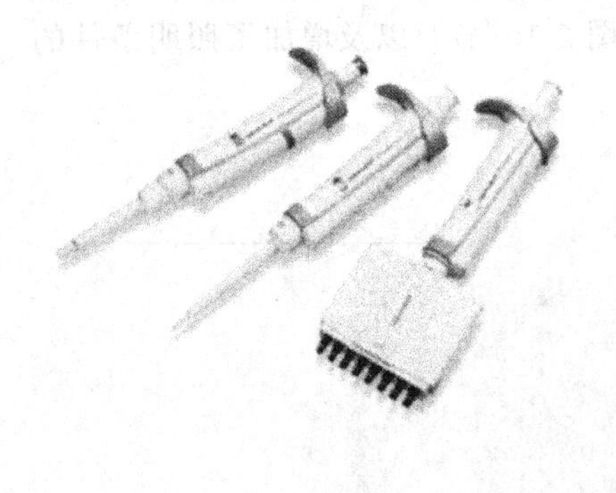
(a) 手动移液器

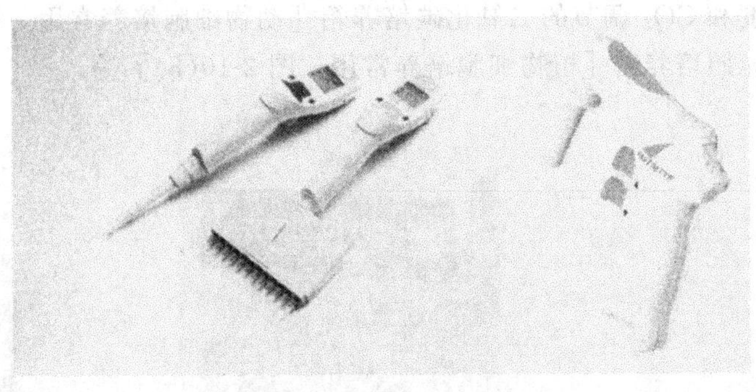
(b) 电动移液器

图 2-12　各种移液器

2.1.10　显微镜

进行精细的细胞学观察和记录培养物的生长发育状况时，经常要用到各种显微镜（图 2-13）。目前，已有将传统的显微镜与数码摄像系统和计算机相结合的产品，需要时可直接拍照，对图片进行保存、编辑和打印，使用非常方便。

2.1.10.1　实体显微镜

实体显微镜也叫解剖镜［图 2-13(a)］，用于观察和剥离一些较小的器官和组织，如植物的生长点和幼胚等，也可以用来观察愈伤组织等的生长和发育。

2.1.10.2　生物显微镜

生物显微镜的物镜在载物台之上［图 2-13(b)］，常用于观察制作好的各种切片、压片、涂片以及微室培养的细胞等。在条件许可时，最好能购买带有荧光光源的显微镜，可以在必要时通过荧光染料染色来确定细胞的生活力，或观察细胞融合等。

2.1.10.3　倒置显微镜

倒置显微镜的物镜在载物台之下［图 2-13(c)］，可以从培养皿或培养瓶的下方观察培养物，所以常用来在不影响细胞生长的情况下进行活细胞观察。

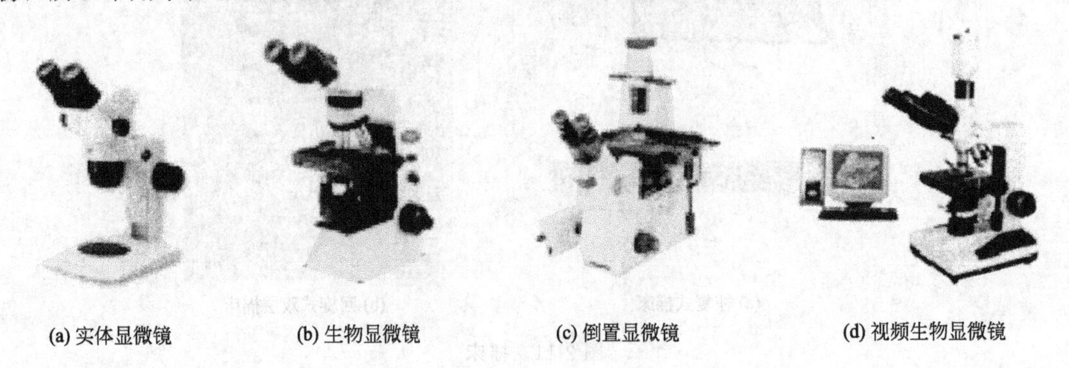
(a) 实体显微镜　(b) 生物显微镜　(c) 倒置显微镜　(d) 视频生物显微镜

图 2-13　各种显微镜

2.1.11　显微操作仪

显微操作仪（micromanipulator）是在显微镜下对细胞进行显微操作的装置（图 2-14），可用于细胞核移植、染色体操作、显微注射以及胚胎切割等工作。

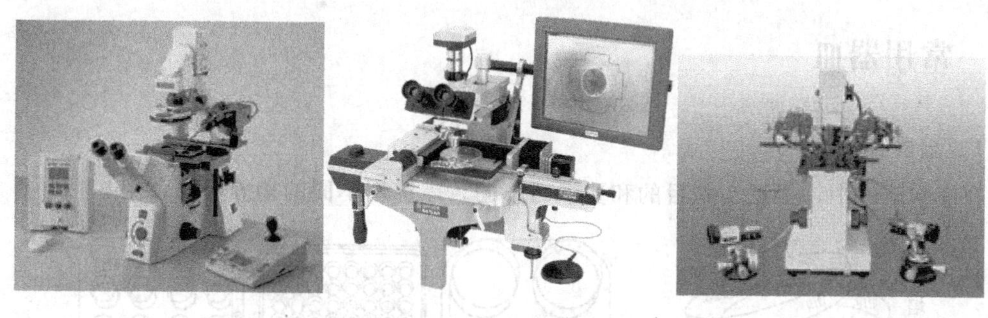

图 2-14　几种显微操作仪

2.1.12　冷冻存储设备

细胞工程中用于冻存生物材料的设备主要是液氮容器（图 2-15）和程序降温仪。液氮容器有不同类型和规格，使用时应注意液氮容易挥发，需注意观察并定期向容器内补充液氮。向容器中装液氮时，要用胶片或木制漏斗，使液氮直达底部。初次装液氮要慢，使容器内的温度均匀下降。同时还要注意安全，防止冻伤。

图 2-15　液氮容器

2.1.13　血球计数板

血球计数板（hemocytometer）也叫细胞计数板，用于进行培养细胞的计数。计数板的构造如图 2-16 所示。使用方法如下：

（1）先在显微镜下检查计数板上的计数室是否干净，若有污物，则需用酒精棉轻轻擦净，再以蒸馏水洗净，用吸水纸吸干。

（2）将盖玻片盖在计数室上面。

（3）将细胞悬液滴在盖玻片一侧边缘，使其渗入计数室，直到充满计数室为止。

（4）在显微镜下逐个计数中央计数格内的细胞。

（5）结果计算：以高度为 0.1mm 的计数板为例（计数室面积为 $1mm^2$，分 400 个小格），先计算出每小格（即 $1/4000mm^3$）的平均细胞数 A，则每毫升细胞悬液中的总细胞数为 $A\times 4000\times 1000\times$ 稀释倍数。

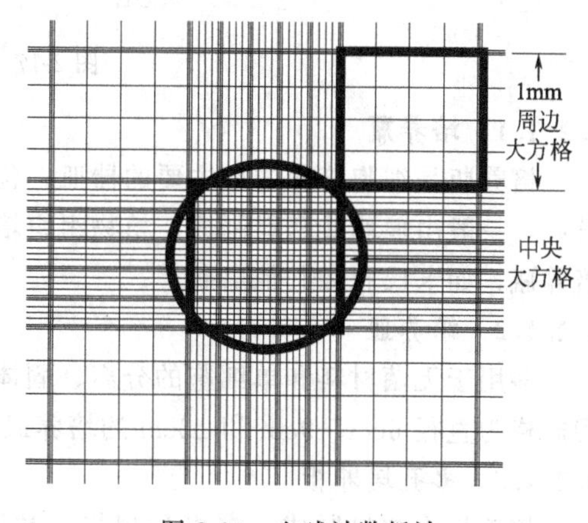

图 2-16　血球计数板计数室的构造

（6）清洗计数板。勿用硬物洗刷，冲洗干净后风干即可。

2.2 常用器皿

2.2.1 培养器皿

在细胞培养中，根据实验目的和要求的不同，需选用不同的培养器皿（图 2-17）。

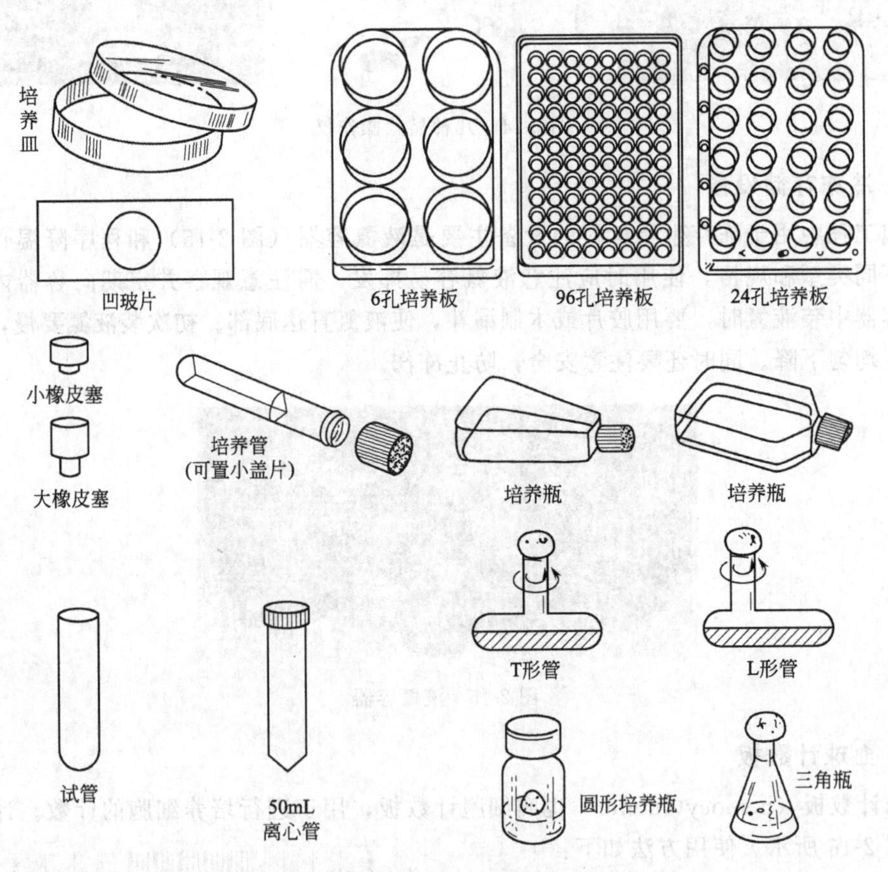

图 2-17 部分培养器皿

2.2.1.1 培养瓶

培养瓶是细胞培养中最主要的器皿，包括三角瓶、广口瓶、扁瓶等，也可根据需要进行设计，一般由玻璃或塑料制成。植物组织培养中多用三角瓶和试管，动物细胞培养常用专用培养瓶，如卡氏瓶和其他扁瓶等。

2.2.1.2 培养皿

多用于无菌材料和单细胞的分离、固体平板培养和滤纸灭菌等，由玻璃或塑料制成，常用规格为直径 6cm、9cm 和 12cm 的培养皿。

2.2.1.3 多孔培养板

培养板由塑料制成，有多种规格，常用的有 96 孔、24 孔、12 孔、6 孔和 4 孔培养板等。主要用于动物单细胞的克隆和需要分组比较的生化、药理等检测方面的实验，可同时测试大量样本，节约样本及试剂。

2.2.1.4 L 形和 T 形管

多在进行液体培养时使用，管子转动时，管内的培养材料能轮流交替地处于培养液和空气中，通气良好，有利于培养材料的生长。

2.2.2　金属器械

包括镊子、剪刀、解剖刀和接种针等（图 2-18），用于解剖、取材、剪切组织等操作。

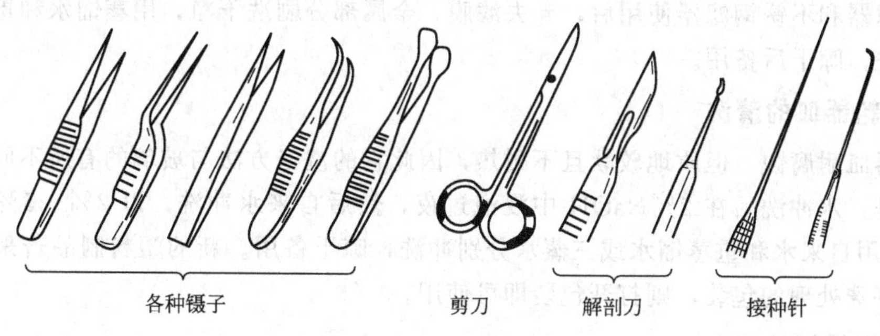

图 2-18　部分金属器械

2.3　常用培养用品的清洗

离体培养的细胞对毒性物质十分敏感，因此对培养器皿清洗的要求比普通实验用品要高，清洗后的器皿或设备中应无任何影响培养细胞的成分残留。不同器皿清洗的方法和程序有所不同。除了按以下常规方法人工清洗外，目前许多细胞工程实验室采用超声波清洗器等专门的清洗设备进行清洗。

2.3.1　玻璃器皿的清洗

细胞培养实验中常用的玻璃器皿包括培养瓶、试管和培养皿等，它们的清洁与否将直接影响实验结果，因此需认真清洗。玻璃器皿的洗涤一般需要经过浸泡、刷洗、浸酸和冲洗等四个步骤。

（1）浸泡　一般是用清水或加有洗涤剂的水浸泡以软化器皿表面所附着的物质。新的玻璃器皿表面常呈碱性，并附有一些对培养细胞有害的物质。首先需用自来水初步刷洗，在2%～5%的稀盐酸中浸泡过夜，再用自来水冲洗。用过的玻璃器皿应该立即浸入清水中，以避免器皿内蛋白质等物质干涸后难以清洗。

（2）刷洗　是将浸泡后的器皿在洗涤剂水中用毛刷反复刷洗以除去器皿内外表面的杂质。

（3）浸酸　是将刷洗后的器皿浸泡到铬酸洗液（配方参见 2.3.7.1）中，以清除器皿表面可能残留的物质。浸泡时，应使器皿内部完全充满洗液，不留气泡，一般浸泡过夜，至少4～6h 以上。

（4）冲洗　是将浸酸后的器皿先用自来水充分冲洗，直至洗液全部冲洗干净，不留任何残迹为止。再用蒸馏水漂洗 2～3 次，最后根据需要用重蒸馏水或三蒸水冲洗，烘干后备用。

2.3.2　橡胶制品的清洗

新购置的橡胶制品，如胶塞、胶管等，按以下方法洗涤：0.5mol/L NaOH 煮沸15min，然后流水冲洗，0.5mol/L HCl 煮沸 15min，流水冲洗，自来水煮沸两次，最后用蒸馏水煮沸 20min，50℃烘干备用。这样的处理可以除净胶塞上的滑石粉等有毒物质。用过的胶塞，可按玻璃器材的方法清洗。应用刷子逐个刷洗胶塞，使用面是刷洗重点。在使用时，应避免胶塞与培养液接触，以防未洗净的胶塞污染培养液和细胞。

2.3.3 除菌滤器的清洗

蔡氏滤器和不锈钢滤器使用后，弃去滤膜，金属部分刷洗干净，用蒸馏水和重蒸馏水或三蒸水冲洗，晾干后备用。

2.3.4 塑料器皿的清洗

塑料器皿耐腐蚀，但质地较软且不耐热，因此它的洗涤方法与玻璃的有所不同。一般的清洗方法是：水冲洗后在 2%NaOH 中浸泡过夜，然后自来水冲洗，以 2%～5%盐酸浸泡 30min，再用自来水和重蒸馏水或三蒸水分别冲洗，晾干备用。新的塑料制品若采用的是无毒并已经特殊处理的包装，则打开包装即可使用。

2.3.5 金属器械的清洗

新的金属器械常涂有防锈油，可先用蘸有汽油的纱布擦去，再用自来水和蒸馏水洗净，最后用酒精棉球擦拭晾干。也可用热洗衣粉水洗净，冲洗后擦干即可。

2.3.6 其他

沾污过传染性样品的容器，应先进行高压灭菌后再进行清洗。盛过各种有毒药品，特别是剧毒药品和放射性同位素物质的容器，必须经过专门处理，确知没有残余毒物存在方可进行清洗。

2.3.7 常用洗涤液的种类和配制

2.3.7.1 铬酸洗液

铬酸洗液（重铬酸钾-硫酸洗液，或简称为“洗液”）广泛用于玻璃仪器的洗涤。常用的配制方法有下述四种：

(1) 取 100mL 工业浓硫酸置于烧杯内，小心加热，然后小心慢慢加入 5g 重铬酸钾粉末，边加边搅拌，待全部溶解后冷却，贮于具玻璃塞的细口瓶内。

(2) 称取 5g 重铬酸钾粉末置于 250mL 烧杯中，加水 5mL，尽量使其溶解。慢慢加入浓硫酸 100mL，随加随搅拌。冷却后贮存备用。

(3) 称取 80g 重铬酸钾，溶于 1000mL 自来水中，慢慢加入工业硫酸 100mL（边加边用玻璃棒搅动）。

(4) 称取 200g 重铬酸钾，溶于 500mL 自来水中，慢慢加入工业硫酸 500mL（边加边搅拌）。

2.3.7.2 盐酸（工业用）

可洗去水垢或某些无机盐沉淀。

2.3.7.3 5%～10%乙二胺四乙酸二钠（EDTA-Na_2）**溶液**

加热煮沸可洗脱玻璃仪器内壁的白色沉淀物。

2.3.7.4 尿素洗涤液

尿素洗涤液为蛋白质的良好溶剂，适用于洗涤盛蛋白质制剂及血样的容器。

2.3.7.5 有机溶剂

如丙酮、乙醇、乙醚等可用于洗脱油脂、脂溶性染料等的污痕等。

上述洗涤液使用前应将待洗涤的玻璃仪器先用水冲洗多次，除去肥皂、去污粉或各种废液。若仪器上有凡士林或羊毛脂以及油污等时，应先用软纸擦去，然后用乙醇或乙醚擦净后才能使用洗液，否则会使洗液迅速失效。

思　考　题

1. 试归纳细胞工程实验室常用基本设备的用途和使用方法。
2. 试述各种常用器材的清洗方法。

第3章 无菌技术

细胞工程领域的几乎所有工作都在离体培养细胞或组织的基础上进行，而无菌技术是进行离体培养的基础。在取材、接种、培养的各个环节以及利用培养细胞进行各种实验时，所用的器皿、培养基、实验材料等各种物品，都必须保持严格的无菌状态，操作人员也必须建立极强的无菌意识和具有良好的无菌操作技能，这是实验能够成功进行必须满足的基本要求。

3.1 常用灭菌方法及原理

根据对微生物的杀灭程度，杀菌可分为3个等级：灭菌、消毒和防腐。

灭菌是彻底杀菌，即用物理或化学等方法，杀死物体上的一切微生物，以及它们的芽孢或孢子，使物体成为无菌状态。

消毒是非彻底杀菌，即用物理或化学等方法，杀死物体上的有害微生物，但不能杀死全部芽孢。

防腐是抑菌过程，即用化学或物理方法，防止或抑制微生物的生长繁殖。

消毒灭菌的方法很多，可大概分为物理的和化学的两大类。以下简要介绍实验室常用的方法及其原理。

3.1.1 热力灭菌

利用高温杀死微生物的方法，称为热力灭菌。当高温作用于微生物细胞时，首先引起微生物细胞内原生质的变性、酶结构的破坏，从而使细胞失去生活机能上的协调，停止生长发育；随着高温的继续作用，细胞原生质便发生凝固，新陈代谢活动停止，细胞死亡。这就是高温灭菌的基本原理。

不同的微生物对高温的抵抗力不同，同一种微生物的不同生理状态对高温的忍耐力也大不一样，处于营养生长期的微生物细胞耐热性较差，大部分真菌和细菌的营养体，在60℃水中加热几分钟即死亡。但处于休眠状态的微生物细胞耐热性却很强，如真菌的孢子或细菌的芽孢，因为它们的酶系活动几乎停止，新陈代谢处在极低水平，细胞内自由水含量少、结合水含量多，受热后蛋白质不易发生变性，例如，大多数芽孢杆菌和梭菌的芽孢，在沸水中煮数分钟或数小时还能存活。

热力灭菌经常使用两个杀菌指数：热死温度和热死速度。前者指在10min内可以杀死细菌悬液中所有细胞的温度；后者指在一定温度下，杀死所有细胞所需的时间。在同样温度条件下，热死温度高的微生物，其热死速度慢；热死温度低的微生物，其热死速度快。提高灭菌温度，可以加快热死速度。因此，可以通过提高灭菌温度来缩短灭菌时间，或延长灭菌时间以降低灭菌温度。热力灭菌经济有效，简便易行，是普遍采用的方法，可分为湿热灭菌和干热灭菌两种。

3.1.1.1 湿热灭菌法

利用蒸汽或沸水灭菌，称为湿热灭菌。湿热穿透力强，蛋白质、原生质胶体在湿热情况下容易变性凝固。常用的湿热灭菌方法有如下几种。

(1) 高压蒸汽灭菌法　即利用高温高压蒸汽进行灭菌的方法。由于热、湿及压力的作用，高压蒸汽灭菌可以杀死一切微生物，包括细菌的芽孢、真菌的孢子或休眠体等耐高温的个体。灭菌的蒸汽温度随蒸汽压力的增加而升高；增加蒸汽压力，灭菌的时间可以大大缩短。高压灭菌所采用的蒸汽压力与灭菌时间，应根据具体的灭菌器材和培养基体积而定。由于此法灭菌效果好，适用面广（适用于各种器皿、培养基、蒸馏水、棉塞等的灭菌），所以是实验室最常用的灭菌方法。

使用高压蒸汽灭菌时，应注意以下几点：

① 灭菌锅内的冷空气必须排尽。冷空气的热膨胀系数大，若锅内留有冷空气，当灭菌锅密闭加热时，冷空气受热很快膨胀，使压力上升，造成灭菌锅内压力与温度不一致（表3-1），产生假性蒸汽压，锅内实际温度低于蒸汽压表示的相应温度，致使灭菌不彻底。特别是使用只装有压力表而没有温度表的灭菌锅时，尤应注意。

表 3-1　冷空气排放程度与锅内温度、压力的关系

压力计数值/kPa	温度/℃		
	冷空气完全排除	冷空气排除 1/2	冷空气没有排除
34.5	109	94	72
69.0	115	105	90
103.4	121	112	100
137.9	126	118	109
172.4	130	124	115
206.8	135	128	121

排除冷空气的方法有两种：缓慢排气和集中排气。缓慢排气法，即开始加热时便打开排气阀门，随灭菌锅内温度逐渐上升，锅内的冷空气便逐渐排出，当锅内温度上升到100℃、大量蒸汽从排气阀中排出时（可看到蓝色光带），即可关闭排气阀，进行升压灭菌。集中排气法，即在开始加热灭菌时，先关闭排气阀，当压力升到49kPa时，打开排气阀，集中排出空气，让压力降到零，并有大量蒸汽排出时，再关闭排气阀进行升压灭菌。

② 灭菌锅内的物品必须排列疏松，使蒸汽畅通。灭菌材料若放得过多、过密，会妨碍蒸汽流通，影响温度分布的均一，造成局部温度较低，甚至形成温度“死角”，达不到彻底灭菌的目的。

③ 灭菌完毕，应缓慢减压。高压蒸汽灭菌结束后的排汽降压不能太快，否则，瓶内外的压力差就会增大，可能引起瓶塞冲出瓶口；液体培养基灭菌时，液体会突然沸腾，弄脏瓶塞。

④ 灭菌时间依容器的体积及培养基的多少应有所增减。灭菌时间不可过久，否则培养基中的某些成分容易变性而失效（表3-2）。

(2) 常压蒸汽灭菌法　即采用自然压力的蒸汽进行灭菌的方法。所用器械为阿诺氏(Arnold)流动蒸汽灭菌器或普通蒸笼，不需加压。利用常压蒸汽灭菌时，灭菌物品在灭菌锅内排列不能过密，要保证蒸汽能在锅内均匀地流通。流通蒸汽的温度一般为100℃左右，要杀死耐热性的芽孢，必须延长灭菌时间，一般为6～8h。此方法最大的优点是容量大、结

表 3-2 不同体积容器灭菌参考时间

容器体积/mL	在121℃下的灭菌时间/min	容器体积/mL	在121℃下的灭菌时间/min
20～50	15	1000	30
75	20	1500	35
250～500	25	2000	40

构简单、成本低廉、可自行建造；缺点是灭菌时间长、能源消耗大，稍不注意就有灭菌不彻底的现象发生。

(3) 间歇灭菌法　将待灭菌物品经三次灭菌，每次灭菌条件为100℃、20～30min，以杀死其中的营养体细胞。每次灭菌后置灭菌物品于室温或温箱中培养约24h，使芽孢萌发长成营养体，再次灭菌时被杀死。此法对某些不耐高温的物品和培养基的灭菌适用。

3.1.1.2 干热灭菌法

采用灼烧或干热空气灭菌的方法，称为干热灭菌。虽然干燥高热空气的穿透力不如湿热蒸汽强，但它使用方便，故广泛应用于实验室和生产实践中。干热灭菌主要有以下两种类型。

(1) 火焰灭菌　通过火焰高温灼烧进行灭菌的方法。耐热的接种环、接种铲、接种匙、接种针等，通过火焰灼烧可彻底灭菌；试管口和玻璃瓶口，通过几次火焰，温度可达200℃以上，可杀死一切微生物和芽孢，达到无菌程度。

(2) 干热灭菌　是利用加热的高温空气进行灭菌的方法。电热干燥箱是干热灭菌的常用设备。干热灭菌适用于玻璃器皿和金属器械等物品的灭菌，但不适用于含水分的培养基等材料。由于干热空气穿透力差，加之微生物蛋白质在干燥条件下不易凝固变性，故干热灭菌的温度，一般要求掌握在160℃，维持40min～2h。本书2.1.4.2和2.1.4.3介绍的干热玻璃珠灭菌器和红外线灭菌器因具有使用方便安全、无明火、不怕风、快速高效等特点，业已成为在无菌操作实验室中广泛应用的小型干热灭菌设备。

3.1.2 电离辐射灭菌

α射线、β射线、γ射线和X射线等，波长极短，辐射能很大，可将被照射物质原子核周围的电子击出，使其变为阳离子，击出的电子可附着在其他原子上，使其变成阴离子，也可以再冲击其他原子，引起继发电离。在液体中，射线使水电离成H^+和OH^-，它们是强烈的还原剂和氧化剂，可直接作用于微生物细胞本身，致使微生物死亡。同时在微生物周围环境中的液体内，经常有氧存在，这些离子可与氧分子产生一些具有强氧化性的过氧化物，使微生物细胞中的蛋白质、酶等氧化变性，从而使细胞受到损伤而死亡。所以加入含有—SH基的还原剂，可减轻电离辐射的损害作用；而输入氧气，可增强电离辐射的杀伤作用。在一定范围内，射线的杀菌作用与剂量成正比。射线对微生物的杀灭作用，与微生物所处的环境条件和微生物的类型及生理状态有关，一般芽孢比营养体耐电离辐射，干燥状态比液体中耐辐射，无氧时比有氧参加下耐辐射，培养基中有还原剂比无还原剂耐辐射。

辐射灭菌不使物品升温，而且穿透力强，可直接对密封包装的物品进行灭菌。适用于处理量大且不适合高压或过滤等方法消毒的培养用品，培养工作中和临床上所用的多种一次性器械与物品，如培养瓶皿、培养板、注射器、移液器吸头、离心管等，都可以经辐射灭菌。但电离辐射灭菌需要专门的设备和专业人员操作。

3.1.3 紫外线杀菌

紫外线（UV）杀菌的应用非常广泛，其作用机制是通过直接破坏微生物的核酸和蛋白质等使其灭活，以及间接通过UV照射产生的臭氧杀死微生物。无菌室和超净工作台内安装的人工紫外线灯管，一般照射20～30min即可杀死空气中的微生物。在一定波长下，紫外线的杀菌作用随其剂量的增加而增大。如果紫外线杀菌灯的功率和照射距离不变，那么它的杀菌作用与照射时间成正比。但紫外线穿透力很弱，一层普通玻璃或水就能滤去大量紫外线，因此，紫外线只适用于空气和物体表面等的消毒。

3.1.4 过滤除菌

过滤除菌是通过机械性阻留微生物而达到无菌要求。日常用的口罩，实验室常用的纱布、棉花等都是简单的过滤器。工厂常用棉花、活性炭、超细玻璃纤维等过滤空气，以为生物反应器提供无菌空气。实验室常用2.1.5中提到的过滤除菌设备除去一些不能高温灭菌的溶液（如维生素、激素、酶液、血清等）中的微生物。过滤除菌不破坏溶液中的生物活性物质，也不会产生在高温灭菌过程中时常出现的有害物质。虽然使用双层滤膜可以在某种程度上滤掉支原体，但无法去除其中的病毒等。

3.1.5 化学杀菌

化学药剂的杀菌作用，因其本身化学性质和微生物种类的不同而有差异。能杀菌的化学药剂种类很多，常用的有以下几类。

3.1.5.1 重金属盐类

所有重金属盐类对微生物都有毒害作用，如汞、银、铅、锌、铜等。微生物浸在0.1%～0.5%的硝酸银、升汞（$HgCl_2$）等溶液中，几分钟就会死亡。升汞有很好的杀菌效果，即使是10mg/L的浓度，也能杀死微生物。但处理过的材料要经多次冲洗才可将残留药剂除净，一般用无菌水冲洗不得少于5次。

重金属的杀菌原理是基于重金属离子带正电，容易与带负电的菌体蛋白质结合，使其凝固变性。低浓度重金属离子与酶或某些活性物质的活性基团，如巯基（—SH）结合，可使需要—SH基团的酶失去活性，对微生物起到杀死或抑制作用。即

$$\text{酶}\langle{}^{SH}_{SH} + HgCl_2 \longrightarrow \text{酶}\langle{}^{S}_{S}\rangle Hg + 2HCl$$

活性酶　　　　非活性酶

3.1.5.2 氧化消毒剂

常用的氧化消毒剂有高锰酸钾、过氧化氢（双氧水）、臭氧、过氧乙酸（CH_3COOOH）、次氯酸钠、漂白粉等。它们的杀菌机制是通过强烈的氧化作用，破坏微生物的原生质或酶蛋白的结构。例如，漂白粉的主要活性成分为次氯酸钙，它可水解形成次氯酸，再进一步分解出新生态氧，发生强烈的氧化作用，使含—SH的酶蛋白等失去活性。过氧乙酸是一种新型消毒剂，其消毒能力很强，用于无菌室消毒时，药效优于甲醛熏蒸法，没有刺激性气味，兼有使用方便、安全、有效、经济的特点。但需现用现配，稀释液一般只能存放3天。

3.1.5.3 表面活性消毒剂

乙醇（酒精）、石炭酸（苯酚）、来苏儿（煤酚皂溶液）、新洁尔灭等均是表面活性消毒剂。

乙醇是强表面活性剂，也是最常用的表面消毒剂。它能降低表面张力，改变细胞膜的渗透性及原生质的结构状态，使蛋白质凝固变性。70%～75%的酒精，具有较强的穿透力和杀菌力。常用于需要快速发挥作用而不必持续时间太久的消毒，如手、皮肤、台面或物体表面的消毒。由于它具有浸润和灭菌的双重作用，在消毒植物材料时，一般作为表面灭菌的第一步，许多材料都需先经酒精浸润，再用其他药剂灭菌。一般将材料浸入30s即可。

石炭酸及其衍生物能使蛋白质变性，损伤微生物细胞壁和质膜。1%～2%酚液是常用的消毒剂。微生物学中常以酚作为比较消毒剂杀菌力的标准，各种消毒剂与酚的比较强度，称为消毒剂的“酚价”。

煤酚皂溶液对皮肤有刺激性，可用于地面的消毒。

新洁尔灭是一种季铵盐，化学名称为十二烷基溴化胺，能破坏微生物细胞膜的渗透性，0.1%～0.25%的新洁尔灭溶液可用作皮肤、种子等的消毒，或器械的浸泡和操作室壁面等的擦拭消毒。

3.1.5.4 甲醛

甲醛是常用的消毒剂，作为商品的福尔马林是37%～40%的甲醛溶液。5%的福尔马林溶液常用于防腐和种子表面消毒，可杀死细菌芽孢和真菌孢子。培养室、接种室消毒时，常以福尔马林原液熏蒸。甲醛能与微生物细胞蛋白质的氨基结合，引起蛋白质变性，使原生质失去正常活力。

3.1.5.5 其他

环氧乙烷（ethylene oxide）气体具有广泛的杀菌作用，不损害消毒物品且穿透力强，主要用于消毒塑料用品、不耐高热高压以及不能受潮的物品。被消毒物品可以用棉布或塑料薄膜包装后灭菌，可保存一定时间。

氯已定（hibitane，洗必泰）是一种广谱杀菌剂，其毒性低、刺激性小、不产生耐药性，是目前广泛应用的消毒剂之一，主要用于皮肤及创面消毒。

戊二醛（glutaraldehyde）是一种广谱、高效杀菌剂，具有水溶液稳定、对金属腐蚀性小、低毒、安全等优点，通常用2%碱性戊二醛溶液灭菌。用此溶液浸泡金属器械、温度计以及橡皮和塑料管、塞等30min以上即可灭菌。灭菌后物品必须用无菌水冲洗。

碘伏（iodophor）是一种广谱含碘杀菌剂，能杀死细菌、芽孢、真菌和部分病毒等，其杀菌力强、速度快，现已被广泛地用于皮肤和黏膜的消毒。

3.2 无菌操作注意事项

3.2.1 无菌操作室的消毒

为减少污染，培养间和接种室等在使用前都应消毒灭菌。对室内进行药物熏蒸、药液喷雾或紫外线照射均可达到消毒的目的，若三者并用，则消毒效果更好。

3.2.1.1 药物熏蒸

无菌操作室在长期停用后再次使用前，必须进行熏蒸消毒灭菌。一般每立方米空间，需要40%甲醛8mL、高锰酸钾5g气化熏蒸。熏蒸时先密闭窗子，把称好的高锰酸钾放在大烧杯内，然后将甲醛液倒入杯内，立即出室关门。几秒后，甲醛液即沸腾挥发。高锰酸钾是一种强氧化剂，当它与一部分甲醛液作用时，由氧化反应产生的热可使其余的甲醛液体挥发为气体。甲醛对人的眼、鼻有强烈的刺激作用，必须排除有毒气体后方可进行接种。可在熏蒸后12h，量取同甲醛液等量的氨水，倒在另一烧杯里，迅速放入室内，可减少甲醛的刺激作用。使用氨水中和，至少应在接种前2h进行。

3.2.1.2　药液喷雾

每次接种前，一般常用70%乙醇或5%石炭酸溶液喷雾。药液喷雾除具有杀菌作用外，还可使空气中的微粒和杂菌孢子沉降，使室内空气净化，并防止工作台面和地面微尘飞扬。

3.2.1.3　紫外线灯照射

接种室使用前，除药物喷雾外，应打开紫外线灯照射约20～30min进行消毒，一般能容纳1～2人工作的约$6m^2$大小的接种室，安装一支紫外线灯管即可（功率30W）。紫外灯管离地面的距离应在2m左右，照射工作台面的距离不应超过1.5m。照射时，先关闭照明灯，且人要离开室内，以防辐射伤人。照射结束后，须隔30min以上，待臭氧散尽后再入室工作。

3.2.1.4　药物擦洗

无菌室的地面和墙壁可用新洁尔灭等擦洗，工作台面可用70%～75%乙醇或新洁尔灭溶液擦洗。

3.2.2　常见污染原因和预防措施

预防污染是一项综合措施，除了培养基及接种材料本身的消毒不彻底可引起污染之外，更常见的是实验过程中因操作不规范及操作人员或工具带菌所引起的。因此，操作者必须建立极强的无菌观念，严格无菌操作以防止一切可能的污染。

培养过程中，在培养材料附近出现黏液状物体或浑浊的水渍状痕迹及有时出现起泡沫的发酵状情况，而且在接种后1～2天即可发现，这大多是由细菌污染所造成的现象。除材料带菌或培养基灭菌不彻底会造成成批接种材料被细菌污染外，细菌性污染主要是由于工作人员使用了未经充分消毒的工具（镊子、培养皿等）及呼吸时排出的细菌所引起的。有时也因操作人员用手接触了材料或器皿边缘，这也造成了使微生物落入材料或器皿的机会。因此，为了减少或免除这种污染，接种前，工作人员必须剪指甲及用肥皂很好地洗手，穿上无菌工作服，戴好口罩和工作帽。接种前，还要用70%～75%酒精棉球擦拭双手。工作进行过程中，还应注意避免"双重传递"的污染，如器械被手污染后又污染接种材料等。接种用的镊子和手术刀或接种针也要经常在酒精灯的火焰上烧灼灭菌（但必须冷却后才能用于接种材料）。操作时注意不要污染瓶口，在拔棉塞后和盖棉塞前，都应注意烧灼瓶口灭菌。还应注意手臂不要从无菌材料、培养基和接种器械上方经过，以免引起再度污染。

培养基上长霉是真菌性污染，一般接种后3～5天就可发现，颜色有黑、白、黄等多种。真菌性污染一般多由接种室内的空气污染造成。其原因一是接种室的空气本身未被很好地消毒，另一可能是操作时由于打开瓶塞使瓶口边缘污染的真菌孢子落入瓶内或在去掉包头纸及解除捆扎包头纸的橡皮筋时扬起了真菌的孢子，致使接种室空间污染。因此，在接种前除要求严格消毒无菌室外，更主要的是接种时要严格操作，如在接种前去掉橡皮筋、打开瓶塞时动作要轻及去掉瓶塞后瓶子应拿成斜角，最好瓶（管）口放在酒精火焰的上方，这样可借助上升的气流阻止空气中飘浮的孢子落入瓶内。整个接种工作始终都应在超净工作台上的近火焰处进行，接种完后，立即盖好瓶口，放入培养箱/间内进行培养。

微生物污染会给工作带来极大损失，因此，工作中必须严格遵守操作规程，尽量排除可能导致污染的因素。

3.3 实验室生物安全

“实验室生物安全”（laboratory biosafety）是指那些用以防止发生病原体或毒素无意中暴露及意外释放的保护原则和技术。在进行细胞和组织培养时，尤其是含有病原的生物材料培养，不仅要保证培养物不受污染，也要保证培养物不会对实验人员和环境造成污染。因此，在可能有生物病原体存在的情况下，对操作规程和安全设备等一定要有严格的要求，稍有不慎，就可能发生实验室工作人员被感染的情况。有效的生物安全规范是实验室生物安全保障的根本。

根据世界卫生组织（WHO）的划分标准，传染性微生物根据其致病性和传染的危险程度等可划分为以下四类：

危险度1级（risk group 1）：指不大可能导致人类或动物疾病的微生物，对个体和群体没有或只有极低的危险。

危险度2级（risk group 2）：指病原体能够对人或动物致病，但对实验室工作人员、牲畜或环境不易导致严重危害。实验室暴露也许会引起严重感染，但对感染具有有效的预防和治疗措施，而且疾病传播的危险有限。对个体危险中等，但对群体危险低。

危险度3级（risk group 3）：指病原体能够引起人或动物的严重疾病，但一般不会发生感染个体向其他个体之间直接或间接的传播，而且对感染具有效的预防和治疗措施。对个体危险高，但对群体危险低。

危险度4级（risk group 4）：病原体能够引起人或动物的严重疾病，并且很容易发生个体之间的直接或间接传播，而且对感染一般不具备有效的预防和治疗措施。对个体和群体的危险都高。

对以上四类微生物进行操作时，需要有具备相应设备和实验条件等的实验室，才能保证生物安全。根据操作不同危险程度等级微生物所需的实验室设计特点、建筑构造、防护设施、仪器设备和操作规程等来决定相应的实验室的生物安全水平，也划分为四级。

基础实验室1：一级生物安全水平（biosafety level 1，BSL 1）。适用于基础的教学和研究，一般不需要安全设施，可使用开放式实验台。实验操作按微生物学操作技术规范进行。

基础实验室2：二级生物安全水平（BSL2）。适用于初级卫生服务，包括一般诊断和研究等。可使用开放式实验台，另外需要生物安全柜（biological safety cabinets，BSC）用于防护操作过程中可能产生的感染性气溶胶。按微生物学操作技术规范操作，加防护服、生物危害标志等。

防护实验室：三级生物安全水平（BSL3）。用于特殊的诊断和研究，需要生物安全柜和其他所有实验室工作所需的基本设备。在操作时应在2级防护的基础上增加特殊防护服、进入制度和定向气流。

最高防护实验室：四级生物安全水平（BSL4）。用于研究危险病原体，需要2级或3级生物安全柜并穿着正压服、穿过墙体的双开门高压灭菌器和经过过滤的空气。操作时需在3级生物安全防护的基础上增加气锁入口、出口淋浴、污染物品的特殊处理等措施。

具体的实验室设计和设施以及各级别生物安全柜的设计和应用、操作规程和人员防护要求等，在WHO的“实验室生物安全手册”以及国内外出版的有关专著中都有明确的阐述，需要从事相关工作时可参考。

思 考 题

1. 常用的灭菌方法有哪几类？概述它们的原理。
2. 进行无菌操作时应注意哪些问题以防止污染？
3. 什么是“实验室生物安全”？1～4级生物安全水平对实验设施和操作等都有哪些具体要求？

第2篇　植物细胞工程

第4章　植物细胞工程的基本原理和技术基础

4.1　植物细胞工程的基本原理

4.1.1　植物细胞的全能性

植物细胞和组织培养的理论依据就是植物细胞具有全能性（cellularto tipotency），即一个植物细胞具有产生一个植株的潜力，也就是说，植物细胞具有该物种的全部遗传信息，不论是性细胞还是体细胞，在特定环境下都可能进行表达，产生一个独立完整的个体。研究证实，植物细胞，即使是已经高度成熟和分化的细胞，也还保持着恢复到分生状态的能力。一个已经停止分裂的成熟细胞转变为分生状态，并形成未分化的细胞团或愈伤组织的现象叫“脱分化”（dedifferentiation）。脱分化的难易与植物种类、年龄、组织和细胞的生理状态等有关。一般单子叶植物和裸子植物比双子叶植物难，成年细胞和组织比幼年的难，单倍体细胞比二倍体细胞难。另外，在完整植株中细胞全能性一般是受遏制的，在植物离体培养时，将外植体（explant，即进行植物组织细胞培养所选取的植物部分）从植株上切割下来，使其脱离整体，也就消除了抑制。这种人为的机械和生理隔离看来对外植体脱分化是十分重要的，被认为是使植物细胞表达“全能性”的重要措施。

在植物细胞和组织培养中，提供合适的条件，就可以促使切取的外植体脱分化，产生愈伤组织。然后在适当的诱导条件下，可再度产生分化现象，又分化出各种不同类型的细胞，这种原已分化的细胞经过脱分化后再次分化的现象叫“再分化”（redifferentiation）。离体培养的细胞在脱分化后可以经由愈伤组织分化出芽和根的器官发生（organogenesis）途径形成再生植株或通过体细胞胚胎发生（embryogenesis）过程产生胚状体。胚状体（embryoid）是植物组织培养中的专有名称，它起源于非合子细胞，经过类似胚胎发生和胚胎发育形成的胚状结构。其主要特征是有根、芽两极，和母体植物或外植体的维管组织无直接联系。包括来源于植物体细胞的二倍体的体细胞胚，可以发育成正常植株；来源于大孢子或小孢子的单倍体的生殖细胞胚，可以发育为单倍体植株；以及来源于某些胚乳细胞的胚状体，是三倍体胚。在有些情况下，再分化也可不经愈伤组织阶段而直接发生于脱分化的细胞。

4.1.2　植物激素的调控作用

在植物细胞脱分化和再分化的过程中，植物激素的调控作用至关重要。生长素（auxin）是启动细胞分裂的重要激素，在细胞的脱分化、形成愈伤组织的过程中都是必不可少的，其中2,4-二氯苯氧乙酸（2,4-dichlorophenoxyacetic acid，2,4-D）的脱分化作用明显，对胚性细胞团的形成尤为重要。细胞分裂素（cytokinin，CK 或 CTK）的作用主要是促进细胞分裂，能使已经脱分化的细胞保持持续的有丝分裂。生长素和细胞分裂素对于细胞生长和分化有协同作用，它们的使用浓度和比例的不同组合，对细胞分化起着重要的调节作用。根据 Skoog 和 Miller（1957）的经典实验，当培养基中激动素（kinetin，KN 或 KT）的浓度高于吲哚乙酸（indole acetic acid，IAA）的浓度时，烟草茎段培养物形成芽而不形成根；当二者浓度大致相等时，只诱导愈伤组织发生，而基本上没有器官发生；当培养基中 IAA 的浓度高于 KT 的浓度时，培养物分化出根，但不形成芽。

大量实验都已证实，调整各种生长素和细胞分裂素的浓度和比例，是控制双子叶植物离体培养细胞生长模式和器官发生最重要的手段。但在单子叶植物中，尤其是禾谷类植物，其愈伤组织诱导和器官分化对激素的要求和双子叶植物有明显差异。因此，在离体培养中，外源激素的使用因植物种类、培养类型和培养时期的不同而异，这也和各培养物本身内源激素的含量有关，内源植物激素的水平有差异，外源添加这两类激素引起的反应也会不同。当然，其他的遗传和生理生化因素也会影响愈伤组织的增殖和器官发生过程。因此，对于不同植物、不同的外植体和不同实验目的，都应在查阅相关文献的基础上进行预实验，以确定使用激素的种类、浓度和配比。

另外，人工合成的苯基脲衍生物 TDZ（*N*-苯基-*N*′-1,2,3-噻二唑-5-脲）也是已被广泛用于植物组织培养中器官形态发生的高效植物生长调节剂，其化学结构式如图 4-1 所示。

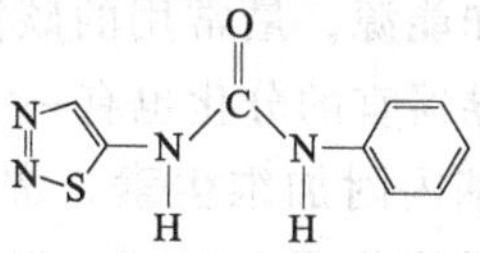

图 4-1　TDZ 化学结构式

TDZ 最初用作棉花的脱叶剂，自 1982 年 Mok 等发现它有很强的细胞分裂素活性以来，就被广泛应用于植物组织培养中。TDZ 能诱导外植体从愈伤组织形成到体细胞胚胎发生的一系列不同反应，具有生长素和细胞分裂素双重功能。Capeue 等（1983）的研究表明，TDZ 诱导愈伤组织生长的速率是其他植物生长调节剂的 30 倍。较低浓度的 TDZ 能促进致密型绿色瘤状愈伤组织的形成（Murthy 和 Saxena，1998）。Visser 等（1992）首先描述了 TDZ 可以满足天竺葵组织培养体系对生长素和细胞分裂素的要求。TDZ 的作用机理还不是很清楚。Hutchinson 等（1996）的研究表明，抑制生长素生物合成和运输就能阻碍 TDZ 诱导的体细胞胚胎发生，这说明 TDZ 可能是和生长素共同作用而影响体胚发生的。

4.2　植物细胞和组织培养所需的营养和环境条件

在进行植物细胞工程研究时，离体培养的细胞、组织和器官等所需要的各种营养都是由培养基提供的，不同植物种类和外植体对营养的要求有一定差异，因此，培养基是决定培养物能否正常生长或能否达到培养目的的前提条件之一。而且就不同的植物种类和培养目的而言，其所需的培养环境条件也不尽相同。

4.2.1　培养基的组成和配制

4.2.1.1　培养基的基本成分

目前，在植物组织培养中应用的培养基，一般由无机营养、碳源、维生素、植物生长物质和有机附加物等五类物质组成。

(1) 无机营养 (inorganic nutrients) 植物组织细胞和完整植物一样，都需要一定的无机元素才能进行正常的生命活动。无机营养包括大量元素 (macroelements 或 major salts) 如 N、P、K、Ca、Mg、S 和微量元素 (microelements 或 minor salts) 如 Fe、Mn、Zn、Cu、B、Mo、Cl 等，以相应盐的形式添加到培养基中。

大量元素中，氮源常用硝态氮或铵态氮，但在培养基中使用硝态氮的较多，也有硝态氮和铵态氮混合使用的。一般铵含量超过 8mmol/L 对培养物就有毒害作用，但如果培养基中有柠檬酸、琥珀酸或苹果酸等，则 NH_4^+ 的用量可以适当增加。在一些愈伤组织和细胞悬浮培养中，硝酸盐加上铵的浓度可以提高到 60mmol/L。在胡萝卜胚状体的分化中，若培养基中仅含硝酸盐则不能分化，只有在铵盐同时存在时才会产生胚状体的分化。

P 元素和 S 元素常用磷酸盐和硫酸盐来提供。K^+ 的水平一般不低于 25mmol/L，而且在近代的培养基中有逐渐提高的趋势。Ca 元素和 Mg 元素的需要量一般较少，多在 1～3mmol/L 范围。

微量元素在组织培养中的需要量一般以 μmol/L 计。它们的用量虽少，但若缺乏或供应不足，就会导致某些缺乏症甚至引起死亡；但也不能太多，超出一定量时也会引起毒害现象。

(2) 碳源 (carbon source) 培养的植物组织或细胞在多数情况下进行的是异养生长，所以需要以碳水化合物来提供碳源和能源。最常用的碳源是蔗糖，此外还有葡萄糖和果糖，近来发现使用麦芽糖对某些植物诱导器官的分化也有一定的作用。

(3) 维生素 (vitamins) 培养基内附加维生素，常有利于离体培养物的发育。最常使用的是 B 族维生素，如硫胺素、吡哆醇以及生物素、叶酸、烟酸等，还有维生素 C 等，一般使用浓度为 0.1～10mg/L。有的外植体和愈伤组织能合成维生素，在培养基中可以不添加，但生长早期往往会缺乏。肌醇 (环己六醇) 能使培养组织快速生长，对胚状体和芽的形成有显著影响，因此在培养基中也很常用，添加浓度一般为 50～100mg/L。

(4) 植物生长物质 (growth substances) 植物生长物质是对植物组织培养起着重要调节作用的关键物质，常用的有生长素类和细胞分裂素类，有时还会用到赤霉素等。

生长素在植物组织培养中的作用主要是促进细胞生长和根的形成。天然的生长素主要是吲哚乙酸 (IAA)，它见光易分解，高温高压时也易破坏，故在组织培养中较少使用。若需使用，应置于棕色瓶中，于低温下保存。实验中常用的是人工合成的生长调节剂，如 2,4-二氯苯氧乙酸 (2,4-D)、萘乙酸 (NAA) 和吲哚丁酸 (IBA) 等。但应注意，不同种类生长素的生理活性是有差异的，如诱导生根常用 IBA，而诱导胚状体形成一般要用 2,4-D 等。

细胞分裂素在组织培养中的作用主要是促进细胞分裂和芽的形成。常用的细胞分裂素类物质有激动素 (KT)、6-苄基氨基嘌呤 (6-BA) 和玉米素 (Zt) 等。

赤霉素 (GA) 在组织培养中不常使用，但它对愈伤组织的生长有促进作用，也可促进已分化的芽的伸长，在植物内源赤霉素水平较低时需要添加。

(5) 氨基酸和其他有机附加物 培养基中经常添加的氨基酸主要有甘氨酸和多种氨基酸的混合物如水解酪蛋白 (CH)，其他氨基酸类如谷氨酰胺、天冬酰胺、谷氨酸、丝氨酸、酪氨酸以及水解乳蛋白 (LH) 等也在一些培养基中使用。

有时还需向培养基中加入一些有机附加物，它们往往是一些成分比较复杂，大多含氨基酸、激素、酶等的天然提取物，例如酵母提取物 (YE)、椰子乳 (CM)、麦芽提取物

(ME) 和马铃薯提取物等，CH 和 LH 等也属此类。它们的成分大多不清楚，含量也不稳定，所以一般避免使用。但因它们对一些难以培养的材料具有促进细胞分裂和分化的特殊作用，故必要时在一些实验中还有应用。大多外植体可以在没有这些附加物的培养基中良好生长。

4.2.1.2　培养基的选择和配制

(1) 培养基的种类　各种培养基的基本成分虽然都属于前述的五大类物质，但每类物质都有多种不同的化合物，例如，氮素有硝态氮、铵态氮和有机氮；铁有硫酸亚铁、有机铁、螯合铁；生长素类有 IAA、IBA、NAA 和 2,4-D 等。此外，对不同外植体而言，每种物质的用量也有很大变化。现已设计出多种培养基的配方，以适应不同的使用目的。

表 4-1 列出了几种常用的基础培养基，附录 1 中收集了一些培养基的配方，一般应在查阅资料的基础上根据实际需要进行选择，而且经常还需要在某一常规培养基的基础上进行调整，尤其是对于生长素和细胞分裂素，需要添加的种类、浓度和比例一般都需要通过预实验来确定。

表 4-1　几种常用的植物组织、细胞培养基

组成		浓度/(mg/L)			
		MS	B_5	N_6	E_1
大量营养物					
硫酸镁	($MgSO_4 \cdot 7H_2O$)	370	250	185	400
磷酸二氢钾	(KH_2PO_4)	170	—	400	250
磷酸二氢钠	($NaH_2PO_4 \cdot H_2O$)	—	150	—	—
硝酸钾	(KNO_3)	1900	2500	2830	2100
硝酸铵	(NH_4NO_3)	1650	—	—	600
氯化钙	($CaCl_2 \cdot 2H_2O$)	440	150	166	450
硫酸铵	[$(NH_4)_2SO_4$]	—	134	463	—
微量营养物					
硼酸	(H_3BO_3)	6.2	3	1.6	3
硫酸锰	($MnSO_4 \cdot H_2O$)	15.6	10	3.3	10
硫酸锌	($ZnSO_4 \cdot 7H_2O$)	8.6	2	1.5	2
钼酸钠	($Na_2MoO_4 \cdot 2H_2O$)	0.25	0.25	—	0.25
硫酸铜	($CuSO_4 \cdot 5H_2O$)	0.025	0.025	—	0.025
氯化钴	($CoCl_2 \cdot 6H_2O$)	0.025	0.025	—	0.025
碘化钾	(KI)	0.83	0.75	0.8	0.8
硫酸亚铁	($FeSO_4 \cdot 7H_2O$)	27.8	—	27.8	—
EDTA 钠盐	($EDTA\text{-}Na_2$)	37.3	—	37.3	—
EDTA 亚铁盐	($EDTA\text{-}NaFe^{2+}$)	—	43	—	43
维生素					
硫胺	(thiamine · HCl)	0.5	10	1	10
吡哆素	(pyridoxine · HCl)	0.5	1	0.5	1
烟酸	(nicotinic acid)	0.05	1	0.5	1
肌醇	(myor-Inositol)	100	100	—	250
蔗糖	[Sucrose(g)]	30	20	50	25
pH		5.8	5.5	5.8	5.5

注：MS 配方引自 Murashige 和 Skoog (1962)；B_5 配方引自 Gamborg 等 (1968)；N_6 配方引自朱至清 (1975)；E_1 配方引自 Gamborg 等 (1983)。

(2) 培养基的配制　在经常需要配制培养基时，为了使用方便，一般将常用药品配成比所需浓度高10～100倍的母液，这样，每种药品称量一次，可以使用多次，同时也可减少多次称量所造成的误差。配制培养基时，按比例吸取母液即可。

在配制大量元素无机盐的母液时，要防止在混合各种盐时产生沉淀。为此，各种药品必须在充分溶解后才能混合，混合时要注意先后顺序，把 Ca^{2+}、Mn^{2+} 和 SO_4^{2-}、PO_4^{3-} 等错开，以免发生沉淀反应。在混合各种无机盐时，其稀释度要大，混合要慢，边混合边搅拌。

微量元素的用量少，为称量方便及精确起见，常配成100～1000倍的母液，同样先溶解后混合，注意药品添加顺序。使用时每升培养基取母液10mL或1mL即可。铁盐经常是单独配制的，把 $FeSO_4 \cdot 7H_2O$ 和 EDTA-Na_2 分别溶解后，两者再混合定容配成螯合铁溶液。

有机物质，如氨基酸、维生素、椰子乳、酵母汁等，一般是分别称量、分别配制，用时按培养基配方量分别加入。蔗糖和琼脂等可按配方要求随用随称。

植物生长物质也是分别配制的，但具体配制时应注意它们的溶解性质（参见附录2），若不溶于水，应先用少量合适的溶剂将其溶解，再以水定容。例如，配制生长素类的IAA或2,4-D等时，可先用少量95%乙醇溶解，再用重蒸馏水定容。配制细胞分裂素类如KT和6-BA等时，可先用少量1mol/L的盐酸或氢氧化钠溶解，再用重蒸馏水定容。以上所述各种母液或单独配制的药品均应放入冰箱保存。

配制培养基时应根据实验要求选择重蒸馏水或蒸馏水等纯度较高的水，药品也同样应采用纯度较高的分析纯（AR）或化学纯（CP）试剂，必要时还可能需用保证试剂（GR），以免杂质对培养物造成不利影响，另外，药品的称量及定容都应准确。配制好的培养基最后都要调整pH，一般通过滴加稀盐酸或氢氧化钠溶液来将其调整到弱酸范围。

配制培养基的一般程序如下：

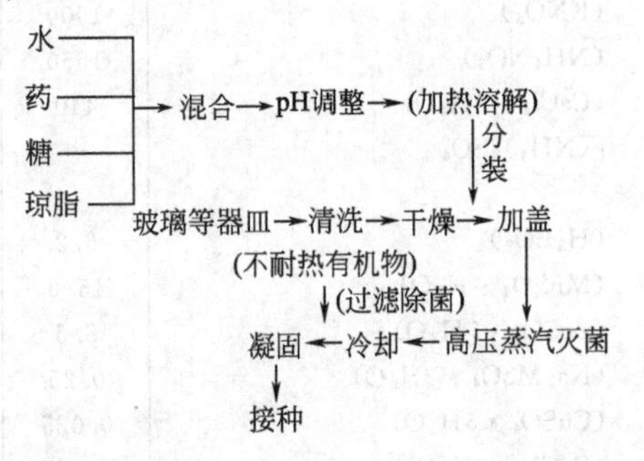

4.2.2 影响植物组织培养的环境条件

4.2.2.1 温度

温度是植物组织培养成功的重要条件。植物组织培养大多在最适温度（T_{opt}）条件下进行恒温培养，通常为25℃±2℃，但也因种类而异，不过一般都在20～28℃范围内。有的植物需要变温培养，如有报道说，菊芋用昼温28℃、夜温15℃的变温培养方法有利于根的分化。

温度不仅对植物组织和细胞的增殖，而且对器官的形成也有影响。例如，烟草苗的形成以18℃为好，而在12℃以下、30℃以上的形成率很低。在烟草细胞增殖条件的研究中发现，26℃时，无须添加细胞分裂素就能很好地增殖，而16℃时则需要添加。这种对CK需要情况的差异，说明温度影响了与内源CK代谢系统有关的变化，也就导致了不同温度对生长的影响。

在对植物材料进行培养之前，先对其进行低温预处理，往往对以后的培养有利，因此常在培养实践中采用。例如，胡萝卜切片在4℃下处理16～32min，比未处理的明显加快生长；天竺葵茎尖在10℃低温下处理1～4周，可大大提高茎尖繁殖数；菊芋块茎组织经低温或高温预处理均可促进生根；胚培养中先进行低温预处理，也有利于萌发等。

4.2.2.2　光照

光照对植物组织培养中的生长和分化也有很大影响，当然这也和培养材料的性质、培养基以及由于光照引起的温度上升等方面因素有关。光的影响包括光照强度、光质（光波长）和光周期三个方面。但不同植物对光照的确切要求尚不是很清楚。在培养初期和愈伤组织增殖阶段，一般采用黑暗或弱光条件下培养，因为光照过强经常抑制外植体的增殖。如玉簪花芽和花茎的培养，花芽愈伤组织的诱导率暗培养比光照下要高；花茎培养则只有暗培养才能诱导愈伤组织的形成。进入分化阶段一般都给予较强的光照。有实验显示，光照强度可直接影响器官分化的频率，如在卡里佐枳橙茎尖的培养中，随着光照强度的提高，分化产生的新梢数也随之增加（表 4-2）。

表 4-2　光照强度对卡里佐枳橙茎尖分化的影响

光照强度/lx	每个外植体产生的新梢数
0.00	1.3
2200	2.0
5700	3.1

不同波长的光对一些细胞的分裂和器官的分化也有影响，如蓝光对烟草愈伤组织苗的形成有促进作用，而红光则无促进作用；但光质对其根形成的作用却正好相反，它受红光刺激，而蓝光无效。在马铃薯试管块茎形成过程中，蓝光有促进作用，而红光则抑制块茎的形成。倪德祥等用白、红、黄、绿、蓝等不同光质培养双色花叶芋时，发现不同光质不仅能影响培养物的生物总量，还能影响器官发生的先后和多少。

光周期的需要与否，应根据植物的种类和培养目的等来确定。例如，对短日照敏感的葡萄品种，它的茎切段只在短日照条件下才能分化形成根；而对日照不敏感的葡萄品种，可在任何光周期条件下分化形成根。对光周期敏感植物花芽的分化需要一定的光周期诱导。在器官发生阶段，一般给予周期性光照效果较好，光周期的长短因植物种类不同而异。

4.3　外植体的选择及消毒

4.3.1　外植体的选择

尽管理论上所有的植物细胞都有“全能性”，即能重新形成植株的能力，而且组织培养已经获得成功的植物，几乎包括了植物体的各个部位，如茎尖、茎的切段、髓、皮层及维管组织、表皮及亚表皮组织、树木的形成层、块茎的贮藏薄壁组织、花瓣、叶、子叶、鳞茎、胚珠和花药等。但实际上不同种类的植物以及同一植物各个不同部位的组织、器官，其形态发生能力都可能因植株的年龄、部位、季节及生理状态等而有很大不同。因此，在实验及生产实际中应注意选取最易表达全能性的部位作为培养材料，可以增加成功的机会。具体应注意以下几点。

4.3.1.1　取材部位的选择

不同植物、不同部位组织的形态发生能力不同。例如，许多兰科植物及石刁柏和非洲菊等用茎尖作材料最合适，旋花科植物用根较为合适，而秋海棠及茄科的一些植物则适合于用叶等。对大多数植物来讲，茎尖是较好的部位，由于其形态已基本建成，生长速度快，遗传性稳定，也是获得无病毒苗的重要途径。但茎尖往往受到材料来源的限制，因此茎段也得到了广泛的应用，可解决培养材料不足的困难，并已在雪松、桉树和薄荷等植物上得到应用。以叶片为材料来源最为丰富，因此叶片的培养更为普遍，如罗汉果、猕猴桃、番茄和矮牵牛等许多植物上都已采用。一些培养较困难的植物，则往往可通过子叶或下胚轴的培养而奏效。花药和花粉培养是单倍体育种的重要途径之一。其他还可根据需要，采用花瓣、鳞茎等部位来培养。

4.3.1.2　器官的发育阶段和生理状态

外植体的发育年龄是影响器官形成的重要因素。如在拟石莲花叶的培养中，用幼小的叶作材料仅产生根，用老叶片培养可以形成芽，而用中等年龄的叶片培养则同时产生根和芽。一般来讲，幼年组织比老年组织有更好的形态发生能力。在木本植物的组织培养中，以幼龄树的春梢嫩枝或基部的萌条较好，树龄小的要比树龄大的容易获得成功。取材季节也有影响，如百合鳞片外植体，春秋季取材容易形成小鳞茎，而夏冬季取材培养则难于形成小鳞茎。大多数植物应在其生长开始的季节采样，而生长末期或进入休眠期的外植体则对诱导反应迟钝或无反应。

4.3.1.3　外植体的大小

一般来讲，较大的外植体有较大的再生能力。在兰花、香石竹、柑橘和马铃薯等许多植物的茎尖培养中也表明，材料越小成活率越低。茎尖培养存活的临界大小一般为一个茎尖分生组织带1～2个叶原基。若培养的目的是脱病毒，就不能太大。对于仅诱导愈伤组织的外植体，材料大小并无严格限制，一般将茎、叶、根、花、果实或种子等的组织切成长约5mm的小段或约5mm×5mm的小块接种到培养基上就可以了，至于胚、胚乳等按器官或组织单位切离即可。但对甘蔗心叶愈伤组织等的培养结果表明，愈伤组织的大小对进一步的分化是有影响的（表4-3）。

表4-3　甘蔗培养材料大小对分化的影响

品种	愈伤组织大小/mm	愈伤组织数	出苗数	苗分化率/%
川蔗11号	＜5	102	9	8.8
	＞5	65	48	73.8
桂糖2号	＜5	69	8	11.6
	＞5	105	87	82.6
桂糖71/114	＜5	56	7	12.5
	＞5	68	64	94.1

4.3.2　植物材料的消毒

植物组织培养用的材料大部分取自田间，其外部带有大量微生物，因此，必须将其表面彻底消毒，才能进行无菌培养。植物材料带菌的情况和培养用的组织大小、作物种类、栽培情况、分离的季节以及操作者的技术等有关。一般是组织越大越易污染，夏季比冬季带菌多，雨季比旱季带菌多，较老的材料比幼嫩的材料带菌多，田间生长的比温室生长的带菌多，带泥土的材料比不带泥土的材料带菌多，因此，取材时应很好地加以选择，在满足实验要求的前提下，尽可能选用带菌少的材料，以减少污染的发生。

4.3.2.1　常用消毒剂

理想的消毒剂应该具有良好的消毒作用，又易被蒸馏水冲洗掉或能自行分解，而且不会损伤材料、影响生长。漂白粉、乙醇、次氯酸钠、双氧水、升汞等都是植物组织培养中较理想的消毒剂。由于不同植物、同一植物的不同部位或不同组织都有其各自的特点，因此，它们对不同种类、不同浓度的消毒剂的敏感性不同。所以，开始要进行预实验，以达到最佳的消毒效果。几种消毒剂的使用浓度、消毒时间、杀菌效果和去除难易程度如表 4-4 所示，其他详见第 3 章相关内容。

表 4-4　几种消毒剂的效果比较

消毒剂	使用浓度/%	去除难易程度	消毒时间/min	效果
次氯酸钙	9～10	易	5～30	好
次氯酸钠	2	易	5～30	好
升汞	0.1～1	最难	2～10	最好
过氧化氢	10～12	最易	5～15	较好
溴水	1～2	易	2～10	好
硝酸银	1	较难	5～30	较好
酒精	70～75	易	0.2～2	好

4.3.2.2　各类植物材料的一般消毒方法

(1) 茎尖、茎段及叶片的消毒　植物的茎、叶部分多暴露在空气中，有的本身具有较多的茸毛、油脂、蜡质和刺等，栽培上又受到泥土、肥料中杂菌的污染，所以消毒前要经自来水较长时间的冲洗，特别是一些多年生的木本植物材料更要注意，有的可加肥皂粉、洗衣粉等进行洗涤。消毒时，先用 70%酒精浸泡数秒，以无菌水冲洗 2～3 次后，按材料的老嫩和枝条的坚实程度，分别采用 2%～10%的次氯酸钠溶液浸泡 10～15min，再用无菌水冲洗 3 次后即可接种。

(2) 果实及种子的消毒　根据果实和种子的清洁程度，先用自来水冲洗 10～20min 或更长时间，再用纯酒精迅速漂洗一下。然后，果实先用 2%次氯酸钠溶液浸 10min，再用无菌水冲洗 2～3 次，就可取出果内的种子或组织进行培养。种子则先要依种皮的硬度用 10%的次氯酸钙浸泡 20～30min 甚至几小时。对难消毒的还可用 0.1%的升汞或 1%～2%的溴水消毒 5min。进行胚或胚乳培养时，对于种皮太硬的种子，也可预先去掉种皮，再用 4%～8%的次氯酸钠浸泡 8～10min，经无菌水冲洗后，即可取出胚或胚乳接种。

(3) 花药的消毒　用于培养的花药实际上多未成熟。由于它的外面有花萼、花瓣或颖片保护，通常处于无菌状态。所以，只需将整个花蕾或幼穗消毒即可。一般用 70%酒精浸泡数秒，然后用无菌水冲洗 2～3 次，再在饱和漂白粉上清液中浸泡 10min，经无菌水冲洗 2～3 次后即可剥去外面部分进行接种。

(4) 根及地下器官的消毒　这类材料生长于土中，取出后带有泥土，且常有损伤，消毒较为困难。因此，除先用自来水洗涤外，还应用软毛刷刷洗，用刀切去损伤及污染严重部位，以吸水纸吸干后，再用纯酒精漂洗。可采用 0.1%～0.2%升汞浸 5～10min 或 2%次氯酸钠溶液浸 10～15min，然后用无菌水冲洗 3 次，用无菌滤纸吸干后进行接种。若上述方法效果不好，也可采用多种药液多次消毒等方法，以达到彻底消毒的目的。

4.3.2.3　材料内部所带杂菌的处理

近年来的大量研究表明，植物中存在内生菌（endophytes）——包括内生真菌和内生细菌等——是一种普遍现象。内生菌在其生活史的一定阶段或全部阶段存在于生活植物的组织和器官中，与宿主有着非常密切的关系。在正常情况下，一般并不表现任何外在病症，但在植物组织培养过程中，这些内生菌就会长出来，造成程度不一的污染，给无菌培养物的建立和后续培养带来一定困难。因此，找出并采取合适的去除外植体内生菌的方法至关重要。但是，前文所介绍的方法只是对材料进行表面消毒，而若材料内部带有内生细菌和内生真菌等杂菌，则需要采取一些特殊措施来进行处理。

由于不同植物、同一植物的不同部位在不同生态环境下存在的内生菌种类可能有很大不同，因此，去除内生菌的技术也因具体情况不同而异。迄今已有不少学者以多种外植体为材料进行了研究，并在不同程度上取得良好效果，可供参考。

目前应用较多的是采用在培养基中添加抗菌药品的方法来解决内生菌的污染问题。表4-5列举了添加几种抗生素抑制杂菌的效果。但不同材料中存在的内生菌种类各异，所需抗生素的种类和浓度都应通过预实验来进行选择和调整。除抗生素外，还有用苯甲酸钠、丙酸钠等防腐剂和多菌灵等农药进行处理的尝试，必要时可考虑使用混合消毒液处理。另外，还有利用植物和内生菌之间对温度的耐受性不同采用的高温（heatshock）处理；为提高处理效果而采用的高温和高湿度结合处理；茎尖培养；降低培养基pH值（多数细菌在pH小于4.5时不能生长）等方法。如有可能，则在栽培过程中就应注意改善植株的生长环境；采集外植体前对供体植株喷杀菌剂或抗生素；促发新枝或进行黄化处理，也可在不同程度上改善外植体的带菌状况。

表4-5　培养基中添加抗生素对预防杂菌的效果

抗生素	浓度/(mg/L)	培养种类		
		银杏	冬青	月季
链霉素	10	0	+	+
青霉素	20	+++++	+++++	+++++
土霉素	5	0	+++++	+++++
夹竹桃霉素	20	+++++	+++++	+++++
杆菌肽	50	+++++	+++++	+
新霉素	1	+	++++	+

注：“+”的多少代表预防效果的程度，“+”号越多，效果越好。

4.4　外植体的切取和培养

4.4.1　外植体的切取

从供体植株上采摘的材料一般较大，而且也不规则，消毒后应根据实验目的及对外植体的要求切成一定大小和形状的小块或小段等。若要定量研究愈伤组织的发生，外植体的大小必须一致，形状和组成也要基本相同。例如，从无菌块茎或块根获得外植体时，可在无菌条件下用打孔器在块茎或块根上钻出圆柱形的组织块，然后切割成等距离的圆柱形的切块。

较大材料在肉眼下即可切取，而较小材料的切取则需在实体解剖镜下进行。切割动作要快，防止挤压使材料受到损伤而导致培养失败。也要避免使用生锈的刀片，以防止氧化现象的发生。为防止交叉污染，刀片和镊子等切割工具使用一次后应放入70%（或95%）的酒精中浸泡，然后灼烧放凉备用。

4.4.2　外植体的接种和培养

外植体切割好后，即可将其在无菌条件下直接放在培养基表面或插入培养基中，即接种。然后，根据培养条件和实验要求，可将培养材料放入培养室中的培养架上，或放在调温培养箱、调温调湿培养箱、光照培养箱、摇床、转床等内进行培养。

植物组织培养技术几乎都是从微生物培养技术演变而来的。其培养方式主要分为固体培养和液体培养两大类。

固体培养是指在液体培养基中加入一定量的凝固剂（常用琼脂）使培养基固化，然后将外植体接入此培养基上培养。固体培养的优点是实验设备要求简单，培养时占用空间较少等。但缺点是外植体只有一部分表面能接触培养基，当外植体周围的营养被吸收后，容易造成培养基中营养物质的浓度差异，影响培养物的生长；另外，外植体插入培养基的部分，常因气体交换不畅及有毒代谢产物的积累而影响组织的呼吸或造成毒害；还有很难产生均匀一致的细胞群等。但由于其简便，目前固体培养仍是一种重要的、较为普遍的植物组织培养方法。

液体培养可分为静置液体培养和振荡液体培养两类。静置液体培养就是把培养物接入液体培养基中静置于培养室或光照培养箱等中培养。可在试管内通过滤纸桥把培养物支持在液面上，由滤纸的吸收和渗透作用不断为培养物提供水分和养料。在花药培养中可把花药直接漂浮在液面上培养。振荡液体培养就是将培养物接入培养液中，放在振荡器中振荡培养的方法，有利于培养基的充分混合及培养物的气体交换。振荡液体培养可分为连续浸没培养和定期浸没培养两种方式。前者通过使用磁力搅拌器搅动培养基或用摇床培养，使组织细胞悬浮于培养液中；后者是培养物时而在液体中，时而在气体中，进行定期浸没振荡培养的设备可选用转床或间歇浸没生物反应器等。

思　考　题

1. 植物组织培养基一般由哪些成分组成？配制培养基时应注意哪些问题？
2. 什么是“外植体”？选择外植体时应注意哪些问题？
3. 环境因素对植物离体培养有哪些影响？
4. 怎样对各类外植体进行消毒？对于植物材料中存在的内生菌可采用哪些措施进行处理？

第 5 章　植物离体快速繁殖和脱病毒技术

利用离体培养技术，将植物外植体在人工培养基和合适的条件下进行培养，以在短期内获得大量遗传性一致的个体的方法称为离体快速无性繁殖，简称为离体繁殖（*in vitro* propagation）、微繁殖（micropropagation）或快速繁殖（rapid propagation）。由离体无性繁殖获得的植株称为试管苗。

应用离体繁殖技术可以大大加快植株的增殖速度；可以在短时间内得到大量均一的具有良好品质的植株；可以从染病毒的植株重新获得并大量繁殖脱毒苗；还能加速繁殖数量有限的特殊种质材料，例如新育成品种、新引进品种、稀缺良种、突变体、珍稀濒危植物、基因工程植株以及有性和无性繁殖能力低的植物种类等；而且便于国家和地区间种质资源的交换；安全而方便地保存植物种质；还有占用空间小，不受季节限制，便于工厂化育苗等特点。因此，植物离体快速繁殖技术自 20 世纪 60 年代建立后，得到了迅速地发展，带来了可观的经济效益和良好的社会效益。

5.1　植物的快速繁殖技术

5.1.1　快速繁殖的一般技术

植物的快速繁殖过程一般可分为 4 个阶段，即：无菌培养物的建立，培养物的增殖，诱导生根和试管苗的移栽。

5.1.1.1　无菌培养物的建立

进行离体繁殖首先必须建立相应的无菌培养物，即初代培养。主要包括外植体的选择和消毒，培养基的筛选和灭菌，接种以及在适宜环境条件下进行培养等环节。具体见第 4 章的有关内容。

在初代培养过程中，主要应注意以下几点：

(1) 保证无菌　一定要保证外植体和培养基的无菌状态及培养室的良好清洁条件，必须建立严格的无菌操作观念，这是离体培养成功的最基本前提。

(2) 条件合适　要成功地建立初代培养，一定要选择合适的外植体，包括植物种类、品种、取材部位和生理状态等；选择合适的培养基，包括激素和其他添加物；以及选择适宜的培养条件。因此，在进行培养之前，应先认真查阅资料，在借鉴相关工作经验的基础上，决定自己的实验设计。

(3) 技术过关　要建立初代培养，熟练掌握操作技术也是十分重要的。无菌操作要熟练，动作要快，尽量缩短操作时间，就容易避免污染和给外植体可能带来的诸如失水等不利影响。

(4) 防止褐变　褐变是植物组织培养中常见的现象。正常情况下植物细胞中存在的酚氧化酶和其底物酚类化合物在细胞质中是分隔开的，当切取外植体时，切口附近细胞中的酚氧化酶就会与底物接触，发生反应，将酚氧化成相应的醌。结果使外植体发生褐变，并会渗透到培养基中使培养基褐化，严重影响培养物的生长和分化，甚至造成培养物死亡。影响褐变的因素很多，主要有以下几个方面：

① 植物种类和基因型 如豆科和芸苔属植物在原生质体培养中容易发生褐变。在橡胶树的花药培养中有些品系的花药容易褐变，而有些则褐变较少。因此，在植物组织培养中容易褐变的植物，应注意对其不同基因型的筛选，选出褐变程度较轻的材料来进行培养。

② 外植体的取材部位和生理状态 材料本身的生理状态不同，接种后的褐变程度也不同。一般木本植物的外植体较易发生褐变，在成年树尤其严重。如欧洲栗幼树的芽不容易褐变，而成年树的褐变较严重。在对辣椒的下胚轴及子叶的培养中发现，下胚轴的分生能力较强，生长旺盛，其褐变程度也低于子叶。在对荔枝的培养中发现，茎最容易诱导出愈伤组织，愈伤组织生长良好；叶诱导出愈伤组织的能力相对较差，且愈伤组织中度褐变；而根的绝大部分不能诱导出愈伤组织，而且诱导出的愈伤组织全部褐变。

③ 培养基成分 有时无机盐浓度过高、植物生长物质使用不当等都可能加重褐变。如使用1/4MS在一定程度上可以减轻樱花外植体的褐变。在对薄壳核桃的茎尖培养中发现，随着培养基中6-BA浓度的升高，褐变率随之增高，褐变出现时间也早；反之，较低浓度的6-BA适宜茎尖的分化生长，褐变反应慢，部分培养基已无褐化现象。在荔枝培养中，培养基中添加1mg/L BA+0.5mg/L 2,4-D时，愈伤组织比较坚硬，增殖缓慢，易产生褐变；而添加1mg/L BA+1mg/L 2,4-D时，愈伤组织浅黄、疏松，增殖快。

④ 培养时间和培养条件 接种后的材料培养时间过长，未及时转接，也会引起褐变。温度过高或光照过强都可提高酚氧化酶的活性，从而加速培养组织的褐变。

为防止或减轻外植体的褐变，可采取一些相应的措施，常用的方法有：

① 选择适当的外植体和培养条件 许多成功的经验表明，选择合适的外植体和培养基是克服褐变的最主要的手段。如选择生长旺盛的、分生能力强的部位作为外植体；在培养基的选择上注意适当的无机盐成分、激素水平与组合等。适当的温度和暗培养都有降低褐变的作用。

② 使用抗氧化剂 使用抗氧化剂（antioxidants）等可以有效地减轻外植体在组织培养过程中的褐变。常用的抗氧化剂有抗坏血酸、柠檬酸、半胱氨酸等。可以将抗氧化剂加在培养基中，或用抗氧化剂溶液预先处理外植体，也可在抗氧化剂溶液里切割、剥离外植体。在培养基中加入活性炭或酚类物质的吸附剂聚乙烯吡咯烷酮（PVP），也能减轻褐变。

③ 连续转接 一旦发现褐变，立即将外植体转移到新鲜培养基上，或将易褐变的外植体不断转移到新鲜的培养基上，可以减轻或防止褐变。

5.1.1.2 培养物的增殖

在这一阶段，外植体在数量上迅速增殖，是快速繁殖技术中最重要的一环。罗士韦（1978）将植物组织培养再生和分化的类型分为5种，即：①无菌短枝型，②丛生芽增殖型，③器官发生型，④胚状体发生型，以及⑤原球茎型；而李文安（1998）划分的更为细致，认为可以分为10类，包括：①器官型，②器官发生型，③胚状体发生型，④原球茎型，⑤球茎芽型，⑥块茎型，⑦鳞茎型，⑧孢子型，⑨根茎型，以及⑩微枝扦插型。但一般主要通过以下三条途径来达到快速繁殖的目的。

(1) 促进腋生分枝（enhanced axillary branching） 高等植物的每一个叶腋中通常都存在着腋芽（axillary bud），但在整体植物上由于顶端优势效应，多数腋芽受到内源激素的抑制。而将顶芽或腋芽在加有适量细胞分裂素的培养基上离体培养时，由于细胞分裂素的持续作用，腋芽可不断分化和生长，逐渐形成芽丛。将其反复切割和转移到新的培养基中进行继代培养（subculture），就可在短时间内得到大量的芽。有些植物即使在含有 CK 的培养基中顶端优势也不易被打破，接种的茎尖和芽只能长成不分枝的一根枝条，此时可用切段法（即将枝条切成含一个芽的茎段，也称为节培法或微型扦插法）加以繁殖。马铃薯和葡萄的快速繁殖就是采用这种方法。

在促进芽丛生长的培养基中一般加入 0.1～10mg/L 的细胞分裂素，多数使用 1.0～2.0mg/L，偶尔也用较高浓度。应用最多的是 6-BA，其次是 KT 和 2-异戊烯基腺嘌呤(2ip)，Zt 因太贵而用得较少。除了细胞分裂素外，在培养基中还经常加入较低浓度的生长素以促进腋芽的生长，但要防止引起愈伤组织化。常用的生长素是 NAA、IBA 和 IAA，浓度为 0.1～1.0mg/L。有时还加入低浓度的赤霉素，以促进腋芽的伸长。

芽增殖途径的主要优点是能较好地保持该植物种的遗传稳定性，而且繁殖速度快，也是通过茎尖培养脱病毒的必由之路。

(2) 诱导不定芽的形成（adventitious bud formation） 从任何除现有芽之外的器官和组织上通过器官发生重新形成的芽叫不定芽（adventitious bud）。有一些植物的器官在自然条件下就可以产生不定芽，如苹果和醋栗的根、秋海棠和非洲紫罗兰的叶等。在离体培养条件下，由于所需的外植体很小，再加上激素的作用，可以使这种能力得到极好的发挥。例如，秋海棠或非洲紫罗兰用常规的叶插法繁殖时，每片叶只能产生几个到十几个芽，但用叶切段在培养基中一次可形成几十至几百个芽。而且在培养条件下还能使通常不产生不定芽的植物或器官形成不定芽，如甘蓝和番茄的叶、百合和水仙的鳞片、萱草的花茎等。但不定芽发生途径常可使嵌合性状遭到破坏。例如：天竺葵的一种（Mme Salleron）有杂色的叶子（variegated leaves），为遗传嵌合体（genetic chimera）。通过叶柄切段直接形成不定芽而繁殖得到的植株，不再有嵌合现象——植株不是绿的就是白化的（albinos）；相反，由茎尖培养得到的植株仍呈典型的嵌合性状（图 5-1）。

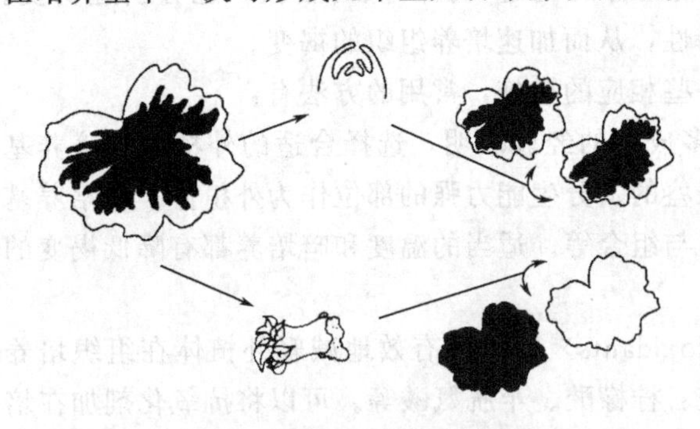

图 5-1 Mme Salleron 的茎尖培养（上）和叶柄切段培养（下）

使用在外植体上形成不定芽的方法进行增殖，也需要用一定量的 CK 和生长素，一般应注意浓度不能过高，还要避免使用 2,4-D 和 2,4,5-T(2,4,5-三氯苯氧乙酸）等活性极强的生长素，以减少遗传变异的发生。一般使用 CK 浓度高于生长素浓度的配比，但也常采用二者比例接近于 1 的配比。常用的细胞分裂素是 6-BA、KT 和 Zt，浓度为 0.1～10.0mg/L；生长素常用 NAA、IAA 和 IBA。但外源激素的供应只是一个方面，还需考虑内源激素的状况。具体应用时应查阅有关资料，并通过实验来筛选合适的激素比例。

(3) 诱导胚状体形成（embryoid formation） 该途径也称为体细胞胚胎发生（somatic embryogenesis）途径，是由植物器官、组织和细胞培养直接发生类胚结构，最后以胚状体成苗的方式。其发生和成苗过程类似于合子胚或种子。在自然界，只有少数植物（如柑橘属的植物）可以由珠心产生胚状体，即珠心胚。在培养条件下许多植物的培养物也具有体细胞胚胎发生能力，可以在离体诱导条件下产生胚状体。

不同植物种类、同一物种的不同品种在产生胚状体的能力方面有很大差别，外植体的来源和生理状态也有影响。一些离体培养的器官在一定条件下可以从外植体上直接产生胚状体，子叶和下胚轴是最容易诱导体细胞胚胎发生的器官。从离体培养的外植体先增殖愈伤组织，然后再从愈伤组织分化出胚状体是体细胞胚胎发生最常见的方式，能够产生胚状体的愈伤组织被称为胚性愈伤组织（embryogenic callus）。胚状体还可从包括体细胞、分离的原生质体和小孢子等在内的游离的单细胞发生。

很多研究结果证明，在培养基中加入2,4-D是体细胞胚胎发生极为重要的诱导因子。有人把胚状体发生分为两个阶段：第一阶段为诱导阶段，培养基中必须加入2,4-D；第二阶段为胚状体形成阶段，要降低培养基中的2,4-D含量或者去除2,4-D，以保证胚状体正常生长。但如人参、西洋参、刺五加等植物，在含有2,4-D的培养基上不需要转换培养基也可产生大量胚状体。而水稻、玉米等的花药培养，在无任何植物生长物质的培养条件下，也能形成胚状体。有些植物的胚状体发生，要求不同的植物激素种类。如颠茄细胞原生质体培养中，愈伤组织培养在含有NAA和激动素的培养基上能够形成胚状体。在南瓜的体细胞胚胎发生中，将NAA和IBA配合使用更为合适。

培养基中的氮源也是影响胚状体发生的重要因素，特别是还原态氮。在培养基的无机盐中铵态氮属于还原态氮，其含量的高低直接影响胚状体的诱导效果。通常情况下，MS培养基比White培养基对胚状体形成有更好的效果，这可能和MS培养基中铵态氮的含量大大高于White培养基有关。有机氮源对于胚状体的发生和发育也有促进作用。在许多实验中，天然提取物如CH、YE麦芽提取物和CM等对胚状体的产生和发育都有良好的作用。

胚状体途径的优点是增殖率高，而且同时具胚根和胚芽，可以免去生根这一步，也是制作人工种子的前提，受到国内外的普遍重视。但是，目前由于胚状体的发生还不普遍，产生的胚状体难以成苗或成苗率太低，以及遗传性状尚不稳定，故仅在有限的植物中应用。

5.1.1.3　诱导生根

通过侧芽和不定芽途径产生的芽，需进一步诱导生根才能得到完整的植株。即把增殖的芽或嫩梢一个个切下来，分别接种到生根培养基中诱导生根。由于有些嫩枝本身能合成丰富的生长素，所以可在无激素的培养基上生根。但多数植物，尤其是木本植物，需要在培养基中加入适量的生长素来诱导生根，常用的生长素有NAA、IBA和IAA，一般使用浓度为1～10.0mg/L，因植物种类不同而异。如果用低浓度的生长素不能诱导生根，可以考虑采用高浓度的生长素短时间处理枝条，如先用100mg/L的生长素（常用IBA）溶液处理无根苗数小时至一天，用无菌水洗净后再接种到不含生长素的基本培养基上。当单一使用某种生长素效果不佳时，结合使用不同种类、不同浓度和配比的生长素，可能获得良好效果。

在生根阶段，一般要降低无机元素的含量，如用1/2MS或1/4MS，或是更换其他盐浓度较低的培养基。蔗糖的浓度可以降低到1%～1.5%左右，以增强植株的自养能力。

5.1.1.4　试管苗的炼苗和移栽

试管苗长期处在光温条件较为稳定、高湿、基本异养等环境下生长，其形态、解剖和生理特性等方面都与温室及大田生长的植株不同。例如，试管苗根系不发达，根毛少或无；叶表无保护组织或不发达，表皮毛无或极少，叶组织间隙和气孔开度大，因此极易失水。为了适应移栽后的较低湿度以及较高的光强和温差等不稳定的环境条件，并顺利进行自养，必须要有一个逐步锻炼和适应的过程，这个过程叫驯化（domestication）或炼苗（acclimatization）。

一般移栽试管苗时，先打开瓶口，逐渐降低湿度，并逐渐增强光照，其进程应根据当地的气候环境特点、植物种类、设备条件等逐步过渡，进行驯化。使新叶逐渐形成角质、蜡质，产生表皮毛，降低气孔开度并逐渐恢复气孔的调节功能，减少水分散失，促进新根发生，以适应环境。近年还发现，在培养基中加入多效唑（PP_{333}）、二甲基氨基琥珀酰胺酸（B_9）、矮壮素（CCC）等生长延缓剂，有助于壮苗培养，提高移栽成活率。

5.1.2　无糖组织培养技术

植物组织培养快繁技术应用于植物种苗生产，与一般传统农业常规繁殖方式相比，具有繁殖率高、扩繁速度快等明显优势，但在生产实际中还普遍存在一些难题，例如，在常规的植物组织培养中，组培苗在密闭的小容器中培养，由于容器内湿度过高、CO_2 亏缺，且光照相对不足，致使小植株生长纤弱，移栽成活率低；培养基中的糖还易导致操作过程中出现微生物污染，以及生产成本较高等，这些问题也是植物组织培养快繁技术在商业化生产中仍然受到一定限制的重要原因。因此，迫切需要通过不断改进技术，降低生产成本，提高产品质量和产量，以获取更佳的经济效益。

植物无糖组织培养技术（sugar-free microporpagation），又称为光自养微繁殖技术（photoautotrophic micropropagation），是指在植物组织培养中将试管或玻璃瓶等小容器培养改为箱式大容器培养，使用不含糖的培养基，以 CO_2 代替糖作为植物的碳源，通过控制影响试管苗生长发育的环境因子，促进植株光合作用，使试管苗由兼养型转变为自养型，以更接近植物自然生长状态、成本相对较低的方式生产优质种苗的一种植物组织培养技术。无糖培养技术克服了传统组织培养中存在的许多问题，是自 20 世纪 60 年代常规组织培养技术在生产中逐渐得到广泛应用以来，于近年出现的一项突破性的革新技术。

5.1.2.1　植物无糖组织培养技术的特点

无糖组织培养技术是一种将环境控制技术与传统组织培养技术有机结合的新的植物组织培养模式，与传统植物组织培养的区别主要有以下几点：

(1) 培养容器　常规培养中，培养基中含糖，一般采用小的密闭容器防止微生物污染，容器内相对湿度较高。无糖组织培养的培养基中无糖，污染率降低，可使用大型容器进行培养，而且培养容器一般带有强制换气装置，加大了培养室中的空气流动，提高了光合速率，促进了植株的生长发育。

(2) CO_2 浓度　根据不同植物生长的需要及光照强度，在光照期间需要增加培养瓶内的 CO_2 浓度。国内现在较为成熟的 CO_2 输入系统是采用箱式无糖培养容器和强制性管道供气系统（图 5-2）。供气系统由 CO_2 浓度控制、混合配气装置、消毒、干燥、强制性供气装置以及供气管道等构成，混配气的构成、气体的流速以及气体内灭菌都容易控制。至于通入

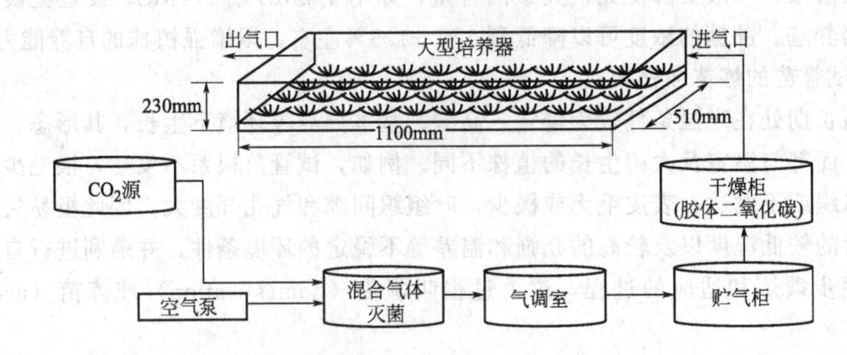

图 5-2　箱式无糖培养容器和强制性管道供气系统

CO_2 混合气体的次数、流速及浓度等要根据培养的植物种类及其生长状况和培养周期而定。

（3）光照强度　当培养容器中的 CO_2 浓度相应升高时，增大光照强度可有效提高植株的净光合速率并促进其生长发育。不仅光照强度，光质、光照时间、光照方向、光周期等都会对培养植物的光合作用及生长形态产生影响。

（4）培养基质　常规培养中，培养基质通常为琼脂等凝胶物质，植株根系在凝胶中的发育经常较为脆弱，移植时易损坏。而植物无糖组织培养一般使用多孔透气的培养基质，如塑料泡沫、纤维素、蛭石、成型岩棉等，可以极大地改善组培苗的根际环境，促进植株根系的发育，提高移栽成活率。而且这些材料的价格远远低于琼脂，有的还可重复使用，极大地降低了成本。

（5）植物生长物质　在常规的有糖培养技术中，一般都需要人为加入植物生长物质，以促进植株的分化和生根。而在无糖微繁中，由于植株生长健壮，在生根培养阶段，加生长素与否对植株的生根率没有显著影响。但在无糖培养的增殖阶段，由于初期外植体叶面积较小，需加入细胞分裂素以促进植物细胞分裂。

（6）相对湿度　高湿会使小植株叶片蜡质层和角质层发育不良，气孔开闭机能不健全，对湿度波动的适应能力差。而无糖组织培养技术在大容器中进行，空气易于流动，可以较好地调节湿度，保证植株的正常生长。通过加湿器加湿是提高微环境相对湿度最常用的方法之一。

5.1.2.2　无糖组织培养的生产系统

目前已有学者和公司开发了一些无糖培养相关设备。如图 5-3 所示是由 S. Zobayed 等人（2000）设计的一个培养系统的示意图。这个容器长 610mm、宽 310mm、高 105mm。它是由丙烯酸薄片（2mm）制成，该培养容器由两室组成，下室很窄，高 2mm，作为空气分布室，通过四个管道与空气泵相通，每个管道的进出口都装有过滤器，以防止微生物进入。上室作为培养室，培养室中放置耐高温高压的穴盘，每个穴盘有 448 个小室。培养室通过管道 b 与营养罐相连。营养罐通过管道 a 与空气泵相连。空气泵由一个电动的计时器控制。营养罐比培养室低 60mm。打开空气泵，在压力的作用下，营养液进入培养室，浸渍了培养基质

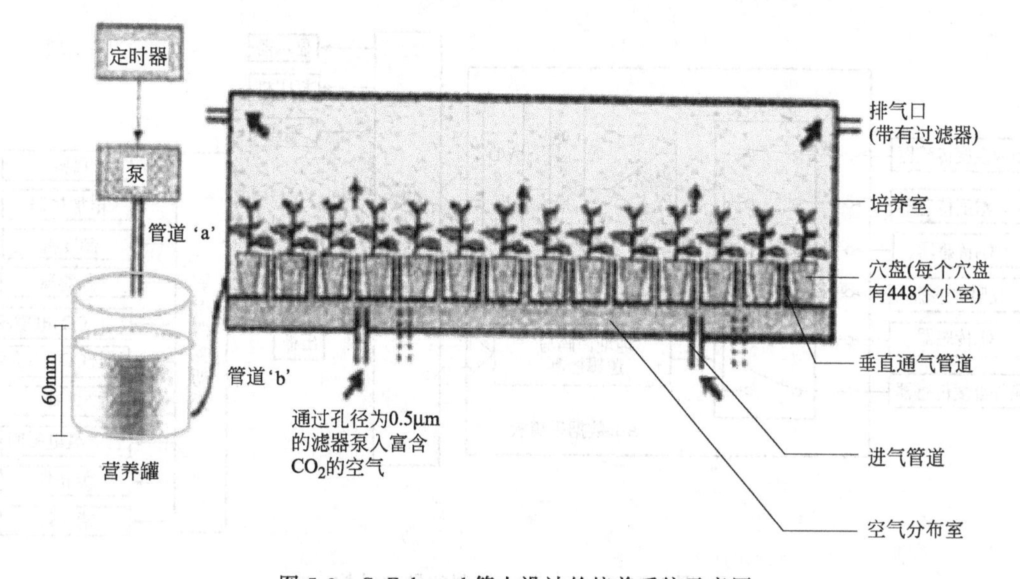

图 5-3　S. Zobayed 等人设计的培养系统示意图

和植株的根部区域。5min以后，关闭空气泵，营养液在重力的作用下流回营养罐，整个灌溉、排出的过程通常要花20～25min。

马明建和宋越冬（2009）开发的一种基于环境控制的组培苗无糖培养系统如图5-4所示。系统培养箱中的空气通过管道循环流过空气净化装置，确保培养箱内环境洁净，切断杂菌的传播途径；该系统以CO_2气体为碳源，用珍珠岩作支撑基质和定时人工光照、定时供应营养液培养组培苗；培养箱中的温度、相对湿度和CO_2浓度等均可控制。试验表明，该系统培养的菊花组培苗优于试管培养的。培养箱环境控制系统的硬件组成如图5-5所示。

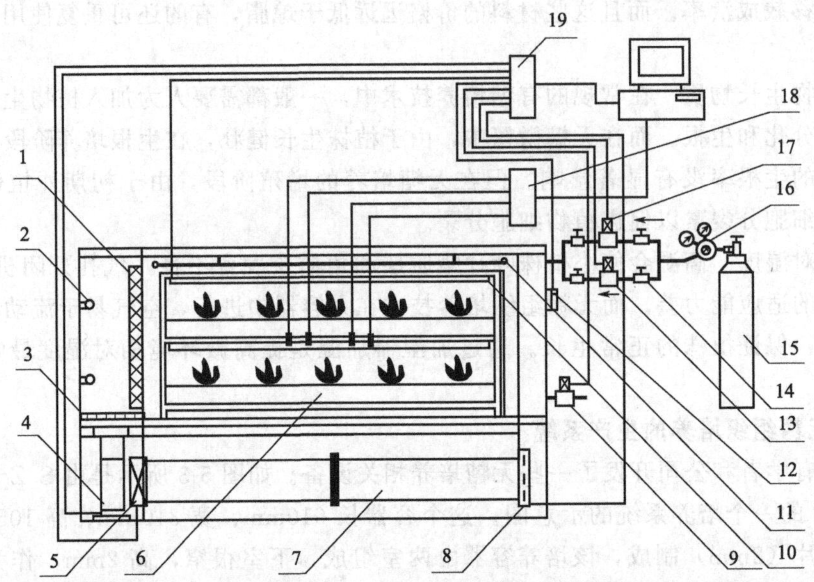

图5-4　马明建和宋越冬（2009）开发的组培苗无糖培养系统结构

1—高效空气过滤器；2—紫外灯；3—中效空气过滤器；4—风机；5—加热器；6—栽培槽；7—通风管道；8—制冷器；9—营养液电磁阀；10—荧光灯；11—CO_2施放器；12—排风口；13—粗控CO_2电磁阀；14—CO_2截流阀；15—CO_2气瓶；16—CO_2调压阀；17—精控CO_2电磁阀；18—A/D数据采集板；19—开关量输出板

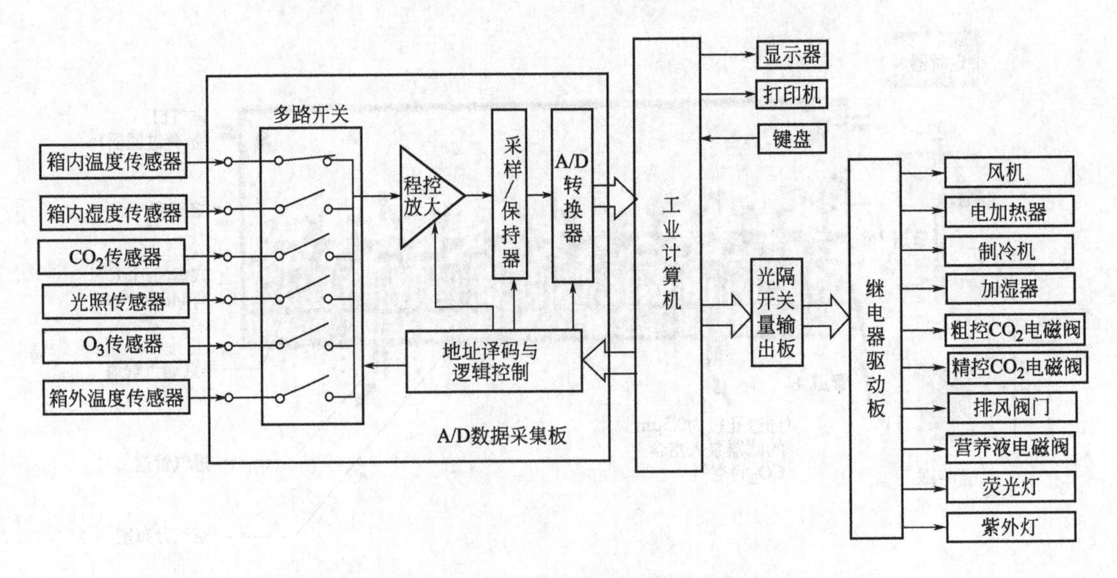

图5-5　培养箱环境控制的硬件结构

5.1.2.3　植物无糖组织培养技术存在的问题

尽管植物无糖组织培养技术具有很多优点，但在实际应用中仍然存在很多困难：①需要精细而复杂的容器内环境控制技术　这需要对植物的生理特性及与外界环境的互动关系、容器内外的环境及物理调控有比较深入的了解。②增加了环境调控费用　主要是增加了光照强度和 CO_2 供应量。③培养的植物材料受到限制　植物无糖组织培养需要高质量的芽和茎，需要一定的叶面积；适用于继代和生根培养而不适于茎尖培养；适于以茎段方式增殖而不适于以芽增殖的植物。

无糖组织培养技术作为一种新型的培养方法，将温室环境控制的原理引入到常规组织培养应用中，用 CO_2 气体代替培养基中的糖作为组织培养植株的碳源，采用人工环境控制的手段提供适宜不同种类组织培养植株生长的光、温度、水、气营养等条件，促进植株的光合作用，从而促进植物的生长发育，达到快速繁殖优质种苗的目的。由于该技术对专业要求降低，生产成本下降，劳动强度减少，使组织培养产业化成为了可能；再加上新材料、自动化、计算机、节能等技术的使用，有理由相信，随着对植物和环境因素关系的进一步研究以及对植物生命活动机理的更深入认识，培养和相关配套设备的继续完善，无糖组织培养技术将成为今后组织培养生产的一种重要手段，可提供大量的质量高、数量和品种多、成本低的植物苗，以进一步促进相关产业的发展。

5.1.3　快速繁殖中应注意的问题

5.1.3.1　遗传稳定性

组织培养快速繁殖主要用于新育成、新引进、稀缺和脱毒良种的快速繁殖，因此保持良种的遗传稳定性十分重要。但在植物快速繁殖中发生一定频率的变异是一种普遍现象，有的高达40%～60%，其中多数是不良变异，而且不能逆转。影响遗传稳定性的因素主要有以下几个方面：

（1）外植体的来源　不同种、同一种的不同品种以及同一植株的不同器官发生变异的频率不同。例如，在玉簪中，杂色叶品种培养的变异率为43%，而绿色叶的仅为1.2%。在菠萝上，来自幼果的再生植株几乎都出现了变异，而冠芽的再生植株变异率只有7%。

（2）继代培养　继代培养的时间和次数是造成变异的重要因素。一般随继代时间的延长和继代次数的增多，染色体变异率也增加。例如，用北蕉诱导不定芽产生，其变异率继代5次为2.14%、10次为5.2%，继代20次则100%发生变异（朱靖杰，1999）。

（3）再生植株的发生方式　一般通过茎芽增殖，变异较小，其次是采用外植体直接形成不定芽，但通过愈伤组织和悬浮培养物诱导不定芽的方式获得的再生苗变异率较高。

（4）植物生长物质　许多研究表明，培养基中的外源植物生长物质是诱导变异的重要原因之一。尤其2,4-D和2,4,5-T常能诱导多倍体产生，但情况比较复杂。如Sunderland（1977）发现，在含有2,4-D的培养基中，纤细单冠菊的悬浮培养物在6个月之内可由二倍体转变为四倍体状态。如果以NAA代替2,4-D，这种变化就要慢得多。然而Butcher等（1975）在向日葵的组织培养物中未能证实2,4-D、NAA或IAA对细胞多倍化的促进作用。但Kallack和Yarve Kylg（1971）在豌豆培养细胞中观察到，2,4-D浓度与多倍化程度之间呈负相关。一般认为，严格控制使用浓度，尽可能地使用低浓度的植物生长物质，应对减少变异有利。

为减少不良变异的发生，提高遗传稳定性，除针对上述影响因素采取相应措施，如减少继代次数，缩短继代时间；采用生长点、腋生分枝增殖方式；选用适当的植物生长物质种类和较低浓度等外，在培养过程中还应注意定期检查，剔除形态和生理异常苗，另外，应尽量促进再生植株开花结实，以检查其生物学性状和经济性状是否稳定。

5.1.3.2 玻璃化现象

在植物组织培养中，有时会出现玻璃化现象（vitrification)，即试管苗茎叶呈半透明或水浸状，这是植物组织培养中所特有的一种生理失调症状或生理病变。由于玻璃苗的组织结构和生理功能异常，故分化能力低下，难以增殖成芽，生根困难，移栽也难成活，是植物组织培养工作中亟待解决的一个问题。

(1) 玻璃化苗的特点 与正常试管苗相比，玻璃化苗的共同特点是茎叶呈半透明状，外观形态有明显异常和基本无异常两类。另外，含水量、矿质元素、还原糖和蔗糖、粗纤维、木质素、叶绿素和蛋白质等多种基本成分含量也有变化，一些酶的活性和内源激素含量也有改变。

(2) 影响玻璃化苗发生的因素

① 培养材料 培养材料的种类和外植体的不同都可能影响玻璃化的发生。例如，瑞香基部茎段、中部茎段和茎尖产生的试管苗的玻璃化频率不同（周菊华等，1990)。郭东红等(1989) 认为瑞香茎尖外植体大小与玻璃化相关，茎尖越小，出现玻璃化苗的比率越大。

② 环境因素 一般液体培养比固体培养更容易发生试管苗玻璃化，蔗糖浓度与玻璃化呈负相关，而且增加培养基中琼脂浓度能降低玻璃化程度。这些结果显示，试管苗玻璃化可能是培养基内水分状态不适应的一种生理变态。另外，培养器皿内通气不良也容易产生玻璃化；培养温度过高，往往导致玻璃化苗的比率增加。黑暗和弱光易形成玻璃化苗，而光照常可降低玻璃化苗百分率。

③ 培养基成分 培养基中 NH_4^+ 过多易导致玻璃化苗产生；也有一些其他离子和不同碳源对玻璃化有影响的报道。乙烯对玻璃化的影响虽引起关注，但看法不一。有研究表明，培养基中细胞分裂素的浓度与玻璃化呈正相关，其中以 6-BA 的影响较大。

(3) 控制试管苗玻璃化的措施 关于玻璃化的成因及其生理机制到目前为止尚未得出一致结论，因此也很难找到一个普遍适用的预防性措施和行之有效的解决方法。但一些从培养环境和生理生化方面采取的措施对控制某些植物的玻璃化已取得成效。具体措施有如下几种，可供借鉴。

① 采用固体培养，适当增加琼脂浓度，提高培养基中的蔗糖含量或加入渗透剂，降低容器内的空气相对湿度。

② 注意改善容器的通风换气条件。适当提高光照强度，延长光照时间。控制温度，避免培养温度过高，一般在昼夜变温交替的情况下比恒温效果好。

③ 降低培养基中的 NH_4^+ 浓度，根据具体情况调整其他元素的含量。适当降低培养基中细胞分裂素的浓度。注意碳源种类和浓度的选择。

④ 一些其他措施或添加物也可有效减轻或防止某些植物的玻璃化。周菊华等（1990）采用 40℃热激处理瑞香培养物，可完全消除再生苗的玻璃化，且能提高愈伤组织的芽分化率；陈国菊等（2000）给培养基添加青霉素 G 钾可降低芥菜试管苗的玻璃化；刘用生等(1994) 在培养基中添加活性炭、师效欣等（1990）加聚乙烯醇、郭达初等使用 CCC 或 PP_{333} 等也都减少了玻璃化的发生。

总之，导致试管苗玻璃化的因素是错综复杂的，防止玻璃化的措施因植物不同而异，而且不同植物在不同条件下可能会得出不同结论甚至相反的结果。完全控制玻璃化的有效方法还需进一步研究和完善。

5.1.4 快繁实例：月季快繁

先将健壮优良母株的嫩茎去叶后消毒（70%酒精 0.5～2s，0.1% $HgCl_2$ 5～8min）。将嫩茎的切段（长 0.5～1.0cm）接种在诱导丛生芽的培养基上（MS＋6-$BA_{0.5\sim3.0mg/L}$＋$NAA_{0.01\sim0.2mg/L}$）。培养条件为日温 20～25℃，夜温 15～20℃；每日光照 10h，光照强度 1000lx。

培养 20 天左右就可形成丛生芽。切割丛生芽成单芽后，接种在同样培养基上可继代培养并使芽大量增殖。将小芽接种到芽生长培养基上（MS＋6-$BA_{0.5mg/L}$＋$NAA_{0.01mg/L}$）可使芽长成健壮的枝条。

待枝条长到 3cm 左右时，将它们切下，在含 1mg/L 的 IBA 或 0.5～1.0mg/L NAA 的 MS 培养基上诱导生根。7～10 天后，当基部愈合并形成根原基时即可进行移栽。将苗取出后可直接插入装有稻壳灰与土（1∶1）的营养钵中，用塑料薄膜覆盖。5～6 天小苗生根，新梢生长，一个月后可定植或上盆。具根原基的嫩梢耐贮藏，还便于长距离运输。

5.2 植物工厂化育苗

5.2.1 工厂化育苗的概念和基本特点

工厂化育苗（plant industrial seedling rearing）是指在人工创造的环境条件下，运用规范化的技术措施，采用机械化、自动化等工厂化的生产手段，快速而又稳定地生产植物幼苗的一种育苗技术。

工厂化育苗运用现代化的温室、培养室或保护地等设施，在人工控制的适宜环境条件下，常年进行种苗生产；采用科学化、标准化、规范化的先进技术措施，标准统一；运用机械化、自动化或生物技术等先进生产手段，成本低、效益高。工厂化育苗完善了植物繁育、选育、改良的各种技术手段和技术措施，代表了育苗新技术的发展方向，是实现良种壮苗产业化的基础。开展工厂化育苗，可以连续不断地培育成品或半成品苗木，把苗木生产工艺和操作流程工厂化，在有限的时间和空间内大规模、大批量、高质量、高产量地进行种苗生产，是种苗生产走向现代化和产业化的一条有效途径。其基本特点如下：

（1）良好的生产设施　一般来说，在设施建设中应具备良好的采光（补光）系统、降温（通风）系统、遮阳系统、加温（保温）系统、适宜的灌溉（施肥）系统、二氧化碳施肥系统、苗床、自动化控制系统等，这些系统可为育苗生产提供良好的环境条件。

（2）适宜的生产基质　工厂化育苗一般采用无土栽培。对生产基质的一般要求是：均质，适宜的孔隙度、pH 值、持水量和营养元素含量等。基质一般由有机物和矿物质组成。有机物的主要种类是泥炭和腐叶土，充分腐熟优质的堆肥也可作为栽培基质。其主要特点是：水气比优；对 pH 值变化有较高的缓冲能力；微生物活动力强；可抑制植物病菌；由于含腐殖质可提高阳离子交换能力及微量元素的有效性，所以可促进植物生长。矿物质的种类有蛭石、珍珠岩、沙子。这类基质对 pH 值变化的影响小，水分、养分含量低，通常不含病菌，有利于植物病害的控制。

（3）标准化的生产管理　不同的植物品种具有独特的生物学特性，同时也具有相应的生产技术特点。育苗生产期是植物生长周期中技术最密集、病虫害最容易发生、管理强度最大的时期。实现育苗生产标准化管理是工厂化育苗的另一个重要特点。从基质的配制、消毒、填装、播种（扦插）到浇水（喷雾）、施肥、病虫害防治、植物生长物质的使用到炼苗、移栽等过程都有一套严格的工艺流程，各个环节紧密衔接。在这个流程中，每个具体环节的管理措施都有明确的定量标准。

(4) 机械化和自动化的生产过程　为了完成各种量化技术措施，达到预期的生产效果，仅靠一般的生产经验和人工操作是难以实现的。应用全自动的装播扦插育苗生产线，可以准确地完成容器消毒、基质装填、播种、扦插敷土、喷淋等生产环节。温度、湿度、光照数据的采集以及相应的通风、遮阳、降温等措施，都是由计算机程序控制来自动完成的，同时借助各种检测仪器、仪表，还可以有效地反映育苗生产中的各种技术参数。

5.2.2 工厂化育苗的一般程序

工厂化育苗是利用相关的工艺设施从组培苗或种子苗得到可供出售的商品苗的过程，包括组培苗（种子苗）的培养、驯化和移栽。培养车间通过植物的快速繁殖技术获得组培苗。培养出的瓶苗，按照每瓶组培苗的数量以及生长的大小、健壮程度分类，以瓶为单位可以直接作为商品出售。另外，除组培苗外，也可以是种子苗。将经过催芽并露白的种子在浇过透水的穴盘中播种，然后在适宜的条件下萌发、出苗，随后，将培养出的组培苗或者种子苗在驯化车间进行驯化，再移栽到温室，待其适应温室的环境后，一般一个月左右，以每棵苗为单位出售。在这个过程中关键是温室配套设施的建立和培养条件的筛选。

5.2.3 工厂化育苗的主要设施

工厂化育苗的主要设施除组织培养中常规的设备外，还包括试管苗驯化、移栽和苗圃管理过程中的设施（图 5-6），其中最重要的是温室培养系统。

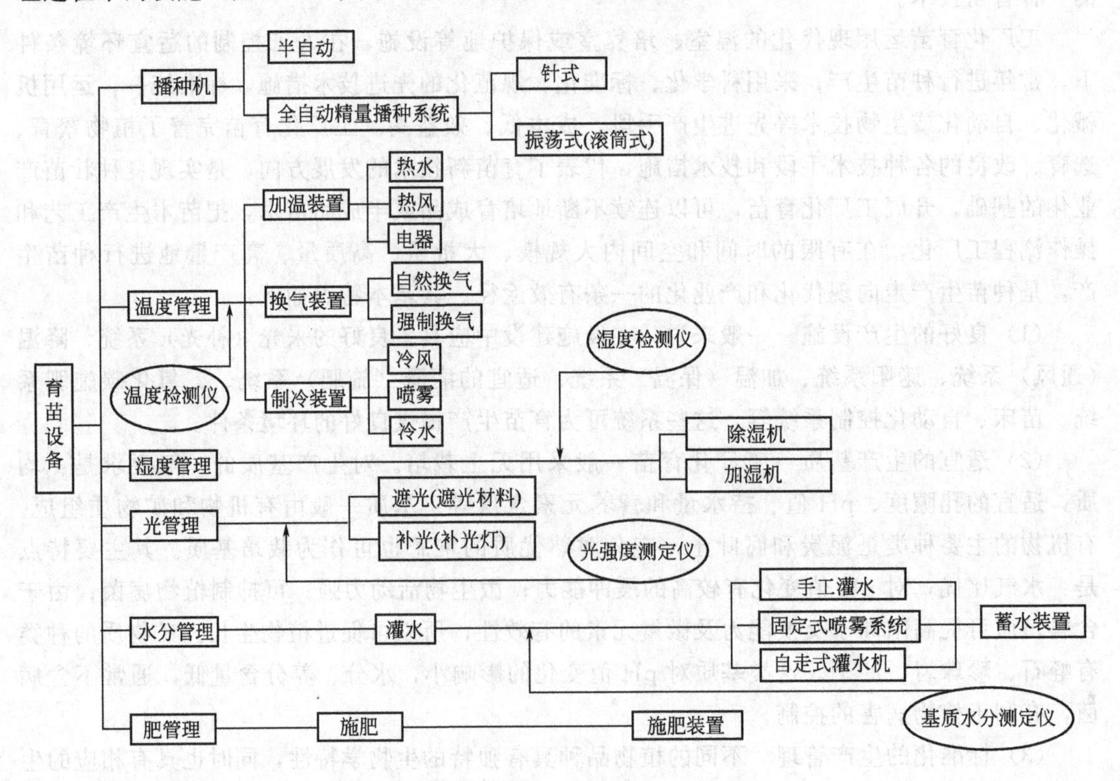

图 5-6　工厂化育苗设备

温室一般由自动控制系统、喷灌系统、通风系统、遮阳系统和供热系统几部分组成（图 5-7）。

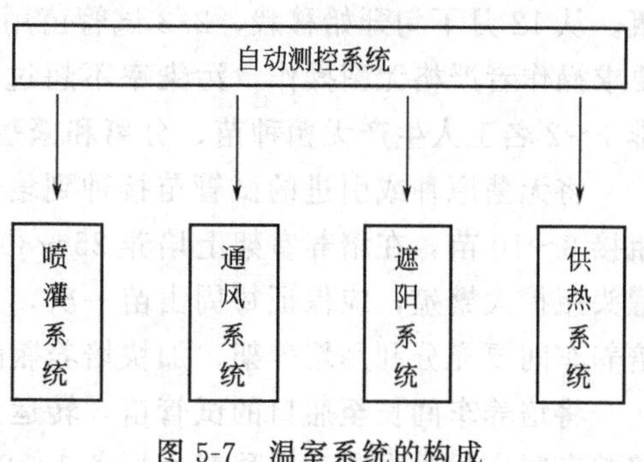

图 5-7　温室系统的构成

(1) 自动控制系统是温室的控制中心。将适当数量的温度、湿度、二氧化碳传感器布置在温室苗床内或不同的位置和高度上，通过传感器将温室内的各种生态因子转换成相应大小的电信号，将检测结果实时显示在计算机屏幕上，并对各参数进行实时控制、调节，以满足作物生长的需要。

(2) 喷灌系统是温室的重要组成部分。喷灌系统主要作用是确保室内作物生长所需的水分，当温室内温度偏高时，通过喷灌系统工作还可适当降低室内温度。目前国内外温室喷灌系统主要有固定式和移动式两种形式。

(3) 温室采用通风换气法，一般是利用气窗自然换气，同时安装排风扇进行纵向通风换气。通过换气可降低室内温度，又可起到排除湿气和补充二氧化碳的作用。

(4) 根据设计要求，设置遮阳系统，一般采用卷帘装置，该系统也采用自动控制方式。当光照强度大于系统设定的上限时，则系统启动卷帘机制，遮蔽日光的暴晒，防止室内的光照强度过大；当外部的光照强度小于系统设定的下限时，则启动室内光照设备，进行室内光照的补充。

5.2.4　操作实例：葡萄试管苗的快速繁殖及工厂化育苗

葡萄是世界上种植面积和总产量都很大的果树，对无毒苗木、稀缺名贵良种的需求量很大，常规方法经常难以满足；而用快繁技术则可提供大量无毒、稀缺良种苗木，促进葡萄生产的发展。甘肃农业大学葡萄试管繁殖商业性生产过程如图 5-8 所示。

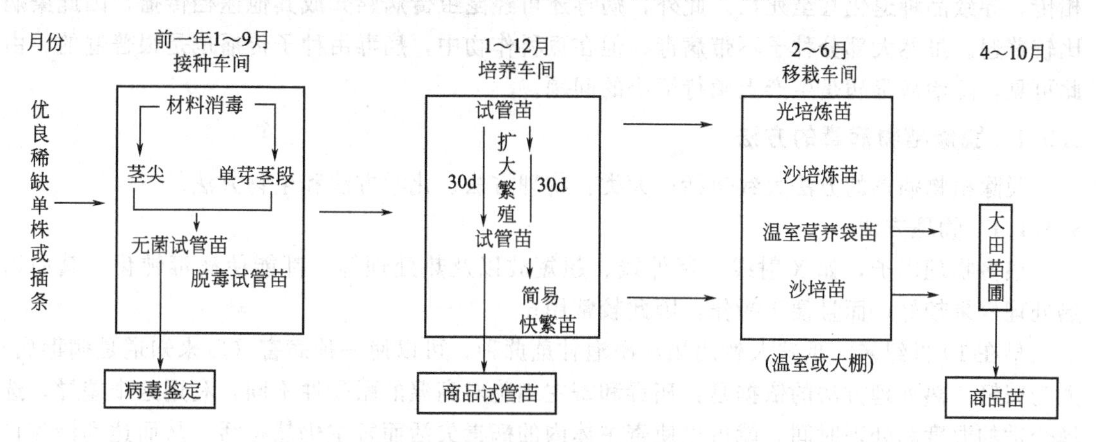

图 5-8　葡萄试管快速繁殖的商业性生产的工艺流程

正式生产前一年，从田间或室内采取稀缺优良品种单株的嫩枝，经培养获得无菌原种苗；或引进无菌试管苗，经检查确认无菌后，在接种室内进行扩大繁殖。

如果计划生产 5 万～10 万株，根据每月繁殖 3 倍，并有 10%的污染和按 70%成活率计算，从前一年 12 月移栽到次年 5 月止，总计 6 个月，每月应生产 1.2 万～2.5 万试管苗。接种车间应有 2～4 名工人操作，每天每人应平均做培养基 100～200 瓶，或接种 80～160

瓶。从 12 月下旬开始移栽，2/3 试管苗用于移栽、1/3 试管苗用于继续扩大繁殖，这一阶段要求操作者严格无菌操作，污染率不超过 10%；配制培养基也不允许出现差错。另外应安排 1～2 名工人生产无菌种苗、分离和繁殖，以备第二年生产。

将无菌原种或引进的试管苗接种到培养基上，150mL 三角瓶每瓶接 3～4 苗，罐头瓶每瓶接 8～10 苗，在培养室架上培养 25～30 天后，最后达到每瓶成苗 3～8 株，移栽前一次用罐头瓶扩大繁殖，应保证每周出苗一次，每次 600～1000 瓶，约 3000～6000 试管苗，因此培养车间要充分利用培养架，加快培养瓶的周转，才能保证按时提供移栽的试管苗。

将培养车间长至瓶口的试管苗，转运到温室大棚，进行光培、沙培、温室营养袋炼苗。移栽车间应尽早准备动手移栽，配备 1～2 名懂技术、有经验、工作认真负责的老工人，并配备 2～4 名临时工。从开始出瓶移栽到最后出圃大约需要 8～10 个月。若每周移栽一次，每次移栽 1000～2000 瓶，需 4～8 名工人进行光培和倒瓶取苗，8 名工人栽苗，4 名工人准备和管理。沙培后栽入营养袋中，每个工人平均可栽 200 个，每次移栽需要 12～24 个工，加上管理和准备每次又需 6～12 个工。

待地温上升到 10℃，或者晚霜期过后，把温室营养土中的小苗移入田间苗圃，按 1 万株需土地 $667m^2$ 计，需 $3335～6670m^2$ 苗圃地。如果气温不够，晚霜未过，移入苗圃后，应立即搭建小拱棚。移入田间应至少有 3 个月的生长时间，在我国北方应在 4～6 月间移入大棚苗圃，南方则在 2～8 月，过迟只能移入温室或大棚。

5.3 无病毒植物的培养

目前世界各国都有很多植物受到病毒的侵染。据粗略统计，已知的植物病毒已超过 600 种，包括大田作物、蔬菜、花卉、林木和果树等各类植物皆有受到危害，造成减产、品质变劣等严重后果。尤其是无性繁殖的植物，在受病毒侵染后，病毒可经繁殖用的营养器官代代相传，导致品种退化甚至死亡。此外，病毒还可经昆虫传病媒介或其他途径传播，因此染病比较普遍。虽然大部分种子不带病毒，但在豆科作物中，病毒由种子传播也是很普遍的。由此可见，防治病毒病是生产上亟待解决的问题。

5.3.1 脱除植物病毒的方法

脱除植物病毒的方法大致包括三大类：物理方法、化学方法和生物方法。

5.3.1.1 物理方法

很多物理因子，如 X 射线、紫外线、超短波以及热处理等，都能使病毒钝化。其中以热处理效果较好，而且便于操作，因此较常用。

早在 19 世纪末，爪哇人就用热水浸泡甘蔗蔗种，可以使一种病害（后来知道是病毒病）大为减轻。热处理方法的依据是：病毒和寄主细胞对高温的耐受性不同，利用这个差异，选择合适的温度和处理时间，就可以使寄主体内的病毒失活而寄主仍然存活，从而达到治疗目的。英国科学家卡尼斯（1950）发现，马铃薯块茎经 20 天 37℃高温处理，其中存在的卷叶病毒消失了，这是最早的证明热处理能真正使病毒失活的报道；他还统计过，大约一半以上侵染园艺作物的病毒能以此法钝化。

热处理分温水浸泡处理和干热处理两种方法。前者适用于休眠器官、剪下的接穗或种植的材料，方法是在 50℃温水中浸渍数分钟至数小时。这种方法简单易行，但易使材料受伤。后者既适合休眠组织，也适用于正在生长的组织。一般方法是将盆栽植株或枝条放在 35～

40℃的生长箱中或室内，处理的时间因植物种类及器官生理条件不同而异，短的几十分钟，长至几个月。将热处理与茎尖培养技术相结合，可以获得较理想的脱病毒效果。但热处理只对一些病毒有效，而对另一些则无明显效果。

低温处理也有一定的脱病毒效果。例如，菊花植株在 5℃下经 4～7 个半月的处理后进行茎尖培养，可以除去其中的矮化病毒（CSV）和褪绿斑驳病毒（CCMV），而单独的茎尖培养则达不到这种效果。另外还有基于超低温保存（见第 10 章）与茎尖培养相结合而达脱毒目的的超低温脱毒方法。含有病毒的顶端细胞的液泡较大，含有的水分也较多，在超低温保存过程中易被形成的冰晶破坏致死；而增殖速度较快的分生组织含水较少，胞质浓，抗冻性强，不易被冻死。这样的经超低温处理过的植株再生后可能是无病毒的。

5.3.1.2　化学方法

不少化学物质能在不同程度上抑制病毒的复制，如孔雀绿、硫尿嘧啶、8-氮鸟嘌呤，以及某些病毒抑制剂，如 virazole（病毒唑）和一些蛋白质、核酸合成抑制剂等。由于病毒的复制和寄主的代谢过程关系非常密切，因此，要找出既干扰病毒复制，又不影响寄主细胞正常代谢的药剂十分困难。利用这些化合物处理整株植物去病毒的效果虽不理想，但培养离体的组织、细胞和原生质体等却可能有良好效果。如在培养基中加入 2-硫尿嘧啶可以除去烟草愈伤组织中的 PVY 病毒，加入放线菌素 D 可以抑制原生质体中的病毒复制等。表 5-1 所列为抑制和消除植物病毒的一些化合物。

表 5-1　能抑制和消除植物病毒的一些化合物

化合物	植物病毒①	寄　主
三氮唑核苷(ribavirin)	CMV,PVY,TMV	烟草
	ACLSV	苹果
	LSV,TBV	百合
	ORSV	大花蕙兰(*Cymbidium*)
	PVY,PVX,PVS,PVM	马铃薯
	EMCV	茄子
阿糖腺苷(vidarabine)	OMV	虎眼万年青
碱性孔雀绿(malachite green)	PVX	马铃薯
2-硫尿嘧啶(2-thiouracil)	PVY	烟草
放线菌素-D(actinomycin-D)	TMV	大白菜

① CMV：黄瓜花叶病毒；PVY：马铃薯病毒 Y；TMV：烟草花叶病毒；ACLSV：苹果褪绿叶斑病毒；LSV：百合潜隐病毒；TBV：郁金香碎色病毒；ORSV：虎眼万年青环斑病毒；PVX：马铃薯病毒 X；PVS：马铃薯病毒 S；PVM：马铃薯病毒 M；EMCV：茄子杂色皱病毒；OMV：虎眼万年青花叶病毒。

5.3.1.3　生物方法

（1）种子繁殖　有些病毒不侵染种子，因此用种子繁殖能排除很多病毒，达到复壮目的。但豆类植物病毒可随种子传播，无性繁殖的作物由于种子繁殖不易或用种子繁殖时往往不能维持作物种性，就不能使用这一方法。

（2）茎尖培养脱毒法　茎尖培养脱病毒技术自 20 世纪 50 年代由 Morel 等建立后，在相关研究和生产上很快得到了广泛的应用。通过茎尖培养脱病毒的方法几乎对所有的植物病毒都有效，而且还能和快速繁殖相结合，周期短、效率高。已在多种植物，尤其是园艺植物上解决了病毒危害问题，并取得了良好的经济效益。

① 茎尖培养脱毒的原理　大量实验发现，病毒在植物体内的分布是不均匀的，越靠近生长点，病毒浓度就越低。出现这种现象的可能原因有多种解释，例如：a. 传导抑制　病毒在植物体内的传播主要是通过维管束实现的，但在分生组织中，维管组织和胞间连丝还不

健全，从而抑制了病毒向分生组织的传导；b. 酶缺乏　可能病毒合成需要的酶系统在分生组织中缺乏或还没有建立，因而病毒无法在分生组织中复制；c. 能量竞争　病毒核酸复制和植物细胞分裂时DNA合成均需消耗大量的能量，而分生组织细胞本身很活跃，其DNA合成是自我提供能量自我复制，而病毒核酸的合成要靠植物提供能量来自我复制，因而就得不到足够的能量，从而就抑制了病毒核酸的复制；d. 抑制因子存在　抑制因子假说认为在分生组织中病毒含量低是因为分生组织中可能自然地存在某种抑制因子，这种抑制因子也可能是有性繁殖种子通常不带病毒的原因。无论是何种原因造成的，分生组织中病毒含量是大大低于其他部位的。因此，采用分裂旺盛的茎尖进行培养，就有可能除掉植物病毒。

② 茎尖培养脱毒方法　首先应了解植物感染的是哪（几）种病毒，感染程度如何，然后根据存在的病毒种类，选用合适的处理措施——是采用单一茎尖培养，还是结合化学处理或高温处理。获得再生植株后，需进行复查，确实证明没有病毒时，再进行最后的扩大繁殖。

选择外植体时，要选取品种性状典型的植株；另外，应尽量选取病毒感染较轻、带毒量较少的植株，这样更容易获得脱毒苗。不同植物和同种植物需要脱去不同病毒适宜的茎尖大小不同（表5-2）。茎尖外植体的大小与脱毒效果成反比，茎尖越小，脱去病毒的可能性越大，但不易成活。一般选取带1～2个叶原基的生长点进行培养，可以比较好地兼顾脱毒效果和茎尖成活率。

表5-2　病毒在植物不同种和品种茎尖中分布的部位及茎尖培养的脱毒效果

植物种类	病毒	去除病毒茎尖大小/mm	品种数
甘薯	斑纹花叶病毒	1.0～2.0	6
	缩叶花叶病毒	1.0～2.0	1
	羽毛状花叶病毒	0.3～1.0	2
马铃薯	马铃薯病毒Y	1.0～3.0	1
	马铃薯病毒X	0.2～0.5	7
	马铃薯卷叶病毒	1.0～3.0	3
	马铃薯病毒G	0.2～0.3	1
	马铃薯病毒S	0.2以下	5
大丽菊	花叶病毒	0.6～1.0	1
康乃馨	花叶病毒	0.2～0.8	5
百合	各种花叶病毒	0.2～1.0	3
鸢尾	花叶病毒	0.2～0.5	1
大蒜	花叶病毒	0.3～1.0	1
矮牵牛	烟草花叶病毒	0.1～0.3	6
菊花	花叶病毒	0.2～1.0	3
甘蔗	各种花叶病毒	0.2～1.0	4
春山芥	花叶病毒	0.7～8.0	1
	芜菁花叶病毒	0.5	1

剥取茎尖的工作要在解剖镜下进行。将已消毒的芽放在垫有湿润无菌滤纸的培养皿中，仔细剥去幼叶，暴露出生长点。切下合适大小的茎尖，接种于培养基上，按事先设计的处理方案进行培养。

(3) 微体嫁接脱毒法　微体嫁接（micrografting，或称为离体微型嫁接）是20世纪70

年代以后发展起来的一种将茎尖培养与嫁接方法相结合，用以获得无病毒苗木的技术。它是把茎尖作为接穗嫁接到由试管中培养出来的无菌实生苗砧木上，然后连同砧木一起继续培养，愈合后成为完整植株。接穗在砧木的哺育下很容易成活，故可用很小的茎尖（<0.2mm）来培养，去除病毒的概率和获得无病毒苗的可能性大。这一方法目前主要应用在果树脱毒方面，如柑橘、桃、苹果等应用微体嫁接脱毒技术已经成功获得无病毒苗。

（4）珠心组织培养脱毒法　柑橘类多胚品种中除一个合子胚外，还有多个珠心胚。自Rangan等（1968）首次利用珠心胚培养脱病毒成功以来，用这种脱毒方法已在多个柑橘品种上获得成功。其原因可能是因为病毒在植物体内的传播通常是经维管束进行的，而珠心与维管束系统无直接联系。因此，由珠心组织培养产生的植株就可免除病毒的危害。但珠心胚一般必须从胚珠中取出进行离体培养才能发育成正常的幼苗，而且此法有变异率较高（约20%～30%）、幼年期较长等缺点。

（5）愈伤组织培养脱毒法　植物各部位器官和组织通过脱毒分化培养诱导产生愈伤组织，经过几次继代，然后愈伤组织再分化形成小植株，就有可能从中得到无病毒苗。据报道，用感染TMV病毒的烟草髓部组织诱导出的愈伤组织，经继代培养四代后，用荧光抗体法检测，发现已没有特异荧光，说明愈伤组织中已不存在病毒，即病毒会在愈伤组织的继代培养过程中消失。从马铃薯茎尖愈伤组织再生的植株无PVY病毒的频率为46%，高于直接从茎尖培养产生的植株。用这种方法脱毒在天竺葵、大蒜和草莓等植物上也已获得成功。

关于愈伤组织脱病毒的机理还不太清楚，可能的原因有：①病毒在植物体内不同器官或同一器官的不同组织中分布不均匀，由那些无病毒细胞增殖产生的愈伤组织就是获得无病毒苗的基础。②有些愈伤组织细胞中病毒浓度较低，在愈伤组织细胞快速分裂过程中，病毒的复制能力衰退或丢失。③继代培养的愈伤组织容易产生抗性变异细胞，因而可能出现不带病毒的愈伤组织。但经愈伤组织产生无病毒苗的脱毒途径容易产生变异，可能导致植株丧失其原有的优良性状；当然也有可能产生有益的变异，但频率极低。

（6）茎圆盘培养脱毒法　Ayabe和Sumi（1998年，2001年）建立了一种茎圆盘半球体培养法（stem-disc dome culture），它是将表面消毒的感病植株的大蒜鳞茎的鳞片（蒜瓣）切成薄片，接种在含激素的培养基上，5天后从圆盘表面长出半球体（dome-shaped structure），看起来很像是生长点（图5-9），在培养10天之前半球体是不含病毒的。在培养的5～7天后，将半球体从外植体剥离，转移到无激素的LS培养基上，经培养可以成苗，移栽到土壤中后，它们不再呈现病毒症状。用几种病毒特异的引物对这些植株进行RT-PCR分

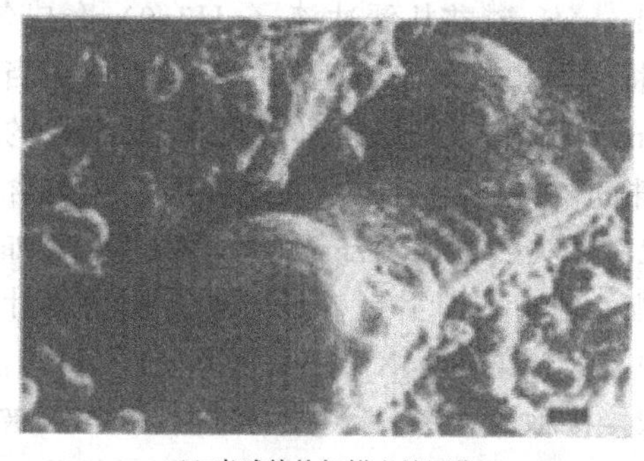

(a) 半球体的扫描电镜图像

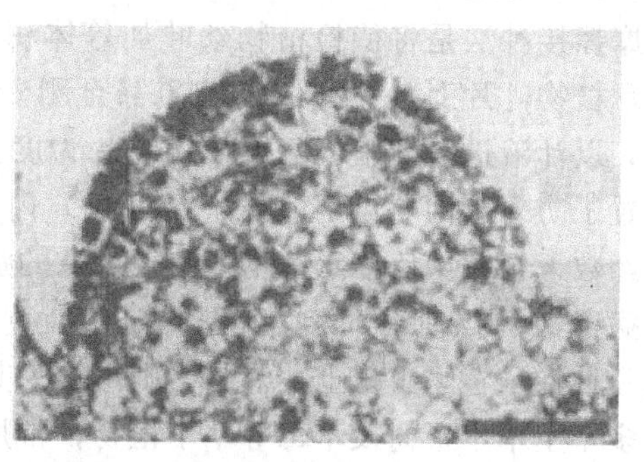

(b) 半球体的切片

图5-9　蒜瓣圆盘培养诱导的半球体

析的结果表明，这些植株均不含有供体植株携带的大蒜病毒 GarVs、LYSV、OYDV 和 GLV。这种脱病毒的方法比较简便，而且可以有把握获得活的脱病毒植株，具有很高的实用价值。

(7) 原生质体培养脱毒法 原生质体培养脱毒可能与愈伤组织培养的情况相同，是由于病毒不能有均等的机会侵染每一个细胞，因此从感病的外植体中分离出原生质体进行培养，再由原生质体作为原始材料就可能获得无毒植株。1975 年 Shepard 从感染 PVX 的烟草叶片原生质体中获得无病毒苗，所得超过 4000 株的再生植株中有 7.5%为无毒苗。

(8) 花药培养脱毒法 花药培养的一般程序是去分化，诱导愈伤组织形成，再分化诱导根芽器官而形成小植株。由于经过愈伤组织生长阶段，加之小孢子母细胞在植株体内属于不断分化生长的活跃细胞，因此，从理论上讲其含病毒很少或几乎没有。1974 年大泽胜次等利用草莓花药培养法获得大量草莓无病毒植株，证明花药培养可以脱除某些种类的植物病毒。高庆玉等（1993）通过幼叶和茎尖培养所获得的草莓植株脱毒率为 20%，而花药培养所获得的植株脱毒率高达 100%。王国平等（1990）利用花药培养获得大批无病毒草莓植株，经过比较试验指出，草莓病毒脱毒采用花药培养较茎尖培养和热处理脱毒获得无病毒株的概率高。

5.3.2 脱病毒植株的鉴定

无论用哪一种方法脱病毒，最终都必须经过严格的鉴定，以证明植物体内确实无病毒存在，而且还具备优良的性状，才能供生产使用。另外，有时经脱毒处理后，植物体内病毒含量降到很低水平，以致开始检测不出其存在，但经一段时间后，又可能增殖到危害程度。因此，还需要进行多次多种方法的复查，只有那些持续呈阴性反应的才是真正的无病毒植株，可以作为种源进行快速繁殖，提供无病毒的商品种苗。目前用于病毒检测的方法主要有如下几种。

5.3.2.1 直接观察法

直接观察植株茎叶中有无该病毒所特有的可见症状，这是最简单的检测方法。但由于可见症状可能需要很长时间才能表现出来，因此无法快速检测。

5.3.2.2 指示植物法

对某种或某些特定病毒非常敏感的植物叫指示植物（indicator plant）或敏感植物，它们一旦感染病毒就会在其叶片乃至全株上表现特有的病理症状。具体操作常用摩擦接种和嫁接两种方法。

摩擦接种法是将待检植物幼叶加等体积 0.1mol/L 磷酸盐缓冲液（pH7.0）磨成匀浆。在指示植物叶片上撒少许 500～600 目金刚砂，将受检植物的汁液轻轻涂于其上，适当用力摩擦，以汁液进入细胞但又不损伤叶片为度。5min 后，以清水冲洗叶面。将被接种的指示植物置于防蚜虫网罩的温室（15～25℃）内，株间隔开一定距离。如接种的汁液内含有病毒，经数天至几周后指示植物即出现可见的症状。不少病毒都有自己的敏感植物，例如，马铃薯病毒 X 可以使千日红叶片呈枯斑，使黄花烟、心叶烟叶片呈花叶，若待测植物汁液能使这几种指示植物出现上述症状，则可认为其中有马铃薯病毒 X。

多年生木本果树及草莓等草本植物，常用嫁接接种的方法。以指示植物作砧木，被鉴定植物作接穗，可采用劈接、靠接、芽接等方法嫁接。在草莓鉴定中，多采用指示植物小叶嫁接法。然后根据指示植物有无出现病症来判断脱毒效果。

5.3.2.3 免疫学方法

将已知病毒注射到动物体内，就会在其体内产生抗体，不同病毒可以产生具有高度特异性的相应抗体，这种含有特异性抗体的血清称为“抗血清”。利用已知病毒的抗血清就可鉴定未知病毒，即血清学方法，或称抗血清鉴定法。将分离得到的待测植株汁液加入后，若在某种抗血清中出现沉淀，就说明该植株带有这种病毒。此法灵敏度高，获得结果快，是快速定量测定病毒的有效方法。

植物病毒血清鉴定实验方法很多，常用的有试管沉淀试验、酶联免疫法（ELISA）、免疫电泳、免疫电子显微镜法、凝胶扩散反应、荧光抗体技术等。

5.3.2.4 电子显微镜鉴定法

利用电子显微镜可以直接观察有无病毒微粒的存在，根据微粒的大小、形态和结构，可以鉴定病毒的种类，这是一种准确有效的病毒鉴定方法。目前运用负染和超薄切片电镜观察能够诊断和鉴别病毒到属的水平。1973年，Derrick把电镜与免疫学技术相结合，建立了更为灵敏的免疫吸附电镜技术，该技术已成为植物病毒研究的一个重要手段。

5.3.2.5 分子生物学方法

在植物病毒鉴定中采用的分子生物学方法主要是检测病毒的核酸，一般都具有快速、简便、灵敏度高、特异性强等特点。

核酸杂交技术的原理是采用带有放射性或非放射性物质标记的已知序列核酸单链作为探针，在一定条件下与靶病毒的核酸单链退火形成杂交双链。通过杂交信号的检测，鉴定样本中有无相应病毒的基因。

20世纪末以来，许多国家开始用PCR技术检测果树病毒，并取得了很好的效果。由于多数植物病毒核酸是RNA，在进行PCR检测前，需以RNA为模板，经反转录生成cDNA后，再利用病毒核酸特有的序列设计的引物进行PCR反应，即可知道在寄主中是否有病毒存在。

RNA病毒和类病毒等在寄主体内可形成双链RNA，而一般情况下植物体内不存在dsRNA，因此dsRNA分析也可用于植物病毒鉴定。另外，利用DNA杂交和荧光标记技术相结合的基因芯片技术，也是植物病毒快速检测的重要发展方向。

在实际应用中，为了提高检测的可靠性，往往用几种方法同时鉴定。最后选择出的无毒苗即可进行扩增繁殖，用于生产。但在无毒种苗的扩增繁殖和应用过程中应注意防止再度感染。

茎尖培养脱病毒的基本过程概括如图5-10所示。

5.3.3 操作实例：葡萄脱毒及无毒苗试管繁殖技术

将盆栽葡萄在38℃热处理箱中处理2～3个月，或将试管苗在37～38℃下处理1～1.5个月，然后把新长出的枝蔓消毒，再取下顶尖和侧芽，剥取2～3mm长的茎尖，接种到茎尖培养基上，配方是：1/2MS基本培养基，每升附加0.1mg NAA、0.1mg KT、4mg硫酸腺嘌呤、30g蔗糖。然后放在28℃±2℃下，在连续光照下培养。

待芽增大生长后，再转入生茎培养基上，配方是：1/2MS基本培养基，每升附加0.1mg BA、0.2mg IAA、0.5mg KT、4mg硫酸腺嘌呤、30g蔗糖，促进丛生芽生长。以后再转入生根培养基上，配方是：1/2 B_5 基本培养基，每升附加0.1mg NAA或2mg IAA、20g蔗糖，即可获得无病毒生根试管苗。

用这种方法使29个品种脱除了葡萄扇叶病毒、卷叶病毒、茎痘病毒和栓皮病毒等4种主要葡萄病毒。

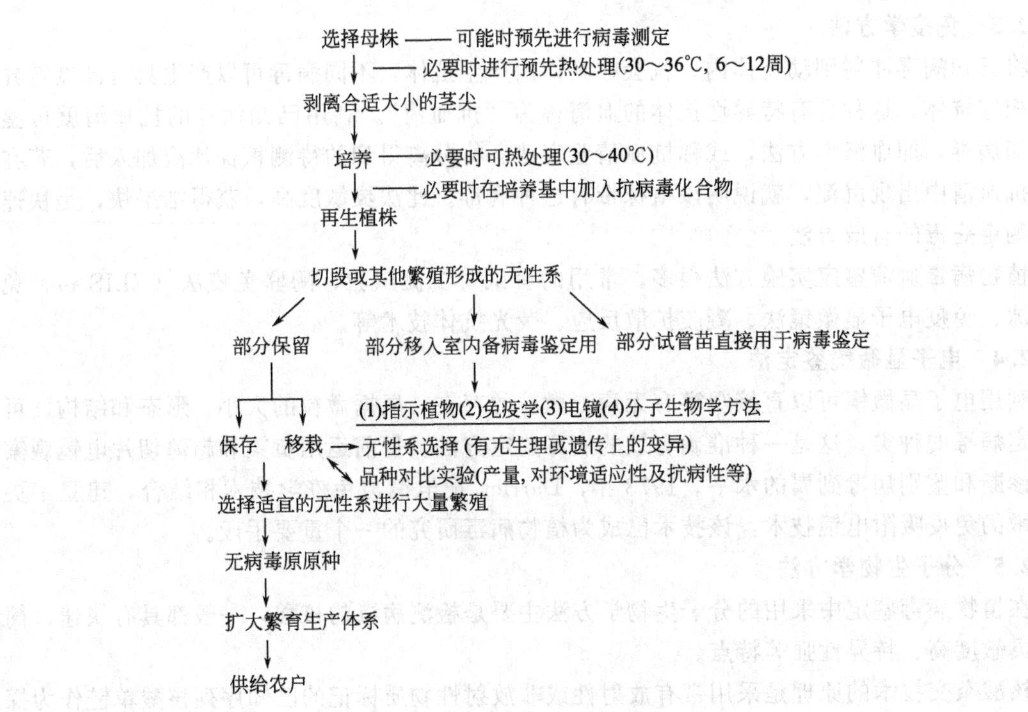

图 5-10 茎尖培养脱病毒的基本过程

思 考 题

1. 试归纳植物离体快速繁殖技术的主要步骤。
2. 采取哪些措施有利于防止或减轻外植体的褐变以及试管苗的玻璃化?
3. 植物脱病毒的方法有哪些? 概述各种脱毒方法的原理。
4. 脱病毒植株的鉴定方法有哪些? 原理是什么?

第6章 植物的胚胎培养和离体受精

植物合子胚的发育是从精卵细胞结合开始的，经过细胞分裂、幼胚形成直至发育为成熟胚。植物的胚胎培养就是对无菌分离出的成熟胚或未成熟胚进行离体培养，以获得发育正常植株的技术。广义的胚胎培养还包括胚珠和子房培养以及胚乳培养等技术。

6.1 植物的胚胎培养

植物的胚胎培养（embryo culture）能否成功，胚龄和培养条件都有重要影响。一般来讲，胚愈小所需的营养物质就愈复杂，也愈难培养。

6.1.1 成熟胚的培养

植物的成熟胚已经储备了能够满足自身萌发和生长的养料，因此一般在由大量元素的无机盐和蔗糖组成的简单培养基上就可以培养。所以成熟胚培养的实验，其目的大多不在于寻找合适的营养条件，而是用此技术来研究成熟胚萌发时胚乳或子叶与胚发育成幼苗的关系、成熟胚生长发育过程中的形态建成以及各种因素的影响，从而克服有些植物种皮对胚胎萌发的抑制作用，同时也可避免一些自然环境因素对种子萌发的不利影响，特别适用于某些种子休眠期过长的植物。

6.1.1.1 培养基

早期常用的成熟胚培养基为仅含大量元素和铁的 Tukey（1934）以及 Randolph 和 Cox（1943）等（表 6-1），近年也有人使用较复杂的 Nitsch、MS、1/2MS 等培养基来培养成熟胚。

表 6-1 几种常用离体胚培养基的无机盐含量 单位：mg/L

无机盐	Tukey (1934)	Randolph 和 Cox(1943)	Rijven (1952)	Rappaport (1954)	Ranga-Swamy (1961)	Norstog
KNO_3	136	85	149	85	80	160
$Ca(NO_3)_2$	—	164	168	236.8	—	—
$Ca(NO_3)_2 \cdot 4H_2O$	—	—	—	—	260	290
KH_2PO_4	—	—	23	—	—	—
NaH_2PO_4	—	—	—	—	165	—
$NaH_2PO_4 \cdot H_2O$	—	—	—	—	—	800
$Na(PO_3)_n$（商品名“Calgon”）	—	10	—	10	—	—
$Ca_3(PO_4)_2$	170	—	—	—	—	—
Na_2SO_4	—	—	—	—	—	200
$MgSO_4$	170	18	—	—	200	—
$MgSO_4 \cdot 7H_2O$	—	—	101	36	360	730
$CaSO_4$	170	—	—	—	—	—
KCl	680	65	—	65	65	140
$FePO_4 \cdot 2H_2O$	170	—	—	—	—	—
$FeSO_4 \cdot H_2O$	—	1.2	—	—	—	—
$FeC_6H_5O_7$(1%)	—	—	5mL	3mL	—	10

续表

无机盐	Tukey (1934)	Randolph 和 Cox(1943)	Rijven (1952)	Rappaport (1954)	Ranga-Swamy (1961)	Norstog
H_3BO_3	—	—	0.4	—	0.5	0.5
$CuSO_4 \cdot 5H_2O$	—	—	0.1	—	0.025	0.25
$MnSO_4 \cdot 4H_2O$	—	—	0.4	0.5	3	3
$Na_2MoO_4 \cdot 2H_2O$	—	—	—	—	0.025	—
$Na_2MoO_4 \cdot 7H_2O$	—	—	—	—	—	0.25
$ZnSO_4 \cdot 7H_2O$	—	—	0.2	—	0.5	0.5
$(NH_4)_2MoO_4$	—	—	0.05	—	—	—
$CoCl_2$	—	—	—	—	0.025	—
$CoCl_2 \cdot 6H_2O$	—	—	—	—	—	0.25

注：前两种用于成熟胚培养，后四种用于幼胚培养。

6.1.1.2 培养方法

成熟胚的培养比较简单，即将成熟种子用70%酒精进行表面消毒几秒到几十秒（取决于种子的成熟度与种皮的薄厚），再放到漂白粉饱和水溶液或0.1%的升汞水溶液中，消毒5～15min，再用无菌水冲洗3次，在超净工作台上于解剖镜下解剖种子，取出胚种植在培养基上，在常规条件下培养即可。

6.1.2 幼胚的培养

幼胚在胚珠中是异养的，需要从母体和胚乳中吸收各类营养与生物活性物质，在幼胚的离体培养过程中，这些都必须由培养基提供，对培养条件也有一定的要求。

6.1.2.1 幼胚的培养方法

幼胚的培养主要包括取材、幼胚剥离和接种培养等几个环节。适于幼胚培养的胚发育阶段一般为球形胚到鱼雷形胚（图6-1），但若以幼胚拯救为目的，还应了解胚退化衰败的时间，以便在此之前取出幼胚进行培养。多数植物的幼胚剥离都要借助解剖镜，在剥离时要注意保湿，而且操作要快，以免幼胚失水干缩。有关研究还表明，胚柄（suspensor）积极参与幼胚的发育，特别是球形期以前的幼胚，因此，剥离幼胚时应连带胚柄一起取出。幼胚剥离后应立即接种到培养基上进行培养。在培养之前还应充分了解被培养的对象在自然条件下的发育特性，例如是否需要低温处理、胚自然萌发时的温度等。

6.1.2.2 影响幼胚培养的因素

（1）培养基　未成熟的幼胚对培养基成分的要求比较高，除了无机盐外，还需加入维生素、氨基酸或一些天然提取物等。常用的基本培养基有Nitsch、MS、N_6、B_5等。

① 无机盐　这是植物胚培养必需的物质。用于未成熟幼胚的培养基中不仅有大量元素，还含有多种微量元素。随着培养基的改进，无机盐的成分和比例也在不断变动。

② 碳水化合物　对大多数植物的胚胎培养而言，蔗糖是最好的碳源，它同时也有渗透调节作用。幼胚的渗透势较高，随着胚胎的成熟，胚胎细胞的渗透势逐渐降低。因此在胚胎发育的不同阶段，幼胚培养需要的渗透势不同。除蔗糖外，培养基中的渗透势还可用甘露醇等部分代替蔗糖来进行调节。

③ 维生素　发育初期的幼胚进行培养时，必须在培养基中加入某些维生素，常用的有硫胺素（维生素B_1）、生物素、维生素B_6等，不同植物对维生素的要求有差异。

④ 氨基酸　在培养基中加入氨基酸，可以明显改善幼胚的生长状况。但对不同植物和不同发育时期的幼胚来说，各种氨基酸的效果是不同的，使用时应注意。

⑤ 植物生长物质　研究表明，低浓度的生长素对幼胚生长有促进作用，高浓度则有抑制作用，而且不同植物和不同发育时期的幼胚对生长素的反应不同。赤霉素和激动素对某些植物幼胚生长也有益处，如：赤霉素虽然对心形期荠菜胚的生长没有影响，但对较大的鱼雷期胚的离体生长有促进作用。IAA、KT 和腺嘌呤结合使用，能促进荠菜原胚的生长和分化，但若只加 IAA 反而有毒害作用。

⑥ 天然提取物　胚在正常的植物体上是靠其胚乳滋养的，所以在幼胚培养中，人们就很自然地用一些植物的胚乳来作培养基的成分。李继侗早在 1934 年就发现，银杏胚乳提取物对培养银杏胚有促进作用。椰子乳在许多植物的幼胚培养中效果都不错，但在椰子乳的使用过程中常常发现结果不一致，这可能和椰子的成熟度有关，一般认为，八分成熟的椰子乳对幼胚培养的效果最好，而成熟的椰子胚乳作用不显著，有时甚至有抑制作用。其他一些植物的提取物对幼胚的培养也有促进作用，如大麦胚乳和番茄汁对大麦胚的培养有促进作用，马铃薯块茎提取物、酵母提取物、麦芽提取物和玉米胚乳等对胚的培养都有不同程度的良好作用。

（2）胚胎的发育时期　单子叶植物与双子叶植物的胚胎发育过程和结构都有很大不同。双子叶植物的胚胎发育过程一般以荠菜为模式（图 6-1）：卵细胞受精后形成合子（a）；合子分裂产生 2 细胞原胚，其基部有一个由胚柄细胞分裂形成的胚柄（b）；细胞原胚进一步发育为球形胚［(c)～(e)］；球形胚的子叶原基突起后，成为心形胚［(f)，(g)］；随着子叶原基伸长，整个胚胎看起来像个鱼雷，称为鱼雷形胚（h）；此后下胚轴开始弯曲，依次称作拐杖形胚（i）和倒 U 形胚（j）；最后形成成熟胚（k）。

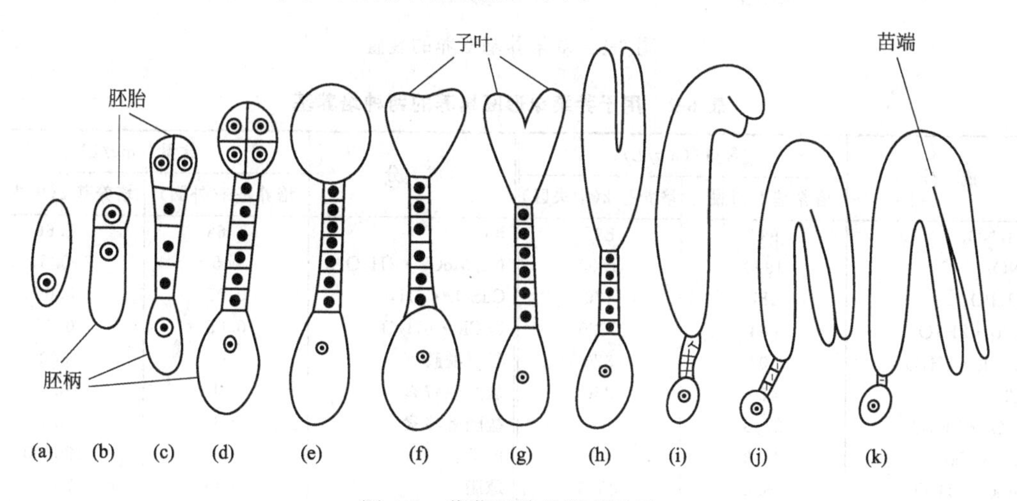

图 6-1　荠菜胚胎的发育过程

单子叶植物的胚胎发育进程以大麦为例：受精后 1 天，合子进行第 1 次分裂，分裂 3 次后就有极性的分化；第 5 天成为长度为 0.2mm 左右的梨形原胚；受精后 8 天，在球形胚的上方形成盾片，同时生长点也已显现；第 13 天，盾片伸长，胚体积增大；第 15 天，盾片中央凹陷，胚芽鞘在凹陷处形成；第 20 天胚胎的各种器官都已发育完全，然后随着种子的发育逐渐成熟。禾本科植物成熟胚的结构如图 6-2 所示。

一般胚龄越小越难培养，因此必须选择适当发育时期的胚胎进行培养才能成功。一般心形期以后的双子叶胚比较容易培养，而球形期以前的胚则很难培养。就禾谷类而言，一般受精后 8 天，长度在 0.5mm 以上的胚在离体培养时便容易成活，再小则难培养。但随着培养

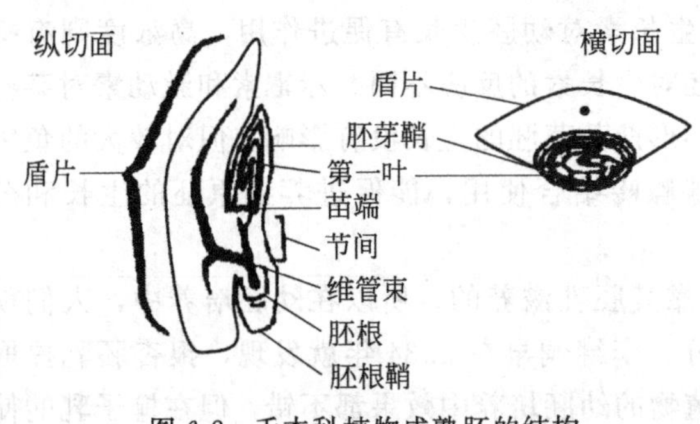

图 6-2 禾本科植物成熟胚的结构

技术的完善，已经能够将受精后 3 天的水稻胚和大麦、小麦等的合子胚培养成完整植株。

Monnier 等（1976，1978）用双培养基方法（图 6-3）成功地培养了荠菜 50μm 长的早期球形胚。他们的具体操作是：先将培养基 1（表 6-2）注入中央玻璃容器的外围，待其冷却凝固后，将中央玻璃容器拿掉，在留下的中间部位注入培养基 2（表 6-2），冷却后将幼胚置于中间的培养基 2 上培养。由于两种培养基的成分可以相互扩散，随着胚的发育，培养基成分也相应改变，特别是蔗糖浓度由高逐渐变低，与胚胎发育的需求相适应。利用这种培养方法，荠菜的早期球形胚不仅能存活，而且能够正常发育，直至萌发形成小植株。

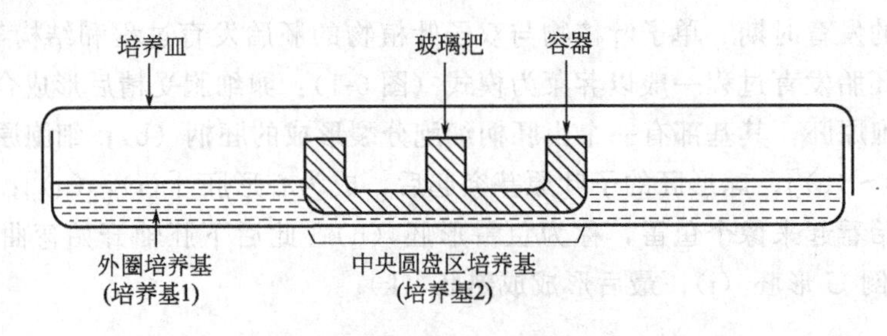

图 6-3 双培养基培养的装置

表 6-2 用于荠菜球形胚培养的两种培养基

成 分	含量/(mg/L)		成 分	含量/(mg/L)	
	培养基 1(外圈)	培养基 2(中央区)		培养基 1(外圈)	培养基 2(中央区)
NH_4NO_3	990	825	KI	1.66	1.66
KNO_3	1900	1900	$Na_2MoO_4 \cdot 2H_2O$	0.5	0.5
KH_2PO_4	187	170	$CuSO_4 \cdot 5H_2O$	0.05	0.05
$CaCl_2 \cdot 2H_2O$	484	1320	$CoCl_2 \cdot 6H_2O$	0.05	0.05
$MgSO_4 \cdot 7H_2O$	407	370	谷氨酰胺	—	600
KCl	420	350	盐酸硫胺素	0.1	0.1
$FeSO_4 \cdot 7H_2O$	27.8	—	盐酸吡哆素	0.1	0.1
EDTA Na_2	37.3	—	蔗糖	—	180000
$MnSO_4 \cdot H_2O$	33.6	33.6	琼脂	7000	7000
$ZnSO_4 \cdot 7H_2O$	21	21	pH	5.8	5.8
H_3BO_3	12.4	12.4			

（3）培养条件

① 温度　大多数植物胚胎培养的温度以 25～30℃为宜，但不同植物要求的温度不同，如马铃薯胚培养以 20℃为好、棉花胚以 32℃最适等。有些植物胚在以适宜温度培养之前还需要一定的低温处理，如桃的幼胚培养需要先在 2～4℃处理 40～60 天，然后再转入 25℃条件下培养。

② 光照　由于胚在母体植株上是包围在胚珠里不见光的，因此一般认为幼胚培养初期需要在黑暗条件下进行，但萌发时一般需要光。具体情况还应根据植物的种类来决定。

③ pH　培养基中pH对胚的生长也有影响，不同种类植物和不同发育时期的幼胚对pH的要求不同，如番茄为6.5、大麦为4.9；曼陀罗球形期的幼胚要求pH为7.0左右，随着胚的长大，最适pH变成了5.5。

④ 气体成分　用不同浓度的CO_2和O_2培养胡萝卜幼胚，发现最合适的条件是1%的二氧化碳和50%的氧气，说明气体成分对幼胚培养也是有影响的。

6.1.3 植物胚胎培养的应用

6.1.3.1 胚胎拯救（embryo rescue）

植物胚胎培养的最大用途是挽救杂种胚以获得稀有杂种。在很多种间和属间杂交中，受精作用能正常完成，胚也能进行早期发育，但由于胚乳发育不良或胚和胚乳的不亲和性等原因，杂种胚最终会夭折。若把胚在夭折之前剥离出来，置于适当的培养基上，就有可能得到杂种植株。

胚胎拯救已被广泛应用于多种经济植物的远源杂交育种，获得了许多用常规方法难以获得的稀有杂种。例如，鹿子百合（*L. speciosum-album*）和天香百合（*L. auratum*）杂交虽然能得到种子，但在种子贮存期间胚逐渐退化，因而不能萌发成苗，这种现象被认为是胚和胚乳之间的不亲和性造成的。后来通过幼胚培养得到了杂种植株。普通大麦和球茎大麦（*H. bulbosum*）进行种间杂交，结果常常是由于缺乏胚乳，胚得不到营养而停止生长，在颖果成熟时胚已死亡。如果在传粉后14～28天之间将胚取出，放在人工培养基上培养，就能成功得到杂种后代。又如，柑橘类植物普遍存在珠心胚（nucellar embryo），这种珠心胚的数量很多，给柑橘类的杂交育种带来很大困难。因为杂种胚一般生活力较低，而珠心胚的生活力很强，结果使合子胚发育不良。在这种情况下，若在早期把合子胚取出，在培养基上培养，就能得到杂种后代，从而选育出优良品种。

6.1.3.2 促进无生活力或生活力低下的种子萌发

长期营养繁殖的植物，可能具有形成种子的能力，但它们的种子常是无生活力的。利用胚胎培养有可能促进这类种子萌发和形成幼苗。例如一种野生食用芭蕉（*M. balbisiana*），其种子在自然情况下不能萌发，如果取出胚培养，就能很快萌发成幼苗。在早熟桃和樱桃等的育种中，种子往往生活力低下，很难得到杂种后代，采用胚胎培养的方法就可以使种子萌发。但核果类果树的胚培养一般还需要一定量的低温处理才能萌发，现多采用在果实采收后立即取幼胚接种并进行低温处理的方法。

6.1.3.3 缩短育种周期

有些植物种子的休眠期很长，通过离体培养，可以使休眠期缩短。如观赏植物鸢尾，一般其种子成熟后需要2～3年的休眠才能萌发。如果将胚取出，放在合适的培养基上培养，几天内就能萌发，这就大大缩短了育种时间。在培养基中加入1～2mg/L的赤霉素对于打破种子休眠有显著作用。因为胚培养可以打破种子的休眠，所以也可以利用这项技术进行休眠种子生活力的快速测定。

6.1.3.4 单倍体的产生

在大麦×球茎大麦和小麦×玉米的杂交中，受精作用不难完成，但在胚胎发生的最初几次分裂期间，父本的染色体被排除，结果形成了单倍体的大麦或小麦胚。但是受精后2～5天胚乳逐渐解体，若及时把胚剥离出来进行培养，就可得到单倍体植株。

6.1.3.5 理论研究

利用胚培养的方法，还可以对整胚及其各个部分的再生潜力、影响胚胎发育的因素、器官发育过程以及胚和胚乳的相互作用等进行研究。

6.2 胚珠和子房培养

6.2.1 胚珠培养

胚珠培养（ovule culture）包括授粉胚珠和未授粉胚珠的培养。授粉胚珠的培养早在20世纪30年代就开始了。有一些植物的胚，即使是成熟的胚也很小，要分离它们相当困难；有些杂种胚在发育早期就可能夭折，因此在离体条件下也难以培养成功，而且要想在此之前把它们完整无损地剥离出来进行培养也很不易。在这些情况下，就可采用胚珠培养的方法来解决。胚珠为发育中的幼胚提供了一个有利于生长的“母体环境”，所以培养技术要比幼胚培养容易得多，即使是处于合子期的胚细胞也可能离体培养成功。未授粉胚珠和子房培养是离体授粉受精研究的基础，还可用于单倍体育种。

6.2.1.1 培养方法

选取授粉时间合适的子房进行表面消毒，消毒液可参考种子消毒时所用的药品种类、浓度和处理时间，在无菌条件下剥出胚珠，接种到培养基上，或带胎座一起取下进行培养。

6.2.1.2 培养基

在胚珠培养中，应用比较多的基本培养基有 Nitsch、White、MS、N_6 等。根据胚珠发育时期的不同、是否带胎座及不同的植物种类，需要加不同的植物生长物质，如 KT、IAA 和 GA 等，有的还要再加一些天然提取物，如 CM、CH 或 YE 等。

6.2.1.3 影响胚珠培养的因素

（1）发育时期　一般情况下，培养在球形胚或更后期的胚珠，能较容易地得到发育成熟的种子。如洋葱、凤仙花和烟草等，即使采用较简单的培养基也能成功。而培养授粉后不久的胚珠，要获得有生活力的种子则受到一定限制，得到成熟种子的例子较少，而且需要采用较复杂的培养基。例如，将葱莲处于球形胚时期的胚珠培养在只添加维生素的 Nitsch 培养基上，就能得到成熟的种子；但授粉仅两天的合子期胚珠在同样的培养基上就不能，必须在培养基中添加 CM 或 CH 才能得到成熟种子。对多数植物而言，培养授粉后不久的胚珠是比较困难的。

（2）培养基中的有机成分　在培养基中添加胚乳对胚珠的发育是有利的。如上例中的葱莲，在受精后不久胚珠的培养基中添加 CM，对胚珠发育有良好的效果。以 CH 替代 CM 加到培养基中，会使发育速率减慢，但最终也能得到形状小、具有发育完全胚的种子。在培养基中添加黄瓜未成熟果实的果汁，对白车轴草胚珠发育效果良好；将 CH 和 GA 配合加入培养基中代替黄瓜果汁时，对白车轴草幼胚珠的发育也有良好作用。

培养基中添加的植物生长物质对胚珠培养的成功与否起着重要作用，但不同植物对不同种类植物生长物质的反应不同。如 Maheshwari 培养罂粟胚珠时，在培养基里添加了 KT、CH 和 YE，能促进罂粟胚的分化和生长。当用 IAA 和 GA 时，则有抑制胚生长的趋势。又如，在培养授粉后 6 天的棉花胚珠时，在加有 KT 的 White 培养基中，可培养形成具有折叠子叶的胚，而加入 IAA、GA、YE、CH 和胚珠提取物时，幼胚的生长发育比有 KT 的慢。

（3）胎座组织　在母体植株中，胚珠以珠柄着生在胎座上，维管束从胎座通过珠柄进入胚珠。有实验表明，在胚珠培养中，胎座组织对胚的生长发育有着重要的作用。胎座的存在使培养的胚珠更容易成活，即使受精后不久的胚珠也易于形成成熟的种子，故一般采用带胎座的胚珠进行培养。例如，将白花菜的胚珠在球形胚时期带着胎座接种，在无任何添加物的基本培养基中，胚珠的发育速度比不带胎座的快。培养十几天的胚珠和自然情况下生长的胚珠一样产生正常的种子。培养处于合子或原胚时期的罂粟胚珠时，也有类似的结果：不论在培养基中单独使用或是配合使用几种有机附加物，如 KT、6-BA、CH、CM 等，都不能促进离体胚珠中胚的生长，而当带着胎座培养胚珠时就获得了正常的胚。对胎座组织对胚生长发育的影响和作用机制还不清楚，有人推测，一方面可能与代谢物进入胚的途径有关，另一方面可能是胎座组织本身能产生与形态发生有关的物质。

6.2.2　子房培养

子房培养（ovary culture）和胚珠培养类似，也包括授粉子房或未授粉子房的离体培养，前者主要用来研究果实和种子的形态发生和生理生化等过程，有时也可代替胚胎培养用来挽救早期败育的杂种胚；后者和未授粉胚珠都是进行试管内授粉受精的基本材料，也是获得单倍体植株的一条重要途径。

6.2.2.1　培养基

子房培养所需的基本培养基比较简单，可采用 MS、Nitsch、White、N_6 等的无机盐，然后根据需要加入适当的有机成分和植物生长物质。添加的植物生长物质的具体种类、浓度和配比等因植物不同而异，需经实验确定。有时也可加入一些天然提取物，如 CM、CH 或 YE 等。蔗糖浓度也因不同植物材料而异，多在 3%～10%之间。

6.2.2.2　材料的选择和培养

受精子房（fertilized ovary）的取材一般是在授粉后摘取花蕾，时间根据需要而定。除去花萼、花冠和雄蕊，然后进行表面消毒。未受精子房（unfertilized ovary）一般需在开花前 1～5 天摘取花蕾，其他处理与受精子房的相同。在无菌条件下剥开幼花，用镊子夹出子房接种。

子房外的组织对离体培养子房的生长发育也有影响。用蜀葵进行的实验表明，连着一部分花器官（花萼）的传粉后子房更容易培养，而且子房中的胚胎能够正常发育。小麦传粉 4～6 天的子房如果带有稃片，可以培养成具有正常胚的颖果。在大麦中也得到类似结果，离体培养保留颖片和稃片的大麦小穗，其中的原胚能够正常发育到成熟胚；如果除去颖片和外稃，则胚胎发育会受到阻碍。因此，在子房培养中，特别是刚授粉后不久的子房，适当保留其花被等，对胚的正常发育有利。

在大麦未授粉子房的培养中，曾做过子房直插与平放两种方式的比较，在 3 个不同品种中都表现出直插比平放的培养效果好。显然，通过花柄输导系统吸收养料对提高诱导频率起着重要作用。所以，在子房培养时应采用适于营养物质吸收的接种方式。但目前关于这方面的研究不多，关于培养方式的影响及其机制还有待进一步探讨。

6.2.2.3　子房培养物的倍性

由于子房中存在着两种细胞——性细胞和体细胞，它们都可能产生胚状体和愈伤组织，进而分化和发育成植株。已授粉、受精子房所产生的植株，不管来源于合子还是体细胞，均为二倍体植株。若其胚乳也能形成植株，便可能得到三倍体植株（被子植物）。而对于未受精子房来说，就有可能产生来自于子房壁或胚珠组织的二倍体植株和来源于胚囊内的卵细胞、助细胞、反足细胞或大孢子等的单倍体植株。显然，子房培养可能会产生不同倍性的植株。

6.2.3 未传粉子房和胚珠培养产生单倍体

利用未传粉子房培养获得单倍体植株的首次报道是San Noeum（1976）在大麦上完成的，其后，国内外许多学者相继通过培养未授粉子房或胚珠获得了单倍体植株，其中包括禾谷类、糖料和油料作物、蔬菜和花卉以及其他经济作物等。由于在许多植物上诱导花粉植株的频率较低，有的甚至不能诱导产生花粉植株，影响了花粉单倍体育种方法的应用。在这种情况下，从未受精子房或胚珠培养诱导孤雌生殖（parthenogenesis）则是产生单倍体植株的另一条途径。影响离体子房和胚珠产生单倍体的主要因素有以下几个方面。

6.2.3.1 供体植物的基因型和胚囊的发育阶段

未授粉子房和胚珠培养能否成功或效率高低，基因型的影响很大，即使在相同的培养条件下，不同植物及不同品系诱导产生单倍体植株的频率有明显差异。例如，在向日葵12个供试品种的子房培养中，有些品种只产生单倍体胚，有些既产生单倍体胚又形成体细胞愈伤组织，还有些对离体培养没有反应。又如，在甜菜的培养中，对1000多个基因型的胚胎发生能力进行测试的结果表明，基因型的差异强烈影响着雌核发育能力（Lux，1990）。

选择处于合适的胚囊发育阶段的子房或胚珠进行接种也是重要的。例如：烟草和洋葱从大孢子母细胞至成熟胚囊期均能诱导单倍体植株。接种不同发育时期的烟草子房，虽然都可不同程度地诱导出单倍体植株，但它们的胚状体诱导率有较大差异，接种发育早期的子房，胚状体诱导率明显较低，发育中期的子房胚状体诱导率又略低于发育晚期的子房。油菜子房培养以成熟子房接种为宜。周嫦等（1983）在多个水稻品种上的比较实验显示，最适于接种的时期是由单核至四核胚囊阶段。以上实验表明，适宜接种的时期范围较广，但在多数情况下，接近成熟时期的胚囊较易诱导成功。

6.2.3.2 培养基成分

外源植物生长物质对于促使胚囊内单倍体细胞的发育是必要的，但它们不仅对胚囊产生单倍体胚有诱导效应，还会导致体细胞形成愈伤组织，而且体细胞愈伤组织会对孤雌生殖的单倍体胚产生抑制效应。因此，需要将植物生长物质调整到合适的浓度，使其既可诱导孤雌生殖，又不至于使体细胞增殖愈伤组织。但植物生长物质的调节是一个复杂的问题，不同植物所要求的种类和配比各不相同，需要经实验确定。在水稻的子房培养中，向培养基中添加0.125～0.5mg/L的MCPA（2-甲基-4-氯苯氧乙酸）得到了高的孤雌生殖诱导频率，并排除了体细胞组织的愈伤组织化。但若生长调节剂的浓度为2mg/L，就会刺激子房壁产生愈伤组织。有时在不含激素的培养基上也可以发生孤雌生殖，且不产生体细胞的诱导物。

蔗糖浓度也有影响，但因培养材料不同而有很大差异。例如，水稻以3%～6%较适宜，浓度过高或过低均不利于雌核发育。在向日葵中，不同的蔗糖浓度引起不同的反应：1%的浓度适合珠被形成愈伤组织；3%～9%利于内种皮形成愈伤组织；12%最适宜孤雌生殖胚状体的形成。

6.2.3.3 培养条件

低温预处理或较高温度（35℃）预培养对产生单倍体往往有促进作用。例如，将向日葵花序在2～4℃冰箱中预处理24h或48h，能明显提高孤雌生殖的诱导频率，同时抑制珠被产生愈伤组织。4℃的低温预处理对甜菜未受精胚珠诱导单倍体植株也有促进作用。黄瓜未受精子房培养前进行35℃高温预处理，也可以提高单倍体的诱导率。周嫦等（1980，1981，1983）接种水稻子房后给以6天低温（12～13℃）处理，成功诱导出了单倍体植株，但以后进行重复实验时，无论接种前或接种后进行低温处理，诱导频率均未超过甚至低于未处理的对照。看来，离体低温处理对孤雌生殖诱导的效果可能因材料或培养方法的不同而异。

培养期间光照条件也有影响，但差异较大。如阎华等（1988）发现，黑暗中培养向日葵胚珠有利于孤雌生殖，而抑制体细胞的愈伤组织化。何才平等（1988）认为，黑暗中培养水稻比光下有利。在水稻未受精子房培养中，周嫦等采用黑暗条件，郭仲琛（1982）采用2000lx光照，均诱导了单倍体植株。有研究认为，水稻无配子生殖原胚的诱导对有无光照没有严格要求，但原胚的继续生长和发育则需要在黑暗条件下才能顺利进行。马铃薯（*Solanum tuberosum*）子房诱导培养可在散射光或黑暗条件下进行；分化阶段则用日光灯每日照射8h（约2000lx）。烟草未受精子房培养，在黑暗或光照下，都能诱导出胚状体，但在黑暗条件下胚状体产生的数量较少并逐渐白化，而适当的光照（1500lx，12h/d）可以使胚状体转为绿色并提高诱导数量。

还有实验显示，供体植株的生长环境和取材季节对离体条件下卵细胞的孤雌生殖率也有影响。生长在温室中的甜菜比生长在人工气候箱中的离体胚珠胚胎发生率要高。在一年中不同季节采取的胚珠，其胚胎发生率也有明显差异（Lux，1990）。

6.3 离体授粉

离体授粉（*in vitro* pollination）就是在无菌条件下，培养离体的未受精雌蕊或胚珠和花粉，使花粉萌发产生的花粉管进入胚珠，完成受精过程而获得有生活力种子的技术。这是一种接近自然授粉情况的初级试管受精技术。离体授粉的试验是从20世纪60年代开始的。1962年，Kanta从罂粟子房里取出带部分胎座的胚珠进行离体授粉获得了种子。其后，应用这一技术在其他一些植物上进行的种间和属间杂交陆续获得成功。1977年，Gengenbach用单子叶植物玉米进行雌蕊离体授粉得到了种子；1979年，我国的朱澂培养小麦的离体子房授以黑麦花粉，第一次实现了以离体授粉技术得到谷类作物远源杂交的后代。植物离体授粉技术的建立，不仅有利于进行植物生殖生物学的基础研究，在植物的杂交育种等方面也具有重要的应用价值。

6.3.1 离体授粉技术的基本过程

6.3.1.1 亲本选择

（1）收集花粉　选择合适的花药，一般在花蕾开放前数天（因植物不同而异）把花套袋，于开花当天或前一天取下花药尚未裂开的花蕾或花药，进行表面消毒，让其在无菌条件下自然开裂，然后收集无菌的花粉进行试管授粉。

（2）选取雌蕊或胚珠　不同植物最适宜的发育时间不同。据报道，在烟草和黄水仙的胚珠离体授粉试验中，前者采用开花后1天和3天的胚珠，而后者采用开花后2天的胚珠效果较好。叶树茂等在小麦雌蕊离体授粉试验中，在开花前2天去雄套袋，采用去雄后2～5天的雌蕊进行离体授粉，结实率较高。将开花前已去雄的花蕾经表面消毒后，在无菌条件下剥取未传粉雌蕊或胚珠即可用于接种。

6.3.1.2 离体授粉受精

授粉一般可将无菌的花粉授在雌蕊的柱头或胚珠上，也可先将花粉撒在培养基上，然后将带有胎座的胚珠接种在撒播的花粉中。对于子房还可用无菌刀片将子房壁或顶端切一小口，将花粉悬液直接滴入切口后培养；或用无菌注射器吸取花粉悬液，从子房基部或上端切口注入子房等方法。

日本学者用芸苔属植物进行试验时，采用两种方法进行离体授粉：一种是将花粉先撒于适宜于花粉萌发的培养基上（2%蔗糖、0.01%氯化钙、0.01%硼酸、10%琼脂），再将胚珠在0.1%的氯化钙溶液中浸泡片刻后置于撒播的花粉中间。待花粉管长入胚珠后，将其移到Nitsch培养基中进行胚珠培养。另一种方法是将离体的胚珠放在含有4%琼脂、6%蔗糖、0.01%氯化钙和0.01%硼酸的培养基中浸泡数秒钟，然后在胚珠上传粉后接种在Nitsch培养基上培养，使胚继续发育为成熟的种子或杂种植株。这些方法均有助于解决花粉萌发和胚珠培养适宜的培养基不同的问题。

6.3.2 影响离体授粉成功的因素

6.3.2.1 培养基成分

培养基的组成对离体授粉的成功与否、结实率的高低和籽粒的发育都有重要影响。总的来讲，离体授粉所需要的培养基条件与子房和胚珠培养所要求的基本相同，不同植物对培养基附加成分的要求可能有差别。例如，在小麦雌蕊离体授粉试验中，采用MS培养基获得的籽粒重量为1.69g/100粒，而在White培养基上的只有0.89g/100粒。在烟草胚珠离体授粉试验中，当培养基中加入500mg/L CH时，子房的结实率和种子的数量都有提高。虽然离体授粉受精形成的幼胚在原来的培养胚珠或子房的培养基上即可发育长大甚至出苗，但是因为胚在生长发育的各个阶段对植物生长物质和蔗糖等的要求不同，所以如果能在胚发育的不同阶段调整培养基，则可能得到更多可育的种子。

6.3.2.2 培养温度

一般认为，当培养温度接近于该种植物在自然界进行受精并形成种子时的温度时，离体授粉效果最好。例如，在自然生长条件下，黄水仙在温度较低的早春开花。因此可以设想，其受精过程和受精后胚珠的发育已适应这种环境条件。黄水仙胚珠离体授粉的结果也表明，较低的温度不仅有利于整个受精过程，而且有利于种子的形成。当培养温度从25℃改为15℃时，结籽情况大为改善，后者的结籽数比前者约高3倍。

6.3.2.3 材料消毒

作为离体授粉材料的花粉、子房或胚珠，不但要消毒达到无菌要求，而且需要保持活跃的生活力，才能保证得到较高的受精率和结实率。对消毒剂的选择和消毒时间的长短等都要因植物种类而异。如对菜心三月青品种的花药进行消毒时，分别采用70%酒精或0.5%～1%过氧乙酸单独使用或二者都用，结果是单独使用0.5%过氧乙酸消毒10min的处理对花粉的损伤较少，萌发率可高达92%。对小麦雌蕊进行消毒时，用紫外线照射，或先用70%酒精浸泡，再用紫外灯照射，其污染率为10%～22.2%；但用70%酒精浸泡后再用紫外灯照射，最后再以0.1%升汞浸泡10min，则污染率可降至1.3%，而结实率最高可达97.5%。

6.3.2.4 母体组织的保留

在应用试管进行离体授粉时，一般多保留一些母体组织有利于试验的成功。例如，在胚珠离体授粉时，切取的胚珠带上胎座常比不带的更易成功，大多成功的实验都是对带有胎座的胚珠进行离体授粉而完成的。在烟草离体授粉试验中，观察到柱头和花柱的保留对胚珠受精及其种子发育有较好的影响。还有实验表明，柱头对水稻、小麦等离体授粉受精的成功有重要作用。因此，在这些植物的试管授粉中就不能去掉柱头，在消毒时也应注意不要使消毒液触及柱头。在黄花烟草雌蕊离体授粉实验中，花萼保留与否对以后形成的果实的大小和结实数目都有较大影响。在保留花萼时，成熟果实直径达8.5mm，每个果实内结有80～100粒种子；而在全部去掉花萼时，成熟果实直径仅为6.0mm，每个果实内只有30～40粒种子。在玉米中，多个连在穗轴上的子房比单个子房离体授粉效果更好。

6.3.3　离体授粉技术在杂交育种上的应用

6.3.3.1　克服远源杂交不亲和性

离体授粉研究的进展，为克服植物远源杂交不亲和性提供了有效的方法，使得那些由于花粉和柱头不亲和性障碍而从未形成过杂种的植物间建立杂种成为可能。例如，在女娄菜属（*Melanderium*）的种间杂交和烟草属的种间杂交中，常常由于花粉管在通过花柱时受到阻碍而不能受精。而利用胚珠培养和离体授粉技术就获得了种间杂种。叶树茂等（1983）在节节麦（*Aegilops squarrosa*）×普通小麦和普通小麦×黑麦草（*Lolium perenne*）的杂交组合上，也用离体雌蕊授粉的方法获得了杂种。目前已在罂粟科、茄科、石竹科、玄参科、十字花科、锦葵科、报春花科、百合科、禾本科等中获得远源杂交可萌发的种子或部分成功的杂交组合。

6.3.3.2　克服自交不亲和性

在自然界，有部分植物是自花不亲和的，即用它自身的花粉授粉不能产生后代。研究发现，许多自交不亲和的障碍往往发生在柱头上或花柱中，因此，利用离体培养的胚珠授粉，就有可能克服这一障碍。使用这一方法，Rangaswamy（1967，1971）克服了腋花矮牵牛自交传粉不亲和性，得到了有活力的种子。这一结果也说明，腋花矮牵牛的自交不亲和性反应局限在花柱和柱头上，胚珠对亲和的和不亲和的花粉管没有选择能力。

6.3.3.3　诱导孤雌生殖

孤雌生殖是产生单倍体植株的一条途径。以前有不少研究者通过延迟授粉、远源花粉授粉等处理，获得了一些单倍体后代，但都是按常规杂交授粉的方式进行的。

胚珠离体授粉技术也可应用于诱导孤雌生殖。例如，Hess（1974）等试图通过花药培养来得到锦花沟酸浆（*Mimulus luteus*）的单倍体，没有成功。但他们将雌蕊除去子房壁，在暴露的胚珠上用蓝猪耳（*Torenia fournieri*）的花粉作离体传粉，结果在1%的胚珠中获得单倍体植株，经过染色体鉴定被确认为是锦花沟酸浆的单倍体。虽然诱导频率很低，但说明在离体条件下，采用远源授粉的方法也是能够诱导单倍体植物的。

6.3.4　操作实例：小麦雌蕊的离体授粉

6.3.4.1　材料的选择和培养

材料为丰产3号、昌潍15、白粒高、阿勃、蓝粒小偃等小麦品种。

于清晨将开花前2天的母本麦穗带有1～2片叶的茎秆取下，用70%酒精表面消毒后再用0.1%升汞浸泡3～5min，取出用无菌水冲洗3次后再用紫外灯照射20min。在无菌条件下去雄并套袋，在光照条件下保持2天。

花粉取自即将开花而花药尚未吐露的父本的麦穗，用紫外灯照射30min。接种时在无菌条件下将母本麦穗每朵小花的外颖剥除只留下一片内颖，然后将雌蕊接种在培养基上。再将从父本穗子上得到的无菌花粉直接散落在雌蕊的柱头上。培养基为MS+5%蔗糖+0.8%琼脂，pH5.8。室温培养，每日光照12～14h。

6.3.4.2　籽粒形成

雌蕊授粉后3天即能看到子房显著增大。授粉后6～10天籽粒的发育能达到正常成熟麦粒体积的1/2～2/3。20天后发育的籽粒逐渐变为黄色。在MS培养基上经35～40天发育的籽粒可以达到黄熟，最高结实率达97.5%。

6.4 离体受精

离体受精（*in vitro* fertilization）也称为试管受精（test-tube fertilization），其研究起步于20世纪60年代，当时是在胚珠或柱头上授粉，然后通过胚珠或子房培养完成受精和胚胎发育，形成有萌发力的种子。由于这样的受精仍然处于胚珠以至子房的孕育下，只能认为是离体受精研究的初级阶段，近来多数文献将其改称为离体授粉（详见6.3）。20世纪80年代后期雌雄配子分离技术方才渐臻成熟，在此基础上，Kranz等（1990，1991）在玉米（*Zea mays*）中首次实现了雌雄配子的体外融合并得到了人工合子，后来又从离体培养的合子获得了再生植株，实现了严格意义上的离体受精。迄今，已成功建立了多种离体受精技术体系。

离体受精技术体系的建立将使有关受精和早期胚胎发生的机理研究深入到新的层次。由于离体受精具有可控性和生活性两大优点，因而可应用细胞生理学、生物物理学等方法，研究受精和胚胎发生过程中的信号传递等体内研究难以奏效的问题，更可以应用分子生物学方法研究这一过程中的基因表达，找出决定各个发育环节的功能基因，然后应用转基因技术改变受精与胚胎发育过程，就有希望通过基因操作创造出全新植物类型。这样一种实验系统的建立无论是在研究胚胎发生还是在进行新品种培育方面均具有重大意义。

目前离体受精技术也被用于其他研究，如用分离的精细胞和卵细胞筛选配子细胞的特异基因和蛋白质；研究合子细胞被激活的机理；用不同种植物的精细胞、卵细胞体外融合进行新的远缘杂交尝试；利用合子细胞易分裂和胚胎发生特征探索用其作为转基因研究的受体细胞等。离体受精技术在高等植物发育生物学和生殖生物学领域的基础研究和应用探索方面也显示了巨大潜力。因此，离体受精的成功是植物受精研究史中的重要里程碑。

整个离体受精实验体系包括配子分离、雌雄配子融合、人工合子培养等3个主要技术环节。与动物和低等植物相比，被子植物的雌雄配子被体细胞组织层层包裹着，因此，分离一定数量并具有生活力的精细胞、卵细胞是成功实现离体受精的前提条件。

6.4.1 雌雄配子分离

由于被子植物的配子深藏于其他细胞和组织中，分离它们就显得特别困难。早期的努力主要集中在以下几个方面：①怎样从包围的组织中获得有生活力的雌雄配子体；②怎样在短时间内获得足够数量的雌雄配子体；③怎样收集和纯化分离到的配子；④怎样在离体条件下保持配子的活力。由于不同植物生殖器官的形态、结构各异，离体发育的条件亦彼此不同。各种不同类型的性细胞、甚至不同植物的同类型细胞均有不同的生物学特点，性细胞的分离技术必须与之相适应。因此，尽管20多年来经各国学者的不懈努力已建立了有效的分离技术，但迄今为止仍只在少数植物中取得成功，且没有通用的方法可循。

6.4.1.1 精细胞的分离

Cass（1973）首先分离了大麦精细胞；Russell（1986）建立了白花丹（*Plumbago zeylanica*）精细胞的大量分离技术，此后，各国学者在多种植物中成功分离了精细胞并建立了各种分离方法，具体应用因花粉类型而异，常用的有两类：

（1）渗透压冲击法　利用低渗溶液使花粉或花粉管尖端吸水破裂，释放出精细胞。由于渗透压冲击法操作简单、效率高，已成为分离精细胞的主流方法之一。白花丹、玉米、小麦、甜菜等植物精细胞的分离就是使用这一方法。但是，花粉发育时期与生理状态对渗透压冲击的效果有很大影响。

(2) 研磨分离法　就是利用机械力量使花粉壁破损，以获得精细胞，适合于抗低渗、不易破裂的花粉。此法是将悬浮于一定介质中的花粉用玻璃匀浆器或其他装置轻轻研磨，使花粉破裂而又不损伤精细胞，然后通过不同孔径的筛网过滤，去除未破裂的花粉和花粉壁残渣，收集精细胞。油菜、甘蓝、紫菜苔、非洲菊、菠菜等植物的精细胞分离多用此法。其优点是手续简便，不过分依赖花粉的成熟度与生理状态。但研磨需要手工技巧，且研磨后花粉壁碎片较难清除。

6.4.1.2 卵细胞的分离

被子植物的卵细胞位于胚囊之内，而胚囊又着生在胚珠之中，这使得卵细胞的分离难度加大。可以先分离胚囊，然后从胚囊中分离卵细胞；也可直接从胚珠中分离卵细胞。早在20世纪70年代Тырнов等（1975）就用酶处理的方法分离出烟草生活胚囊。80年代中期，周嫦与杨宏远（1984，1985）先后在金鱼草、向日葵和烟草中用酶法去除外围组织，获得了生活胚囊，使得卵细胞的进一步分离成为可能。胡适宜等（1985）结合酶法和压片法首次分离出烟草卵细胞。孙蒙祥等（1993）又建立了酶解-渗透压冲击法分离烟草的胚囊。随着分离技术的不断改进，成功分离生活胚囊和卵细胞的植物种类不断增加。

目前分离卵细胞的方法可分为三类：酶解法、解剖法和酶解-解剖法。由于单子叶植物、双子叶植物的胚珠大小和数量及珠心组织的厚薄均有差异，这三类分离方法又各有优缺点，所以，不同材料的卵细胞应选择与其相适应的最佳分离方法。

(1) 酶解法　酶解法是以不同组合的酶处理为主要手段，辅以其他措施分离出卵细胞。如先将胚珠通过一定时间的酶处理，然后用微吸管轻轻吸打以分离出胚囊，再对分离的胚囊进行延时酶解，使卵细胞游离出来。酶解法中所用的酶包括纤维素酶、果胶酶、蜗牛酶、崩溃酶、半纤维素酶、果胶溶酶等。用此法可分离蓝猪耳、矮牵牛、烟草等植物的卵细胞。酶液的配方随植物材料和研究者而异。酶解法操作简便，但分离率往往偏低。长时间酶处理还可能对卵细胞产生毒害，影响其生活力。一般适用于分离子房内胚珠数量多、具薄珠心的植物材料。

(2) 解剖法　解剖法即不经过任何酶处理，直接应用显微解剖技术从胚珠中分离卵细胞，主要适用于较大的胚珠以及具厚珠心的植物材料如禾本科植物。此法具有无酶伤害、分离的卵细胞生活力强等优点，但需一定的操作技巧，分离速度往往偏慢。

(3) 酶解-解剖法　酶解-解剖法即将胚珠先行酶解，再经显微解剖，以解剖操作为主。此法兼取酶法离解胚珠细胞与细胞间联系和快速解剖分离细胞的优点，故最为常用。已在不少植物中利用此法分离出卵细胞，如玉米、白花丹、烟草、水稻等。

6.4.2 诱导融合

在成功分离卵细胞和精子后，就可实施离体受精。离体条件下卵细胞与精子的融合成功率通常与下列因素有关：细胞的活力、细胞的形态及体积、不同的融合技术、融合液的渗透势和温度等。

自20世纪90年代以来，已经建立了四种融合技术，即微电融合、高钙-高pH介导融合、一般钙条件下的融合以及聚乙二醇（PEG）诱导的融合等。

(1) 微电融合　微电融合是Kranz等最早进行玉米精、卵细胞融合取得成功的方法。主要是通过微电极间形成的电场使精、卵细胞先彼此靠近，再施加直流电脉冲使细胞融合，融合率可达85%。此法的优点是融合速度快，融合介质成分简单，融合产物可直接转入培养，有利于保持细胞活力。但此法依赖特制的微电融合系统，尚难普及。

(2) 高钙-高 pH 介导融合　高钙-高 pH 介导融合是 Kranz 与 Lörz (1994) 建立的。在高钙 (50mmol/L $CaCl_2$) 与高 pH (pH11) 的条件下诱导了玉米精、卵细胞融合，融合产物培养成含 30～50 个细胞的微愈伤组织。但高钙、高 pH 条件对配子活力常有明显影响，如烟草卵细胞在上述条件下会很快丧失活性。

(3) 一般钙条件下的融合　Faure 等 (1994) 在一般含钙介质中观察玉米配子间、配子和体细胞间的融合情况，发现在 5mmol/L $CaCl_2$条件下，精、卵细胞在数分钟内粘贴，然后在 10s 时瞬间融合，融合率近 80%。这种方法目前被认为是探讨受精机理较好的技术系统，但这种融合产物的发展前途尚不清楚。

(4) 聚乙二醇诱导的融合　PEG 是原生质体融合最常用的诱导剂。此方法的优点是融合频率高，对细胞的种类、活性与状态无严格要求。但一般用于原生质体群体内的融合，具有随机、不定向的特点。孙蒙祥等 (1995) 对这一常规方法加以改进，即用微吸管挑选一对原生质体置于 PEG 微滴内使之融合，提高了融合的目的性和操作的准确性。Tian 和 Russell (1997) 用 PEG 诱导了烟草精、卵细胞的融合。他们发现，15%的 PEG 较合适，过低浓度 (5%) 的 PEG 不能诱导精、卵细胞的融合，而过高浓度 (25%) 的 PEG 毒害作用又明显增加。

6.4.3　合子培养

无论是自然合子还是人工合子的离体培养，尤其是诱导其胚胎发生，是近些年来许多研究者热衷的课题。这是因为合子作为个体生命的起点，其早期胚胎发生过程为研究胚胎发育的机理提供了便利的条件；另外，离体培养所得到的各时期的胚胎为实施多样化的手段来研究发育机制提供了理想的材料。迄今为止，研究者们已经在玉米、大麦、小麦、水稻和烟草等植物中诱导了自然合子和人工合子在离体培养条件下的胚胎发育。合子培养一般采用微室饲养培养法。现在有一种商品化的微室，该微室的底部采用微孔滤膜为材料，可以允许营养物质自由通过，在饲养培养中经常用到。培养时将商品微室置入盛有饲养细胞的小培养皿中，培养物放入微室内，通过微室底部的微孔滤膜来吸取营养及周围饲养细胞释放的活性物质，以促进其发育 (图 6-4)。

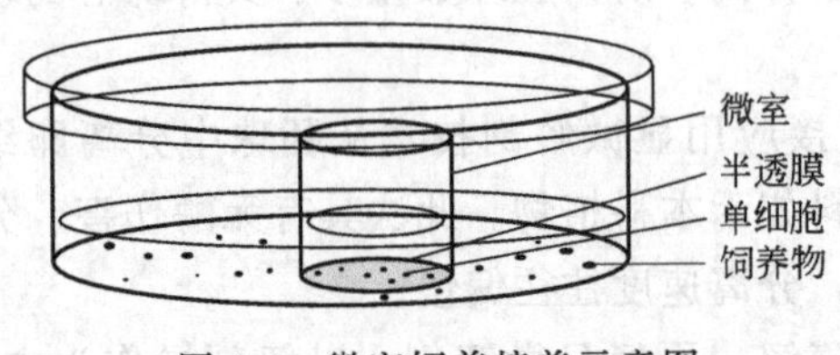

图 6-4　微室饲养培养示意图

建立一个良好的饲养细胞系统是合子启动和持续分裂的关键条件。合子培养多采用同种植物的饲养细胞，但也有在一定亲缘范围内的异种植物的饲养细胞能有效促进其发育的例证，因此需要比较不同的饲养细胞，以获得最佳的饲养效果。影响合子离体发育的因素除了培养方式和饲养系统外还有材料的品种、所用外源激素的种类和浓度、渗透势等。不同植物的合子培养时其最佳条件也不尽相同，应参考其他合子培养的经验加以改进，建立合理的技术流程，以期得到更好的培养效果。

除常规的微室方法外，Kumlehn 等 (1997) 尝试了另外一种方法，即合子移植法。此法巧妙地将小麦合子移植到经过去雄和生长素处理以及切割过的小麦或大麦的胚珠中，以胚珠作为饲养组织进行培养，合子直接经胚胎发育途径再生植株，并且其生长过程与体内的发育在时间上是一致的。此种方法的优点在于不必另外建立专门的饲养系统，且胚珠组织所提供的发育环境可能对合子发育更有利。但实验中合子移植这一步骤需要非常精细和熟练的操作，且只适合于像禾本科这样具有较大胚珠的植物。

20 世纪 90 年代，Kranz 及其合作者在玉米离体受精方面进行了大量研究，首先完成了雌雄配子的离体融合，继而培养人工合子发育为胚状体和可育的（fertile）再生植株，使得高等植物的全部生活史能在离体条件下得以完全实现。他们总结的玉米离体受精及合子的生长发育过程如图 6-5 所示。

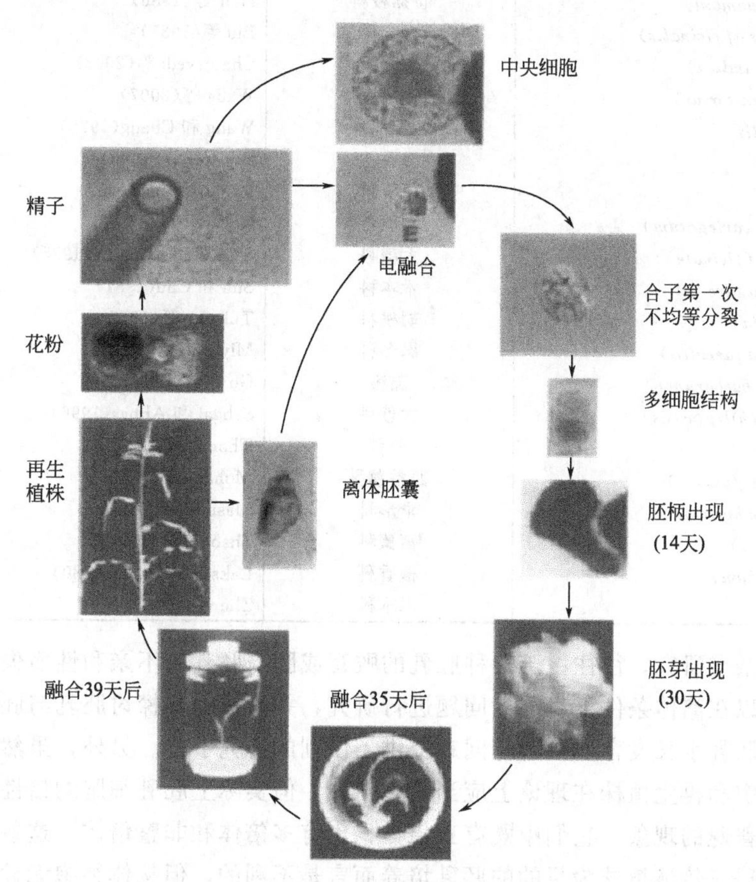

图 6-5　玉米离体受精及合子的生长发育

6.5　胚乳培养

在大多数被子植物中，胚乳是双受精的产物之一，是由两个极核和一个精子融合形成的三倍体初生胚乳发育形成的三倍体组织。胚乳的作用是为胚的生长发育和种子的萌发提供营养。植物的胚乳培养（endosperm culture）就是将胚乳从母体上分离出来，接种在无菌的人工培养条件下，使其进一步生长发育，并形成幼苗的过程。最初的胚乳培养工作是从 20 世纪 30 年代开始的，迄今已经对几十种植物的胚乳进行了培养，其中一些，如罗氏核实木、苹果、柚、橙、檀香、猕猴桃、枸杞、水稻、马铃薯和梨等的胚乳培养最终得到了再生植株（表 6-3），而且猕猴桃和枸杞等的再生植株已经移栽成活并在田间开花结果，还有一些植物经胚乳培养分化出了芽、根或叶，但也有一些植物只得到愈伤组织。

胚乳培养在理论研究和生产实践中都有重要意义。例如，利用胚乳培养技术，可以研究胚乳细胞在离体培养条件下的全能性；大多数被子植物的胚乳是三倍体，通过胚乳培养可以探讨改良植物三倍体育种技术的可能性；在植物育种上，为了获得新的优良性状和改良品种

表 6-3　部分通过胚乳培养获得再生植株的植物

植物种	所属科	发表年代
金合欢(*Acacia nilotica*)	含羞草科	Garg 等(1996)
猕猴桃(*Actinidia deliciosa*)	猕猴桃科	Góralski 等(2005)
番荔枝(*Annona squamosa*)	番荔枝科	Nair 等(1986)
石刁柏(*Asparagus officinalis*)	百合科	Liu 等(1987)
印楝(*Azadirachta indica*)	楝科	Chaturvedi 等(2003)
红花(*Carthamus tinctorius*)	菊科	Walia 等(2007)
金柚(*Citrus grandis*)	芸香科	Wang 和 Chang(1978)
柑橘(*Citrus* spp.)	芸香科	Gmitter 等(1990)
咖啡(*Coffea* sp.)	茜草科	Raghuramulu(1989)
变叶木(*Codiaeum variegatum*)	大戟科	Gayatri(1978)
余甘子(*Emblica officinale*)	大戟科	Sehgal 和 Khurana(1985)
大麦(*Hordeum vulgare*)	禾本科	Sun 和 Chu(1981)
胡桃(*Juglans regia*)	胡桃科	Tulecke 等(1988)
蓝果忍冬(*Lonicera caerulea*)	忍冬科	Miyashita 等(2009)
宁夏枸杞(*Lycium barbarum*)	茄科	Gu 等(1985)
粗糠柴(*Mallotus philippensis*)	大戟科	Sehgal 和 Abbas(1996)
桑树(*Morus alba*)	桑科	Thomas 等(2000)
龙珠果(*Passiflora foetida*)	西番莲科	Mohamed 等(1996)
欧芹(*Petroselinum hortense*)	伞形科	Masuda 等(1977)
梨(*Pyrus communis*)	蔷薇科	Zhao(1988)
白檀(*Santalum album*)	檀香科	Lakshmi Sita 等(1980)
玉米(*Zea mays*)	禾本科	Zhu 等(1988)

所进行的远源杂交研究，往往由于杂种胚乳的败育或胚与胚乳的不亲和性而失败，利用胚乳培养手段则可以在离体条件下对上述问题进行研究，并为进一步探讨胚乳与胚的关系、胚乳组织的功能和胚乳生长发育的机制等问题提供了便利的研究手段。另外，虽然通过胚乳培养得到的愈伤组织和再生植株在理论上应当是三倍体，但实际上胚乳细胞的倍性较为混乱是胚乳培养中比较普遍的现象，它们中既有三倍体，也有多倍体和非整倍体。这些染色体数目的变化对于以获得三倍体植株为目的的胚乳培养而言是不利的，但从体细胞无性系变异的角度出发，胚乳培养可能产生许多不同类型的非整倍体和各种多倍体株系，从而为植物多倍体育种和遗传研究提供了新的技术选择（图 6-6）。

6.5.1　胚乳培养的基本过程

胚乳培养的过程与一般外植体的相似，包括材料的选择和外植体的分离、胚乳愈伤组织的诱导和愈伤组织的分化以及植株再生等几个阶段。当然，对不同的植物而言，其具体培养方案是有差异的。

6.5.1.1　材料的选择和外植体的分离

根据植物的不同，选择发育到适宜阶段的种子或果实，常规消毒、剥离出胚乳后，接种到合适的培养基上诱导胚乳愈伤组织的产生。

6.5.1.2　胚乳愈伤组织的诱导

在被子植物的胚乳培养研究中，除少数植物可直接由胚乳产生器官或胚状体外，大多数植物的胚乳培养均需通过愈伤组织阶段，然后再分化出器官或胚状体。诱导胚乳产生愈伤组织时，除应考虑取材时胚乳本身所处的发育时期外，培养基和培养条件的选择也至关重要。

在大戟科和檀香科植物中，连同胚一起培养有利于胚乳愈伤组织的形成。不过一旦培养

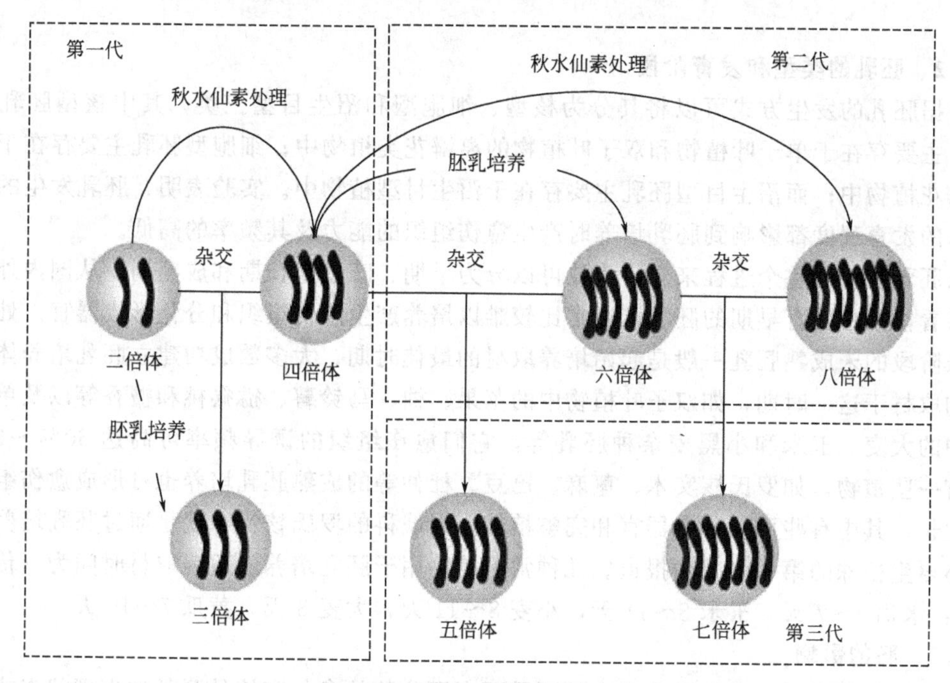

图6-6　应用胚乳培养方法培育不同倍性植株的模式图

的胚乳已经形成愈伤组织，还是应该把胚从培养物中去掉，以免胚也增殖形成愈伤组织，致使两种不同倍性的组织混杂在一起，影响结果的正确性。

接种后的胚乳外植体，通常在6～10天后外观显得膨大而光滑，同时表面或切口附近形成乳白色的隆突，且不断增多。少数植物胚乳外植体的这种突起可以转为绿色，并形成叶状丛（如猕猴桃），但大多数植物胚乳外植体上的隆突再次增殖新的细胞团块，成为典型的愈伤组织。这时，应及时将其转入新的培养基进行继代培养或转入分化培养基诱导分化，否则愈伤组织的增殖即逐渐减慢，最后停止生长。

6.5.1.3　愈伤组织的分化和植株再生

胚乳组织分化器官的现象，最早是Johri和Bhojwani（1965）在檀香科植物的研究中发现的。他们把种子接种在附加IAA、KT和CH的培养基上，有部分培养物中的胚乳长出了再生芽，进一步的组织学研究证实了这些芽的确是胚乳起源的。

胚乳愈伤组织的器官分化和植株再生能力，在很大程度上取决于供体植物的基因型。一些植物的胚乳愈伤组织已培养成功多年，但至今尚无器官分化的报道，更不用说植株再生；而另一些植物的胚乳愈伤组织可以通过器官发生途径或者胚状体途径再生植株。与器官发生相比，在胚乳培养中通过胚胎发生途径获得再生植株的报道较少，柑橘是通过胚胎发生途径获得胚乳再生植株的首例报道（王大元、张进仁，1978）。

6.5.2　影响胚乳培养的主要因素

6.5.2.1　基因型

供体植株的基因型是影响胚乳培养的关键因素，不同植物种类、同种植物的不同品种之间，胚乳培养愈伤组织的诱导率和分化率以及再生植株的能力等方面都有很大差异。例如在猕猴桃属中，不同种之间愈伤组织诱导率有明显的差异，其中硬毛猕猴桃愈伤组织的诱导率为87.9%，中华猕猴桃为56%。在桃的胚乳培养中，5种供试品种中只有一种获得了胚状体。

6.5.2.2 胚乳的类型和发育阶段

根据胚乳的发生方式可以将其分为核型、细胞型和沼生目型三类，其中核型胚乳约占61%，主要存在于单子叶植物和双子叶植物的离瓣花类植物中；细胞型胚乳主要存在于大多数合瓣花植物中；而沼生目型胚乳主要存在于沼生目型植物中。实验表明，胚乳发生的类型和植株的发育程度都影响到胚乳培养时产生愈伤组织的能力及其频率的高低。

从胚乳发育的整个进程来看，大致可以分为早期、旺盛生长期和成熟期。从国内外研究的结果看，处在发育早期的胚乳，通常比较难以培养产生愈伤组织和分化形成器官。处于旺盛生长阶段的未成熟胚乳一般是起始培养取材的最佳时期，大多数成功建立胚乳培养体系的植物均取材于这一时期，如双子叶植物中的苹果、柚、马铃薯、猕猴桃和檀香等以及单子叶植物中的大麦、玉米和小黑麦杂种胚乳等，它们愈伤组织的诱导频率可高达60%～90%。但也有一些植物，如罗氏核实木、蓖麻、巴豆、杜仲等的成熟胚乳培养也可形成愈伤组织并继续生长，其中有些可以分化器官和完整植株，大戟科的罗氏核实木就是通过胚乳培养获得三倍体再生植株的第一个成功报道。几种常见植物用于胚乳培养的适宜取材时间为（传粉后天数）：水稻4～7天，玉米8～11天，小麦8～11天，大麦8天，黄瓜7～10天。

6.5.2.3 胚的影响

从已有的报道看，在胚乳培养中是否需要有原位胚的参与和接种胚乳的生理状态或发育阶段有关。刘淑琼等（1980）在桃的未成熟胚乳培养中发现，在胚存在的情况下，愈伤组织诱导率从60%提高到95%；但处在旺盛生长阶段的未成熟胚乳，只要培养条件合适，不需胚的参与就能脱分化而形成愈伤组织。而对于成熟的胚乳，包括干种子中的胚乳，原位胚的参与或代之以 GA_3 处理对于愈伤组织的诱导可能是必需的（朱登云等，1998）；但银杏成熟胚乳培养产生愈伤组织却不需要胚的存在。目前，对于胚在成熟胚乳细胞增殖中的作用了解尚少，还有待进一步探索。

6.5.2.4 培养基

胚乳培养中常用的基本培养基有White、MS和LS等，其中以MS使用较多。

（1）植物生长物质　为顺利启动外植体脱分化过程，并以一定的再生频率成功获得胚乳来源的再生植株，在基本培养基中添加适当的植物生长物质和一些附加成分往往是必需的。各种植物的胚乳愈伤组织诱导中，需要添加的植物生长物质的种类、水平和比例不同。例如：在小黑麦杂种胚乳培养时，若将胚乳直接接种在无激素培养基上则外植体无任何反应；而在含有2.0mg/L 2,4-D和0.5mg/L KT的培养基上，就能得到愈伤组织。在大麦胚乳培养中同样发现，培养基中添加适当浓度的生长素（2,4-D）对愈伤组织的诱导和增殖而言是必要的。还有一些研究者发现，在补加2,4-D、KT和YE的培养基上，檀香、蓖麻和巴豆等植物的成熟胚乳愈伤组织的生长状态良好，而含有IAA、KT和CH的培养基则是罗氏核实木胚乳愈伤组织增殖的最佳选择。

已有的实验表明，为了诱导胚乳愈伤组织分化芽，至少需要使用一种细胞分裂素。与愈伤组织诱导过程类似，在胚乳愈伤组织分化过程中，有些植物对激素种类的要求表现了严格的选择性。例如枸杞胚乳愈伤组织在含有6-BA的培养基上，苗分化频率达77%；但在仅含有Zt的培养基上，一直没有分化任何器官；在含Zt和NAA的培养基上只分化出少数肉质叶状体（王莉等，1985）。与此相反，Zt对猕猴桃胚乳愈伤组织的分化却十分有效，猕猴桃胚乳培养时，MS＋Zt(3mg/L)＋2,4-D(0.5～1mg/L)＋CH(400mg/L）的培养基上诱导产生愈伤组织，进而在 MS+Zt(1mg/L)+CH(400mg/L) 的分化培养基上产生胚状体和长成完整小植株；若仅附加 Zt(1～3mg/L)或 Zt(3mg/L)与 NAA(0.1mg/L) 及 CH (400mg/L) 配合，则外植体上均不产生愈伤组织，而是直接分化出叶状体，在含 1mg/L Zt 的分化培养基上产生少量苗芽（黄贞光等，1982；桂耀林等，1982）。

在柑橘和檀香的胚乳培养中，三倍体植株是通过体细胞胚胎发生起源的。在柑橘属植物中，王大元等（1978）使用附加了 2mg/L 2,4-D、5mg/L 6-BA 和 1000mg/L CH 的 MS 培养基，由具有细胞结构的幼龄胚乳建立了愈伤组织。胚乳愈伤组织转移到附加 1mg/L GA_3 的培养基上进行继代培养时，愈伤组织分化出了少量胚，但这些胚生长到球形期时停止进一步发育。这时如果把培养基中的盐浓度加倍，并将 GA_3 浓度提高到 15mg/L，则此球形胚可继续发育为胚状体，并最终长成再生植株。由此可见，为了促进胚状体的发育和成苗，除须对培养基中的激素水平进行调节以外，有时还应适当调节培养基中无机盐的浓度。

但是，目前关于诱导胚乳离体培养物分化所必需的植物生长物质的组合和浓度了解尚少，适用于大多数植物的普遍规律尚未见报道。

（2）碳源和其他添加物　蔗糖对促进玉米和蓖麻胚乳愈伤组织生长的效果理想，而阿拉伯糖、纤维二糖、半乳糖和甘露糖等则表现出不同程度的抑制作用。和一般的组织培养类似，在胚乳培养中，以蔗糖、葡萄糖、果糖效果较好。对于糖的浓度，不同种类植物的要求有所不同，多在3%～5%之间。但在小黑麦胚乳培养中，胚乳外植体在蔗糖浓度为8%时，愈伤组织的诱导率比在3%时高得多。

一些天然的提取液对胚乳培养有促进作用，如水解酪蛋白（CH）、酵母提取物（YE）、椰子乳（CM）和番茄汁等都被应用到胚乳培养中。如在玉米胚乳培养中，在培养基中添加番茄汁效果最好，YE 在很大程度上可以取代番茄汁的作用。黑麦草胚乳培养研究则显示：YE 能促进胚乳愈伤组织的增殖。在猕猴桃和杜仲成熟干种子胚乳培养基中，加入 CH、YE 或水解乳蛋白（LH），都可显著提高愈伤组织的诱导频率。而在葡萄等的胚乳培养中，在培养基中添加一定量的椰子乳，对于愈伤组织的诱导和生长是有利的。

6.5.2.5　培养条件

胚乳愈伤组织生长的最适温度多在25℃左右。此外，也有研究表明，低温处理有利于胚乳愈伤组织诱导和器官分化。例如在枇杷胚乳培养中，如果以低温处理枇杷幼果，则其胚乳形成愈伤组织的频率有所提高（彭晓军等，2002）。光照对胚乳愈伤组织增殖的影响因植物不同而异：玉米胚乳在黑暗中培养比在光照下好；蓖麻胚乳愈伤组织则在连续光照下生长良好；光对黑麦草胚乳培养物没有明显影响；而咖啡胚乳愈伤组织在光暗交替（各12h）条件下生长最好。胚乳培养培养基的最适 pH 也因不同植物品种而异，如罗氏核实木要求 pH≈5.6、玉米6.1～7.0、苹果6.0～6.2等。

6.5.3　操作实例：大麦的胚乳培养

6.5.3.1　材料的选择和培养

试验材料为普通大麦早熟品种，采取开花后4～5天和7～12天的幼穗，剥去颖片，用70%酒精浸泡1min，再用8%安替福民消毒10min，无菌水冲洗数次。然后在解剖镜下小心剥去种子外部的果皮和紧贴胚乳的种皮、珠心等组织，最后自珠孔端切去幼胚，然后将胚乳接种在下列诱导愈伤组织的培养基上：

① MS+2,4-D(1mg/L)+CH(500mg/L)；

② MS+NAA(0.2mg/L)+CH(500mg/L)；

③ MS＋NAA(0.2mg/L)＋KT(0.5mg/L)。

所有培养基中都加入 6%的蔗糖、0.8%琼脂，pH5.6，高压灭菌。

6.5.3.2　愈伤组织的形成和植株的分化

受精后 4～5 天的胚乳，在上述三种培养基上均未形成愈伤组织；10～12 天的胚乳在①号培养基上形成了愈伤组织，而在②号和③号培养基上同样没有反应。然后将①号培养基上的愈伤组织转移到③号培养基上，部分愈伤组织块（约 10%）转绿，并逐渐分化出具根、茎、叶的完整植株。不过这些再生植株中除部分为正常绿色外，还有白色及一株白、绿两色相间条纹的植株。

思 考 题

1. 成熟胚培养和幼胚培养在技术上有何区别？
2. 概述植物胚胎培养技术的应用。
3. 未授粉和授粉后子房胚珠培养有何异同？
4. 概述离体授粉和受精的意义及主要技术过程。
5. 简述胚乳培养的意义和主要影响因素。

第7章 花药和花粉培养

植物的花粉是由花药中的花粉母细胞经减数分裂形成的，是单倍体细胞。离体培养花药或将花粉粒从花药中分离出来进行培养，都可得到单倍体花粉植株（pollen plant）。因为单倍体植株的单套染色体不存在显性基因掩盖隐性基因的问题，所以在育种时便于正确而快速地进行选择，而且可以方便地经染色体人工加倍而获得纯合二倍体。这些特点给育种工作带来了很大的便利，可大大缩短育种周期，提高选择效率。

7.1 花药培养

花药培养（anther culture）是指把发育到一定阶段的花药接种在适宜培养基上，使其中的花粉发育成单倍体植株的过程。由于花药培养采用的外植体是植物的雄性器官，所以属于器官培养范畴。

花药培养的过程一般包括以下几个主要环节：①选取花粉单核期的花蕾或幼穗；②进行适当的预处理；③对外植体进行表面消毒；④无菌条件下取出花药接种到合适的培养基上，在适宜的条件下培养；⑤花粉胚或花粉愈伤组织发育到适当阶段后，转入植株再生培养基形成花粉植株；⑥在试管苗阶段或移栽成活以后进行花粉植株的染色体加倍；⑦炼苗，移入土壤栽培。

7.1.1 材料的选择

花药外植体的选择是否合适，直接关系到培养能否成功，供体植物的下列特点都可能影响花粉植株的诱导频率。

7.1.1.1 供体植株的基因型

材料的遗传背景对花药培养的影响很大，不同植物甚至不同品种之间对花药培养的反应都有差异。因此，选择合适的品种常是培养能否成功的关键因素。例如，茄科的烟草属和曼陀罗属容易培养成功；水稻中粳稻比籼稻容易培养，前者花粉愈伤组织诱导率一般可达40%～50%，而后者只有1%～2%；小麦不同品种间的差异也很大。据报道，花药培养的诱导率也和杂种优势有关，一般情况下杂种比纯种容易诱导。如三叶橡胶中PR107和PB86两个品系均可诱导出胚状体，而这两个品系的杂种F1“海垦2号”胚状体诱导率显著超过亲本。不同基因型的玉米花药培养的诱导频率差异非常明显，杂交种的诱导频率也要比纯系高。

7.1.1.2 供体植株的生理状态

供体植株的生理状态对诱导频率有直接影响。例如，在多年生植物中，幼年植株比老龄植株的花药诱导频率高，草本植物中生长健壮的花药诱导频率较高。烟草开花早期的花药比后期的更容易产生花粉植株。供体植株的生长条件对花粉发育及其对离体培养的反应也有重要影响。例如，对水稻、小麦等禾本科植物而言，大田植株比温室植株花粉愈伤组织的诱导率明显要高。因此，在进行花药培养前，应注意对供体植株进行良好的栽培管理。

7.1.1.3 花粉的发育时期

不同植物的花粉对离体培养有其特定的最敏感发育时期，因此，选择发育到合适时期的花粉是提高花粉植株诱导频率的重要因素。例如，烟草和水稻的花粉从单核早期至双核期都可接受诱导；小麦和玉米处于单核中期的花粉培养效果最好；而天竺葵则从四分体的花粉得到了最佳的效果。不过，对多数植物来说，单核期的花粉比较容易培养成功。

检查花粉的发育时期常用染色法，如用醋酸洋红等染色制片，然后在显微镜下观察。现已发现，一些花蕾形态与花粉发育时期之间存在一定的对应关系，若能了解相关形态特征，则取材更为方便。如烟草的花冠和花萼等长时恰好是花粉的单核晚期；棉花现蕾后16天为单核发育期；水稻雄蕊长度大于颖壳长度的1/3而接近其1/2，颖壳宽度已达最大值，但颜色为浅黄绿色时的花粉处于单核晚期等。

7.1.2 预处理

在花药接种之前，先对其进行预处理往往可以提高诱导率。较常用的有低温预处理、高温预培养和甘露醇预处理等。

低温预处理是最常用的方法。一般可将带有叶鞘的穗子（如稻、麦类）或花蕾（如烟草、油菜等）用湿纱布包裹后再用塑料袋套起，放在冰箱中预处理。不同材料所需的温度和时间不同，如烟草在7～9℃下处理7～14天、水稻在7～10℃下处理10～15天、大麦在3～7℃下处理7～14天等，都可以提高花药培养的成功率。

高温预培养是在花药分离后，把培养物放置在较高温度条件下培养一段时间，然后再转移到常温条件下继续培养。这种方法最初是由Chuong和Bersdorf（1985）在油菜的小孢子培养中报道的，直接分离的新鲜小孢子在32℃条件下先培养3天，然后转入25℃条件下继续培养，其结果与25℃恒温培养有显著差异。Pechan等（1988）、Cao等（1994）和刘公社等（1994）的实验都证实高温预培养对油菜和大白菜的胚胎发生十分重要，而且高温预培养并非在任何时间都起作用，只在起始培养的24h内最为敏感。高温预培养也在其他几种芸苔属植物如结球甘蓝等和甜椒、小麦的花药培养中得以应用。

甘露醇预处理最初是由Wei等（1986）在小麦的小孢子培养中报道的。后来证明这种方法在大麦的花药培养上也十分有效（郭向荣，1995），方法是将大麦的花药用过滤除菌的0.3mol/L甘露醇溶液预培养3～5天，然后转移到过滤除菌的FHG液体培养基上漂浮培养，其中的小孢子散落到培养液中形成大量的花粉胚。

除上述方法外，还有学者在一些植物上试用了其他方法，如离心预处理（烟草）、乙烯利预处理（小麦等）、PEG预处理（小麦）以及磁场预处理（花椰菜）等，但没有得到广泛应用。

7.1.3 培养基

培养基的组成对花药培养的成功率有明显影响。早期的花药培养大多沿用已有的基本培养基，常用的有MS、Nitsch和Miller等，后来又研制出专门适用于某些花药培养的培养基，如H培养基（烟草）、N_6培养基（禾谷类）、C_{17}培养基和W_{14}培养基（小麦）、B_5培养基（油菜）、FHG培养基（大麦）、正14培养基和玉培培养基（玉米）等，这些专门培养基的使用，大大提高了花药培养的效率。

7.1.3.1 植物生长物质

植物生长物质（包括种类、用量和配比）在花药培养中的使用在不同植物甚至不同品种之间都可能有所差异。虽然烟草花药在无激素的培养基上就可产生大量的花粉胚和小植株，但对多数禾本科植物来说，外源生长素，尤其是2,4-D是促进花粉启动分裂、形成愈伤组织的必要条件。不过2,4-D会抑制燕麦花粉愈伤组织的形成。在辣椒中，生长素对细胞分化形成愈伤组织及其生长有决定作用，但如果浓度偏高往往会抑制花粉发育，促进二倍体体细胞的生长；而较低浓度生长素则更适于诱导花粉产生愈伤组织或直接产生胚状体（Mythili等，1995）。细胞分裂素类对禾本科植物离体花粉的分裂不是必要条件，而细胞分裂素（KT、6-BA)对茄科植物如烟草、马铃薯、曼陀罗等花粉植株的形成有促进作用。陈德西等（2010）在水稻花药培养过程中，加入100pmol/L近年发现的植物内源多肽激素植物硫激素（phytosulfokine，PSK），有效提高了难诱导型材料的愈伤诱导率，而未添加PSK的处理很难诱导出愈伤组织。

7.1.3.2　碳源

在花药培养时，蔗糖是常用的碳源，它同时还起着调节培养基渗透势的作用，不同植物及其不同培养阶段对蔗糖浓度的要求不同。如4%～6%的蔗糖适于水稻花粉愈伤组织的形成，而分化则以2%～3%为宜。小麦花药培养中，8%～10%的蔗糖浓度有利于其花粉愈伤组织的形成，而愈伤组织分化成苗则以5%～8%为好。玉米在含12%～15%蔗糖的培养基上得到了花粉愈伤组织的最高产量。但是Hunter（1988）在以不同糖类为碳源进行的大麦花药培养中，发现麦芽糖和纤维二糖的效果明显优于蔗糖。在他设计的FHG培养基中，用6.2%的麦芽糖代替蔗糖，使大麦花药培养效率大大提高。孙敬三等（1991）用6%的麦芽糖代替蔗糖培养啤酒大麦的花药，也取得了较好效果。朱至清等（1990）发现，用过滤除菌的葡萄糖代替蔗糖可以明显促进小麦花粉胚的形成，并提出了一种适合于小麦花药漂浮培养的CHB过滤消毒培养基。显然，碳源种类对花药培养是有一定影响的。

7.1.3.3　其他成分

基本培养基中各无机成分配比的变化对花药离体培养中愈伤组织的产生有较大影响。黄莺等（1999）发现，提高培养基中微量元素含量，使培养基中微量元素与大量元素的比例趋于平衡，有利于促进胚状体的形成和发育，提高出苗率。朱至清等（1975）在研究水稻花药培养时，发现培养基中高浓度的铵离子显著抑制花粉愈伤组织的形成。他们降低了培养基中铵离子的浓度，确定了铵态氮和硝态氮的最合适比值，提出了N_6培养基，这种培养基已被广泛用来培养水稻、小麦、小黑麦、黑麦、玉米和甘蔗等禾谷类作物的花药，其效果明显优于MS等原有的培养基。后来研制成功的适合于小麦花药培养的C_{17}培养基（王培等，1986）以及适合于大麦花药培养的FHG培养基（Hunter，1988）等都大幅度地降低了铵态氮的含量，从而使培养效率大大提高。

花药培养基中有时也加入种类较多的维生素、氨基酸和其他有机附加物，合理搭配这些化合物可以在一定程度上提高花粉植株的诱导频率。如在培养基中添加谷氨酰胺、丝氨酸和丙氨酸对小麦、大麦和籼稻的花药培养有利；在培养基中附加多种氨基酸可以显著提高花粉胚及植株的得率，水解酪蛋白常被用作花药培养基的附加成分；硫胺素、肌醇和烟酸等也常是花药培养基的基本成分。

活性炭已经在油菜、马铃薯、烟草、玉米、黑麦、小黑麦、龙眼、辣椒和甜椒等的花药培养中得到应用，并在促进花粉植株生长发育等方面显示出一定的效果，但其作用机理目前并不是很清楚。

7.1.4 培养方式

早期进行花药培养用的是加有琼脂固化的培养基，但后来发现琼脂培养基并不理想，因此又发展出一些适合花药的培养方式。

7.1.4.1 液体培养

液体培养基可以用过滤法除菌，其中的生物活性物质不会因常规的高压灭菌而破坏，因此比在琼脂培养基上培养的效果更好。但液体培养容易造成培养物通气不良，特别是随着愈伤组织重量的增加，容易沉到培养基底部，由于供氧较差，可能会对愈伤组织的分化能力产生严重影响。在培养基中加入30%Ficoll，可以增加培养基的密度和浮力，使培养物浮出液面，处于良好的通气状态，但Ficoll价格较高。对小麦和大麦，不加Ficoll花药漂浮得也很好，不过要在花粉胚沉到培养液中之前及时将它们转移到固体培养基上以分化植株。

7.1.4.2 双层培养

固体-液体双层培养基制作的方法是：先在35mm×10mm的小培养皿中铺1～1.5mL琼脂培养基，待固化之后，在其表面再加0.5mL液体培养基。然后将花药接种在液体培养基中进行培养。双层培养的优点是花药在培养早期可以从活性高的液体培养基中汲取营养，花粉胚长大后不会沉没，可以在通气良好的条件下分化成植株。在大麦和小麦等的花药培养中效果明显。

7.1.4.3 花药-花粉分步培养

先将花药接种在液体培养基（含Ficoll）上进行漂浮培养，花粉可以从花药中自然释放出来，散落在液体培养基中。及时用吸管将花粉从液体培养基中取出，植板于琼脂培养基上，使其处于良好的通气环境中，可使花粉植株的诱导率大大提高。这种方法已在大麦花药培养中取得很好效果。

7.1.4.4 条件培养

利用条件培养基，即预先培养过花药的液体培养基进行花药培养，可使花药培养效率大大提高。例如，将花粉处于双核早期的大麦花药，按每毫升10～20枚花药的密度，接种在含有1.5mg/L 2,4-D和0.5mg/L KT的N_6培养基中，培养7天之后去掉花药并离心，将得到的上清液作为“条件培养基”用于培养单核中期的大麦花药，可使花粉愈伤组织的诱导率从对照的5%提高到80%～90%。

7.1.5 培养条件

7.1.5.1 温度

离体培养的花药对温度比较敏感，起初多用25～28℃培养，后来发现，不少植物的花药在较高的温度下培养效果更好，特别是接种后最初几天在较高温度下培养有利于提高出愈率。例如，对多数小麦品种来说，培养初期处在30～32℃，经6天后转入28～30℃较为适宜。短期高温培养不但可以提高小麦花药的出愈率，而且对以后愈伤组织的绿苗分化也有利。水稻的情况和小麦的不同，其花药培养的最适温度为27℃，提高培养温度虽然也能增加水稻花粉愈伤组织的数量，但随着温度的提高，花粉白化苗的比率也会增加。对愈伤组织分化时温度的要求研究相对少些。一般认为，分化阶段对温度的要求并不像愈伤组织诱导时期那样严格。

7.1.5.2 光

不同植物对光照的要求不同。例如，连续光照可以明显增加烟草花粉胚的产量，但却强烈抑制曼陀罗花粉胚的发生。对禾本科植物，在愈伤组织诱导期间，光的有无并不重要，但一般认为在愈伤组织诱导期间进行暗培养或给以弱光或散射光效果较好。愈伤组织分化一般都在光照下进行，但不同植物需要的光照强度和给光时间不同。例如水稻愈伤组织转入分化培养基后，如果立即给予光照，虽然芽点出现较快，但容易引起愈伤组织老化。若将愈伤组织转入分化培养基后，先在暗中培养3～5天，当愈伤组织适应了分化培养并开始增长之后，再给以每天14h的1000～2000lx的光照，则比一直处在光下的愈伤组织老化率减少，绿苗分化率可提高7.5倍。小麦愈伤组织分化期间以及以后的试管苗越夏期间，都应给予短日照处理，否则试管苗移栽后会提前抽穗，甚至移栽前在试管中就会抽穗。

7.1.6 花粉植株的倍性及染色体加倍

7.1.6.1 花粉植株的倍性

花药培养中，由花粉发育成的花粉植株，并不像所期望的那样全是单倍体，其中不但有二倍体（diploid），还有多倍体（polyploid）和非整倍体（aneuploid）。黄佩霞等（1978）对2496株水稻花粉植株进行了染色体计数，其中单倍体占了35.3%、二倍体占53.4%、多倍体占5.2%。在小麦花粉植株中，自然加倍率约为20%～30%，单倍体约占70%。花粉植株中出现自然加倍主要是由于核内有丝分裂造成的。核内有丝分裂与接种花粉的时期、培养基中植物生长物质的种类和水平、花粉植株的发生方式以及愈伤组织继代培养时间的长短有直接关系。以烟草为例，接种双核期花粉比单核期花粉能获得更多的二倍体；在含有细胞分裂素的培养基上产生的愈伤组织比在不加激素的基本培养基上产生的愈伤组织的二倍体比例显著增高；通过胚状体途径产生的花粉植株几乎都是单倍体，而经愈伤组织产生的花粉植株中有不少是二倍体；愈伤组织继代培养的时间越长，二倍体比例越高。

7.1.6.2 染色体加倍

单倍体植株不能正常结实，只有经过染色体加倍，育性才能恢复，而且在遗传上是纯合的。为了获得更多的二倍体植株，除了有意识地利用上述自发的核内有丝分裂产生二倍体外，还需要通过人工方法使单倍体植株染色体加倍，成为纯合二倍体。人工加倍主要采用的是用秋水仙素（colchicine）处理单倍体植株，使用浓度（一般在0.02%～0.40%范围）、处理时间、处理方式和部位因不同植物而异。例如，可以将再生小植株从试管中取出，在无菌条件下用过滤除菌的秋水仙素溶液直接浸泡，然后用无菌水洗净，再转至新鲜培养基中培养。对于生长在田间的单倍体植株，可将适宜浓度的秋水仙素调和在羊毛脂中，然后将该羊毛脂涂抹在单倍体植株的顶端分生组织和次生分生组织上诱导细胞染色体加倍。或将秋水仙素配成水溶液，用蘸满溶液的棉球置于顶芽和腋芽上诱导分生组织细胞染色体加倍。这两种方法均需加盖塑料布以防蒸发。还可将单倍体植株的任何一个部分作为外植体，使其培养在附加一定浓度秋水仙素的培养基中诱导成株，在植株再生过程中可使染色体加倍。禾本科单倍体植株的加倍一般采用加有1%～2%二甲基亚砜（DMSO，助渗剂）的秋水仙素溶液浸泡分蘖节的方法。

7.1.6.3 花粉植株倍性的鉴定

花粉植株的倍性鉴定一般采用对茎尖或根尖细胞进行染色体计数的方法比较可靠，但操作较为复杂，费时较多，且当染色体数目多时也可能出现误差。由于花粉植株在形态上与二倍体、多倍体有明显区别，因此利用形态学特征来鉴定单倍体应该是较为直观和便捷的方法。例如，玉米单倍体的表现有：生长缓慢、叶片窄小、株高显著低于非单倍体等。植株叶片气孔大小及保卫细胞叶绿体数目与染色体倍性的关系也有许多文献报道。王培等（1989）

采用测量叶片保卫细胞长度的方法，对小麦花粉植株的倍性进行了鉴定。具体方法是：从分蘖盛期花粉植株主茎第二叶的尖端剪取1.5～2.0cm长的叶片，刮去下表皮和叶肉组织，仅留上表皮，然后在显微镜下测量保卫细胞的长度。保卫细胞长度在65μm以下的是单倍体，在65μm以上的为自然加倍的二倍体。郭永强等（2004）对西葫芦胚囊再生植株进行了倍性鉴定，发现单倍体、二倍体和四倍体叶片表皮保卫细胞的长度分别为（20.31±3.38）μm、（30.80±2.19）μm和（41.78±1.03）μm，其比例约为1∶1.5∶2，认为在植株倍性鉴定时可以参照。对西葫芦、茶树、烟草、玉米等作物的检测结果显示，它们的气孔保卫细胞叶绿体数目在不同倍性之间有着显著差异（李好琢等，2007）。与压片观察染色体数和开花结实验证相比，这类方法显然更为简便、快速，但可靠性有时不高。

7.2 花粉培养

花粉培养（pollen culture；即小孢子培养，microspore culture）是将花粉粒从花药中分离出来进行培养的技术。因为分散的花粉粒实际上是一种单细胞，所以花粉培养也是一种单细胞培养技术。花粉培养和花药培养一样，都是获得植物单倍体的有效方法。和花药培养相比，花粉培养可以排除花药培养中药壁、药隔和花丝等体细胞的干扰，便于实验设计和结果分析；花粉数量多，培养需要的器皿和空间较小，因此可以大大提高生产单倍体的效率；花粉主要通过胚胎发生途径发育成植株，避免了愈伤组织阶段，减少了因变异而引起的性状退化；而且花粉还具有单细胞、单倍性和较高的同步性等特点。花粉培养的成功，也为花粉原生质体的培养、遗传操作等工作提供了良好的基础。

7.2.1 材料的选择和预处理

和花药培养类似，供体植株的基因型和栽培条件、花粉的发育时期和预处理等，对花粉培养能否成功有着重要影响。

不同植物及同一植物的不同基因型材料，在同样的实验条件下，花粉培养的诱导频率差异很大。早期的花粉培养中，多选用花药培养诱导率较高的基因型，但并不一定都能成功；而花药培养不易成功的基因型在花粉培养时也可能获得较好的结果。这说明，两种培养技术适应的基因型不一定一致，但目前对此了解尚少。

供体植物的生理状态对花粉的胚胎发生也有很大影响。一般从发育健壮的植株上取花粉进行培养效果较好。花粉培养还受供体植株生长条件的影响，如温度、光照等因素。一般认为，供体植株生长在较低的温度条件下有利于胚状体的形成，能显著改善花粉胚的产量和质量。例如，袁亦楠等（1999）对番茄游离小孢子培养的研究表明，供体植株的生长环境对番茄小孢子培养结果有很大影响，秋季取材比夏季取材胚状体发生的频率大大提高。张凤兰等（1994）在环境条件对白菜小孢子培养的影响研究中发现，生长在长日照（14～18h）和低温（15～20℃）条件下的HoMei品种植株，胚状体发生数及植株再生率显著高于短日照（12h）、较高温度（25℃）下生长的植株。但是有关机理有待进一步研究。

选择合适的花粉发育时期是提高植株花粉诱导频率的重要因素，但不同的作物适宜的花粉发育时期不同。有时花粉培养和花药培养要求的发育时期不一致。例如：水稻单核中期至晚期的花粉最容易产生胚状体，单核早期及双核期的花粉不易产生胚状体。在烟草的花药培养中，选用单核晚期的花药接种比较适宜，但同种的花粉培养以双核中期的花粉较好。

和花药培养一样，预处理对花粉培养也十分重要，适当的预处理可以提高花粉培养的成功率。预处理方法也与花药培养的类似，有低温预处理、高温预培养以及甘露醇预处理等。

7.2.2　花粉的分离

花粉位于花药内，要进行游离花粉的培养，需首先采用适当的方法将其分离出来。采用的分离方法应满足以下要求：花粉的成活率较高，发育期整齐，要达到一定数量，无菌、无杂质。

7.2.2.1　挤压法

将已消毒的花药放入小烧杯中，加入一定量的适当浓度的蔗糖溶液或液体培养基，用注射器内管轻轻挤压花药，将花粉挤出。将得到的花粉与药壁残渣等的混合液通过一定孔径的不锈钢或尼龙网，滤网孔径应比花粉粒大10μm左右，过滤掉较大的组织碎片。以离心管收集带有花粉的滤液，根据花粉粒的大小选择合适的离心速度和时间，低速离心使花粉粒沉淀，弃去带有小块残渣的上清液，重新加入分离溶液，重复离心清洗2～3次，最后一次离心需用培养花粉的液体培养基进行。最后一次上清液吸出后，加入一定量的液体培养基，用血球计数板计数，调整花粉密度达到所需浓度，即可将花粉悬液转入培养容器进行培养。

7.2.2.2　散落法（shed pollen method)

把花药接种在液体培养基上漂浮培养一定时间后，花药会自动开裂释放出花粉粒。花药一般在培养的3～7天陆续向培养液中散落花粉，而花药在培养的第3～5天已有部分花粉发生了分裂，所以，散落到培养基中的花粉有些已经是多细胞的花粉胚。在大麦上用这种方法已经从花粉获得花粉植株。此法的关键是选用渗透势合适的液体培养基，并在适当的时间连续收集花粉。其优点是不用挤压，减少了对小孢子的伤害，且杂质少。缺点是收集量小，收集时间较严格。

7.2.2.3　器械法

器械法是用专门设计的分离器械制备分离花粉。常用的有两种，一种是小型搅拌器(waring blender)，另一种是超速旋切机（ultra-turrax)。器械法的操作比较简单，植物花序、花蕾或花药在容器内高速旋转刀具的转动下，花药破碎并高速运动，花粉便被游离到溶液中。用此法一次可处理大量材料，如油菜的花序、玉米的雄穗切段、小麦的幼穗切段等均可直接放入容器内进行处理。

如果需要，可把以上三种方法分离的花粉进一步用密度梯度离心纯化，便可得到更为纯净的花粉。

7.2.3　花粉培养方法

7.2.3.1　培养基

和花药培养类似，花粉培养中多使用过滤除菌的液体培养基，其中的铵态氮浓度一般比较低，通常加入一些有机氮源。通过大量的实验及比较，目前已经获得适合不同材料花粉培养的培养基。如水稻培养中，适合粳稻的是N_6、籼稻是合5。玉米花粉培养使用的培养基与其花药培养的十分相似，但激素含量有所降低。小麦的花粉培养一直较难，到1993年Mejza等以Chu等（1990）研制的CHB培养基加9%的麦芽糖为碳源，获得了大量的小麦花粉胚状体，使得这方面的工作有了突破。培养的油菜花粉在发育的不同阶段，对培养基中蔗糖和激素的需求也有差异。一般情况下，对于花粉胚状体发生所需的植物生长物质，不同种类、浓度效果不同，不同供体材料的反应也不一致。

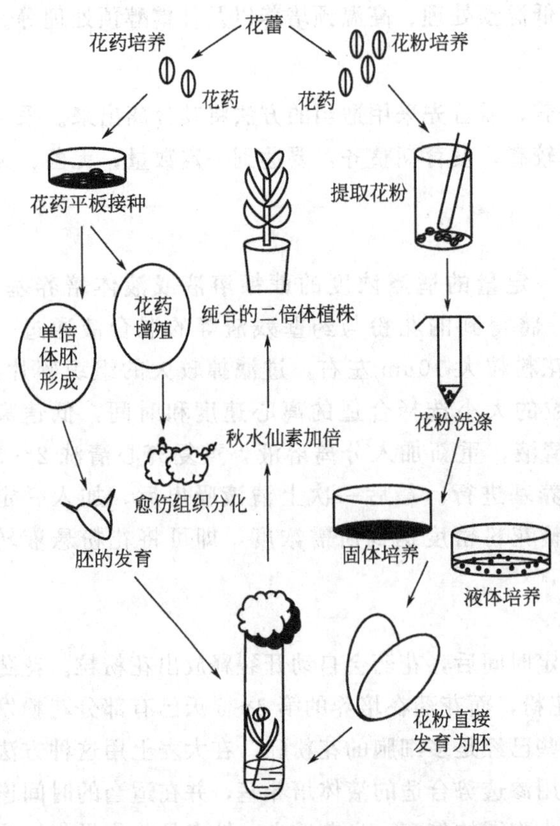

图 7-1 花药和花粉培养形成单倍体的过程

7.2.3.2 培养方法

花粉培养可以有固体平板培养、液体培养和固-液双层培养等方式。由于花粉在液体培养基中培养效果较佳，因此一般是将分离得到的花粉制备成一定密度的悬液，然后以适量分装于三角瓶或培养皿中，先进行液体培养，待花粉胚或花粉愈伤组织生长到适当大小后转入植株再生培养基继续培养；也可将花粉悬液加在已凝固的琼脂培养基平板上进行液体-固体双层培养。由于花粉也是单细胞，故 8.1.2 植物的单细胞培养技术中所提及的看护培养和微室培养技术等也都适用于花粉培养。

在花粉培养中，采用在培养基中补充花药提取物，然后接种花粉进行培养的条件培养法，有助于一些花粉培养的成功。花药提取物的制备方法是：先将花药接种在合适的培养基上培养一定时间（如一周），然后将有花粉分裂的花药取出，浸泡在刚煮沸的水中，用研钵研碎后倒入离心管中，高速离心后的上清液就是花药提取物，经过滤除菌后加到已灭菌的培养基中，使用量随植物种类不同而异，对烟草或曼陀罗，每毫升培养基加 5～10 个花药的提取液，而大麦则需 20 个。

如图 7-1 所示归纳了花药和花粉培养形成单倍体的基本过程。

7.3 花药和花粉培养中的白化苗问题

花粉和花药培养时经常出现白化苗（albinos），且不同基因型植物之间出现白化苗的频率差异较大，特别是禾本科的花粉植株中尤多。花粉白化苗的产生既是以培育单倍体植株为目的的育种工作的一个阻碍，但同时又为光合作用机理研究以及核-质基因组相互作用等基础研究提供了有用的实验材料。

7.3.1 白化苗产生的原因

许多研究者已经从不同角度对花粉白化苗的发生、代谢、质体发育以及离体培养因素等进行了大量研究。结果表明，供体植物的基因型和生理状态，小孢子的发育时期，培养基成分和植物生长物质的水平、种类，培养温度、光照以及低温预处理等多种因素对白化苗的产生频率都有不同程度的影响。

7.3.1.1 环境因素对白化苗发生的影响

（1）光照条件的影响 白化植株的典型特征是，其细胞内叶绿素合成不正常或质体发育不正常。而光照条件则是调控植物叶绿体发育及叶绿素生物合成的关键环境因素。有报道认为，对于不同植物种，光照条件可以分别对其白化苗的产生发挥促进或抑制两种相互对立的效应。对草莓的研究显示，弱光能够促进草莓果实白化的产生并影响果实的大小和产量；但在梯牧草（*Phleum pratense*）花药培养中，弱光培养能够降低白化再生植株产生的频率。这也提示，研究者可以针对不同物种的特点，通过改变培养环境的光照条件来降低白化苗的产生频率。

(2) 温度条件的影响　研究表明，温度能够改变植物绿苗和白化苗之间的比率。例如15℃时，白化茶由于细胞内的叶绿素合成被阻断，从而表现出白化表型。但当把白化植株转移至植物的适宜温度条件下培养后，白化嫩芽出现返绿现象。将低温培养已完全白化的羽衣甘蓝转移至室温培养的第2天即出现返绿现象，7天后达到完全返绿。据报道，在大麦中，若将温度从25℃提高到28℃，愈伤组织的总分化率从30.4%降为16.4%，但其中的白苗率由64%提高到92%。在水稻中，若将温度提高到35℃，白苗的频率在有的研究中高达97.1%。

(3) 其他环境因素的影响　除光照和温度因素外，培养基中的碳源、有机附加物、植物生长物质配比、矿质元素和射线、诱变剂等物理化学因素都可能在一定程度上影响白化苗的产生。例如，培养基中的糖既是碳源又可影响其渗透环境，糖的种类不同，对代谢也有不同影响。烟草白化苗产生的频率受培养基中蔗糖浓度的影响，当蔗糖浓度为68g/L时产生正常绿色的胚状体，而将其提高到106g/L时产生白化苗的胚状体。添加甘露醇有利于在大麦花药培养中获得更多的绿苗（Wojnaroweiz 等，2004）。将小麦花药和子房共同培养在含IAA和BA的培养基中，能够显著减少白化植株的产生（Broughton，2008）；但添加2,4-D和KT或苯乙酸（PPA）并不明显影响小黑麦（triticale）小孢子培养再生绿苗和白苗的频率（Pauk 等，2000）。水稻花药培养时，在培养基中添加水解乳蛋白有提高绿苗分化率的效应。在大麦培养中，适当添加铜离子、2,4-D和BA等有助于增加绿苗率，减少白化苗的产生。Wojnarowiez 等（2002）的研究也表明，在大麦花药培养中，适量硫酸铜（copper sulfate）的添加可有效减少白化苗的比率；但 Ritala 等（2001）有相反的报道，培养基中添加铜离子并未减少大麦小孢子培养中白化苗的出现频率。Sharma 等（2006）对草莓白化植株和绿色植株中矿质元素含量的比较研究发现，与正常植株相比，白化植株具有较高的钾含量以及较低的钙含量。此外，还有研究显示，γ射线照射及甲基磺酸乙酯（EMS）诱变等也能获得植物白化突变体（Wu 等，2011；Martin 等，2009）。

综上所述，环境因素对不同植物白化的影响有显著差异，鉴于绿色或白化植株的再生是高度基因型特异的，而且多种环境因素通常是共同起作用的，所以目前还很难确定某种环境因素与白化突变发生率之间的具体关系。

7.3.1.2　影响白化苗发生的内在因素

(1) 叶绿素等光合色素合成酶基因的突变　叶绿素是光合色素的主要组分，其天然生物合成过程经由一系列生化反应完成。现有的研究表明，植物白化表型的产生与叶绿素合成密切相关。编码叶绿素合成酶系的任何基因如果发生突变，会引起合成过程中某些酶活性的缺失或降低，就有可能导致叶绿素合成受阻及叶色的变异。

不仅是叶绿素，类胡萝卜素生物合成途径中基因的突变也可能导致产生白化表型。例如，Qin 等（2007）对拟南芥的研究发现，T-DNA插入突变引起参与类胡萝卜素生物合成的八氢番茄红素脱氢酶基因（*PDS*）的突变，会导致多条代谢途径中基因表达水平的变化，包括类胡萝卜素、叶绿素及赤霉素合成途径等，从而引起植株白化或矮化的产生。Fang 等（2006）也发现水稻穗采前萌发（pre-harvest sprouting，PHS）突变体（*Ospds*、*Oszds* 和

β-Oslcy）白化表型的产生是由于叶绿素和类胡萝卜素的缺陷导致的，在白化突变体（*phs1*、*phs2* 和 *phs4*）叶肉细胞中也没有观察到质体或叶绿体结构，推测可能是因为类胡萝卜素或脱落酸生物合成途径中的关键基因受到损伤所引起。

（2）质体分化和叶绿体发育相关基因突变　鉴于白化植株中的叶绿体结构与正常植株的相比往往有显著改变，说明白化现象的出现与叶绿体的分化和发育密切相关。现已发现了很多因叶绿体分化与发育受阻相关基因突变所导致的白化突变体，可能与以下三方面的因素有关。

① 叶绿体发育异常　前质体是叶绿体发育的源头。在玉米中的研究显示，催化 2-脱甲基质体醌醇（2-demethyl plastoquinol）甲基化的甲基转移酶基因的突变，可以导致质体醌缺乏而引起叶绿体微观结构异常，从而造成玉米白化突变体 *apg1* 的产生（Motohashi 等，2003）。目前，研究者就前质体的进一步发育受阻在哪一个步骤上还有不同看法，由于前质体的各个发育步骤是受细胞核基因组和质体基因组的多个不同基因控制的，故而来自核-质任何一方有关的基因突变都会有导致植物白化突变体产生的可能。

② 其他叶绿体蛋白的基因突变　叶绿体内尤其是类囊体膜上和基质内的众多蛋白质是叶绿体结构和实现光合作用功能的基础，编码这些蛋白质的基因突变也往往会导致白化苗的产生。如对刺竹白化突变体的研究结果显示，编码叶绿体 50S 核糖体蛋白的 *L14* 基因表达异常，而编码核糖体蛋白的 *S19* 基因的表达受抑制或根本没有表达，说明核糖体蛋白的合成抑制阻碍了叶绿体的正常分化与发育，进而导致白化表型的产生（Liu 等，2007）。

③ 质体基因的缺失和重排　现有研究表明，质体基因的缺失和重排与白化突变的产生有密切关系。春大麦单雄生殖白化植株的产生可能是由于早期花粉发育过程中质体 DNA 降解，从而抑制质体分化为叶绿体引起的（Caredda 等，2000）。拟南芥突变体 *atecb2* 由于质体 RNA 中的一个编辑位点 accD 没有被编辑，从而影响了质体基因的表达模式，结果表现出子叶白化、苗期致死、类囊体膜结构不完整、光合成蛋白显著减少等特征（Yu 等，2009）。这些研究表明，质体基因的缺失可能导致质体信号通路的失调，致使核编码的叶绿体蛋白不能正常表达，造成叶绿体不能正常分化和发育，从而引起白化表型的产生。

（3）其他内源因素　尽管光合色素生物合成过程和叶绿体发育过程异常是造成白化苗产生的直接原因，但一些非光合系统蛋白的编码基因突变、叶绿体蛋白转运受阻和核-质基因组之间的相互作用及不亲和性等都可能导致白化现象的发生。如 Lin 等（2006）报道共有 10 个表达序列标签（ESTs）在白化突变体和绿色植株间差异表达，但这些基因除核酮糖-1,5-二磷酸羧化酶小亚基外，都是非光合作用相关的。研究还发现，在白化突变体中多药耐药相关蛋白（multidrug resistance-associated protein，MRP）、蛋白酶及蛋白酶抑制因子的转录均受到抑制。Gutiérrez-Nava 等（2004）在拟南芥中筛选出 9 个白化表型突变体，并将其中 6 个突变基因进行定位，分离出了其中的突变基因 *CLB4*，其编码 4-磷酸盐代谢途径（MEP）中的最后一个酶：1-羟基-2-甲基-2,4-二磷酸合成酶（HDS）。由此可见，光合系统以外的基因突变同样可以引起叶色白化，但相关机制尚需进一步研究。

大部分叶绿体蛋白由核基因编码，在细胞质中合成，然后转运到叶绿体中。对叶色起决定作用的光合色素必须与蛋白质结合才能形成复合体发挥功能作用。若蛋白质输入途径受到阻碍，叶绿体的正常发育将受到抑制，使叶绿体内环境发生变化而导致功能发生紊乱。蛋白质的转运涉及多种蛋白复合体，即转位因子，CIA5 是跨膜蛋白，构成内膜蛋白质传导通道的一部分，拟南芥白化突变体 *cia5* 中缺乏转位复合体，造成叶绿体蛋白转运受阻，导致叶绿体不能正常发育而出现白化（Teng 等，2006）。

研究表明，核基因组与质体基因组之间存在多种信号反馈途径，质体基因借此调控一系列核基因的表达。核-质基因组不亲和性也是导致植株发生白化的重要原因。在大麦白化突变体 *albostrians* 中仅发现微量的叶绿素且质体未分化，参与叶绿素生物合成的多种酶的表达及活性均发生显著改变，证实其存在质体-核信号的反馈调节（Yaronskaya 等，2003）。另外，作为四吡咯生物合成分支途径的血红素及作为叶绿素合成重要中间产物的镁-原卟啉IX(Mg-protoporphyrin，MP）已经被证实是质-核信号转导的信号分子（Von Gromoff 等，2008；Strand 等，2003）。过去一直认为，在大多数被子植物中，质体 DNA 基本都是母系遗传的；现有研究表明，质体 DNA 可由母系或父系遗传，甚至由双亲共同遗传，这在杜鹃花和马蹄莲白化突变体质体 DNA 遗传方式的研究中均有报道（Ureshino 等，1999；Yao 等，1994）。马蹄莲种间杂交试验中，叶片颜色与质体 DNA 有密切联系，所有的白化子代均包含母本质体 DNA，但绿叶和淡绿叶子代包含父本质体 DNA，嵌合体绿色叶段中包含双亲质体 DNA，而白化叶段中包含母本质体 DNA，这些结果表明白化子代的产生是由核-质基因组不亲和性引起的（Yao 等，1994）。另外，在蓝果忍冬种间杂交试验中发现相似的由核-质基因组不亲和性而引起的白化现象（Miyashita 和 Hoshino，2010），但核-质基因组不亲和性的机制至今尚未研究清楚。

另外，在白化苗及分化产生白化苗的愈伤组织细胞中，常见到微核，而其往往起源于断裂染色体，因此染色体结构的变异也可能是白化苗的成因之一。

7.3.2　植物白化苗研究存在的问题与展望

近年来，随着理论研究的不断深入以及各种研究手段的不断发展，白化突变体的利用价值受到越来越多的关注。由于光合色素合成酶基因突变和前质体发育异常是白化苗发生的直接原因，白化突变体对于控制光合作用或叶绿体发育有关基因的研究是一个很好的突变材料，可以分离和鉴定大量参与叶绿素合成及白化相关的基因（Soldatova 等，2005；Carol 等，1999）。白化突变性状极易识别，且常在苗期致死，因此可作为标记性状，应用于良种繁育和杂交育种；还可以作为优良种质资源，如白茶含有高含量的氨基酸，是生产绿茶的优良品种（Du 等，2008）。白化突变体同时也是研究核-质基因互作及其信号调控模式、质体遗传、激素生理等生理过程的理想材料（Broughton 等，2008；Miyashita 等，2010）。特别是近年来，在植物中发现的白化转绿突变体属于非致死不完全白化突变，其叶色突变性状只在苗期表达，后期可以恢复正常表型，其光合色素含量的变化和叶色表型变化相一致，因此是遗传育种和研究植物光合作用机理及相关基因的功能、光形态建成等生理过程的良好材料。

尽管有关植物白化苗发生机制的研究取得了一定的进展，但在这一领域中仍有很多问题尚未得到解决，如核-质基因组不亲和性的详细分子机制及质体信号通路失调是如何诱发白化的等，这些机制所涉及的作用机理和基因功能都值得进一步研究。另外，还有一些现有理论难以解释的白化苗发生相关现象有待研究者给出合理的答案，如：主要的禾本科农作物花粉培养中大多有较高的白苗率，但玉米花粉植株中的白化苗却较少，而且还有几乎所有双子叶植物花粉培养中白化苗发生率都极低等。总体看来，不同作物中与花粉白化苗发生有关的遗传基础和/或控制机制可能有一些根本上的差别。因此，利用这一十分特殊的现象对它们进行更深入的研究，不仅有望完全阐明花粉白苗发生的机理，而且有可能对核-质互作及质体发育的遗传控制模式等有更为深入的了解。

7.4 操作实例

7.4.1 烟草花药培养

取花萼和花冠等长的烟草花蕾，用醋酸洋红涂片确定花粉发育时期，选用花粉处于单核晚期（单核靠边期）的花药进行接种。将花蕾剥去萼片，先用70%的酒精浸泡10s，再用饱和漂白粉上清液浸泡15～30min，最后用无菌水冲洗3次。在无菌条件下剥去花冠，将花药接种到含有1%活性炭的H培养基上，培养基中蔗糖浓度为3%。如果在培养基中加入0.1～0.5mg/L的IAA，则有助于花粉胚状体的形成。接种好的花药于26～28°C的培养室中培养，适当照光。

接种后3周左右药室开裂，在裂口处可见乳黄色的胚状体，见光后很快变绿，然后逐渐发育成单倍体小苗。当小苗长出3～4片真叶时，可进行染色体加倍。将经过过滤除菌的0.4%的秋水仙碱水溶液在超净台上倒入培养瓶中，浸泡小苗24～48h，倾出药液，用无菌水洗3次，再将小苗分株移栽到T培养基上。在T培养基上小苗生长很快，当小苗长出发达根系时，就可移出试管，轻轻洗去琼脂，移栽到花盆中。移栽后一周内用烧杯将小苗罩起，保持湿度，有利成活。

7.4.2 烟草花粉培养

将花粉发育时期为单核晚期至双核初期的“革新一号”烟草花蕾置于3℃处冷冻处理72h，然后经无菌操作取出花药接种到H培养基上，在28℃±1℃的光照条件下培养3天。接着用压挤-过筛-清洗的方法分离出花粉，接入过滤除菌的稍加改动的Nitsch液体培养基。用血球计数板计数，使花粉密度达到7×10^5个/mL，以每瓶1mL的量分装入20mL的三角瓶中，在28℃±1℃、弱的散射光照射下进行静置的薄层液体培养。

花粉粒在液体培养基中培养5～10天后，发生了明显的细胞学变化，接着开始脱分化形成花粉细胞团。随着花粉细胞团长大，花粉外壁破裂，细胞团从花粉中释放出来，直接接触培养基。

花粉粒经20～30天培养后便可见到由多细胞团分化形成的各种类型的胚状体：有球形、心形、鱼雷形和子叶形的。将子叶形的胚状体转接到附加了H活性物质的T固体培养基上，一周后即形成具有根和两片幼叶的小苗，小苗进一步长大后，转移到土壤中形成小植株。

思 考 题

1. 比较花药培养和花粉培养的异同。
2. 概述单倍体植株染色体加倍的常用方法。
3. 哪些方法可以用来进行植株的倍性鉴定？
4. 影响白化苗产生的原因有哪些？
5. 查阅资料，了解单倍体育种研究和应用的最新进展。

第8章 植物的细胞培养及次生物质生产

植物细胞培养是指在离体条件下对植物单个细胞或小细胞团进行培养使其增殖的技术。主要包括单细胞培养（single cell culture）、细胞悬浮培养（cell suspension culture）和利用生物反应器进行的大规模培养。植物细胞培养技术不仅为研究细胞分化、发育和形态发生的分子机理等提供了良好的实验系统，而且便于进行细胞代谢及不同物质对培养细胞影响的研究；也为植物细胞育种创造了基本技术条件；另外，在通过植物细胞的大规模培养进行植物次生产物生产等方面也有很大的应用潜力。

8.1 植物的单细胞培养

植物细胞之间在遗传、生理和生化上存在着种种差异（包括突变），这些差异，反映在它们的产量、品质、抗逆性以及合成某些物质的能力等方面。如果能把具有某种优良性状的细胞株筛选出来进行培养，将会给农业生产和医药工业等带来良好的经济效益和社会效益。但是要从植物的特定组织或器官中分离出单个细胞，并使其分裂、增殖、分化、再生，往往比一般的组织、器官培养有更大的难度。

8.1.1 单细胞的分离

单细胞可以直接从完整的植物器官、也可以培养的组织为材料，通过机械法或酶处理等方法获得。

8.1.1.1 机械方法

机械方法是从完整植物器官和组织中分离单细胞的方法之一。叶肉组织是排列疏松、细胞间接触较少的薄壁组织，便于单细胞的分离，因此较为常用。一般方法是先将叶片轻轻研磨，经过滤和离心，收集和净化细胞。例如，Gnanam 和 Kulandaivelu（1969）将几种植物的叶片放入加有研磨液的研钵中，轻轻研磨后，用两层纱布过滤，然后对滤液进行低速离心洗涤，获得了具有良好光合和呼吸活性的细胞。此后，不少实验都用类似的方法获得了完整的细胞。

从疏松愈伤组织制备单细胞的方法比较简便，适用范围也广。一般先要选择合适的外植体，表面消毒后接种到适宜的琼脂培养基上进行培养。愈伤组织形成后，切割并转移到新的培养基表面进行继代培养以获得足够的组织量，在继代培养过程中同时要进行疏松愈伤组织的筛选。将多次继代培养得到的疏松愈伤组织转入液体培养基，即可采用摇床振荡等方法使细胞分散，经过滤后即可得到游离的单细胞。若转入液体培养基中的愈伤组织分散效果不好，则可将该愈伤组织转回固体培养基，再经一段时间培养后即可得到非常疏松的愈伤组织。将此疏松愈伤组织再转入液体培养基中振荡，即可得到分散良好的单细胞。在所需细胞数量不多时，也有人直接在显微镜下用吸管吸取单个细胞或用密度梯度离心后再吸取单个细胞。

8.1.1.2 酶处理

Takebe 等（1968）首先报道了用果胶酶处理烟草获得大量具有代谢活性叶肉细胞的方

法。还发现用离析酶（macerozyme，主要成分是果胶酶）分离细胞时，在离析液中加入硫酸葡聚糖钾（potassium dextrane sulphate）可以提高游离细胞的产量。Street 等（1971）加 0.05％果胶酶和 0.05％纤维素酶于假挪威槭（*Acer peseudoplatanus*）细胞悬液中，得到了有活力的单细胞培养物；King 等用类似的方法，并另加 8％山梨糖醇作渗透调节剂，也得到了有活力的单细胞。

以上分离单细胞的方法各有特点。物理方法操作方便，不会改变细胞的生理特性，对正常细胞生长和分化以及生理生化等方面的研究比较合适。酶法获得的分散细胞数量大，但会引起细胞的某些改变。禾本科植物的叶片用酶法分离细胞比较困难。但除用显微操作吸取单个细胞外，多数方法获得的单细胞一般都混有小细胞团。使用时应根据细胞的种类、培养条件和研究目的等进行选择。

8.1.2 单细胞培养技术

单细胞离体培养时，首先要考虑的是单个细胞或少量细胞培养时的细胞密度问题。实验显示，只有当细胞密度达到某临界值之上，才能促进细胞的生长增殖。其原因目前尚不清楚，可能是植物细胞的增殖需要一定浓度的某种可以分泌到细胞外的内源物质。目前解决该问题的思路主要有两个：一是通过减少培养空间的体积来满足单位容积内细胞的密度要求；二是选用其他细胞共培养以达到总的细胞密度要求。常用的单细胞培养技术主要有如下几种。

8.1.2.1 平板培养

平板培养（cell plating culture）是使悬浮培养的分散细胞均匀分布在一薄层固体培养基中进行培养的技术（图 8-1）。该方法是把分离得到的细胞悬液用网眼合适的细胞筛过滤以获得适于平板培养的细胞悬液，然后用血球计数板计数，若细胞悬液与琼脂培养基以 1∶4 混合，则细胞悬液的密度就应调节到约 $5\times10^3\sim5\times10^5$ 个/mL。平板的制作是将琼脂培养基熔化后冷却至 30～35℃，与细胞悬液迅速混匀后，立即向培养皿中倒平板，一般厚度约 1～5mm。在培养基冷却固化后，细胞便被分散固定在培养基薄层中，然后用石蜡膜等密封培养皿。在倒置显微镜下观察平板，在皿外标出单细胞的位置。培养物置 25℃下暗培养，数天后，观察并计算植板率。植板率是衡量平板培养效果的指标，是指在平板上形成细胞团

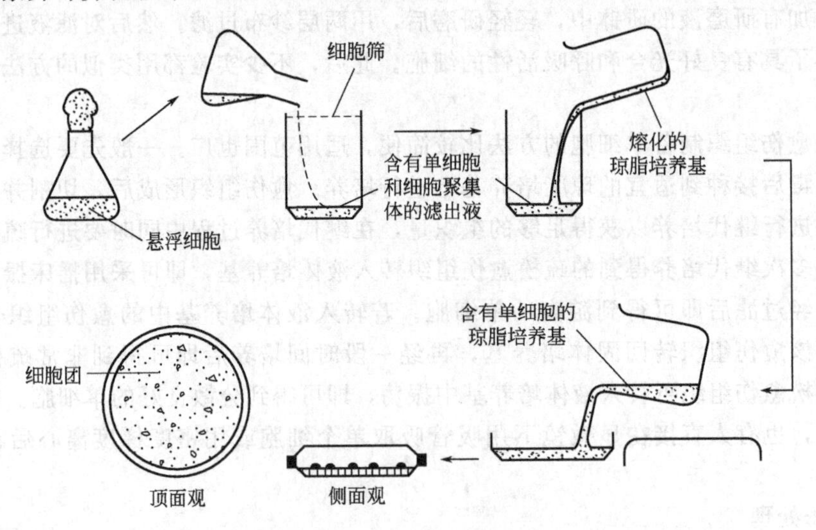

图 8-1 平板培养

的百分数，即：

$$植板率=\frac{每个平板上新形成的细胞团数}{每个平板上接种的细胞数}\times 100\% \quad (8\text{-}1)$$

在进行平板培养时，为保证一定的植板率，需注意以下事项：

(1) 植板的细胞密度不能低于某一临界值，否则植板率会很低。植板的临界密度和培养基成分有关，若培养基中补充了 CM、YE 或其他成分复杂、营养丰富的有机成分，或采用条件培养基，植板临界密度可以低一些。但是如果细胞密度过高，则细胞紧挨在一起，难于获得源于单细胞的克隆。因此，要在尽量使接种细胞起始密度降低的情况下获得高的植板率，选用已经进行过一段时间细胞悬浮培养的条件培养基和附加各种有机成分是很重要的。条件培养基的制作方法是：首先配制悬浮细胞培养基，接种愈伤组织或悬浮细胞，进行一段时间培养后，离心取其上清液即为最简单的条件培养基。制作平板培养用的固体条件培养基时，可取上清液一份，与加琼脂的灭菌培养基一份趁热充分混合后冷却到 30～35℃备用。

(2) 应选用处于旺盛分裂期的细胞进行平板培养，因其更容易被诱导分裂。

(3) 在操作时应尽量减少细胞损伤。在单细胞悬浮培养液和熔化状态的琼脂培养基混合时，温度不应超过 35℃，否则将使细胞受到损伤。

(4) 光照一般会降低平板培养的植板率，因此，最好将平板培养置于黑暗或弱光下进行。

8.1.2.2　看护培养

用一块活跃生长的愈伤组织来促进培养细胞生长和增殖的方法即为看护培养（nurse culture），这块愈伤组织称为看护组织。具体做法是：先在固体培养基上放一块愈伤组织，在组织上再放一块灭过菌的滤纸，待滤纸充分吸收从组织块渗上来的成分后，将单细胞放在滤纸上进行培养（图 8-2）。由单细胞增殖的细胞团达到一定大小时，即可从滤纸上取下放在新鲜培养基中进行直接培养。

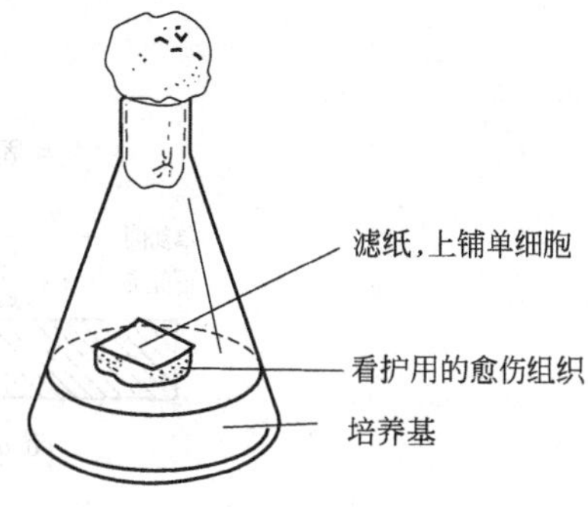

图 8-2　看护培养

8.1.2.3　微室培养

微室培养（microchamber culture）是为了进行单细胞活体连续观察而建立的一种微量细胞培养技术。

最早进行这方面研究的是 De Ropp（1955），后来 Torrey（1957）作了进一步的试验，改进了微室培养技术，并运用了滋养组织，结果观察到了单细胞的分裂现象。他用的方法是：先将一块小的盖玻片和一块凹穴载玻片灭菌，然后将一滴琼脂滴在小盖玻片上，琼脂周围是分散的单细胞，中间放一块与单细胞是同一亲本的愈伤组织作为看护组织。把小盖片的背面粘在一块较大些的盖玻片上，翻过来扣在凹玻璃的凹孔上，再用石蜡-凡士林将其四周密封（图 8-3）。用这种方法，可以使从豌豆根形成的愈伤组织上分离下来的单细胞成活几周，其中大约有 8%的单细胞出现分裂形成细胞团，最大的一个细胞团达 7 个细胞。

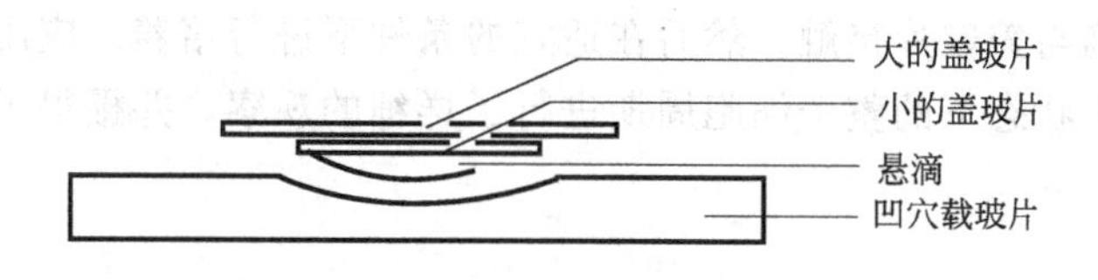

图 8-3　微室培养

Jones 等（1960）又改进了微室培养的技术。他制作微室的方法是：在灭过菌的载玻片两端（约在载玻片总长度的 1/4 处）各滴一小滴石蜡油，然后分别放上 22mm×22mm 灭过菌的盖玻片，使两块玻璃中间保持约 16mm 的距离。在两块盖玻片中间区域的中心滴上一小滴含单细胞的液体培养基，然后在液体培养基四周加上石蜡油，再将第三块盖玻片盖在上面，使它与前两片盖玻片有一定覆盖，使石蜡油将液体培养基包围，并渗入第三块盖玻片和前两块的交叉覆盖层中，这样矿物油包围着液体培养基，使三块盖玻片形成的微室与外界隔绝，可以有效防止培养基失水和污染（图 8-4）。当细胞克隆长到适当大小后，将其转入新鲜的培养基上继续培养。

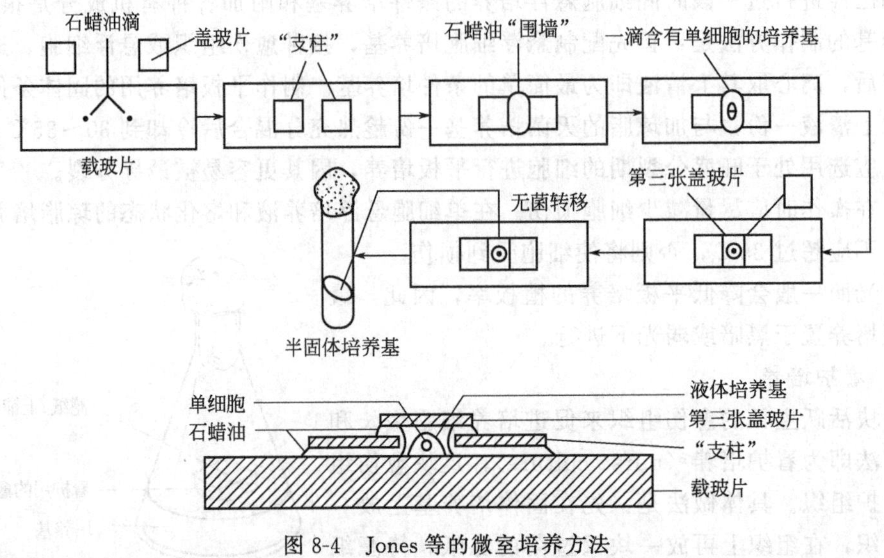

图 8-4 Jones 等的微室培养方法

自 Jones 的工作后，微室培养技术随研究目的的不同虽有不少改进，但该技术的基本点可以说没有什么变化。这些基本点是：

(1) 对微室的要求　必须用光学性能非常好的材料来制作。小室的厚度要符合相差显微镜的要求；要选择合适的材料使小室与外界隔绝，作为防止污染的屏障，且能保证小室与外界可以进行适当的气体交换。

(2) 对培养基的要求　选用的培养基要保证微室中的细胞能够生长和分裂，并且有较高的光学透明度。

(3) 对所观察的细胞的要求　要选用处于活跃分裂期的细胞，细胞壁应较薄，细胞内含物要较少和透明度较高。

掌握了这些基本点，就能根据不同的研究目的设计出各种各样的微室，便于在不同的实验条件下对不同材料进行活体连续观察。例如我国的陆文梁（1983）在微室设计中采用四环素软膏代替石蜡油，在无菌的载玻片上按照盖玻片的大小涂一圈四环素软膏，将制得的细胞悬液滴一小滴在载玻片上，然后在四环素软膏上放一小段毛细管，盖上盖玻片，轻压到密封并使细胞悬液的小滴与盖玻片接触。然后在适宜的条件下进行培养。应用这种方法，他们对胡萝卜细胞在脱分化状态下的整个细胞周期进行了详细的观察，并摄得了整个分裂期活体连续过程的照片。

8.1.2.4　其他技术

在 6.4.3 合子培养中使用的微室饲养培养法以及在 9.2.2 原生质体培养方法中介绍的液

体浅层培养和微滴培养技术等，也都可以用于单细胞的培养。

8.2 植物细胞的悬浮培养

植物细胞的悬浮培养是将植物细胞和小的细胞团悬浮于液体培养基中，在保持细胞良好分散状态下进行培养的技术。和固体培养相比，液体培养增加了细胞与培养液的接触面，改善了营养供应；可以避免有害代谢物在局部浓度过高；有利氧的充分供应。因此细胞生长和增殖速度快，能大量提供分散性好且比较均匀的细胞，既有利于在细胞水平上进行各种遗传操作和生理生化等方面的研究，也适于植物细胞的工业化大规模培养及生产有价值的细胞代谢产物。

8.2.1 细胞悬浮培养的一般过程

通过植物细胞悬浮培养获得再生植株的程序一般包括以下几个环节。

8.2.1.1 疏松易碎愈伤组织的诱导

目前建立悬浮细胞培养体系时，一般采用愈伤组织作为起始细胞来源。首先应选择合适的外植体，这对于以后进行的疏松愈伤组织诱导和悬浮细胞系的建立都很重要。对于不同植物，外植体的选择差异较大。双子叶植物中，常用的外植体为胚、下胚轴、子叶、叶片、根等；在单子叶植物中为胚、幼穗、花药等。无论单子叶植物还是双子叶植物，幼胚一般是最佳材料，诱导的愈伤组织质量好、增殖速度快、分化与再生植株的能力强。

要获得疏松易碎、增殖和再生能力强的愈伤组织，除外植体外，基本培养基和天然附加物以及植物生长物质的种类、浓度和比例等都很重要。例如，2,4-D常作为起始培养基的生长素，且使用浓度较高，配合一定浓度的细胞分裂素也是必要的。但由于植物种类、器官和组织存在差异，具体浓度应通过预实验确定。添加有机附加物如CH、L-脯氨酸和谷氨酰胺等对诱导疏松愈伤组织有利。培养基中蔗糖浓度较低时（10～30g/L），一般有利于疏松易碎愈伤组织的形成。

多数情况下，疏松易碎的愈伤组织不容易直接由外植体诱导获得，而是在愈伤组织继代培养过程中通过筛选得到的。培养中需要不断选择那些松散性和细胞状态都良好的愈伤组织反复进行继代培养，以获得大量均匀一致、疏松易碎、适合于建立悬浮细胞系的愈伤组织。

8.2.1.2 单细胞分离和细胞悬浮培养

单细胞的分离过程参见8.1.1。

在悬浮培养细胞时，接种的细胞密度和单细胞的平板培养一样不能低于某一临界值，否则就不能很好地进行细胞分裂。一般应调整细胞起始密度在10^4～10^5个/mL范围，在最适条件下振荡培养。

8.2.1.3 愈伤组织形成和植株再生

悬浮细胞可以通过直接形成体细胞胚（如胡萝卜），或者先形成愈伤组织，再进一步分化成再生植株（水稻等）。

8.2.1.4 操作实例：水稻细胞的悬浮培养

(1) 愈伤组织诱导　水稻种子去皮后先用70%酒精表面消毒2min，再用2.5%～3%的次氯酸钠浸泡并轻摇30min，无菌蒸馏水冲洗3次。按每瓶3粒接种到附加2mg/L 2,4-D、3%蔗糖、0.3%YE的MS固体培养基中，25℃暗培养。3周后，将从胚部长出的愈伤组织切割并转到新鲜培养基上继代培养，每两周继代一次。挑选疏松、易碎的愈伤组织进行继代、增殖。

(2) 单细胞分离

愈伤组织细胞计数：称取 1g 新鲜的愈伤组织，加入 0.1%的果胶酶（溶于培养液或 0.6mol/L 的甘露醇溶液中，pH3.5），黑暗中 25℃下静置 12～16h，再用电磁搅拌器低速搅动几分钟，即可获得细胞悬液，然后用血球计数板计数。

单细胞的机械法分离和收集：参照所测得的单位愈伤组织的细胞数，称取适量的愈伤组织，放入含液体培养基的三角瓶中，在 120r/min、25℃±1℃连续振荡培养 3 周后，用约 100 目的尼龙网过滤，可获得 95%左右的单细胞。滤液用 1500r/min 的速度离心 5min，收集单个细胞和小的细胞团。

(3) 细胞悬浮培养

细胞计数：离心后将约 2/3 的上清液倒掉，剩下的 1/3 摇匀后，吸取一滴于血球计数板上，以游离单细胞为基础计算细胞的密度。

测定细胞活力：用酚藏红花溶液染色和二醋酸酯荧光素处理后用相差荧光显微镜观察，酚藏红花使死细胞染成红色，而活细胞则显示较强的荧光反应。

细胞悬浮培养：将离心管中剩余的细胞悬液倒入三角瓶，根据需要的起始密度，补加一定量的新鲜培养基，在 120r/min、25℃±1℃黑暗条件下培养，定期计数细胞密度，记录并绘制细胞生长曲线。

(4) 细胞团和愈伤组织的再形成及植株再生　大约在悬浮培养两周后，将细胞分裂形成的小愈伤组织团块（直径约 1.5～2.5mm）及时转移到分化培养基上（MS 基本成分附加 0.3% YE、0.3% CH、10mg/L KT、0.4mg/L NAA 及 7.0% 蔗糖）。连续光照，室温 25℃±1℃。3 周后即可分化出小植株。

8.2.2 悬浮培养工艺

细胞的悬浮培养基本上可以分为两种类型：分批培养和连续培养。它们各具特点，可以根据不同的研究目的和条件加以选择。

8.2.2.1 分批培养

分批培养（batch culture）是指在培养过程中，既不向培养系统中补加培养基，也不从系统中排出培养物（包括培养基和细胞），也就是说，一次性加入培养基，在一定条件下培养一段时间后，一次性收获。除了有一定的气体交换外，这种培养体系基本上处于封闭状态。分批培养的生长曲线一般都遵循一种固定的模式：细胞先经过延迟期，再进入对数生长期，随后生长速率的增幅减小，直至细胞数量不再随培养过程的延长而增加，呈现典型的“S”形生长曲线（图 8-5）。

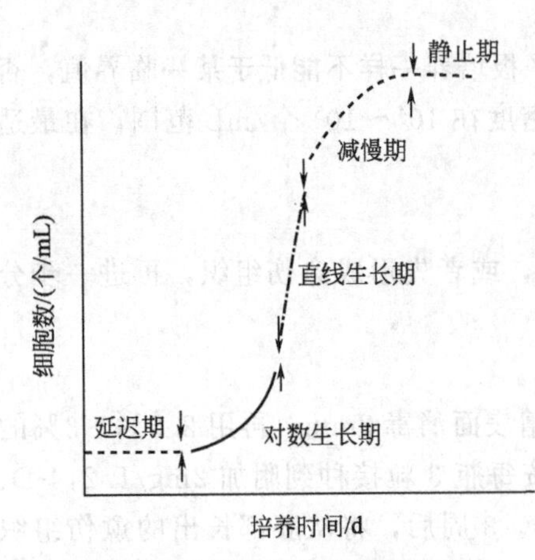

图 8-5　悬浮培养细胞的生长曲线

8.2.2.2 连续培养

连续培养是指在培养过程中，不断排出悬浮培养物并注入等量新鲜培养基，使培养物不断得到营养物质补充并保持其恒定体积的培养。在这种培养方式中，由于不断加入新鲜培养基，保证了养分的充分供应，细胞增殖速度快，适于大规模工业化生产。主要包括封闭式连续培养和开放式连续培养两类。

(1) 封闭式连续培养　在封闭式连续培养（close continuous culture）中，新鲜培养基的加入和旧培养物的排出是平衡的，培养系统中营养物质的含量总是超过细胞生长所需，排出的细胞收集后又放入培养系统中继续培养。因此，在这种培养系统中，细胞的数量随培养进程不断增加。

(2) 开放式连续培养　在开放式连续培养（open continuous culture）中，新鲜培养基的加入和等体积的细胞悬液的收获是平衡的。当达到稳定状态时，流出的细胞数相当于培养系统中新细胞的增加数。开放式连续培养又分为以下两类：

① 恒化培养（chemostat culture，也称化学恒定培养法）　是将新鲜培养基中的某些营养成分（如氮、磷或葡萄糖）调节为生长限制浓度，而培养基中其他非生长限制成分的浓度，则高于维持要求的细胞生长速率所需，并以恒定速率输入，从而可以调节细胞的生长速率和细胞密度保持在一个相对稳定的水平。

② 恒浊培养（turbidostat culture，也称浊度恒定培养法）　是根据培养液中浑浊度的提高来注入新鲜培养液的开放式连续培养方法。可人为选定一种细胞密度，当培养系统中细胞密度超过此限时，超过的细胞就随排出液一起排出，从而保持系统中细胞密度的恒定。

(3) 半连续培养（semi-continuous culture）　新培养液不是连续加入，而是隔一定时间后抽取出一定量的细胞悬液，同时加入等量的新鲜培养液。相当于分批培养时频繁地进行再培养。

8.3　植物细胞的大规模培养和次生物质生产

植物的次级代谢产物是药物和一些工业原料的重要来源，其中许多是难以人工合成、但具有显著药用或经济价值的特殊物质。但是，随着人类对天然产物需求量的不断增加，许多稀有植物资源正面临枯竭的危险。即使能够人工栽培这些资源植物，也需要占用耕地，而且受气候和地域的限制。因为植物细胞不仅有发育成完整植株的潜能，还具有在细胞水平上表达出合成该物种的特殊成分的能力。所以，利用组织培养的方法来生产人类需要的植物产品已受到世界许多国家和科学工作者的极大重视。若能利用细胞工程等生物技术实现植物天然产物的工业化生产，则既可减少对植物资源的依赖，满足人类的需求，也有利于对生态环境和珍稀植物资源的保护。

早在1949年Caplin和Steward就提出，高等植物细胞具有合成天然产物的潜力。20世纪50年代起，一些国家就开始了利用愈伤组织和悬浮培养细胞获得植物次生代谢产物的研究。迄今，利用植物细胞培养生产次生代谢产物的工作已经取得很大进展。经过对多种植物细胞培养的试验证实，植物组织或细胞培养物经过筛选，就有可能生产几倍甚至几十倍于其完整植株所产生的次级代谢产物（表8-1），而且可以减少占用土地，不受季节、地域等环境条件的限制，还可排除病虫害的干扰。目前能用植物细胞工程生产的次生代谢产物包括药物、香精、食品、化工产品等许多类型，表8-2列举了部分由植物细胞培养所得的物质类别。利用植物细胞培养技术生产植物产品显然是其工业化生产的一条有效途径。

当然，目前在植物细胞大规模培养中仍有一些需要进一步研究和解决的问题。如离体植物细胞的生长和产物的生物合成速度不够理想，细胞株在培养过程中可能会发生退化或变异，植物细胞对剪切力敏感，以及生产成本过高等，因此目前多数尚难以进行工业化生产。

表 8-1 一些组织培养药用成分含量超过植物体的药用植物

产物	植物种	培养物	产量/(g/L)	培养物产物含量(干重)/%	植物产物含量(干重)/%
人参皂苷 ginsengoside	人参 *Panax ginseng*	愈伤组织	—	27	4.5
蒽醌 anthraquinones	海巴戟 *Morinda citrifolia*	悬浮细胞	2.5	18	2.2
迷迭香酸 rosmarinic acid	洋紫苏 *Coleus blumei*	悬浮细胞	3.6	15	3
紫草素 shikonin	紫草 *Lithospermum erythrorthizon*	愈伤组织	—	12	1.5
蒽醌 anthraquinones	决明 *Cassia tora*	愈伤组织	—	6	0.6
薯蓣皂苷 diosgenin	三角叶薯蓣 *Dioscorea deltoides*	愈伤组织	—	2	2
咖啡因 caffein	咖啡 *Coffea arabica*	愈伤组织	—	1.6	1.6
阿吗碱 ajimalicine	长春花 *Catharanthus roseus*	悬浮细胞	0.26	1.0	0.3
paniculide B	*Andrographis paniculate*	愈伤组织	—	0.9	0
蛇根碱 serpentine	长春花 *Catharanthus roseus*	悬浮细胞	0.16	0.8	0.5
蛇根碱 serpentine	长春花 *Catharanthus roseus*	愈伤组织	—	0.5	0.5
前托品 protopine	博落回 *Macleaya microcarpa*	愈伤组织	—	0.4	0.32
阿密茴素 visnagin	*Ammi visnaga*	愈伤组织	—	0.31	0.1
谷胱甘肽 glutathione	烟草 *Nicotiana tabacum*	悬浮细胞	0.22		0.1
泛醌 ubiquinone	烟草 *Nicotiana tabacum*	悬浮细胞	0.045	0.036	0.003

表 8-2 植物细胞培养所得的部分物质类别

生物碱	酚	核酸
杀虫剂	维生素	鸦片制剂
有机酸	萘醌	蛋白质
色素	蒽醌	强心苷
抗肿瘤药剂	橡胶	黄酮及黄烷类化合物
抗病毒药物	甾体及其衍生物	植物生长调节剂
芳香剂	单宁	碳水化合物
呋喃香豆素类	单萜和萜类化合物	酶
苯醌	查尔酮	酶抑制剂
味觉剂(包括甜味剂)	香料	激素
油	类脂	
肽	核苷	

但是通过植物细胞工程来生产对人类有用的产品的潜在价值已被世界所公认，随着这项技术的深入研究和发展，相信相关问题也将逐步得到解决。

除培养细胞外，利用毛状根培养生产植物次生代谢产物也显示出了极大的生产潜力。毛状根是植物被发根农杆菌（*Agrobacterium rhizogens*）感染后产生的，能在不添加外源激素的条件下迅速生长，而且生理生化和遗传特征稳定，可在离体培养条件下表现出次生代谢产物的合成能力，还能合成一些悬浮细胞培养所不能合成的物质，因此被认为是生产植物次生代谢物的一条新途径。目前，国内外诱导植物产生毛状根的种类已达百种以上，其中很多都能检测到相当于甚至高于原植株或其他培养物的次生代谢产物，人参皂苷、黄连素等已通过毛状根培养得以工业化生产。

植物细胞大量培养的过程基本包括3个步骤：一是诱导植物产生旺盛生长的愈伤组织和悬浮细胞系；二是筛选高产细胞系；三是在生物反应器中大量培养细胞或细胞团，并适时采收。

8.3.1　细胞株的筛选

植物细胞培养物是由处于不同生理状态的许多活细胞组成的，其代谢状态和合成次生产物的能力差别可能很大。因此，利用单细胞培养技术来获得源于单细胞的、生长速度快且目的产物含量高的细胞株，对于通过大规模细胞培养来生产生物活性物质是非常必要的。

选择合适细胞株的一般方法是：选择生长健壮的植株，一般在生长活跃、合成目的产物较多的部位取材，进行愈伤组织培养，此时可以同时进行各种培养基的选择。愈伤组织长大后，转移到液体培养基中进行振荡培养以分散细胞。再用单细胞培养技术和一般的固体培养方法获得生长迅速的单细胞克隆产生的愈伤组织，然后检测每一个克隆的特定次生代谢产物的含量，选择出高产细胞系。将其继代培养多次后，若产物的含量仍保持在高水平，即可认为它们是稳定的高产细胞系。

有时可以根据细胞表型进行筛选。对于一些细胞系可通过观察愈伤组织的颜色、大小和质地等外部形态，来目测判断目的代谢产物含量的高低。这类筛选方法虽然只是大致的初判，但较为简单快速。例如，新疆紫草的紫草宁高产细胞系的筛选，采用的是两步筛选法：第一步是筛选固体培养的愈伤组织，选择紫红色深的愈伤组织，获得了高产细胞系A-1；将A-1愈伤组织经液体振荡分离，离心收集单细胞，再将单细胞转移到固体培养基上克隆，进行第二步筛选，又获得4个高产细胞系，其中AC-3的紫草宁含量很高，尤其是具有抗菌和抗肿瘤活性的乙酰紫草宁含量比紫草根高407倍，且高产性状稳定。在红豆杉愈伤组织诱导过程中，发现愈伤组织的生长速率和紫杉醇的含量与其颜色和质地有一定的关系。颜色浅、质地松散的愈伤组织生长快、含水量高，但是紫杉醇的含量低；相反，颜色深、质地较结实的愈伤组织生长较慢，含水量较低，但紫杉醇含量较高。

8.3.2　培养基的选择

培养基中的营养成分应该首先能使培养的细胞或组织达到所希望的生长速度，当然，这与细胞株的选择也有关系。细胞总体的倍增时间（doubling time）一般大约为1天左右，这种速度对微生物而言是很慢的，但对植物细胞来说，已经可以采用了。另外，其组成应有益于次生物质的合成和积累。但许多研究表明，适合细胞生长的培养基并不一定适合目的产物的生产。因此，在植物细胞大规模培养中常采用两步培养法。即首先将细胞培养在生长培养基上，促进细胞快速增殖，然后转移到生产培养基上促进细胞合成目的次生代谢产物。

8.3.2.1　植物生长物质

植物生长物质对培养细胞中次生物质的合成起着重要作用，但其不同种类和浓度对各种次生产物的产生有不同影响，在使用时应通过实验来确定。例如，在海巴戟（*Morinda citrifolia*）的悬浮培养中，用2,4-D代替同样是生长素的NAA可以使其蒽醌的产量增加30倍。在紫草属培养中，右旋紫草素的形成受2,4-D或NAA抑制，但几乎不受天然生长素IAA的影响。在东北红豆杉细胞培养中，添加一定浓度的2,4-D可以显著提高细胞的生长速率，增加细胞的生物量；而添加适当浓度的BA和KT则可提高紫杉醇的积累。赤霉素很少用于培养基，但在青蒿毛状根培养基中添加适量的赤霉素可明显地促进发根生长和青蒿素的产生。乙烯对欧亚唐松草培养中小蘖碱的积累起明显的促进作用。但对于有关激素作用的机理研究尚很少。

8.3.2.2　前体

在利用植物细胞培养生产次级代谢产物的过程中，有时目的产物的得率不理想，可能的原因之一就是缺少合成这种代谢物所必需的前体物质。在这种情况下，如果在培养基中加入外源前体，就有可能使目的产物的产量大大提高。例如，将100mg/L的胆甾醇加到三角叶薯蓣（*Dioscorea deltoidea*）的培养基中，可使薯蓣皂苷产率增加一倍。但是，由于植物细胞的次级代谢是一个复杂的生理生化过程，对某一产物来讲可能有多种前体，而同一种前体物质又可能有多条代谢途径，从而形成不同的产物。因此添加前体物质应该在充分了解目的产物代谢途径的前提下，针对其合成的关键生化过程添加相应的前体。当然，要真正做到这一点是十分困难的。例如在紫草的培养中，加入右旋紫草素的直接前体对羟基苯甲酸，无补于右旋紫草素的增加；而加入结构更简单的L-苯丙氨酸，却能使右旋紫草素产量增加3倍以上。前体加入的时间也常常影响培养效果。在培养长春花细胞时，如果在培养到第2周或第3周时加入100mg/L色胺，能促进生物碱的合成；但若在培养一开始就加入前体，则对细胞生长和生物碱的合成就有抑制作用。水母雪莲细胞培养中，在培养6天、细胞进入快速生长期时，加入前体物质比较有利于细胞的生长和黄酮的合成。另外，提供前体的量也很重要。如在曼陀罗细胞培养中加入少量的氢醌时，目的产物熊果苷的产量增加；但若加入剂量过大，则会使细胞死亡。在实际应用中还应考虑添加前体的费用问题，若太贵则不实用。

8.3.2.3　诱导子

诱导子（elicitor）也称激发子，是指能引起植物细胞某些代谢强度或代谢途径改变的物质。从来源上可以分为生物诱导子和非生物诱导子两类：非生物诱导子（abiotic elicitor）指紫外线辐射、金属离子、水杨酸和乙烯等；生物诱导子多来源于微生物，如经过处理的菌丝体、微生物提取物和微生物产生的多糖、蛋白质及植物细胞壁的分离物等，目前应用较多的是真菌诱导子。

植物的次级代谢除了自身的遗传和发育基础外，通常还和诱导子有关。在一些不良环境或有微生物入侵的情况下，细胞的次级代谢活动往往显著加强。而且研究显示，由环境刺激引起的代谢及其积累的产物大多也是培养细胞的目的产物。因此，合理地利用这些诱导子，就有可能提高目的产物的含量。如在延胡索植物细胞培养中，以蜜环菌发酵液作诱导子显著促进了原鸦片碱的合成。诱导子促进次生产物积累的作用与其种类和浓度有关，也受添加时间等的影响，不同植物和不同细胞系对不同诱导子的反应不同。

8.3.3　培养条件的选择

8.3.3.1　光

很多研究表明，细胞培养中光照时间的长短以及光质和光强对不少次生产物的生产都有影响。例如，光照通常刺激类胡萝卜素、类黄酮类化合物、多酚类及质体醌类等化合物的形成。欧芹细胞在黑暗条件下可以生长，但只有在光照条件下，尤其是在紫外线的照射下，才能形成类黄酮化合物。又如，芸香培养物在光下和暗中产生的挥发油的化学组成有区别；蓝光或强白光抑制紫草属茎愈伤组织中吉枝烯和前吉枝烯的合成等。

8.3.3.2　温度

培养植物细胞通常都在25℃左右的温度下进行，但是不同的细胞培养物的最适生长温度不同，不同次生代谢物的合成和积累在不同温度下也有差异；即使是同种细胞培养物，其产生目的产物的最适温度和细胞生长的最适温度也可能不同。这种情况下，一般是先将植物组织培养在适宜于其生长的温度下迅速增殖，然后在适于次生产物合成的温度下大量产生目的产物。例如，薄荷愈伤组织在28℃下的叶绿素总量较25℃下的为高。胡萝卜愈伤组织经低温处理后，形成了花青苷。把烟草幼苗保持在27℃下比分别保持在21℃和32℃下生物碱含量要多100%～200%。草莓细胞在培养的前三天温度控制在30℃，后转为20℃，经此温度转换的两步培养，花青苷产量提高了2倍多。

8.3.3.3　pH

植物细胞培养一般在pH5.6～6.0范围内进行，但不同植物对pH值的要求可能会有差异。Veliky（1977）曾报道，如果pH稳定在6.3，甘薯细胞培养物产生的次级代谢产物的量比不控制pH时的量几乎高一倍。但是，在一般的培养过程中，培养基的pH可能有很大变化。显然，这对培养物的生长和次级代谢物的积累是不利的。因此，配制培养基时应注意使其得到良好的缓冲，有时加一些CH或YE等有机成分也可起到一定的缓冲效果。另外，在高山红景天细胞悬浮培养过程中，培养基pH对其中的红景天苷在胞内外的含量的分布有影响，降低培养基pH能诱导细胞内红景天苷的胞外释放。有时细胞产生次级代谢物的最适pH和生长的最适pH也有所不同，这就需要在不同阶段控制不同的pH范围。

8.3.4　生物反应器的选择

一般来讲，适合植物细胞悬浮培养的反应器应该具有合适的氧传递、良好的流动性和低的剪切力。目前已有多种类型的生物反应器被用于植物细胞培养，在实际应用中，应根据植物细胞的种类和特点进行选择。

8.3.4.1　搅拌式反应器

机械搅拌式反应器（stirred-tank bioreactor）是传统的微生物发酵常用的装置，改进后也可用于植物细胞的悬浮培养。这类反应器的形状、大小等各不相同，但总的原理都是利用机械搅动使细胞得以悬浮和通气。搅拌式反应器一般由一个封闭的圆柱形筒和中心加有几片垂直叶片的中轴所组成（图8-6）。随着叶片的转动，带动内部的培养物转动。它具有氧气、二氧化碳、温度和pH调节等装置，使筒内的培养环境保持基本稳定，以利细胞生长。这类反应器的主要优点是，搅拌充分，供氧和混合效果好，可以借鉴微生物培养的经验进行控制。自1972年Kato用30L的反应器半连续培养烟草细胞获得尼古丁后，应用机械搅拌式反应器

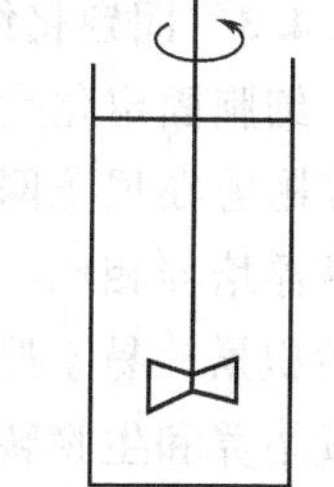

图8-6　机械搅拌式反应器示意图

培养植物细胞的研究已有一些报道。如烟草细胞、水母雪莲细胞等对剪切力耐受性较强的细胞系，使用机械搅拌式反应器进行悬浮培养取得了较好的效果。但是由于多数植物细胞对剪切力敏感，传统的机械搅拌式反应器通常易对植物细胞产生伤害。因此，若在植物细胞培养中采用这类反应器，就需要对其进行改进，使之既具有较好的搅拌效果，而其剪切力又不会破坏植物细胞。目前对搅拌桨的厚度、形状及搅拌速度等方面已有许多改进。总体来看，在搅拌桨较薄而面积较大，或搅拌角较大而搅拌速度较低的情况下，可显著降低剪切力。通常搅拌速度也要控制在一定范围内。

8.3.4.2 气动式生物反应器

由于机械搅拌式反应器搅拌时所产生的剪切力易对植物细胞造成损伤，可以考虑采用气动式生物反应器，主要包括气升式生物反应器和鼓泡式生物反应器两种类型。气动式生物反应器利用空气为动力，带动培养容器中的液体流动，达到与搅拌相似的效果。由于气动式生物反应器没有活动的搅拌装置，剪切力小，对细胞伤害小，而且容易实现长时间的无菌培养，因此被认为是一类适宜植物细胞培养的反应器。但这类反应器也有缺点，如低气速时尤其在培养后期植物细胞密度较高时，混合效果较差。如果此时提高通气量，又会产生大量泡沫，影响植物细胞生长。

(1) 气升式生物反应器　气升式生物反应器（air-lift bioreactor）是利用通入反应器的无菌空气的上升气流带动培养液进行循环，起供氧和混合两种作用的一类生物反应器。按结构不同分为内循环［图 8-7(a)］和外循环［图 8-7(b)］两种。其工作原理是：在筒体内加一层直径小些的内筒，内外筒间的液体可以通过内筒上下两端的空隙流动。在筒的底部通有压缩氧气入口，使气流带动培养液由内筒中向上冲，通过内筒上端流到内外筒间的夹层中，再返回下端。如此往复循环，达到细胞悬浮及补充营养液和氧气的目的。这类反应器在植物细胞的大规模培养中经常采用。

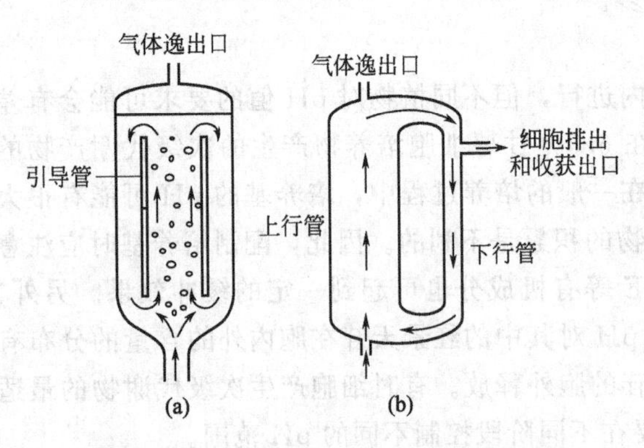

图 8-7　气升式生物反应器的基本类型

(2) 鼓泡式生物反应器　鼓泡式生物反应器（bubble column bioreactor）利用从反应器底部通入的无菌空气产生大量的气泡，在上升过程中促进培养容器内的液体流动，起到供氧和混合作用的反应器，也是一种无搅拌装置的反应器。适用于培养对剪切力敏感的细胞，也是植物细胞培养常用的一种反应器（图 8-8）。

8.3.4.3 固定化细胞培养系统

细胞固定化是指将游离的细胞包埋在包埋剂如海藻酸盐、琼脂糖、聚丙烯酰胺等中，或使其附着在尼龙网、聚氨酯泡沫、中空纤维等上，培养液呈流动状态进行培养的技术。与细胞悬浮培养相比，植物细胞的固定化培养有以下优点：细胞生长较为缓慢，有利于次生代谢物的积累；易于控制化学环境和收获产物；包埋后细胞受到剪切力的损伤减少；有利于进行连续培养和生物转化。

(1) 细胞包埋固定化方法　植物细胞常用的包埋剂主要是一些多糖和多聚化合物，简介如下。

① 海藻酸盐固定化　海藻酸盐（alginate，也称褐藻酸盐）是由葡萄糖醛酸（glucuronic acid）和甘露糖醛酸（mannuronic acid）组成的多糖，在钙离子或其他多价阳离子存在时，糖中的羧基和阳离子之间形成离子键，从而形成凝胶；当加入钙离子络合剂如磷酸、柠檬酸或EDTA 等时，这种凝胶就能溶解释放出细胞。凝胶的稳定性随聚合物浓度的提高而增加，但若浓度太高，则会导致细胞-海藻酸盐悬液非常黏，从而影响颗粒的形成。因而要在凝胶稳定性和可操作性之间做出折中的选择。海藻酸盐的类型和来源不同，用于固定化的浓度也应进行调整。

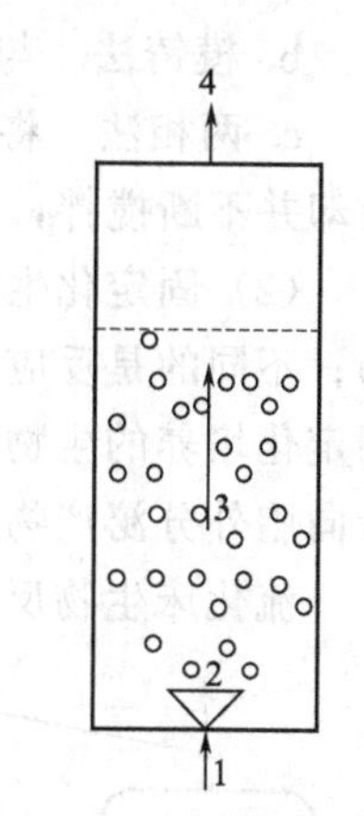

图 8-8　鼓泡式生物反应器示意图

1—进气口；2—空气分布器；3—气流方向；4—排气口

实验室小规模固定化可用无菌注射器进行。首先，选择适合细胞生长的液体培养基，配制 2%～5%的海藻酸钠溶液，高压灭菌。要避免灭菌过度，因为海藻酸钠在加热时会水解，从而导致凝胶强度降低。混合植物细胞和海藻酸钠凝胶，将混合悬液装入塑料注射器中，慢慢滴入盛有 50mmol/L $CaCl_2$ 的三角瓶中，不断轻轻搅拌，以便形成球形颗粒。形成的颗粒在溶液中保持 30min，过滤收集颗粒，用含有 50mmol/L $CaCl_2$ 的培养基清洗后，转入装有培养基的摇瓶中培养。大规模固定化的步骤基本类似，但要采用专门的装置（图 8-9）。

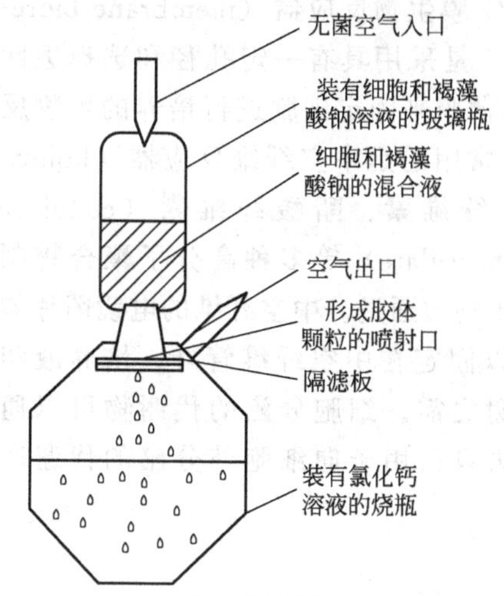

图 8-9　细胞固定化装置示意图

② 卡拉胶固定化　卡拉胶（carrageenan，又称角叉藻聚糖）是一种在钾离子存在条件下，能形成较硬凝胶的聚磺酸多糖（polysulfonated polysaccharide）。和海藻酸盐一样，植物细胞能包埋于这种聚合物中。不同的是，该聚合物溶液必须在一定的温度下才能保持液态，而且将细胞-卡拉胶悬液滴入含钾离子的培养基中时，所形成的颗粒形状和大小不如海藻酸钠颗粒均匀。根据使用的卡拉胶不同，保持其呈液态的温度也不一样。具体操作方法主要有滴入法、模铸法和两相法等 3 种。

a. 滴入法　用含 NaCl 的热溶液配制卡拉胶，高压灭菌，将其与植物细胞悬液混合后，滴入含 KCl 的培养基中，形成颗粒后过滤收集，清洗后转入培养基中培养。

b. 模铸法　将细胞-卡拉胶悬液注入模具中形成柱形颗粒。仅适于制备少量的固定化细胞。

c. 两相法　将细胞-卡拉胶悬液在不断搅拌下分散于豆油等无菌的有机相中，形成大小、形状都比较均匀的颗粒。颗粒的大小主要决定于搅拌的速度。

③ 琼脂糖固定化　琼脂糖（agarose）在固定植物细胞时，最大的优点是不需要其他离子来保证胶的稳定性。主要方法也有凝块法、模铸法和两相法 3 类。

a. 凝块法　将细胞悬浮于已灭菌处理过的琼脂糖中，不断搅拌，待混合物凝结后，将包埋有细胞的琼脂糖凝块挤进无菌的金属网中，使其分散成小颗粒，清洗后转入培养基中培养。这种方法简单，但因制得的颗粒较大，且形状不规则，只适宜分批培养。

b. 模铸法　与卡拉胶的固定方法基本相同。

c. 两相法　将细胞-琼脂糖悬液在搅拌下分散于豆油或石蜡油中，形成液滴后置冰浴中冷却并不断搅拌，使其凝固，离心除去油相和大部分溶液，直至无油为止。

(2) 固定化生物反应器　细胞固定化培养系统的共同特点是细胞固定、培养液循环流动；不同的是反应器的形状结构、细胞固定化的方式和液体的流动方式等。适合于植物细胞固定化培养的生物反应器系统主要有：流化床生物反应器和填充床生物反应器，一般主要适合向胞外分泌产物的细胞培养。

流化床生物反应器中，通过通入空气使固定化细胞悬浮于反应器中［图 8-10(a)］。传质效率高，但剪切力或碰撞会破坏固定化的细胞。

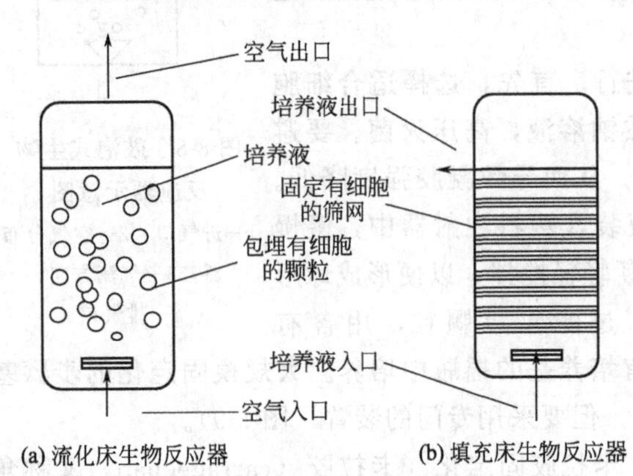

图 8-10　流化床生物反应器和填充床生物反应器示意图

填充床生物反应器中，细胞固定在支持物内部或表面，细胞固定不动，通过流动的培养液实现混合和传质［图 8-10(b)］。其优点是单位体积容量大；缺点是混合效率低，易造成传质困难，固定床颗粒或支持物碎片会阻塞液体的流动等。

(3) 膜生物反应器（membrane bioreactor）　是采用具有一定孔径和选择透性的多孔薄膜来固定细胞进行培养的生物反应器。常用的是中空纤维反应器（hollow fiber reactor）。中空纤维可用聚砜（polysulphone）、纤维素、醋酸纤维素（cellulose acetate）、聚丙烯、聚甲基丙烯酸甲酯（polymethylmethacrylate）等多种高分子聚合物制成。管壁上分布有许多微孔，可以截留细胞而允许小分子物质通过。中空纤维的电镜图片如图 8-11 所示。在中空纤维反应器中（图 8-12），细胞可以固定在中空纤维管外，培养液和空气在中空纤维管内流动，透过微孔供细胞生长和代谢之需。细胞分泌的代谢物可以通过微孔进入管内，随着培养液流出反应器。但这种方法只适用于向细胞外分泌的代谢产物的生产。

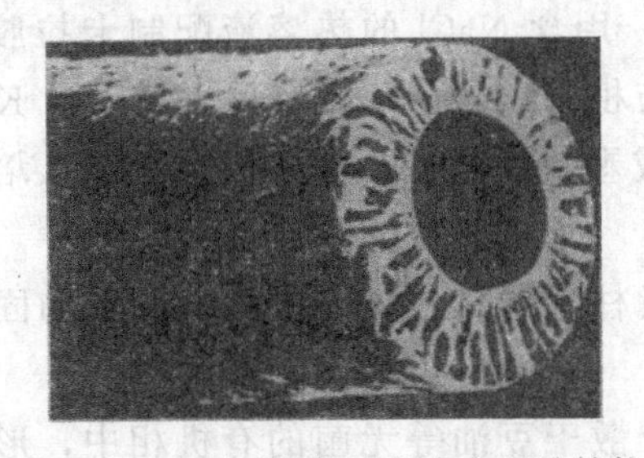

图 8-11　电子显微镜下的中空纤维结构

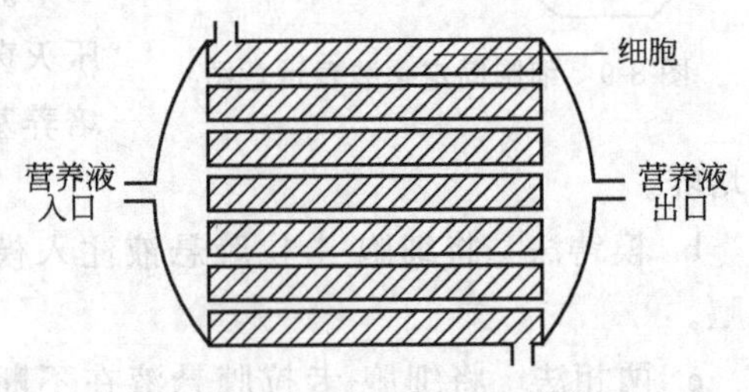

图 8-12　中空纤维反应器示意图

8.3.4.4　雾化生物反应器

超声波使培养液形成细小的雾滴，雾滴通过气体的带动和重力作用在反应器内流动，为被培养的植物组织、器官（如毛状根）提供营养，这种生物反应器称为雾化生物反应器(mist bioreactor)。由于采用雾化方式提供营养成分，营养液在反应器中能迅速扩散，分布均匀，避免了传统反应器中搅拌浆和通气培养对植物组织产生的剪切力损伤；同时，被培养的植物组织、器官均暴露在气体中，可以减少传质尤其是氧传递的限制，还可避免因长期液体浸没培养物而带来的玻璃化和畸形化现象。雾化反应器相对于传统的生物反应器而言，具有结构简单、操作方便、成本低等特点，且其次生代谢产物的产量高，因此雾化反应器是植物器官培养比较合适的反应器体系。其缺点是培养体系放大比较困难，主要原因是在雾化培养过程中，需要植物材料尽可能地散开，才能不影响营养雾的弥散，这样在相同反应器体积下所培养的材料数量就大大降低。

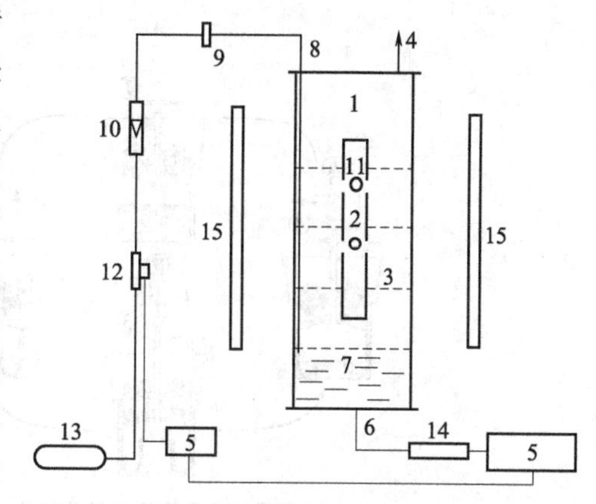

图 8-13 超声雾化内环流生物反应器工艺流程图
1—反应罐体；2—导流筒；3—不锈钢网；4—出气通道；5—时间继电器；6—雾化片；7—培养液；8—进气管道；9—空气过滤器；10—流量计；11—导流筒上的小孔；12—电磁阀；13—气泵；14—雾化装置；15—照明灯

1999年，刘春朝等利用新型的内环流超声雾化生物反应器进行青蒿（*Artemisia annua*）不定芽多层培养生产青蒿素（图8-13、图8-14）。在该雾化反应器中，营养雾沿中心导流筒上升并由其顶端和各开孔处溢出后从环隙落下，2～3min营养雾便可充满整个反应器。青蒿不定芽在此反应器中生长健壮，形态正常，无玻璃化现象产生。在培养后期，青蒿不定芽长满整个培养空间，部分不定芽可生根。当雾化周期为3min/90min（雾化时间/间隔时间）、通气量为0.5L/min时，经25天分批培养，青蒿素产量为46.9mg/L，分别为固体培养和摇瓶培养的2.9倍和3.2倍。

图 8-14 雾化生物反应器中培养青蒿不定芽

8.3.4.5 其他类型的生物反应器

（1）光照生物反应器 由于许多植物细胞的培养过程需要光照，因此要考虑在普通反应器基础上增加光照系统。经不断探索改进，光生物反应器（photobioreactor）的研究已经取得迅速发展，目前已经开发出了多种类型。根据集光器的形式，光生物反应器可分为管式、罐式、板式等多种形式；根据采光方式，光生物反应器可分为内照和外照两种形式；根据光源形式，可分为金属卤素灯光源、荧光灯冷光源和发光二极管光源等。但在实际应用中尚存在许多问题，如光源的安装、保护，光的传递，还有光照系统对反应器供气、混合的影响等。小规模实验往往采用外部光源，反应器表面有透明的照明区，光源固定在反应器外部周围，但大规模生产时透光窗的设置、内部培养物对光的均匀接受等问题还有待进一步解决。

（2）间歇浸没生物反应器 间歇浸没生物反应器（temporary immersion bioreactor system，TIBs）是以经过过滤的空气压力为动力，将培养材料在培养液中间隔浸泡培养的一种设备，由储液槽和培养室两部分构成，一般前者低于后者。在压缩机的作用下将储液槽中的培养液压至培养室，使得培养室中的培养材料浸没在培养液中以吸收养分，当压缩机停止工作后，培养室中的培养液在重力下返回储液槽（图8-15），浸没周期可调。这种培养方式既能保证植物材料合适的养分吸收，又能提供充分的氧气供应，为植物在液体培养过程中提供了一个良好的环境。该生物反应器最大的优点是降低培养液对培养材料的剪切力、避免了悬浮培养时气体交换不充分和组织玻璃化严重等问题，比较适合植物组织和器官培养。已

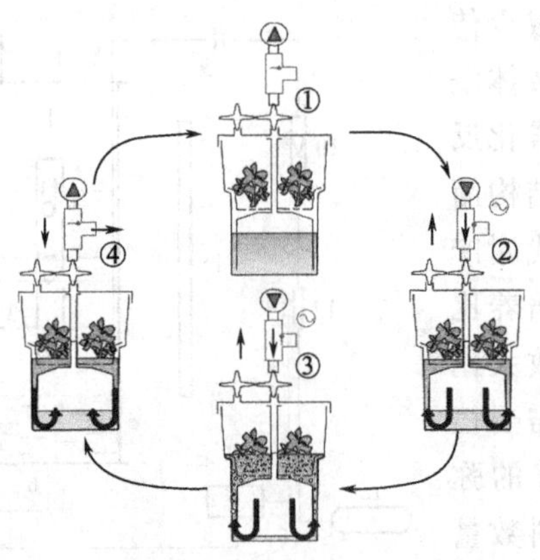

(a) 间歇浸没生物反应器示意图

(b) 间歇浸没培养黄芩不定芽

图 8-15　间歇浸没生物反应器

①培养液和培养材料分离阶段；②培养液在气压作用下进入培养室；
③培养材料浸没在培养液中；④培养液在重力作用下返回储液槽

经应用于黄芩等多种药用植物的组织培养中。

8.3.5　产物的分离纯化

细胞培养产生的次级代谢产物很多，大多存在于细胞内。要获得相应的产物，首先要将组织或细胞破碎，然后采用一定的溶剂，将所需的次级代谢产物提取出来，再采用适当的分离技术，使目的产物与杂质分开，从而获得符合研究或使用要求的次级代谢产物。

8.3.5.1　细胞破碎

不同植物组织和细胞的结构特点不同，所采用的细胞破碎方法和条件也不同。细胞破碎可选用的方法很多，使用时应根据所需产物的特性进行选择，必要时也可采用两种或两种以上方法联合使用。具体方法有：①机械破碎法，即利用机械运动产生的剪切力的作用，使细胞破碎的方法。包括捣碎法、研磨法、匀浆法等。②物理破碎法，即通过温度、压力、超声波等各种物理因素的作用使植物组织、细胞破碎的方法。常用的有：温度差破碎法、压力差破碎法以及超声波破碎法等几类。③化学破碎法，即通过各种化学试剂对细胞膜的作用使细胞破碎的方法。有机溶剂可以使细胞膜的磷脂结构破坏，从而改变细胞膜的透性，使细胞内的次级代谢产物等释放到细胞外。常用的有甲苯、丙酮、丁醇、氯仿等有机溶剂。另外特里顿（Triton）、吐温（Tween）等表面活性剂也有使用，它们可以和细胞膜中的磷脂及脂蛋白相互作用，使细胞膜结构破坏，增加细胞膜的透性。④酶促破碎法，是通过外加酶制剂或细胞本身的酶系的催化作用，使细胞外层结构受到破坏，达到破碎细胞目的的方法。

8.3.5.2　次级代谢产物的提取

提取又称抽提，是在一定条件下，用适当的溶剂处理原料，使所需的代谢物充分溶解到溶剂中的过程。

首先应根据次级代谢物的结构和溶解性质，选择适当的溶剂。一般来说，极性物质易溶于极性溶剂，非极性物质易溶于非极性的有机溶剂；酸性物质易溶于碱性溶剂，碱性物质易溶于酸性溶剂。一般提高温度、降低溶液黏度、增加扩散面积、缩短扩散距离、增大浓度差等都有利于提高分子的扩散速度，从而增大提取效果。为了提高提取率并防止某些代谢物变性失活，在提取过程中还要注意控制好温度、pH 等提取条件。根据提取时所采用的溶剂或溶液的不同，植物次级代谢物的提取方法主要有有机溶剂提取、水蒸气蒸馏法和水溶液提取法等。

8.3.5.3　沉淀分离

沉淀分离是通过改变某些条件或添加某些物质，使次级代谢产物在溶液中的溶解度降低，从溶液中沉淀析出，从而与其他成分分离的技术。常用方法有：金属盐沉淀法、pH 沉淀法、有机溶剂沉淀法和盐析沉淀法等。

8.3.5.4　色谱分离

色谱分离是利用混合液中各组分的物理和化学性质的不同，使各组分以不同比例分布在流动相和固定相中，当流动相流经固定相时，各组分将以不同的速度移动，从而使不同组分得以分离纯化。常用的有：吸附色谱、分配色谱、离子交换色谱和凝胶色谱分离等技术。

8.3.5.5　萃取分离

萃取分离是利用物质在两相中的溶解度不同而使其分离的技术。萃取分离中的两相一般为互不相溶的两个液相。按照两相组成的不同，萃取可分为：有机溶剂萃取、双水相萃取、超临界萃取等。

8.3.5.6　结晶

结晶指溶质以晶体形式从溶液中析出的过程。在结晶之前，溶液必须经过纯化达到一定的纯度。一般趋势是纯度越高，越容易进行结晶。为了获得更纯的产物，一般要经过多次重结晶。在结晶时，溶液中的次级代谢产物应达到一定的浓度，浓度过低则无法析出结晶。但浓度过高时，会形成许多小晶核，结晶小，不易长大。所以结晶时溶液浓度应控制在稍微过饱和的状态。主要方法有：盐析结晶法、有机溶剂结晶法、透析平衡结晶法、等电点结晶法、成盐结晶法和降温结晶等方法。

8.3.5.7　浓缩与干燥

浓缩与干燥都是溶质与溶剂（经常是水）分离的过程。

浓缩是从低浓度溶液中除去部分水或其他溶剂而成为高浓度溶液的过程。常用的方法是蒸发浓缩，即通过加热或减压方法使溶液中的部分溶剂汽化蒸发，使溶液得以浓缩的过程。常用装置为各种真空蒸发器和薄膜蒸发器。用各种吸水剂如硅胶、聚乙二醇、干燥硅胶等吸去水分，也可达到浓缩效果。

干燥是将固体、半固体或浓缩液中的水或其他溶剂除去一部分，以获得含水较少的固体物质的过程。常用方法有：真空干燥、冷冻干燥、喷雾干燥、气流干燥和吸附干燥等。

8.3.6　操作实例：伊贝母细胞培养及生物碱含量测定

伊贝母（*Fritillaria pallidflora*）的主要活性成分是贝母生物碱。

8.3.6.1　疏松愈伤组织诱导

预试验发现，伊贝母的成熟胚是诱导生长旺盛愈伤组织的适宜外植体。在附加 2,4-D 1～2mg/L、KT 0.2～0.5mg/L 和 GA 2～6mg/L 的 MS 固体培养基上，愈伤组织诱导率可达到 92.9%，在 25°C 暗培养条件下生长 40 天后，鲜重增殖 6.3 倍。生长 90 天后，每块愈伤组织鲜重 5.2～5.8g，这相当于 50～60 粒种子在自然条件下生长 1 年所产子鳞茎鲜重总和。

8.3.6.2　细胞悬浮培养

选择生长旺盛的疏松愈伤组织，接种于液体培养基中。使用 1/2MS 基本培养基附加 2,4-D 0.1～0.5mg/L、KT0.02～0.05mg/L。培养瓶用 100r/min 的往复式摇床振荡培养，定期取样观察结果。26℃恒温培养 20 天，细胞重量增加 8.3～10.8 倍，生长速度为 0.62～1.02g(DW)/(d·L)。

8.3.6.3 发酵罐培养

使用小型搅拌式发酵罐（Vir Tis-2L）进行细胞浸没培养。在附加 KT 0.04mg/L、2,4-D 0.2mg/L 和 NAA 0.2mg/L 的 1/2MS 液体培养基 1.5L 中，接种悬浮培养的细胞，接种量 1.56g/L，通气量 0.4L/min，搅拌速度 100r/min，恒温 28℃±1℃，培养 18 天，获得细胞干重 29.6g，生长速度平均为 1.23g(DW)/(d·L)。

8.3.6.4 生物碱含量测定

愈伤组织和细胞悬浮培养物中的总生物碱含量，用两相滴定法测定结果分别为干重的 0.30%和 0.37%，均高于人工栽培伊贝母鳞茎中含量 0.15%的 1 倍以上。对其中主要生物碱——西贝素的含量，用日本岛津 930 双波长自动扫描仪进行薄层色谱扫描测定，愈伤组织和悬浮细胞培养物中，西贝素含量均为 0.038%，高于栽培伊贝母鳞茎中西贝素含量 0.014%的 1 倍以上。

思 考 题

1. 分离和培养植物单细胞的方法有哪些？概述它们的技术要点。
2. 简述通过植物细胞悬浮培养获得再生植株的一般技术过程。
3. 概述植物细胞大规模培养中影响次生产物生产的因素，以及利用该技术生产植物次生产物的优越性和存在的问题。
4. 查阅资料，了解植物细胞大规模培养生产次生物质的最新研究进展和产业化现状。

第9章　原生质体培养和体细胞杂交

植物原生质体（protoplast）是去掉细胞壁的裸细胞。虽然没有了细胞壁，但原生质体仍然保持着植物细胞的全能性，而且仍能进行植物细胞的各种生命活动，包括蛋白质和核酸的合成、光合作用、呼吸作用以及通过膜和外界进行物质交换等，因此植物原生质体是植物细胞工程和许多理论研究的理想材料。例如，利用原生质体可以进行植物细胞膜的结构与功能、植物细胞壁的形成与功能、病毒侵染机理、植物激素作用机理等多方面的基础研究。原生质体的膜较薄，比较容易从外界摄入DNA、染色体、细胞器、细胞核，甚至病毒颗粒等，因此是植物遗传转化的理想受体。原生质体可以被诱导与异源原生质体融合，而且在离体培养条件下可能再生植株，从而能有效克服不同物种细胞之间的有性不亲和障碍，为实现远源物种间的体细胞杂交、培育新种开辟了新的途径。因此原生质体研究在理论和实践上都具有重要意义。

9.1　原生质体的分离与纯化

9.1.1　原生质体的分离

9.1.1.1　材料的选择

实验表明，几乎植物体的每一部分都可分离得到原生质体。由于叶肉组织细胞排列疏松，酶液可以容易地到达细胞壁，从叶片中可以分离出大量的比较均一的原生质体，而且叶肉原生质体有叶绿体，为选择杂种细胞提供了天然的标记，取材也方便，因此叶片是最常用的材料。单子叶植物，特别是禾谷类植物的叶表面通常含有硅质，不易被酶液降解，因而常用疏松易碎的愈伤组织或悬浮培养的细胞制备原生质体。用愈伤组织或悬浮细胞制备原生质体时，细胞系建立时间的长短、继代培养的时间和培养基的成分等都影响原生质体分离的数量和质量，一般选用结构疏松并处于对数生长期的细胞培养体系分离原生质体效果较好。对于单子叶植物和大多数双子叶植物而言，采用颗粒细小、疏松易碎的胚性愈伤组织及由其建立的胚性悬浮细胞系更容易获得高质量的原生质体，且在培养中容易得到持续的细胞分裂。无菌幼苗的子叶、下胚轴和根等也可用于原生质体的分离。

由于供体材料的年龄、生理状态和生长环境等都可能影响原生质体的得率、质量以及以后的培养和再生，同时也影响实验的重复性，因此，一般选用生长旺盛、生命力强的组织作为分离原生质体的材料。无论采用哪一种材料，保持其培养条件的相对稳定是十分重要的。以用烟草叶片分离原生质体为例，从生长在人工气候箱中的植株的叶片获得的结果比田间材料得到的结果稳定，并易于重复。

9.1.1.2　材料的预处理

在制备原生质体前，对供体材料进行预处理，往往有助于获得优质的原生质体。预处理的作用可能是改变细胞和细胞壁的生理状态，增加细胞膜的强度；也可能是改变细胞壁的化学成分或是减轻酶溶液中杂酶对原生质膜的损伤，以提高细胞壁酶解的效率。主要的预处理方法有以下几种。

(1) 暗处理　据在豌豆上的试验，在分离原生质体前，将在温室内生长5～7周的豌豆枝条取下后，置于维持一定湿度的暗室中预培养1～2天，这样从叶片获得的原生质体存活率较高，并能继续分裂。又如，生长旺盛的甘蔗植株置于暗处生长12h后，再取茎尖分离原生质体，对以后原生质体的培养有利。

(2) 预培养　例如把羽衣甘蓝叶撕去下表皮，置于诱导愈伤组织的培养基上预培养7天，然后再用酶液脱壁。经这样处理得到的原生质体量虽然低于未经处理的对照组，但培养时分裂频率显著提高，并很快形成能生根的愈伤组织。将胚性愈伤组织和悬浮细胞系转移到新鲜培养基上预培养5～7天后再分离原生质体，可以获得质量好、分裂频率高的原生质体。

(3) 预萎蔫　将叶片置于日光或灯光下2～8h使叶片稍萎蔫，则有利于撕除下表皮和酶解叶肉细胞壁而分离原生质体。

(4) 预质壁分离　把材料先放到与酶溶液中糖浓度相同的糖溶液中预培养1h左右，使细胞质壁分离，然后再放入酶液去壁，可加快原生质体的释放，提高原生质体的活力。

9.1.1.3　分离方法

早期研究中分离原生质体的方法是借助于利器（如刀等）或机械磨损等措施使细胞壁破损，促使原生质体释放，即机械分离法。早在1892年，Klercker就将材料放置于高渗糖溶液中预处理，使其发生质壁分离，当原生质体收缩成球状时，切开细胞壁就可释放出来。这类方法虽然能避免外加酶制剂对离体原生质体的不利影响，但只能获得少量原生质体，完整的更少，而且繁琐费时，只能用可以明显发生质壁分离的组织作材料，现已基本弃用。自1960年，Cocking证实了用酶解法从高等植物细胞中大量分离原生质体的可行性后，利用不同种类和浓度的酶处理细胞，将细胞壁解离，以获得原生质体的酶分离法得到了广泛的应用。

(1) 常用酶的种类　不同植物种类、不同器官和细胞的壁的组成和结构不尽相同，因此，在制备原生质体时应选用相应的酶进行处理。鉴于细胞壁的成分特点，常用的酶主要有纤维素酶、半纤维素酶和果胶酶等几类。

① 纤维素酶（cellulase）　常用的主要有日本生产的纤维素酶Onozuka R-10和Onozuka RS等，后者效果比前者好，但价格也较昂贵。国产的EA_3-867酶也常被采用，该酶是一种复合酶，含纤维素酶、半纤维素酶和果胶酶。

② 果胶酶（pectinase）　常用的果胶酶是Macerozyme R-10和Pectolyase Y-23等。Macerozyme R-10（离析酶），主要成分是果胶酶，活性较高，但含杂酶较多，使用时浓度不宜超过2%，处理时间不宜过长，否则有毒害作用。Pectolyase Y-23活性很高，用于叶组织时用量为0.1%，用于悬浮细胞时为0.05%，特别是对消化那些用其他酶混合物处理不能得到原生质体的组织，如大豆的真叶等有很好的效果。

③ 半纤维素酶（hemicellulase）　常用的半纤维素酶制剂为Rhozyme HP-150或hemicellulase H2125。例如，从愈伤组织分离原生质体时，有时在果胶酶和纤维素酶的基础上增加半纤维素酶制剂。

④ 崩溃酶（driselase）　是一种活力很强的酶的粗制剂，同时具有纤维素酶、果胶酶以及地衣多糖酶和木聚糖酶等几种酶的活性，对于从培养细胞等中分离原生质体特别有用。

⑤ 蜗牛酶（snailase）　主要用于从花粉母细胞、四分体、小孢子等中分离原生质体。

(2) 酶液的配制　分离原生质体的酶溶液一般是由不同的酶制品、渗透稳定剂以及稳定质膜的药品组成，有时还在其中加入少量的缓冲剂或其他药品。

酶制剂的种类和用量因材料和其酶活力高低不同而异。应该注意，任何酶制剂都不是绝对纯的，一般程度不同地都混有对原生质体不利的酯酶、蛋白酶甚至核酸酶，因此使用酶制剂时所应遵循的原则是，以用最少的酶制剂品种、最少的量，但能分离得到完整、健康的原生质体为准。为防止粗酶制剂中杂酶对原生质体的不利影响，在有些情况下，使用之前需要对酶进行纯化。

正常状态下，细胞壁的存在使原生质体不易受伤害。而在原生质体分离时，细胞壁一旦去除，裸露的原生质体若处于内外渗透势不同的情况下，就可能吸水胀破或失水皱缩。因此，在酶液中必须加渗透稳定剂以保护原生质体的活力和质膜的稳定性。一般以使细胞发生轻度的质壁分离为宜。

常用的渗透稳定剂有糖醇和可溶性糖以及无机盐两类。前者常用，包括甘露醇、山梨醇、葡萄糖和蔗糖等，其中以甘露醇最为常用。无机盐溶液常由 $CaCl_2$、$MgSO_4$、KCl、KH_2PO_4 或培养基中的无机盐组成。渗透稳定剂使用的浓度范围随植物材料的不同而异，一般为 0.35～0.8mol/L。王蒂等（1999）在马铃薯花粉原生质体分离的研究中发现，蔗糖作为渗透稳定剂的效果最好，甘露醇次之，最适浓度分别为 16%和 18%。Scott（1977）、Arnold 和 Eriksson（1976）报道，对于禾谷类植物和豌豆的叶肉原生质体来说，蔗糖或葡萄糖不能取代甘露醇或山梨醇。所以，不同物种原生质体分离时，所需的渗透稳定剂的种类也不同。

稳定剂中附加钙盐（0.1%）可以增强质膜稳定性，葡聚糖硫酸钾（0.5%～1%）能抑制酶液内某些杂酶和 RNA 酶的活性，也有助于质膜稳定。还有人加入少量 $AgNO_3$ 以减少酶解时产生的乙烯，以及加入过氧化物歧化酶以减轻 O_2^- 自由基对细胞膜的损伤，从而提高原生质体的植板率。

酶液的 pH 值对原生质体的产量和活力也有很大影响，一般以 pH 值在 5.4～6.0 范围为宜。不同植物材料对酶液 pH 值的要求有所差别。配制成的酶液，一般用微孔滤膜过滤除菌，然后置冰箱备用。

（3）分离原生质体　酶法分离原生质体可采用两种方法：①两步分离法　也称顺序法，是先用果胶酶使细胞分离，再用纤维素酶解离细胞壁获得原生质体。②一步分离法　也称直接法，是把一定量的纤维素酶和果胶酶组成混合酶液，对材料进行一次性处理。目前多用一步法。

材料和酶液的体积比一般约为 1∶10，酶解所需时间因材料和酶浓度不同而异，酶解温度常用 25～30℃。由于光照可能造成原生质体活力下降，所以酶解应在黑暗或弱光条件下进行。酶解过程一般静置进行，但每隔一段时间应轻轻摇动几下，也可将培养器皿一直放在 50r/min 的摇床上轻轻振荡来分离原生质体。

9.1.2　原生质体的纯化与活力测定

9.1.2.1　原生质体的纯化

在分离原生质体的过程中，除游离出大量原生质体外，酶液中还有细胞碎片、壁未消化完的细胞以及叶脉、表皮（以叶片为材料时）等。因此，用酶液处理一定时间后，需将包括处理过的材料在内的酶解混合液经过尼龙网或不锈钢网过滤（网孔视原生质体的大小而异），以除去大的残渣，然后收集含原生质体的滤液，按以下方法洗涤纯化。

（1）离心沉淀法　这种方法也称为沉降法，是将收集的含有原生质体和酶液的滤液以低速离心，转速的控制以将原生质体沉淀而细胞碎片等杂质仍然悬浮在上清液为准。经离心后，原生质体沉降于管底，上部为含碎片的混合液。弃去含杂质的上悬液，重新悬浮原生质体，再次离心，如此重复三次。最后用原生质体培养基洗涤一次，收集管底纯净的原生质体，用培养基将原生质体调整到一定密度后进行培养。这种方法操作简便，但在制备过程中易造成原生质体的损伤，而且纯度不够好，常存在少量脱壁不完全的细胞和破碎的原生质体。

(2) 漂浮法　漂浮法是根据原生质体、细胞或细胞碎片密度不同而设计的。原生质体密度较小，能在具有一定浓度的溶液（如 20%～25%的蔗糖溶液）中漂浮。将收集的滤液低速离心后，原生质体将漂浮于溶液的表面，细胞碎片等杂质将下沉到管底。用吸管小心将原生质体吸出，转入另一离心管中，这样反复离心和重新悬浮 2～3 次，最后用原生质体培养基洗涤 1 次后调整到所需密度进行培养。用这种方法可以收集到较为纯净、完整的原生质体，但用这种方法纯化，原生质体的得率较低。

(3) 界面法　界面法是利用高分子聚合物混合液产生两相水溶液的原理，通过离心可使原生质体处于两液相的界面之间，用这种方法可以获得数量较大的纯净原生质体，同时也避免了收集过程中原生质体因相互挤压而破碎（图 9-1）。可采用的两相系统有蔗糖-甘露醇、PEG-Ficoll、甘露醇-Ficoll 等。

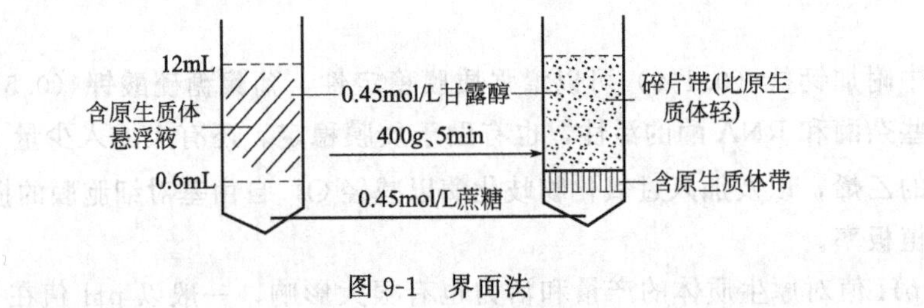

图 9-1　界面法

9.1.2.2　原生质体活力的测定

(1) 形态特征　形态上完整、含有饱满的细胞质、颜色新鲜的正常球形原生质体为有活力的原生质体。由于存活的完整原生质体会由于渗透势变化而引起形状大小改变，把这些原生质体放入低渗的洗涤液或培养液中，便可见到分离时被高渗溶液缩小的原生质体又恢复原态，这种正常膨大的都是有活力的原生质体。源自愈伤组织或悬浮细胞的原生质体，也可根据胞质内原生质环流或小颗粒内含物的布朗运动程度来判断原生质体的活力。

(2) 活体染色　用 0.1%酚番红或 Evans 蓝染色后进行观察，有活力而质膜完整的原生质体不着色，而死亡的原生质体能被染上颜色。双醋酸荧光素（fluorescein diacetate, FDA）活体染色法是常用且比较理想的测定方法。FDA 无荧光、无极性，可自由透过原生质膜进入内部，进入后由于受到原生质体内酯酶的分解而产生有荧光的极性物质荧光素，它不能自由出入质膜。在荧光显微镜下可根据产生的荧光来判断原生质体的活力。产生荧光的是有活力的原生质体；相反，不产生荧光的是无活力的死原生质体。原生质体活力可以用发荧光的活原生质体数占所观察原生质体总数的百分数来表示。

(3) 其他　还可以用氧电极测定呼吸或测定原生质体的光合活性（绿色细胞）等方法来确定其生活力。但是，真正确定原生质体的活力还是要看原生质体能否进行持续有丝分裂并再生植株。

9.2 原生质体培养

9.2.1 培养基

原生质体培养基的基本成分与培养细胞的培养基成分基本相似，但一般需做适当调整。

9.2.1.1 无机盐

一般认为，原生质体培养基中的大量元素应比愈伤组织培养基中的浓度低。在大量元素中，对原生质体培养效果影响最大的是钙离子浓度和氮源的种类及其浓度。钙离子影响原生质体膜的稳定性，一般较高浓度的钙离子对原生质体的分裂有利。培养基中氮源的种类和浓度对原生质体的培养效果也很重要。因为高浓度的 NH_4^+ 对原生质体有毒害作用，一般应将培养基中的铵离子浓度大幅度降低，有时甚至可以考虑完全不用铵态氮，只用硝态氮，同时附加一些有机氮源。用有机氮（如 Asn 等）代替铵态氮，在许多实验中都取得了良好效果。

9.2.1.2 渗透稳定剂

原生质体培养时，应使其处于一个等渗的外界环境，因此需要有一定浓度的渗透稳定剂来保持原生质体的稳定。常用的有葡萄糖、甘露醇、山梨醇、蔗糖、木糖醇和麦芽糖等。不同种类和浓度的渗透调节剂对原生质体的培养效果影响较大。糖类是培养基中的碳源，同时也是培养基渗透势的调节剂。近年来的报道表明，葡萄糖作为原生质体培养基的渗透调节剂，有利于细胞分裂和细胞团形成。糖醇类，如甘露醇和山梨醇，不能作为碳源被利用，但可以作为渗透调节剂与糖类混合使用。不同植物的原生质体对渗透稳定剂的要求是不同的。例如雀麦和豌豆茎端原生质体要在含蔗糖或葡萄糖的培养基中才能获得满意的结果，而猕猴桃的原生质体只有培养在含 0.4mol/L 甘露醇、0.2mol/L 葡萄糖及 1%蔗糖时才能产生愈伤组织。

9.2.1.3 有机成分

一般来讲，含有丰富有机物质的培养基有利于细胞分裂，如被广泛应用于原生质体培养的 KM8p 培养基中就含有丰富的维生素、氨基酸、有机酸、糖、糖醇和 CM 等。在培养基中加入一些有机添加物如多胺、YE、CH、CM 以及小牛血清等对于促进原生质体的生长一般是有好处的。但不同植物要求不同，需经严格的实验确定。另外，使用条件培养基培养原生质体往往能取得较好的结果。

9.2.1.4 植物生长物质

植物生长物质对原生质体细胞壁的生成、细胞分裂启动、愈伤组织形成和植株再生都非常重要。不同植物、不同细胞系来源的原生质体培养以及培养的不同阶段，对植物生长物质的种类和浓度的要求不尽相同，这可能主要是由于细胞本身内源激素的合成能力不同造成的。但总的来说，生长素和细胞分裂素的使用及其二者适当的配比和及时的调整是很重要的。最常用的外源生长素是 2,4-D，虽然在培养基中加入 2,4-D 能促进原生质体的分裂，但 2,4-D 对分化有抑制作用，因此，在愈伤组织形成后应该及时调整激素的种类与浓度。另外，有些柑橘类的原生质体在不加任何外源激素的情况下也能生长和分裂。

9.2.2 培养方法

9.2.2.1 液体培养

（1）液体浅层培养　将一定密度的原生质体悬液在培养皿底铺一薄层，封口后进行培养。培养初期每天需轻摇 2 次，以防原生质体与容器底部粘连。这种方法操作简单，对原生质体损伤较小，且易于添加新鲜培养基和转移培养物。缺点是原生质体分布不均匀，常发生原生质体之间粘连现象而影响其进一步的生长和发育，也难以定点跟踪观察单个原生质体的命运。

(2) 微滴培养（microdroplet culture） 这是在液体浅层培养基础上发展起来的一种方法。一般是先制备适当密度的原生质体悬液，用自动移液管等将原生质体悬液滴在培养皿的底（sitting drop culture）或盖上（hanging drop culture），然后密封培养皿并保持在潮湿条件下。若进行的是悬滴培养，可在培养皿里加少量的液体培养基，以减少盖上悬滴的蒸发。微滴的大小对单个原生质体的分裂很重要。Gleba（1978）以每滴 0.25～0.5μL 大小[0.25～0.5μL 小滴中含一个原生质体相当于每毫升含（2～4）$\times10^3$ 个原生质体的密度]在 Cuprik 培养皿中培养烟草原生质体获得了再生植株。但他还报道说，如果小滴大小超过 2μL，单个细胞则不分裂。

9.2.2.2 固体培养——琼脂糖包埋

该方法和单细胞培养的平板培养法类似。低熔点琼脂糖是良好的培养基凝固剂，可在 30℃左右保持融化与原生质体混合而不影响原生质体的生命活动。混合后含原生质体的培养基铺于或滴于培养皿的底部，封口后进行培养。其优点是可以提高原生质体的植板率，而且可以跟踪观察单个原生质体的命运，易于统计原生质体的分裂频率和植板率。缺点是对操作要求较严格，尤其是混合时的温度必须合适——太高对原生质体的生命活动造成危害；太低时培养基凝固较快，原生质体分布不均匀。

9.2.2.3 液体-固体结合培养

(1) 双层培养 先在培养皿底部铺一薄层固体培养基，再将合适密度的原生质体悬液加在或滴在琼脂培养基的表面。优点是固体培养基中的成分可以缓慢释放到液体培养基中，以补充培养物对营养的消耗。如果在下层固体培养基中添加一定量的活性炭，则还可以吸附培养物产生的一些有害物质，促进原生质体的分裂及细胞团的形成。

(2) 琼脂糖珠培养 将含原生质体的液体琼脂糖培养基用吸管以大约 50μL 一滴滴于培养皿中，待其固化后添加液体培养基，于摇床上旋转培养。也可将琼脂糖包埋培养中的琼脂糖平板切成小块，在液体培养基中进行悬浮培养。通过调整液体培养基的渗透势来调节培养物的渗透势，以利于其进一步的生长和发育。这种方法由于改变了培养物的通气和营养环境，从而促进了原生质体的分裂及细胞团的形成。还可将包埋有原生质体的琼脂糖珠或琼脂糖平板小切块培养于含滋养细胞的液体原生质体培养基中悬浮培养，可提高原生质体的植板率。

9.2.2.4 饲喂层培养

饲喂层技术（feeder layer technique）是 Raveh 等于 1973 年在进行烟草低密度原生质体培养时建立的。他们先将烟草原生质体用 5×10^3R 剂量的 X 射线处理，以抑制细胞分裂，但使它们仍保留一定的代谢活力。将此原生质体洗涤 2～3 次以除去由于辐射而产生的有毒物质，然后把它们铺在琼脂培养基上，再将未经辐射的原生质体铺在饲喂细胞层上面进行培养。饲喂层培养还有其他方法，例如：将饲养细胞和原生质体一起培养在液体培养基中；或将饲养细胞和原生质体混合，一起包埋于琼脂培养基中进行固体平板培养；还可将饲养细胞混合于琼脂培养基，铺于底层构成饲喂层，再将原生质体悬液或被培养细胞与半固体培养基混合后植板在饲喂层上面等。饲喂层也可由悬浮培养的细胞、愈伤组织或叶肉细胞来制备。

有时还可采用“交叉饲喂（cross feeding）”的方式，即用不同种类植物的细胞制备饲喂层。但就烟草原生质体的培养来看，用自己的原生质体作饲喂层比用其他的效果好。

9.2.3　原生质体的再生培养

原生质体再生过程是指原生质体在适当的培养方法和良好的培养条件下，先形成新的细胞壁，然后再生细胞持续分裂形成细胞团，最后通过愈伤组织或胚状体获得再生植株的过程。

9.2.3.1　细胞壁再生

正常情况下，原生质体经培养数小时后开始再生细胞壁，一至数天内可形成新的完整细胞壁。原生质体细胞壁的再生能力和速度与供体植物的种类及其体细胞的分化程度和生理状态有关。一般来说，从分生组织来源的原生质体比已分化的细胞来源的原生质体能较快地再生细胞壁。

研究烟草叶肉组织原生质体再生细胞壁主要成分时发现，原生质体初生细胞壁的成分与供体材料的不同，再生细胞壁的主要成分为非纤维素多糖，约占总重的 60%，纤维素只占 5%左右；而同种烟草叶肉组织的细胞壁纤维素含量占 60%。

9.2.3.2　细胞分裂和愈伤组织形成

原生质体再生出完整细胞壁后，才能进入细胞分裂阶段，但再生出壁的细胞并不一定都能进行有丝分裂。原生质体的植板率因其供体植物不同而有很大差异，可从 0.1%到 80%不等，不同类型的原生质体分裂和发育速度不完全一致（表 9-1）。当那些可持续分裂的细胞形成小的细胞团时，一般应将它们转接至无渗透稳定剂的培养基中，按一般的组织培养方法进行培养。

表 9-1　几种不同类型的原生质体分裂和发育速度比较

原生质体类型	第一次分裂		植板率/%	细胞分裂情况	愈伤组织分化速度	从原生质体到再生植株形成	研究者
	时间	分裂率/%					
烟草叶片	4d	60	60	培养第 2 周形成 20 多个细胞的细胞团，第 3 周细胞内壁清晰，为淡绿色，第四周细胞团直径达 0.3～0.8mm，第 7 周直径达 0.5～1.0mm	移至分化培养基上一个月左右形成芽	3 个月左右	Nagata 等(1971,1973)
胡萝卜培养细胞	6d	10～20	5～30	8～10d 形成细胞团，4 周后形成胚状体	胚状体培养 3 周后长成 3～6mm 小苗	4 个月左右	Grambow(1972)
矮牵牛愈伤组织	4d			2 周后形成 20～25 个细胞的细胞团	8～10 周后在分化培养基上出芽，3～4 周后形成根	3 个多月	瓦西等(1974)
油菜叶片	2～3d	10		15d 后形成细胞团，28d 形成小愈伤组织	分化培养基上 10d 分化芽，25d 分化根	3 个月左右	Kartha(1974)
马铃薯子叶和下胚轴	48h	46.1		9～10d 形成 16 个细胞的细胞团，1 个月形成愈伤组织	分化培养基上30～40d 分化苗	2 个多月	戴朝曦等(1994)
马铃薯花粉	24h			15d 形成细胞团			王蒂等(1999)

9.2.3.3　植株再生

原生质体培养形成的愈伤组织转移到分化培养基中，可以经器官发生或体细胞胚胎发生再生植株。有学者认为，两步成苗法更适合多数植物原生质体再生愈伤组织的分化。即先将愈伤组织培养在含细胞分裂素（一般为 0.5～2.0mg/L）和低浓度 2,4-D（一般为 0.02～0.2mg/L）的分化培养基上，形成质地较硬的胚性愈伤组织或胚状体，再将其转移到含细胞分裂素的分化培养基上再生植株。

植物原生质体的分离、培养和植株再生的大致过程如图 9-2 所示。

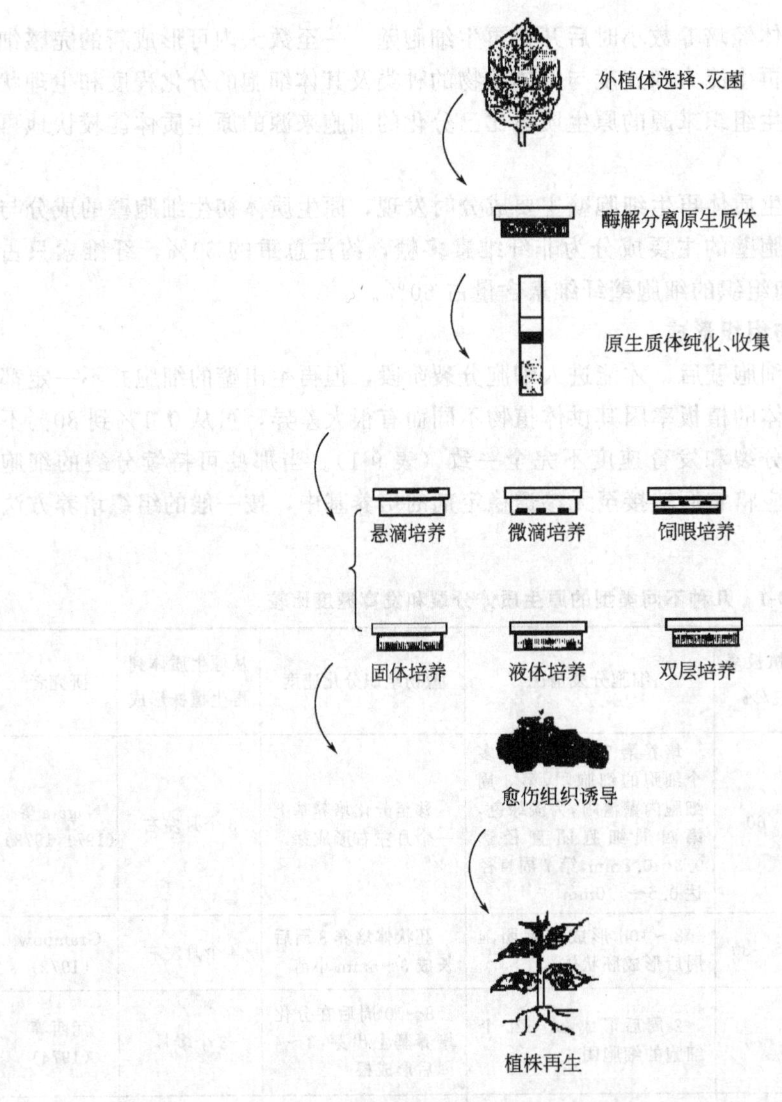

图 9-2　原生质体的分离、培养和植株再生过程示意图

9.2.4　操作实例：三叶半夏的原生质体培养

材料准备：游离原生质体的起始材料为三叶半夏刚展开的叶片，取材前先于日光下萎蔫 1h 左右。取材后先做无菌处理，以流水冲洗，70％乙醇消毒 1min，用 10％次氯酸钠灭菌 20min，无菌水冲洗 3 次。再用平头镊子撕去表皮，用解剖刀切成 1～2mm 见方的小片，置于无菌培养皿中。

酶解液配制：酶解液组成为 2%纤维素酶 Onozuka R-10、2.5%Macerozyme R-10、0.4%葡聚糖硫酸钾、5mmol/L $CaCl_2$、0.65mol/L 甘露醇，pH5.6～5.8。微孔滤膜过滤除菌，冰箱保存备用。

原生质体分离：按 1g 新鲜材料 10mL 酶液的比例将适量酶解液加入盛有叶片小块的培养皿中，用封口膜（parafilm）封口，于 30℃轻轻摇荡消化 2.5～4h。200 目铜网过滤除去未酶解的细胞团及碎片。500r/min 离心，沉淀即为原生质体。用不含酶的洗涤液洗涤沉淀 2 次，培养液洗涤沉淀 1 次。将纯化的原生质体悬浮在适当体积的培养液中，血细胞计数板计数。

活性测定：取少量原生质体悬液，加入少量 FDA，混匀，室温下静置 10min，荧光显微镜下观察，原生质体发黄绿色荧光的为有活力的。这种方法制备的活性原生质体可达 89.5%。

原生质体培养：培养方法为固-液双层培养，液体培养基为 1/4MS 除去 NH_4NO_3，附加维生素、肌醇、水解酪蛋白、生物素、蔗糖、葡萄糖等，渗透稳定剂为 0.4mol/L 甘露醇，植物生长物质为 1mg/L 的 2,4-D 和 0.1mg/L 的 KT。于 25℃下黑暗培养，植板密度为每毫升（0.1～1.0）×10^5 个。培养过程中每隔 10 天左右添加 0.5mL 左右新鲜培养液，3 周后可见 80～100 个细胞的细胞团形成。

器官分化与植株再生：将细胞团转入含 0.5mg/L 2,4-D 的液体培养基中振荡培养，一个月后形成 1～2mm 的愈伤组织；再转入 B_5 固体分化培养基（附加 1mg/LKT、0.5mg/L IBA），3～4 周可见绿色小芽和小苗从愈伤组织中分化产生。将小芽切下，转入生根培养基可得到完整的再生植株；小苗直接转入 MS 固体培养基，可逐渐长大成完整植株。

9.3　体细胞杂交

植物体细胞杂交（somatic hybridization），即植物原生质体融合（protoplast fusion），是将不同亲本的植物原生质体，通过人工方法诱导融合，然后进行离体培养，使其再生杂种植株的技术。两个不同亲本的原生质体融合可获得体细胞杂种，可以实现有性杂交难以做到的基因重组，在细胞遗传学、细胞核-质关系及远缘杂交育种的研究等方面具有重要意义。

9.3.1　原生质体的选择

选择适宜的植物原生质体是决定原生质体融合成败的重要因素。只有采用那些既容易融合，又利于杂种筛选，还能形成稳定遗传重组体，并能再生植株的原生质体亲本组合，才能期望获得较好的实验结果。一般选择用于融合的原生质体时需考虑以下几个方面：①获得的原生质体的量要多，活力要强，遗传上还要一致。②选择原生质体培养再生植株较易的材料作为融合亲本，或者融合两亲本中至少有一方原生质体经培养能再生植株。③选择的亲本原生质体应带有可供融合后识别异核体的性状，如颜色、染色体核型差异等。④在异核体发育中有能选择杂种的标记性状，如营养突变体或对某药物敏感等，而且最好是亲本原生质体在相应方面能互补。⑤若是以育种为目的，两亲本的亲缘关系或系统发育关系不应过远。⑥根据需要，可以选择含有部分遗传信息或部分染色体的一个亲本的亚原生质体和另一个亲本的正常原生质体融合。也可以采用物理方法（如 X 射线）处理某亲本原生质体，使其细胞核失活，用只含有该亲本胞质的原生质体与另一亲本原生质体融合。

9.3.2 原生质体诱导融合的方法

9.3.2.1 无机盐诱导融合

最早被用作融合剂的无机盐是硝酸钠溶液，利用这一融合剂，Carlson（1972）用融合的原生质体首先在烟草中获得了第一个体细胞杂种。硝酸钠的作用是中和质膜表面的负电荷，使原生质体膜紧密接触，从而促进细胞融合。但该法诱导融合频率低，尤其是当用于高度液泡化的叶肉原生质体时更是如此，因此目前已很少使用。

9.3.2.2 聚乙二醇诱导融合

Keller 等（1973）建立了高 pH-高钙法。Kao（高国楠）和 Michayluk（1974）发现聚乙二醇（PEG）是很好的融合剂，建立了聚乙二醇法，并在后来将 PEG 和高钙-高 pH 法结合使用，使大豆和豌豆的原生质体融合率最多高达 50%。PEG 诱导融合的方法经不断地改进，目前已成为应用最广泛的方法。PEG 诱导融合无种属特异性，可以进行各种植物之间的原生质体融合，甚至与动物细胞之间的融合。PEG 有多种不同的分子量，一般所用的相对分子质量为 1500～6000。

Kao 等建立的 PEG 诱导融合的一般操作程序大致如下：

（1）将新分离的亲本原生质体等体积混合，经过滤、清洗后，制备成 4%～5%（体积分数）的悬液。

（2）在培养皿中加一滴硅酮-200 液（silicone-200 fluid），上面放一 22mm×22mm 的盖玻片。

（3）用吸管吸取约 150μL 原生质体悬液于盖玻片上，约 5min 后原生质体沉降在盖玻片上形成一薄层。

（4）逐滴加入 450μL PEG 溶液（50%PEG_{1540}，10.5mmol/L $CaCl_2 \cdot 2H_2O$，0.7mmol/L $KH_2PO_4 \cdot H_2O$），在倒置显微镜下观察原生质体粘连情况。

（5）在室温（24℃）下将 PEG 溶液中的原生质体保温（incubate）10～20min。

（6）轻轻加入 0.5mL 高钙-高 pH 溶液（50mmol/L 甘氨酸，50mmol/L $CaCl_2 \cdot 2H_2O$，300mmol/L 葡萄糖，pH9～10.5），间隔 10min 后再加一次。再过 10min 之后，加 1mL 原生质体培养基。

（7）以 5min 的间隔，用 10mL 新鲜原生质体培养基将原生质体洗涤 5 次。每次洗后，不要把盖玻片上的培养基全部去掉，要在原生质体上留下一薄层旧的培养基，而将新鲜培养基加于其上。如果亲本原生质体有可见的区别，在这个阶段就可以估计异核体形成的频率。

（8）最后加入 500μL 原生质体培养基，将融合产物和未融合产物一起培养。在盖片周围以小滴形式再加 500～1000μL 培养基，以保持培养皿内的湿度。

9.3.2.3 电诱导融合技术

电诱导融合技术（electrofusion）最初是在动物细胞研究中应用的。1979 年，Senda 等首先将该技术应用于植物原生质体融合研究中。1982 年，Zimmermann 对此做了进一步的改进，使之更适合于植物原生质体的融合。该技术对原生质体没有毒害作用，融合率高，重复性好，操作简便，同时融合的条件便于控制。但电融合不适合大小相差较大的原生质体融合，加上设备较贵等，给其实际应用带来一定的限制。

电诱导融合的基本过程大致可分为两个步骤：第一步是在交变电场作用下，使原生质体彼此靠近，紧密接触，在两个电极间排列成串珠状。第二步是施以强度足够的直流电脉冲，使质膜发生可逆性电击穿，从而导致紧密接触的细胞融合在一起。

交变电场的强弱、处理时间的长短、直流电脉冲的强度和次数等都是影响融合效果的重要因素。植物种类不同，电融合的参数也不一样。在融合实验中，两个原生质体的融合是人们所期望的，而在强脉冲和长时间处理时，往往是多细胞融合增加，而两细胞融合频率下降。因此，在不同实验中，应认真调试脉冲强度和作用时间等参数，以达到最佳的细胞融合效果。

9.3.2.4　其他融合技术

（1）激光诱导融合技术　1984 年，Schierenberg 首次报道利用微束激光成功地进行了动物细胞融合实验，为细胞融合找到了另一种有效的方法。其后，Hahne 等（1984）成功地将之用于植物原生质体的融合，在 5%的 PEG 溶液中将来自烟草（*Nicotiana glutinosa*）和朱槿（*Hibiscus rosasinensis*）的原生质体混合，以激光单脉冲照射异源细胞接触的区域，获得融合的细胞杂合体，并且可以观察到细胞质流动。用类似的方法，Weber 等（1986）诱导了大豆与油菜的原生质体融合；Wiegand（1987）用激光诱导油菜下胚轴原生质体融合；国内卜宗式等（1993）将金盏菊叶肉细胞原生质体用激光诱导融合，也取得了初步成功。

该技术是利用激光束对相邻细胞接触区的细胞膜进行破坏或扰动，将两个不同特性、不同大小的细胞在显微镜下实现融合。与 PEG 和电诱导融合等技术相比，激光融合法最突出的优点在于它的高度选择性，能选择任意两个原生质体进行融合，易于实现特异性细胞融合；还具有定位、定时性强，能避免诱导剂对细胞的化学毒害，对细胞的损伤小，能实时观察两个原生质体融合过程等特点。但是操作时需要逐一地处理细胞，不能像其他方法一样同时处理大量细胞，且设备价格昂贵。

（2）空间细胞融合技术　空间细胞融合技术是指在空间微重力环境中进行细胞融合的技术。最初是由 Zimmermann 等（1988）受空间材料学的启发，利用空间微重力条件改进的细胞融合技术。他们先后以酵母和哺乳动物细胞为材料进行了研究。结果表明，在微重力条件下酵母细胞融合率增加了 15 倍，哺乳动物细胞融合率增加了 10 倍，而且有活力的杂种细胞数比地面对照增加了 2 倍。在植物方面，最早是由 Mehrle 等（1989）利用去液泡和未去液泡的烟草原生质体在德国探空火箭上进行的。地面对照实验表明，当两种原生质体混合后，很短的时间就发生分离，因而在电融合过程中，异源原生质体接触时间较短，结果产生了较多的同源融合细胞，异源的融合细胞率仅为 0.7%～1%。而在空间微重力环境下，细胞转入融合室后异源细胞的细胞膜接触稳定，1∶1 的细胞融合得率增加 12%，是同样条件下地面融合率的 10～15 倍。同源融合和多细胞融合产物也有所增加，且融合细胞活力明显高于地面对照。我国用烟草黄花品种叶肉原生质体与烟草革新一号叶肉细胞脱液泡原生质体的空间电融合实验也获得了成功（郑慧琼等，2003；李秀根等，2007），这不仅为我国进一步培育空间作物新品种建立了良好的基础，也再次证实空间微重力环境是改善细胞电融合技术的重要途径。

目前利用电融合产生体细胞杂种已有不少报道，但细胞的融合率都较低，地面上导致该问题出现的原因主要有：①两种亲本原生质体的密度差异使这些原生质体在同一种介质中难以充分混合，异种细胞接触并融合的概率大大地减少；②植物细胞中存在着可沿重力方向移动的细胞器，如淀粉体，细胞的重心往往不是细胞的中心，导致细胞在电场中的不适当排列，从而降低了异种细胞的融合率；③在地球重力环境中，需要较高的融合电压细胞才能融合，而较高的电压刺激会造成细胞损伤，降低融合细胞的活力等。而已经成功的实验表明，空间微重力环境是改善杂种细胞电融合得率的重要途径。今后有望利用空间微重力条件获得有价值的杂合细胞，培育作物新品种。

(3) 非对称细胞融合技术 非对称融合（symmetric fusion）是利用物理或化学方法使某亲本的核或细胞质失活后再进行融合的技术。非对称融合中，得到越来越广泛应用的供-受体双失活融合模式是指在原生质体融合前，将供体亲本的原生质体经辐射处理使细胞核失活，受体亲本的原生质体经代谢抑制剂处理使细胞质失活，然后融合来自这2个原生质体品系的细胞，从而实现所需胞质和细胞核基因的优化组合；或使前者被打碎的细胞核染色体片段中的个别基因通过融合过程渗入到后者原生质体的染色体内，实现有限基因的转移，从而在保留亲本之一全部优良性状的同时改良其某个不良性状。

在该融合模式中，使供体细胞核失活常用的方法是融合前利用X射线或γ射线辐射原生质体，但这两种射线均比较危险，且操作程序繁琐，近年来，紫外线（UV）逐渐被用于不对称融合。受体原生质体一般用代谢抑制剂如碘乙酰胺（iodoacetammide，IOA）、碘乙酸（iodoaeeticacid，IA）、罗丹明-6G（Rhodamine-6G，R-6G）等进行处理。碘乙酸或碘乙酰胺可以抑制磷酸甘油醛脱氢酶的活性，从而抑制糖酵解过程；罗丹明-6G可以抑制线粒体氧化磷酸化，因此使细胞的能量代谢受阻，细胞就不能正常生长。

一般情况下，处理过的双亲本原生质体单独培养时，不能正常分裂，但由于双亲原生质体的遗传或生理互补，杂种细胞能够生存并正常生长，最终形成细胞核来源于受体、细胞质来源于供体和受体两者的胞质杂种。这种方法操作简便，且不需要融合双方带有任何选择标记，可以减少融合再生后的筛选工作，在体细胞杂交育种上具有很大的应用价值。

非对称融合得到的不对称杂种含有受体的全部遗传物质，而只有供体的部分遗传物质。因此在转移线粒体和叶绿体控制的许多重要农艺性状方面具有明显的优势，使得创造种间、属间胞质杂种等成为可能。值得注意的是，此方法特别适用于细胞质雄性不育基因的转移，通过辐照胞质不育的原生质体，破坏其染色体，与具有优良性状品种的原生质体融合，从而获得实用的新的胞质不育系，这些都是常规育种不能做到的。

9.3.3 杂种细胞的选择

原生质体融合是非特异性的，可能会产生多种融合状态，包括来自两个亲本原生质体融合形成的异核体（heterokaryon）、同一亲本原生质体融合形成的同核体（homokaryon）以及未发生融合的双亲原生质体，还有多核体。因为两个不同原生质体融合的目的是要获得体细胞杂种，所以需要借助一些特殊的方法，把融合产物中的异核体筛选出来。以下介绍几种选择杂种细胞的方法。

9.3.3.1 互补选择法

互补选择法是利用两个亲本具有不同的遗传和生理等特性，在特定培养条件下，只有能产生互补作用的杂种细胞才能生长的选择方法。采用互补选择法要求亲本有某些遗传缺失、营养缺陷或对药物的不同抗性等。

(1) 营养缺陷型互补选择 这类方法是根据双亲原生质体对营养的要求不同而建立的方法。例如，Glimelius等（1978）用突变位点不同的烟草硝酸还原酶缺失突变体（*cux*突变体和*nia*突变体）进行原生质体融合，用硝酸盐作为唯一氮源的培养基进行选择。突变体由于缺乏正常的硝酸还原酶而不能在该培养基上生长；而杂种细胞由于两个突变体的互补作用，产生的体细胞杂种恢复了正常的硝酸还原酶活性，因此在只有硝酸盐的培养基上能正常生长。

(2) 抗性互补选择 用两个抗药性有差异的材料的原生质体进行融合时，就有可能用相应的选择培养基来选择杂种。例如，Power 等（1976）在进行矮牵牛 *P. parodii* 和 *P. hybrida* 的种间原生质体融合时，利用两种原生质体对培养基及放线菌素D的敏感性差异进行选择。*P. parodii* 原生质体在MS培养基上只能形成小细胞团便不再继续生长，但不受1μg/L放线菌素D（actinomycin-D）的限制；而 *P. hybrida* 的原生质体在同样浓度放线菌素D的培养基上却不能分裂。经融合后的杂种细胞在含有1μg/L放线菌素D的MS培养基上可以形成愈伤组织，并进一步分化成小植株。

（3）白化互补选择　这种方法是根据双亲本原生质体的生长条件和颜色不同而设计的。例如，Cocking 等（1977）和 Power 等（1979，1980）分别用矮牵牛的白化突变体（*P. hybrida*、*P. inflata*、*P. parviflora*）与绿色的野生型 *P. parodii* 进行融合。将融合原生质体培养在MS培养基上，绿色 *P. parodii* 原生质体在很小细胞团的阶段就死亡，而白化亲本原生质体和杂种原生质体能够形成愈伤组织。由于杂种愈伤组织是绿色的，可以清楚地与亲本组织区分开。

（4）代谢互补选择　这种方法是在细胞分裂和增殖所需激素自养的基础上建立的。Carlson 等（1972）培育的第一株体细胞杂种植株就是利用烟草 *N. glauca* 和 *N. langsdorffii* 细胞需要提供外源激素才能生长，而二者融合形成的杂种细胞具有生长激素自主性（autonomy）的特性，利用无激素培养基筛选出了杂种细胞。

9.3.3.2　机械选择法

机械筛选法是利用两种亲本原生质体的某些可见标志，如形态色泽上的差异等，在倒置显微镜下，用微吸管将融合细胞吸取出来，在带有小格的Cuprak培养皿中进行培养和选择的方法。例如，Kao 等（1977）将来自大豆根尖悬浮培养细胞的具有浓厚细胞质的非绿色原生质体与粉蓝烟草叶肉细胞的绿色、液泡化的原生质体进行融合，异核体从形态上很容易与亲本区别。用微吸管将异核体吸取出来，转移到Cuprak培养皿中进行培养，待异核体长成细胞团后再做进一步的鉴定。Gleba 等（1978，1979）也采用同样方法选择了拟南芥（*Arabidopsis thaliana*）和芸苔（*Brassica campestris*）的体细胞杂种。

对于形态上无法区分的原生质体融合杂种细胞，可以用两种不同的荧光素分别标记双亲本原生质体的方法进行选择，如用异硫氰酸荧光素（fluorescein isothiocyanate，发绿色荧光）和碱性蕊香红荧光素（rodamine isothiocyanate，发红色荧光）等。经融合处理后，异核体应同时含有两种荧光染料，用荧光激活细胞分选仪（fluorescence-activated cell sorter，FACS）即可将杂种细胞自动分拣出来。这种技术准确、高效，但由于仪器昂贵，目前尚难普及。

9.3.4　体细胞杂种的鉴定

对筛选出来的杂种细胞或植株必须从多方面进行鉴定，以确定它们是否是真正的细胞杂种。以下介绍几种常用方法。

9.3.4.1　形态学鉴定

如果杂种细胞能分化成植株，则可观察和比较杂种植株是否具有其双亲的形态学特点，如花的形态、大小和颜色，叶片的形态，气孔的大小和分布，以及株高和株型等。

9.3.4.2　细胞学鉴定

染色体的数目和形态是鉴别杂种的主要细胞学依据。杂种细胞的染色体数应该是双二倍体（double-diploid）的，但两个亲本亲缘关系较远时，亲本之一的染色体会受到不同程度的排斥，产生大量的非整倍体。如果是亲缘关系较远的原生质体进行融合，两个亲本的染色体差异很大，也可根据染色体的形态和大小等加以区别。对于染色体形态差异不大的近缘物种融合细胞，可借助染色体核型分析技术进行鉴定。

9.3.4.3 同工酶分析

可以通过凝胶电泳来比较、分析双方亲本和融合细胞的某些同工酶谱。体细胞杂种的同工酶谱应具有与双亲不同的特征，或表现为双亲酶谱带的总和，或丢失部分亲本带，或出现新的杂种带。可用来进行同工酶分析的有酯酶、苹果酸脱氢酶、乙醇脱氢酶、过氧化物酶等。

9.3.4.4 分子生物学检测

采用核基因组 DNA 的 RAPD（随机扩增多态 DNA）和 AFLP（扩增片段长度多样性）分析、细胞器 DNA 的 Southern 杂交分析等，都可进行体细胞杂种的鉴定。

9.3.5 体细胞杂种的遗传特征

在多数情况下，异核体在第一次有丝分裂时即发生两个亲本核的融合，也有在有丝分裂前就发生融合的。但融合的结果并不一定就是我们所需要的双二倍体，而是有很多变化。杂种细胞的染色体数目有纯双二倍体的，而更多的是既有双二倍体又有其他倍性的，甚至还有无双二倍体的。如烟草 *Nicotiana tabacum*（$2n=48$）和 *N. knightiana*（$2n=24$）融合，杂种细胞的染色体数为 66、68、72、120、104～115；*Daucus carota*（$2n=18$）与 *D. capillifolius*（$2n=18$）融合，杂种细胞的染色体数为 36、34～54。值得注意的是，以同样的烟草亲本为材料进行融合，不同的实验室用不同的实验方法得到了不同倍性的结果。例如，以 *N. glauca*（$2n=24$）和 *N. langsdorffii*（$2n=18$）融合，Carlson 等（1972）用 $NaNO_3$ 作为促融剂，所有得到的杂种植株都是正常的 42 条染色体；Smith 等（1976）用 PEG 诱导融合，未能获得真正的双二倍体，染色体数目在 56～64 范围；而 Chupeau 等（1978）得到的有双二倍体，也有其他数目的染色体，为 28～183 条不等。

能否产生双二倍体好像和两亲本亲缘关系的远近无明显关系，甚至能进行有性杂交的亲本形成的体细胞杂种染色体数目也可能有差异（deviation）。两个以上原生质体的融合以及染色体丢失可能是导致染色体数目混乱的原因。

体细胞杂种培养过程中染色体丢失是常见的现象。一般两亲本的亲缘关系越远，染色体丢失越严重，有时一个亲本的染色体全部丢失。当然，染色体丢失并不意味着其上基因的全部丢失。例如，在爬山虎冠瘿瘤原生质体和矮牵牛叶肉细胞原生质体融合的研究中发现，培养一定时间后，杂种细胞中矮牵牛的染色体全部丢失，但对其杂种愈伤组织的过氧化物同工酶的分析显示，存在着双方的同工酶谱。这说明，杂种细胞在分裂过程中发生了基因转移。但引起染色体丢失的直接原因尚不清楚。有些烟草种间体细胞杂种培养中虽未发现染色体丢失现象，但变异仍大于其有性杂交后代。

在有性杂交中，细胞质基因主要来自母本，而在体细胞杂交中，杂种细胞可获得来自双方亲本的胞质基因。因此，体细胞杂交也可能得到胞质杂种（cybrids）。例如，RuBP 羧化酶的大亚基是由质体基因编码的，而有研究表明，融合细胞中含有双亲本编码的 RuBP 羧化酶大亚基。

思考题

1. 分离、纯化和培养植物原生质体的主要方法有哪些？试评价它们的优缺点。
2. 什么是植物体细胞杂交？有何意义？
3. 简述各种原生质体诱导融合技术的原理。
4. 简述体细胞杂种的选择和鉴定方法。

第10章　植物种质的超低温保存

植物种质资源是物种进化、遗传学研究和育种工作的基础，也是人类赖以生存的基本条件之一。植物种质资源的多样性，是维持生态平衡的重要前提，直接关系到农业的发展和人类的生存。但是，由于自然环境的变化和人为因素的影响，天然资源屡遭破坏，其中一些珍稀植物已经消失或濒临灭绝，天然种质资源受到严重威胁。因此，收集和保存种质资源是全世界都必须重视的紧迫工作。

种质保存（germplasm conservation）是指利用天然或人工创造的适宜环境保存种质资源，使个体中所含有的遗传物质保持其完整性，有高的活力，能通过繁殖将其遗传特性传递下去。目前常用的种质保存方法有以下几类：

（1）种子保存　这是传统的种质资源保存的主要方式。种子保存占用空间少，保存期较长，易干燥、包装和运输，因此种子在低温下长期保存是防止良种衰变的一条重要途径。但是随着储藏时间的延长，种子生活力会逐渐下降，而且易受病虫鼠害侵袭。另外，这种保存方式对于无性繁殖的种类等不适用。

（2）种植保存　包括在自然生态环境下，通过建立自然保护区和天然公园等，就地保存自我繁殖的种质；也可通过植物园和种质资源圃等将植物种植在原产地以外的地方。这种方法占地多，管理费用较高，需要投入较多的人力和物力，而且还容易受自然灾害等的影响，因此已经不适应目前种质资源保存的需要和土地资源紧缺的现状。

（3）离体保存　是将植物外植体在无菌的环境中进行组织培养保存。该方法具有占用空间少，无病虫害和病毒侵袭，在必要时可以随时进行扩繁，无病毒，以及便于国际交流等优点。但是，在正常条件下的植物细胞和组织的培养过程中，需要定期进行继代培养，而不断的继代培养会引起一定的变异，可能导致培养细胞的全能性消失，失去形态发生的潜能；另一方面，一些具有特殊性状的细胞株系，也有可能在继代培养中丢失这些宝贵的性状，而且不太经济。随着技术的进步，目前已建立了一些能使保存的外植体延缓生长，并可在需要时迅速恢复生长的方法。

（4）超低温冷冻保存　一般是指在液氮超低温（－196℃）下保存种质的技术。在这样的超低温条件下，细胞的整个代谢和生长活动完全停止，因此，在组织和细胞的超低温保藏过程中，不会发生遗传性状的变异，也不会丧失形态发生的潜能，还可保持上述离体保存的优点，应用前景十分广阔。

10.1　抑制外植体生长的离体保存方法

这是一类使外植体在一定时间内得以良好保存的方法，也称为缓慢生长保存法。其基本思路是采用某些措施使外植体处于缓慢生长或无生长的状态下，从而尽可能地延长继代培养时间，但需要时可迅速恢复生长。用于抑制生长的外植体可以是茎段、茎尖和愈伤组织等。常用方法有以下几种。

10.1.1 降低温度

降低温度是抑制生长最常用的方法。种质外植体在非冻结的低温下，降低温度可以减缓生长速度，因而可使继代间隔时间延长。例如，通过每年转换一次新鲜培养基，在9℃下可把葡萄小植株保存15年之久；而在正常条件下，需1～3个月转移一次。若某个品种当前需求量不大，但以后有推广可能，就可以把它们的培养物置于冰箱里，可以节省连续继代或重新培养所需的时间和经费等。降低培养温度是减缓植物组织细胞生长的最简单有效的方法。

10.1.2 降低环境中的氧含量

降低环境中的氧含量可以达到抑制生长的目的。低气压处理是通过降低培养物环境的大气压而使所有气体的分压都降低。低氧分压处理是在正常气压下，加进氮气等惰性气体，使其中的氧分压降到较低水平。用矿物油覆盖，也使供给培养物的氧气量降低，使其延缓生长。

包扎培养容器的封口材料对其中的气体成分及其含量的变化、培养基的风干、污染等有不同程度的影响，因此，封口材料的选择是否合适也会影响保存效果。例如，甘薯种质的保存研究中发现，以铝箔封口保存效果最佳，保持湿度效果好，还可以防止污染，而使用棉塞时间过长容易造成污染；使用橡皮塞容易造成缺氧，使材料死亡。在枇杷试管苗离体保存试管包扎物的选择中，用白纸＋塑料薄膜和锡箔纸等材料封口对枇杷试管苗保存有利，而用棉花、软木塞、橡皮塞等材料封口不利于试管苗的保存。

10.1.3 使用生长抑制物质

在培养基中添加植物生长抑制物质能有效减缓材料的生长，延长其继代周期，而且有的还能改善试管苗的质量和移栽成活率。常用的生长抑制物质有：多效唑（氯丁唑，PP_{333}）、矮壮素（氯化氯代胆碱，CCC）、比久（二甲基氨基琥珀酰胺酸，B_9）、烯效唑（优康唑，S-3307）、脱落酸（ABA）、青鲜素（马来酰肼，MH）等。不同植物甚至同一植物不同品种对不同抑制物质的反应有所差异；同一种抑制物质应用在不同植物中效果也有不同。实验已经证明，利用多效唑可以使玉米、水稻、小麦和马铃薯等的试管苗生长速率降低，同时移栽成活率提高。利用B_9、矮壮素可以使葡萄试管苗的转管从3个月一次变为一年一次。如果将低温保存与一些生长抑制剂配合使用，则效果更佳。

10.1.4 其他方法

通过减少基本培养基中的营养成分，可使培养物的生长受到限制。在培养基中添加一些高渗物质，如蔗糖、甘露醇等，造成一定的水分逆境也可减弱代谢活动，延缓细胞生长。在实际应用中，几种处理结合使用往往能达到更好的保存效果。如低温结合高渗化合物能明显延缓银杏胚试管苗的生长。在常温和4℃低温下，添加PP_{333}均可提高野葛试管苗的成活率，但PP_{333}在4℃低温下使用的效果比常温保存使用的效果好。

与常温继代保存法相比，缓慢生长保存法能延长继代培养时间、大幅减少工作量，同时也减少了材料被污染的机会。但其过程较为复杂，且植株生长条件的改变，特别是一些植物生长物质的加入可能影响植株的存活率，同时也加大了材料发生变异的概率。其实际保存效果仍有待进一步研究。

10.2　离体植物材料的超低温冰冻保存技术

植物种质资源在苗圃等中保存易受病虫害的侵袭和恶劣环境的威胁，组织培养保存因长期离体培养需多次继代，不可避免地引起一些遗传性状的改变，因此，液氮超低温保存技术是目前长期稳定保存植物种质资源的最好方法之一。

10.2.1　超低温保存原理及基本程序

超低温冰冻保存一般以液氮为冷源，将生物材料保存在－196℃，在这种超低温条件下，活细胞内的新陈代谢和生长活动几乎完全停止，因而可使植物材料不会发生遗传性状的改变，细胞活力和形态发生的潜能可以保存，这就有可能极大地延长储存材料的寿命，从而有效、安全地长期保存那些珍贵稀有的种质。

植物组织结冰分为胞外结冰和胞内结冰两种，胞外结冰是指在温度缓慢降低时，细胞间隙和细胞壁附近的水分结成冰，随着细胞间隙的蒸汽压降低，其周围细胞内的水分便向胞间隙方向移动，造成原生质脱水。胞内结冰是指当降温非常迅速或温度过低时，除了胞外结冰外，细胞内的水分也冻结。细胞在冷冻条件下受损伤的主要机制是机械损伤和细胞膜的损伤以及蛋白质的变性失活等。冰冻保存过程中的一系列处理主要是以尽量避免或减少细胞损伤为目的。

超低温保存的基本操作程序为：①选择适宜年龄和生长状态的材料。②对材料进行预处理。③在冰浴条件下加入预冷的冰冻保护剂。④根据材料的不同选择合适的降温冰冻方式进行冷冻，直至最后放入液氮中。⑤保存后材料的化冻，一般根据冻存方式的不同采取相应的化冻方法。⑥材料化冻后的活力鉴定，进行再培养。

10.2.2　材料的选择

植物材料的种类、基因型、年龄、生理状态、材料的大小、抗冻性和形态结构等，都对冷冻保存效果有很大影响。一般细胞分裂旺盛、体积小而原生质浓厚的分生细胞或组织比大而高度液泡化的细胞有利于超低温保存。因为这种生理状态的细胞冻存时结冰小而少，化冻时再结冰的危险性也小，故冻存的存活率高。细胞培养的阶段对超低温保存效果影响很大。实验表明，当培养细胞处于旺盛的对数分裂期时，其抗冻能力和存活率较高。如果选用悬浮培养细胞，应先转移到新鲜培养基上培养几天，使较多的细胞处于对数分裂期的幼龄状态。材料大小也有影响，太大影响预培养效果，冻存中易受冰晶伤害；太小则切取困难，而且增加了切取时对材料的可能伤害。如果采用大田生长植物的芽，最好选择在冬季取材。因为夏季生长的芽都不耐寒，而经秋冬季的低温锻炼后，植物体的抗冻能力提高，所以冬季取材有较高的存活率。

10.2.3　材料的预处理

预处理包括材料的预培养和低温预处理，目的是减少细胞自由水的含量，使细胞经受低温锻炼，以有效提高组织或细胞的抗冻能力。

在冰冻保存前的预培养时常在培养基中加入一些可以降低水势和提高材料抗冻能力的物质，如山梨糖醇、脱落酸、脯氨酸和二甲基亚砜（dimethyl sulfoxide，DMSO）等，最常用的方法是增加培养基中蔗糖的浓度。

将选好的材料在低温下锻炼数天，就有可能大大提高液氮保存的存活率。如康乃馨的茎尖经4℃低温预处理14天，不仅存活率提高，分化率也从30%增至60%。在低温锻炼的过程中，细胞膜结构可能发生一定变化，细胞内保护性物质也会增多，从而增强了细胞对冰冻的耐受性。不同材料低温处理的温度和时间不同。

10.2.4 冰冻保护剂预处理

10.2.4.1 冰冻保护剂

冰冻保护剂（cryoprotective agent，CPA）的预处理对于超低温保存具有重要意义。实验表明，合理选择和使用冰冻保护剂对超低温保存材料的存活率和再生能力是至关重要的。作为冰冻保护剂的物质应该具备以下特性：易溶于水，在适当浓度下对细胞无毒，化冻后容易从组织细胞中清除。常用的冰冻保护剂有DMSO、甘油、糖和糖醇（山梨糖醇、甘露糖醇、蔗糖、葡萄糖等）以及PEG等。但冰冻保护剂的使用浓度、渗入细胞的能力和对水分子活性的影响等各不相同，使用浓度也因植物种类不同而异。DMSO是最常用的保护剂，对于培养细胞它的使用浓度一般是5%～8%，茎尖和试管苗可以耐受更高些的浓度。它可以单独使用，也可和其他保护剂混合使用。

对冰冻保护剂的作用机理目前尚未了解透彻，它们多是低分子量的中性物质，可以增加细胞膜的透性，加速细胞内的水流到细胞外结冰，在溶液中可以产生强烈的水合作用，提高溶液的黏滞性，可以降低冰晶的形成和增长速度，稳定细胞膜结构，减少冰冻对细胞的有害影响等，进而保护细胞免受冻害。

10.2.4.2 保护剂预处理

配制保护剂时，应该将其溶解在培养基里，或是溶解在有糖或无糖的水中。为防止对细胞的渗透冲击，保护剂应在30～60min内逐渐加入，如用甘油则加入速度需更慢。由于DMSO有一定的毒性，所以其预处理应该在0℃左右的低温下进行。处理时间也不能过长，一般不宜超过1h。

在许多情况下，使用复合冰冻保护剂比单独使用更为有效。例如，简令成等采用7.5%的DMSO、10%的PEG6000、5%蔗糖及0.3%氯化钙的混合液作为水稻和甘蔗愈伤组织的超低温保存冰冻保护剂，愈伤组织块的存活率达到90%以上甚至100%。复合冰冻保护剂的优越性可能在于：使各种成分的保护作用得到综合协调；或产生累加效应，彼此减小甚至消除单一成分的毒害作用等。例如，DMSO一方面增加细胞膜的透性，加快细胞内的水向胞外转移的速度；另一方面，DMSO又能进入细胞内，可能起到抑制细胞内冰晶形成的作用；PEG6000在细胞壁外（它不能透过细胞壁）可能起着延缓细胞外冰晶增长速度的作用。这两种物质相互配合作用的结果，是保证细胞内的水有充足时间流到细胞外结冰，防止水在细胞内结冰的伤害。而蔗糖或葡萄糖又能保护细胞膜，钙离子则对整个的细胞膜体系起着稳定作用。因此在这些物质的配合和协调作用下，既避免了细胞内的结冰，又维护了膜的稳定性，所以有较高的存活率。

10.2.5 降温冰冻操作

冷冻时，如果细胞内结冰，就会造成细胞结构不可逆的伤害，导致死亡。因此，在降温过程中避免细胞内结冰是超低温保存能否成功的关键之一，对不同材料而言，选择其合适的降温方式是非常重要的。

10.2.5.1 快冻法

快冻法是将材料从0℃或其他预处理温度直接投入液氮内进行冷冻的方法。已有实验证明，植物细胞内的水在降温冰冻过程中，一般从－10℃到－140℃是冰晶形成和增长的危险温度区，在－140℃以下，冰晶停止增长。而本法将材料低温预处理后直接放入液氮进行冷冻时，其降温速度可达每分钟－1000℃以上，这种超速冷冻可使细胞内的水迅速通过冰晶生长的危险温度区，即在细胞内的水还未来得及形成冰晶中心，或没有充分的时间生长和增大时，就迅速成为所谓的"玻璃化"状态，避免了胞内结冰的危害。这种方法要求细胞体积小，细胞质浓，含水量低，液泡化程度低的材料。一些脱水程度较高的抗寒性较强的材料如种子、花粉、冬芽以及一些茎尖分生组织等都可以采用此法保存。

10.2.5.2 慢冻法

对于不抗寒的植物或含有大液泡和大量水分的材料（包括悬浮培养的细胞）常在有冰冻保护剂存在的条件下，采用0.1～10℃/min的降温速度，使材料降温至－70℃左右，然后转到液氮中；或者以这种降温速度连续降至－196℃，这种方法即慢冻法。在这种降温速度下，可以使细胞内的水有充足的时间流到细胞外结冰，从而使细胞内的水分减少到最低限度，避免细胞内结冰。常用的慢速降温装置是程序降温器。

10.2.5.3 两步冷冻法

这种方法是将快冻法和慢冻法结合，第一步用慢冻法降到一定的温度，使细胞达到适当的保护性脱水；然后第二步再放入液氮中速冻。目前多数的工作是以每分钟降0.5～4℃的速度降到－40℃左右，停留一段时间，使材料细胞内充分脱水，然后放入液氮。这是目前比较理想的保存方法，在多种植物茎尖、芽、悬浮培养的细胞和愈伤组织等的保存中都获得了较好的效果。两步法比较重要的影响因素为降温速率、预冷温度及停留时间等。

10.2.5.4 逐级冷冻法

此法是在无程序降温仪等设备条件下的保存方法。先制备不同等级温度的溶液，如－10℃、－15℃、－23℃、－35℃或－40℃等。植物材料经保护剂预处理后，逐级通过这些温度，在每级温度中停留一定时间（一般为4～6min），然后浸入液氮中。

10.2.5.5 干冻法

这是一种先将植物材料利用无菌空气流、干燥硅胶、真空干燥等方法使其脱水，然后放入液氮中保存的方法。不同植物和不同组织的最适脱水程度各不相同。王家福等（2004）采用花粉干冻法对枇杷花粉超低温保存进行了研究，结果表明：花粉的含水量是决定枇杷花粉超低温保存成败的关键因素，脱水至30%左右的含水量能够保证超低温保存花粉的生活力。将豌豆幼苗置于27～29℃干燥箱内，使其含水量从72%～77%下降到27%～40%，再放入液氮，就可使材料免遭冻死。若将细胞在真空下脱水，植物器官液氮保存后的存活率就更高。但该法对脱水敏感的植物材料使用时，必须很好地控制脱水速度和脱水程度才可能成活。

在此法的基础上，还有一些结合其他方法进行保藏的技术，例如，先将待保存材料放在含有冷冻保护剂的培养基上预培养，然后进行脱水干燥，最后快速将其浸于液氮中保存，称之为预培养干燥法。

10.2.5.6 包埋脱水法

包埋脱水保存法是由Fabre和Dereuddre（1990）在保存马铃薯茎尖的研究中建立的。该法是将材料用褐藻酸钙包埋后，先在含高浓度蔗糖的培养基中脱水，再用无菌空气流或硅胶脱水，然后放入液氮贮存。也可以和其他方法结合使用，如包埋两步法等。这种方法对某些植物的愈伤组织、体细胞胚、悬浮细胞、茎尖等适合，但对脱水敏感的材料则不适宜。

赵艳华等（1998，2003）在成功保存苹果离体茎尖的基础上，对两步法、玻璃化法、包埋脱水法和小滴冰冻法 4 种超低温保存方法从操作程序、成活率、再生率以及恢复生长速度等方面进行了比较，结果表明包埋脱水法为其最佳保存方法。Samia 等（2002）对比使用包埋-脱水法、玻璃化法和包埋-玻璃化法对酸橙（*Citrus aurantium*）茎尖进行超低温保存研究，其结果表明包埋-脱水法超低温效果最佳，最高存活率为 83％，47％获得再生植株。

这种方法采用高浓度的蔗糖预处理样品，避免了DMSO和甘油的化学毒性，对相对于低温保护剂敏感的植物材料有较大的应用潜力。该法的优点是容易掌握，一次能处理较多的材料，使其获得较高的抗冻力，提高了保存效果；但也存在脱水慢、成苗率低、细胞恢复生长慢等缺点。

10.2.5.7 玻璃化法

玻璃化（vitrification）是指液体转变为非晶体（玻璃化）的固化过程。玻璃化超低温保存是20 世纪 80 年代开始发展起来的一种新技术，1985 年 Rall 和 Rahy 首次报道运用玻璃化法成功保存小鼠胚胎，证明了这项技术的可行性。1989 年 Uragami 等和 Langis 等报道了玻璃化保存法在石刁柏（*Asparagus officinalis*）体细胞胚和油菜（*Brassica napus*）悬浮培养物中的应用，证实了以玻璃化法冻存植物种质材料同样可行。玻璃化超低温保存的基本过程是将样品经高浓度的保护剂（玻璃化溶液）在非冻结温度下脱水处理后，直接放入液氮中贮存。玻璃化冰冻过程中水分子没有发生重排，不形成冰晶，也不产生结构和体积的改变，因此减少了对细胞的损伤，提高了材料的存活率。这种方法具有设备简单、操作方便、冻存效果好等优点。目前已对多种植物做过玻璃化冻存试验，而且有的材料只能用玻璃化法才能保存成功，显示出很大的优越性。

玻璃化冻存一般包括预培养、玻璃化保护液脱水、液氮冷冻保存、化冻洗涤和再培养 5 个主要环节。选择适宜的玻璃化保护液是保证材料存活的关键，几种玻璃化冰冻保护液（plant vitrification solution，PVS）的组成及浓度列于表 10-1，其中最常用的是 Sakai 等（1990）在脐橙（*Citrus sinensis* Osb. var. *brasiliensis* Tanaka）珠心细胞玻璃化冰冻保藏时设计的 PVS2，该玻璃化液已经在多种植物材料玻璃化冻存中获得成功，并且有较高的再生率。在实际应用中还可以根据材料特性对 PVS 各组分的含量（尤其是 DMSO）做出调整，以减少其对细胞的毒害，提高存活率。对植物细胞进行玻璃化处理时，脱水温度和脱水时间对细胞存活率的影响也非常大。温度在 25℃时，保护剂渗入速度较快，短时间的脱水处理有利于细胞的存活；而延长时间则会使保护剂对细胞的毒性作用显现出来，因而随时间的延长，存活率下降。脱水温度在 0℃时，若脱水时间太短，则保护剂渗入不足，所以需要较长时间使之渗入细胞，存活率随时间的延长呈增长趋势。同时低温还可降低保护剂对细胞的损伤。因此，25℃的短时间脱水或 0℃的较长时间处理可以充分发挥保护剂的脱水作用和降低其负面影响。总之，不同的植物材料应选择不同的玻璃化液及处理时间和温度条件。

表 10-1 几种玻璃化冰冻保护剂的配方

名称	配方[单位:％(w/v)]	参考文献
PVS	22％甘油＋15％乙二醇＋15％丙二醇＋7％DMSO（于含0.5mol/L山梨糖醇的MS培养基中）	Uragami 等,1989
PVS2	30％甘油＋15％乙二醇＋15％DMSO[于含 0.15mol/L 蔗糖的基本培养基(MT)中]	Sakai 等,1990
PVS3	50％甘油＋50％蔗糖	Nishizawa 等,1993

玻璃化法也可以与包埋法结合使用，即先将材料用褐藻酸钙包埋，然后再用玻璃化保护剂脱水后投入液氮贮存，叫包埋玻璃化法。

玻璃化法在植物种质的超低温保存研究中已经得到了广泛的应用，1989 年至今，以玻璃化法冻存的植物种质材料，除茎尖等分生组织外，愈伤组织、悬浮细胞和原生质体等也有报道。赵艳华等（2004）比较了玻璃化、包埋干燥和包埋玻璃化法 3 种超低温保存方法对梨离体茎尖超低温保存的效果，发现采用玻璃化法超低温保存梨离体茎尖的效果最佳；王子成等（2001）利用玻璃化法保存柑橘茎尖 24h 以后解冻，成活率达 100%，培养再生率达 90%（参看 10.2.8.2）。

10.2.5.8　小滴玻璃化法

小滴玻璃化法（droplet-vitrification）也称为滴冻法，又称小液滴法，是在进行超低温保存时，将包含有材料的玻璃化溶液滴在铝箔上，然后再投入液氮保存的一种玻璃化法（图 10-1）。

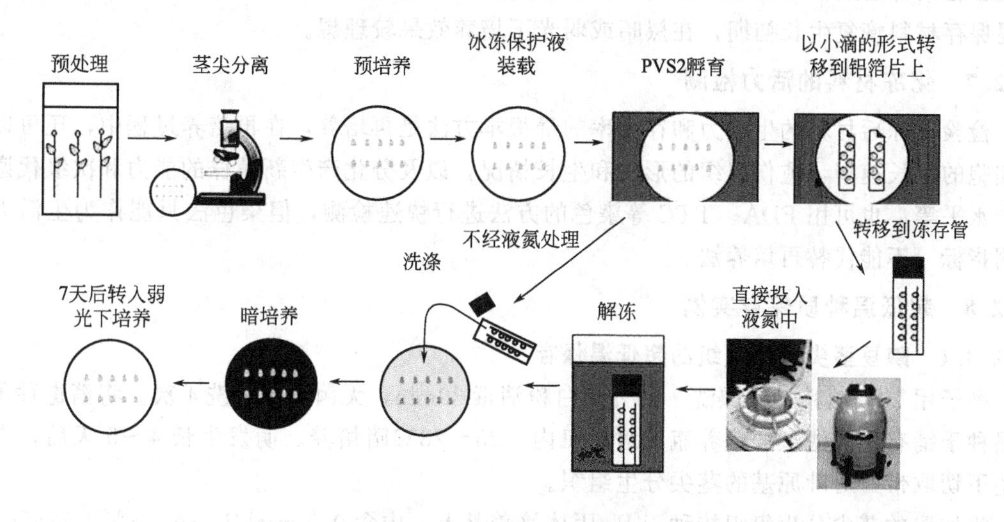

图 10-1　小滴玻璃化法冰冻保存过程

由于体积小，滴冻法的降温、复温速度比常规玻璃化法快得多，能使细胞迅速进入玻璃化态从而减少损伤；而且降温比较均匀，化冻容易操作，能获得比玻璃化法更高的成活率。Sant 等（2008）采用滴冻法保存球茎芋头（*Colocasia esculenta*）时，平均再生率从原来的冷冻管玻璃化法（cryovial vitrification protocol）的 21%～30% 提高到 73%～100%。Agrawal（2004）采用 4 种方法对香蕉的茎尖进行了超低温保存，发现滴冻法保存效果最好。

需要指出的是，尽管各种冷冻方法各有自己的优缺点，但到目前为止还没有一种方法普遍适用于所有的植物材料，所以必须根据不同材料来确定适宜的冷冻方法。

10.2.6　化冻操作

不论是检测冰冻保藏材料的存活情况，还是因其他原因要取用材料，都需将其取出化冻并再培养，但不同材料化冻时也需要选用合适的方式，以避免在化冻过程中产生细胞的次生结冰，并防止在化冻吸水过程中水的渗透冲击造成细胞膜的损坏。

10.2.6.1　快速化冻

快速化冻即将液氮保存的材料在 35～40℃ 温水中化冻的方法。化冻过程中需小心摇动材料，待冰晶完全融化为止。这样的处理因化冻速度快，细胞内的水分来不及再次形成冰晶就已经完全化冻，可避免对细胞结构造成破坏，因此大多数材料都采用快速化冻的方法。玻璃化冻存的材料也要求快速化冻，一般在25～40℃的水浴中进行。

10.2.6.2 慢速化冻

慢速化冻是在0℃、2～3℃或室温下进行化冻，该方法适合细胞含水量较低的材料。例如木本植物的冬芽超低温保存后，需要在0℃低温下进行慢速化冻才能达到良好效果。这可能是由于冬芽在秋冬低温锻炼及冰冻过程中，细胞内的水已最大限度地流到细胞外结冰，慢速化冻时，水缓慢回到细胞内，可以避免渗透冲击对细胞膜的破坏。

需要注意的是，冰冻后的组织和细胞十分脆弱，摇动和转移操作时都应十分小心，避免机械伤害。除以干冻法处理的材料外，化冻后的材料一般都应立即清洗，以除去冰冻保护剂，这点对材料存活率的影响也很大。但在玉米等的研究中发现，冷冻细胞不经洗涤直接转移到琼脂培养基上，数天后即恢复生长，洗涤反而不利。光照也有影响，多数实验表明，超低温保存材料恢复生长初期，在黑暗或弱光下培养效果较理想。

10.2.7 化冻材料的活力检测

检验化冻后材料的生活力和存活率的最根本方法是再培养，在再培养过程中，还可以观察细胞的生长速率，愈伤组织的形成和生长情况，以及分化产生新植株的能力和次级代谢物生产水平等。也可用FDA、TTC等染色的方法进行快速检测，但染色法只能作为生活力的预测指标，不能代替再培养法。

10.2.8 超低温种质保存实例

10.2.8.1 豌豆茎尖分生组织的超低温保存

种子用70%酒精迅速漂洗，10%漂白粉消毒30min，无菌蒸馏水洗4次。将消毒种子无菌播种于铺有湿润滤纸的培养瓶或培养皿内，25～28℃暗培养。萌发生长4～5天后，在解剖镜下切取带一对叶原基的茎尖分生组织。

将切取的茎尖分生组织接种于B_5固体培养基上，内含0.5μmol/L BA、5% DMSO。置光照16h，温度20℃（日温）/15℃（夜温）的生长箱中预培养48h。

预培养后，将培养瓶浸入冰浴中降温2h。将茎尖分生组织转移到在冰浴中预冷的具有10mL液体B_5培养基的离心管中。缓慢加入等体积的预冷的10% DMSO，在30min内加完，使DMSO的最终含量为5%，然后再放置10～30min。密封离心管口，以每分钟降低0.6℃的速度慢速降温到−40℃，然后浸入液氮中。

保存一定时间后的材料在37℃迅速化冻，经再培养可分化成苗，植株再生率在70%以上。

10.2.8.2 柑橘茎尖的玻璃化法超低温保存

材料为枳壳（*Poncirus trifoliata*）、红肉脐橙（*Citrus sinensis*）等4个品种。

将长度约为10mm的不同品种的柑橘茎尖于5% DMSO+5%蔗糖+MT基本培养基上预培养3天。

切取2～2.5mm长的茎尖，室温下用60% PVS2处理20～30min，然后用PVS2于0℃处理50～60min，换入新鲜的PVS2，迅速投入液氮中。

液氮保存24h后，取出冷冻管，在40℃水浴中迅速化冻，再分别用无菌水、1.2mol/L蔗糖+MT基本培养基洗涤2次。

枳壳茎尖经TTC法检测，成活率为100%；接种于含BA1.0mg/L的MT培养基上，26℃暗培养1周后转于正常光照下培养，再生率达到90%，再生苗能正常生根，且与对照无形态上的差异，移栽可成活。

思考题

1. 植物种质资源保存的方法有哪些？试评价各类方法的优缺点。
2. 各种通过抑制外植体生长来进行离体保存的方法的原理是什么？
3. 种质超低温保存的原理是什么？概述植物离体材料超低温保存各种技术的要点。

第3篇　动物细胞工程

第11章　动物细胞培养所需的基本条件

能使动物细胞有可能在体外培养的基本条件，就是提供尽可能的与体内生存条件相接近的培养环境，包括营养、温度、pH、渗透压等各种相关因素。

11.1　动物细胞培养基的组成和制备

培养基是离体组织细胞生存、生长所必需的营养基质，动物细胞培养基大致包括天然培养基和合成培养基两大类，其状态可以是固态也可以是液态，在动物细胞培养中，有些学者倾向于将固态的称为培养基，而将液态的称为培养液。

11.1.1　水和平衡盐溶液

11.1.1.1　水

离体培养的细胞对水的质量非常敏感，动物细胞组织培养必须使用三蒸水或超纯水，而且水存放时间不宜超过两周，最好现制现用。使用过程中应尽量减少开启瓶口的次数，以减少污染机会。

11.1.1.2　平衡盐溶液

(1) 平衡盐溶液的组成和用途　平衡盐溶液（balanced salt solution，BSS）是在Ringer的生理盐水基础上发展起来的，主要由无机盐和葡萄糖组成。各种BSS的主要区别是离子的种类、浓度以及缓冲系统的不同，使用时根据需要选择。平衡盐溶液中一般加入0.001%～0.005%的酚红作为pH指示剂，以便观察pH的变化，溶液变酸时呈黄色，中性时呈橘红色，碱性时为紫红色。酚红的添加量不同，BSS的颜色也有差别。也有在BSS中不加酚红的。表11-1是几种常用BSS的组成成分及其含量。

BSS的主要用途是用来洗涤组织细胞，也是配制各种培养液的基础溶液。BSS可以维持细胞的渗透压和pH在生理范围之内，提供细胞正常代谢所需的水分和无机离子等，另外，大多数平衡盐溶液内附加的葡萄糖可以提供细胞生存所需的能量。

表11-1　常用BSS液的组成成分及其含量　　单位：g/L

组　分	Ringer	PBS	Tyrode	Earle	Hanks	Dulbecco	D-Hanks
NaCl	9.00	8.00	8.00	6.80	8.00	8.00	8.00
KCl	0.42	0.20	0.20	0.40	0.40	0.20	0.40
$CaCl_2$	0.25	—	0.20	0.20	0.14	0.10	—
$MgCl_2 \cdot 6H_2O$	—	—	0.10	—	—	0.10	—
$MgSO_4 \cdot 7H_2O$	—	—	—	0.20	0.20	—	—

续表

组 分	Ringer	PBS	Tyrode	Earle	Hanks	Dulbecco	D-Hanks
$Na_2HPO_4 \cdot 2H_2O$	—	1.56	—	—	0.06	—	0.06
$NaH_2PO_4 \cdot 2H_2O$	—		0.05	0.14		1.42	—
KH_2PO_4	—	0.20	—	—	0.06	0.20	0.06
$NaHCO_3$	—	—	1.00	2.20	0.35	—	0.35
葡萄糖	—	—	1.00	1.00	1.00	—	—
酚红	—	—		0.02	0.02	0.02	0.02

(2) BSS的配制 配制BSS时应注意以下事项：①BSS液中各试剂规格为一级（GR）试剂或二级（AR）试剂，一般用三蒸水配制。②配制后液体呈无色或橘红色，pH7.4左右，没有浑浊和沉淀。③配制BSS要注意避免钙离子、镁离子沉淀。含Ca^{2+}、Mg^{2+}的盐要单独溶解。④高压灭菌会丢失一定量的水分，冷却后应补足。⑤液体出现浑浊、沉淀时，应重新配制。以下以Hanks液为例，简要介绍其配制方法。

甲液：$Na_2HPO_4 \cdot 2H_2O$ 0.06g
KH_2PO_4 0.06g
$MgSO_4 \cdot 7H_2O$ 0.20g
葡萄糖 1.00g
NaCl 8.00g
三蒸水 750mL

乙液：$CaCl_2$ 0.14g
三蒸水 100mL

a. 将乙液徐徐加入甲液中。b. 将0.35g $NaHCO_3$溶解在37℃ 100mL三蒸水中。c. 用数滴$NaHCO_3$液溶解0.02g酚红。d. 将b、c液移入a液中。e. 用三蒸水定容至1000mL，充分混匀，于4℃冰箱过夜。f. 滤过除菌，小瓶分装，冷藏。或分装于盐水瓶中，高压灭菌，4℃冰箱内保存。

11.1.2 天然培养基

早期的动物组织细胞培养工作，大多直接采用取自动物体液或从组织中提取的天然成分作为培养基。常用的有血清、血浆、组织和胚胎提取液、水解乳蛋白和胶原等。

11.1.2.1 血清

血清（serum）系血浆去除纤维蛋白原而得，是动物细胞培养中使用最多、最广泛的天然培养基。血清含有丰富的营养物质，包括多种蛋白质、无机离子、脂肪、维生素、激素、生长因子等成分（表11-2），能促进动物细胞的生长增殖，而且对细胞贴附和保护也有着明显作用，此外还能给培养基提供良好的缓冲等。但使用有血清的培养基进行培养时也存在一些问题，如血清中存在的免疫球蛋白、补体和一些生长抑制因子等，对细胞生长和增殖有害；组成复杂，未知因素较多；不同动物、不同批次的血清成分和活性差别较大，使得培养结果不稳定以及影响对结果的分析，因而使用受到了限制。尽管如此，血清仍是动物培养基中最基本的添加物。

血清的种类很多，包括胎牛血清（FCS）、新生犊牛血清（NCS）和小牛血清（CS）、马血清、兔血清、羊血清和人血清等。其中以新生犊牛血清和胎牛血清应用最多，目前国内外都有商品血清销售。优质血清透明、淡黄色。血清的厂家、产地、批号等不同时，对不同细

表 11-2 血清的主要成分

成 分	浓度范围[1]
蛋白质和多肽	40～80mg/mL
白蛋白	20～50mg/mL
胎球蛋白[2]	10～20mg/mL
纤连蛋白	1～10μg/mL
球蛋白	1～15mg/mL
蛋白酶抑制剂：α_1-抗胰蛋白，α_2-巨球蛋白	0.5～2.5mg/mL
转铁蛋白	2～4mg/mL
生长因子	
EGF，PDGF，IGF-Ⅰ和 IGF-Ⅱ，FGF，IL-1，IL-6	1～100ng/mL
氨基酸	0.01～1.0μmol/L
脂类	2～10mg/mL
胆固醇	10μmol/L
脂肪酸	0.1～1.0μmol/L
亚油酸	0.01～0.1μmol/L
磷脂	0.7～3.0mg/mL
碳水化合物	1.0～2.0mg/mL
葡萄糖	0.6～1.2mg/mL
氨基己糖[3]	0.6～1.2mg/mL
乳酸[4]	0.5～2.0mg/mL
丙酮酸	2～10μg/mL
多胺	
精胺，腐胺	0.1～1.0μmol/L
尿素	170～300μg/mL
无机物	0.14～0.16mol/L
钙	4～7mmol/L
氯	100μmol/L
铁	10～50μmol/L
钾	5～15mmol/L
磷酸盐	2～5mmol/L
硒	0.01μmol/L
钠	135～155mmol/L
锌	0.1～1.0μmol/L
激素	0.1～200nmol/L
氢化可的松	10～200nmol/L
胰岛素	1～100ng/mL
三碘甲状腺氨酸	20nmol/L
甲状腺素	100nmol/L
维生素	10ng/mL～10μg/mL
维生素 A	10～100ng/mL
叶酸	5～20ng/mL

①浓度范围只是概算；②只存在于胎牛血清；③人血清中含量最高；④胎牛血清中含量最高。

注：引自弗雷谢尼，动物细胞培养——基本技术指南（第 5 版）。

胞培养的效果可能有差异。因此，若有条件，可先少量购买几种血清，进行细胞生长曲线、细胞克隆率等检查，从而筛选出质量好的血清。为了使整个试验结果稳定，以便前后比较，应使用同一批号血清。血清购回后一般要经 56℃、30min 灭活，以避免其中的补体成分对细胞的毒性作用。血清灭活后促进生长的能力可能有所减弱，但性质相对稳定，便于使用和保存。

11.1.2.2　胚胎浸出液

胚胎浸出液（embryonic extract）是早期动物细胞培养中应用的天然培养基，能促进细胞的生长增殖，常用鸡胚和牛胚浸液等。将 9～11 天胎龄的鸡胚磨碎，加入等量缓冲液，离心收集上清液即为鸡胚浸液。但随着合成培养基的不断改良和普遍应用，目前胚胎浸出液已经很少使用。

11.1.2.3　水解乳白蛋白

水解乳白蛋白是乳白蛋白经蛋白酶和肽酶水解后的产物，含有丰富的氨基酸。使用时用 Hanks 液配制成 0.5%的溶液，一般与合成培养基按 1∶1 比例混合，可以用于许多细胞系和原代细胞的培养。

水解乳白蛋白为淡黄色粉末，虽易潮解结块，但不影响使用。不同厂家、不同批号的产品质量有所差异，因此，在更换批号时应再进行预实验。

11.1.2.4　鼠尾胶原

胶原是细胞生长的良好基质，它能促进组织和细胞的附着，改善生长表面特性。胶原来源有大鼠尾腱、豚鼠真皮、牛的真皮和牛眼的水晶体等，实验室常用大鼠尾制胶原。鼠尾胶原为黏度较大的半透明液体，难以滤过除菌，因此应无菌操作制备。

11.1.3　合成培养基

天然培养基虽然营养丰富，能有效促进细胞在体外的生长增殖，但存在成分复杂、批次间差异大、易污染、制备过程烦琐等种种问题。因此，自从 Earle 1951 年首先研制成功合成培养基后，这方面的工作已经有了很大的进展。

合成培养基是基于对细胞所需营养成分的研究基础上，用化学物质人工模拟合成的。目前已设计出许多种培养基，如 TC199、MEM、RPMI-1640、McCoy5A、DMEM、Ham's F_{12}等，常用的几种动物细胞培养基见附录 3。这些培养基设计时各有其特定目的，而实际上，它们往往适用于多种细胞的培养。

合成培养基的成分明确，便于调整和控制实验设计并使培养条件标准化，对动物细胞培养技术的发展有很大的推动作用。但由于天然培养基中的一些重要成分目前尚未研究清楚，因此，对于动物细胞培养来说，目前多数合成培养基只能维持细胞的生存，要想使细胞更好地生长和增殖，还需要补充部分天然培养基，通常是附加一定量的血清，有时还需补加其他成分。基本培养基添加血清等补充成分后，就能满足某些特定细胞的生长，称为“完全培养基”。为减少污染，可添加一定量的抗生素，但不宜长时间使用，以免导致抗生素抗性微生物的产生，或干扰所研究的细胞过程。

11.1.3.1　合成培养基的组成

合成培养基的主要成分包括氨基酸、维生素、碳水化合物、无机盐和一些其他成分等。

（1）氨基酸　不同动物细胞对氨基酸的要求略有不同，但必需氨基酸必须由培养基提供，培养细胞一般需要精氨酸、组氨酸、胱氨酸、异亮氨酸、亮氨酸、蛋氨酸、苯丙氨酸、苏氨酸、色氨酸、酪氨酸、缬氨酸和赖氨酸等 12 种氨基酸。其余非必需氨基酸，细胞可以自己合成或通过转氨作用由其他物质转化而来，但若有些特殊细胞类型不能合成时，一些非必需氨基酸也需提供。细胞所能利用的氨基酸是 L 型同分异构体，没有 L 型时，可用 DL 混合型代替，但用量须加倍。

几乎所有细胞都需要一定量的谷氨酰胺，在缺少谷氨酰胺时，细胞生长不良甚至死亡。谷氨酰胺除了可以作为氮源外，也可为培养细胞提供碳源。但谷氨酰胺在培养基中不稳定，因此，使用两周以上的培养基需补加原量的谷氨酰胺。

(2) 维生素　维生素是维持细胞生长必需的一类生物活性物质，包括水溶性和脂溶性两大类，它们在细胞中大多形成酶的辅基或辅酶，对细胞代谢有重大影响。有的合成培养基中仅有 B 族维生素，有的还有维生素 C 和脂溶性维生素等。一般细胞培养基中维生素的供应大多来自血清，减少培养基中血清含量或不加血清时，就需要在培养基中增加维生素的种类和含量。

(3) 无机离子　动物细胞必需的无机离子主要包括 Na^+、K^+、Mg^{2+}、Ca^{2+}、Cl^-、SO_4^{2-}、PO_4^{3-} 和 HCO_3^- 等，此外，Fe^{2+}、Zn^{2+}、Cu^{2+} 等微量元素对细胞生长也是不可缺少的。它们在调节细胞代谢、促进细胞生长发育和维持细胞生理功能等方面具有重要作用。有些还是某些维生素、激素或酶等形成过程中不可缺少的。

血清可提供动物细胞需要的多种无机离子，所以当在培养基中已补充加有血清时，一般不需额外再加无机离子。在低血清或无血清培养基中，则需补充铁、铜、锌、硒和其他微量元素等。

(4) 碳源　碳源的主要作用是提供细胞生长代谢所需的能量并提供合成某些氨基酸和核酸等的原料。大多数动物细胞以葡萄糖作为主要碳源，还有核糖、脱氧核糖、丙酮酸钠和醋酸钠等。另外，近年的研究表明，谷氨酰胺也可作为能源和碳源被培养中的细胞所利用，这也许可以解释为什么某些细胞对谷氨酰胺有较高需求的现象。

(5) 有机补充物　在一些培养基中，为了优化细胞生存环境，有时还添加一些有机补充物，如核苷类、三羧酸循环中间产物和脂类，以及还原型谷胱甘肽等。

11.1.3.2　合成培养基的配制方法

合成培养基的种类很多，所含成分不完全相同，配制方法也有所差异。总的原则是配制过程中要充分溶解每一种成分，避免出现沉淀。所以，在配制培养基时，要按照各种成分的性质，分成若干组分别溶解，最后按比例和一定顺序混合，(如例 1)。配制过程一般比较繁杂，费时费工。因此，目前除了因特别需要而专门配制一些特殊培养基外，这种实验室购置各种成分、精确称量后再从头配制的方法一般已不再使用。现在已有各种商品化的培养基可供选用，液体培养基购回后直接或稀释后即可使用；干粉型培养基（powdered medium）按照说明书要求配制即可，给使用和配制合成培养基带来了很大的方便（如例 2）。特殊需求也往往可在现有合成培养基的基础上补加或调整某些成分予以满足。还应注意，实验室制备的培养基在使用前需要检测，以确定真正无菌。而购买的成品培养基也应经过一种或多种细胞系生长能力的检测。

例 1：Eagle 培养基的配制

需先配制各种贮存液，临用前再混合使用。

贮存液①　配制不含葡萄糖和 $NaHCO_3$ 的 Earle 盐水，高压灭菌，在 4℃冰箱保存。

贮存液②（100 倍）　用 100mL 贮存液①，加温到约 80℃，溶解下列氨基酸：精氨酸 1.26g、组氨酸 0.38g、赖氨酸 0.72g、亮氨酸 0.52g、异亮氨酸 0.52g、蛋氨酸 0.15g、苯丙氨酸 0.32g、苏氨酸 0.48g、色氨酸 0.10g 和缬氨酸 0.48g。

贮存液③（100 倍）　用 100mL 0.1mol/L HCl 溶解 0.36g 酪氨酸、0.24g 胱氨酸。

贮存液④（100 倍）　用 100mL 贮存液①溶解下列 B 族维生素：氯化胆碱 0.1g、烟酰胺 0.1g、泛酸钙 0.1g、吡哆醛 0.1g、核黄素 0.01g、硫胺 0.1g 和肌醇 0.2g。

贮存液⑤（100 倍）　先向 100mL 贮存液①中加数滴 0.5mol/L NaOH，再用其溶解

0.1g 叶酸。

贮存液⑥（100 倍）　用 100mL 贮存液①溶解 10g 葡萄糖。

贮存液⑦　用 100mL 蒸馏水溶解 2g $NaHCO_3$。

贮存液⑧（100 倍）　用 100mL 贮存液①溶解 2.92g 谷氨酰胺。

贮存液②～⑦配制好后，分别过滤除菌，保存在 4℃冰箱。贮存液⑧过滤除菌后，分别装成每 10mL 一瓶，低温冰箱保存。

使用时，分别取以下贮存液混合：贮存液②10mL、贮存液③10mL、贮存液④1mL、贮存液⑤10mL、贮存液⑥10mL、贮存液⑧10mL，最后用无菌三蒸水补足至 1000mL，用贮存液⑦调节 pH7.0～7.2。

例 2：RPMI-1640 培养基的配制

甲液　RPMI-1640 10.4g，HEPES 2.7～5.4g，三蒸水 700mL，磁力搅拌至颗粒完全溶解（3～4h）。

乙液　$NaHCO_3$ 2.0～2.2g，三蒸水 30mL，37℃、30min 颗粒溶解。

将甲、乙两液混合，加水至终体积 1000mL。在 4℃静置 2～3h。滤过除菌，分装，抽样做无菌试验，－20℃冻存。

11.1.4　无血清培养基

用人工合成培养基培养细胞，一般需要补充一定量的血清。由于血清中成分复杂且不稳定以及不同来源和不同批次成分差异较大等问题的存在，给诸如细胞产物的分离提取、激素和药物的作用机理研究、细胞对营养的确切要求等实验的设计和结果分析带来了很多困难；而且血清只能过滤除菌，但过滤只能除去细菌，而不能除去血清中可能含有的病毒和支原体；再者，血清中可能有抑制病毒的因素，会干扰病毒研究实验等。因此，相关工作中迫切需要适用于细胞生长的无血清培养基（serum free medium，SFM）。

自 1975 年 Sato 等成功地用无血清培养基培养了垂体细胞株 CH4 后，无血清细胞培养技术得到迅速发展。无血清培养基由于其组成相对清楚，制备过程较为简单，目前在大规模动物细胞培养中已经普遍使用。除生产生物制品外，无血清培养技术也被广泛应用于细胞生物学、药理学和肿瘤研究等领域，是进行细胞增殖、分化及基因表达调控等基础研究的有力工具。

无血清细胞培养基的使用保证了实验结果的准确性、可重复性和稳定性，简化了提纯和鉴定细胞产物的程序，可以减少细胞污染，降低疫苗反应。但是目前的无血清培养基仍有不足之处，如成本较高；由于没有了一些血清提供的保护和解毒作用，对试剂和水的纯度以及器皿等的清洁程度要求也更高；针对性较强，一种无血清培养基一般只适用于某一类细胞的培养；而且通常在无血清培养基中细胞生长较慢，有限细胞系的传代次数可能减少；迄今还没有研制出具有稳定效果并普遍适用的无血清培养基等。诸如此类的问题使得无血清培养基的应用目前还有一定的局限。

11.1.4.1　无血清培养基的类别

目前，无血清培养基的研究方向主要是使培养基中不含任何动物来源的添加组分，以及不含不明确的添加组分。根据无血清培养基的发展历程，可将其大致划分为四类：

第一类为一般意义上的无血清培养基。不含血清，而用各类可替代血清功能的生物原料配制细胞培养基。其特点是蛋白质含量较高，添加物的化学成分不够明确，其中有较多的动物来源蛋白，不利于目标蛋白的分离纯化。

第二类为无动物来源培养基。培养基中添加的组分无动物来源，需要的蛋白质等来源于重组蛋白或蛋白质水解物，这些组分可以保障细胞生长及增殖的需要。

第三类为无动物蛋白培养基。培养基完全不用动物来源的蛋白质，但仍有部分添加物是来源于植物蛋白的水解片段或合成多肽片段等其他衍生物。此类培养基组分相对稳定，但对培养的细胞是高度特异性的。

第四类为化学组分限定培养基。此类培养基是目前最安全、最为理想的培养基，可以保证培养基批次间的一致性，其中所添加的少量蛋白质水解物、蛋白质等都是成分明确的组分。其特点是培养基的性质明确，有利于进行培养细胞的代谢研究，同时对产物的分离纯化也比较方便，这是目前研究的主要目标。

11.1.4.2　基础培养基

无血清培养基一般由基础培养基和替代血清的补充成分两部分组成。一般根据不同的培养细胞选择合适的合成培养基作为无血清培养基的基础培养基。常用的是用 DMEM 和 F_{12} 以 1∶1（体积比）混合作为基础培养基（目前已有混合好的 DMEM/F_{12} 商品培养基），按照不同细胞的要求补加一定量的 HEPES（羟乙基哌嗪乙磺酸）和 $NaHCO_3$，而且使用时还可以根据需要对其组分进行调整。

11.1.4.3　无血清培养基的补充成分

补充成分（或称补充因子）是代替血清的各种因子的总称，但任何单一因子都不能替代血清，多数无血清培养基必须补加多种因子。不同的细胞系或细胞株对培养基中补充因子的种类及含量的要求不同。在无血清培养基的补充成分中，以胰岛素、转铁蛋白和硒的应用最为普遍。

概括起来，能替代血清的补充成分可分为如下几类：①激素和生长因子；②结合蛋白；③贴壁成分；④微量元素和低分子量营养成分；⑤酶抑制剂等。常用的补充成分及其用量的范围见表 11-3。

表 11-3　无血清培养基的一些补充成分

补充因子	浓　度
激素和生长因子	
胰岛素	0.1～10μg/mL
胰高血糖素	0.05～5μg/mL
卵泡刺激因子	50～500ng/mL
生长激素	0.05～0.5μg/mL
表皮生长因子	1～100ng/mL
成纤维细胞生长因子	1～100ng/mL
神经生长因子	1～10ng/mL
甲状旁腺激素	1ng/mL
促甲状腺激素释放激素	1～10ng/mL
促黄体激素释放因子	1～10ng/mL
前列腺素 $F_{2\alpha}$	1～100ng/mL
前列腺素 E_1	1～100ng/mL
三碘甲腺原氨酸	1～100pmol/L
氢化可的松	10～100nmol/L
孕酮	1～100nmol/L
睾酮	1～10nmol/L
雌二醇	1～10nmol/L

续表

补充因子	浓度
结合蛋白	
转铁蛋白	0.5～100μg/mL
无脂肪酸牛血清白蛋白	1mg/mL
贴壁因子	
纤维黏连蛋白	0.1mg/L
层黏连蛋白(LN)	0.1mg/L
冷析球蛋白	0.5～5μg/mL
血清铺展因子	0.5～5μg/mL
胎球蛋白	0.5mg/mL
胶原和多聚赖氨酸	基底膜层
微量元素和低分子量营养成分	
H_2SeO_3	10～100nmol/L
$CdSO_4$	0.5μmol/L
丁二胺	100μmol/L
抗坏血酸	10μg/mL
α-生育酚	10μg/mL
维生素 A	50ng/L
亚油酸	3～5μg/mL

(1) 激素和生长因子　激素是刺激生长、维持细胞功能的重要物质，其中胰岛素是几乎所有动物细胞在无血清培养中所必需的，它有促进 RNA、蛋白质和脂类的合成等多种功能。另外，氢化可的松、胰高血糖素、前列腺素、甾体激素如孕酮、生长激素、雌二醇等也是无血清细胞培养基中常用的补充因子。

生长因子也是维持细胞生存和增殖所必需的物质，依照化学性质可分为多肽生长因子和甾体生长因子；按功能可分为表皮生长因子（EGF）、神经生长因子（NGF）、成纤维细胞生长因子（FGF）等。一些生长因子现已提纯并商品化。

(2) 结合蛋白　结合蛋白主要有两种。一种是白蛋白，它是很多无血清培养基的主要添加因子，有调节渗透压并保护细胞免受机械损伤等作用，能促进细胞的生长。另一种是转铁蛋白，（transferring，TF），转铁蛋白能增强细胞摄取和利用培养基中铁的能力，还可螯合痕量有害金属离子，也有促进有丝分裂的作用。不同细胞需要量不同。

(3) 贴壁因子　绝大多数动物细胞在体外生长时需要附着于适当的基质，随后铺展成一单层，然后才能增殖。因此，要使细胞能在无血清培养基中生长，贴壁因子（adhesion factor，或称生长基质，growth substratum）也是必不可少的，其作用是帮助细胞固着贴附在基质上。细胞贴壁是一个复杂的过程，包括贴壁因子吸附于器皿表面以及细胞与贴壁因子的结合等。

目前在无血清细胞培养中常使用的贴壁因子有纤维黏连蛋白（fibronectin）、冷不溶球蛋白（cold-insoluble globulin，CIg）、血清铺展因子（SSF）、胎球蛋白（fetuin）、层黏连蛋白（laminin，LN）、胶原（collage）和多聚赖氨酸（poly-D-lysine）等。

(4) 微量元素和低分子量营养成分　微量元素中最常用的是硒元素。另外，丁二胺和亚油酸等对某些细胞在无血清培养基中的生长也有促进作用。

(5) 酶抑制剂　在贴壁培养的细胞传代时，常需用胰蛋白酶进行消化。因此用无血清培养基进行再培养时，其中必须添加酶抑制剂中止残余酶的作用，以达到保护细胞的目的。目前常用的是大豆胰酶抑制剂，使用浓度为 0.1%～0.5%，滤过除菌后，将其加在

DMEM/F_{12}基础培养基内。

11.1.4.4 无血清培养基的使用

动物细胞从含血清培养基转入无血清培养基培养，要有一个适应过程。一般应逐步降低血清浓度，直至无血清培养。在血清降低过程中要注意观察细胞形态是否发生变化，是否有细胞死亡，存活的细胞是否还保持着原有的功能和生物学特征等。在实验或生产完成后，这些细胞一般不再继续保留，因为很少有细胞能够长期培养于无血清培养基而不改变的。因此细胞在转入无血清培养基之前，应留有种子细胞。种子细胞按常规培养于含血清的培养基中，以保证细胞的特性不发生变化。另外，细胞在不同的培养方式下对无血清培养基的要求有所不同，适合转瓶培养的无血清培养基简单放大到发酵罐培养并不一定合适，因而开发适用于微载体等大规模培养系统的无血清培养基也是其发展的一个重要方面。再者，无血清培养基没有广泛的适应性，同类型的细胞、甚至不同的细胞系或细胞株对无血清培养基的要求都有可能不同。因此，很多研究主要集中在各种无血清培养基的配方改进上，以更好地促进细胞生长、增殖或提高目的产物的表达。但要研制一种新的配方甚至只是调整现有的配方往往需要耗费大量的时间、精力和财力。所以尽管无血清培养条件可能很理想，但保留血清的方法更为简单些。

总之，动物细胞无血清培养作为一项重要的现代生物技术，已在许多研究和应用领域得到广泛的应用，无血清培养基显示了许多传统的含血清培养基无法比拟的优势，相信随着研究的不断深入，适合多种细胞生长、具有广泛适用性的无血清培养基终将问世。

11.2 影响动物细胞培养的环境因素

为了使动物细胞在体外能够顺利地存活和生长，除了提供上面介绍的各种营养物质外，还需要适宜的温度、pH、氧气和渗透压等环境条件。

11.2.1 温度

温度是细胞在体外生存和增殖生长的基本条件之一。来源不同的动物细胞，其最适生长温度也不尽相同。例如，鱼属变温动物，其细胞对温度变化的耐受力较强，适宜冷水、凉水、温水鱼细胞培养的温度分别为20℃、23℃和26℃；昆虫细胞为25～28℃；人和多数哺乳动物细胞最适宜的温度为36.5℃±0.5℃。温度不超过39℃时，细胞代谢强度与温度成正比；高于此温度范围，细胞的正常代谢和生长将会受到影响，甚至导致死亡。总的来说，细胞对低温的耐受力比对高温的耐受力强。例如，培养细胞处在39～40℃下1h，即会受到一定损伤，但仍可以恢复；在41～42℃下1h，细胞便会受到严重损伤；温度上升到45℃时，在1h内细胞即被杀死。相反，把细胞置于25～35℃的较低温度时，它们仍能生存和生长，但速度缓慢，并维持长时间不死。放在4℃数小时后再置于37℃，培养细胞仍继续生长。如果温度降至冰点以下，则细胞可因胞质结冰而死亡。

温度除直接影响到细胞生长外，也与培养基的pH有关，因为温度的变化会影响CO_2的溶解性进而影响pH。

11.2.2 pH

合适的pH也是细胞生存的必要条件之一，不同种类的细胞对pH的要求不同。对于多数哺乳类动物细胞的生长，最适pH范围是7.2～7.4。有些细胞系的生长最适pH略有不同，但对多数动物细胞而言，一般不能超过 pH6.8～7.6 范围，否则将对细胞产生不利影响，严重时可导致细胞退变或死亡。同种细胞处在不同生长时期的最适 pH 也不尽相同。如原代培养细胞对 pH 变动耐受性差，传代细胞和肿瘤细胞的耐受性相对较强。生长旺盛的细胞代谢强，产生 CO_2 多，培养基 pH 降低快；如果 CO_2 从培养环境中逸出，则 pH 升高。为了维持细胞生存环境中的 pH 稳定，应该使培养基得到良好的缓冲，常用的是在培养基中添加碳酸氢钠，以及用 HEPES[4-(2-hydroxyethyl)-1-piperazine ethanesulfonic acid，羟乙基哌嗪乙磺酸] 来防止 pH 的迅速波动。

11.2.3　氧气和二氧化碳

氧是细胞代谢所必需的，氧参与呼吸代谢，为细胞的生命活动提供能量。不同的细胞和同一细胞的不同生长时期对氧的需求不同。若培养液中溶解氧浓度太低，细胞生长和代谢受到阻碍；但溶解氧浓度太高也对细胞有毒性作用，会抑制细胞生长。因此，需根据具体情况，选择最佳的溶解氧水平。一般在液体培养初期控制较低的溶解氧水平，在对数生长期或培养后期，当细胞增多时，再提高溶解氧至更高水平。对培养体系溶解氧的控制一般可以通过调节供气中各种气体的通入量或它们之间的比例以及改变生物反应器的操作参数来实现。对绝大多数开放式培养系统而言，动物细胞培养的气相环境一般采用 5% CO_2 与 95%空气的混合气体。

CO_2 既是细胞的代谢产物，也为细胞生长所需。此外，如上所述，CO_2 还和维持培养基 pH 有直接的关系。

11.2.4　渗透压

细胞在高渗溶液或低渗溶液中，会发生皱缩或肿胀、破裂，所以，渗透压也是体外动物细胞培养的重要条件之一。不同细胞要求的渗透压不同，有些动物细胞如 HeLa 细胞或其他确定的细胞系，对渗透压具有较大耐受性；而原代细胞和正常二倍体细胞对渗透压波动比较敏感。一般动物细胞适宜的渗透压范围为 260～320mOsmol/kg，人血浆渗透压约为 290mOsmol/kg，可视为体外培养人类细胞的理想渗透压，小鼠的渗透压大约在 310mOsmol/kg 左右。

思　考　题

1. 概述 BSS 的组成和用途。
2. 动物细胞的培养基主要有哪几类？各有何特点？
3. 动物细胞培养的完全培养基和一般的植物细胞培养基在组成上有何异同？
4. 为什么要开发无血清培养基？常用的血清替代成分主要有哪几类？最常用的补充因子是哪几种？
5. 概述各种环境因素对动物细胞培养的影响。

第12章　动物细胞培养技术

动物细胞培养是将动物组织或细胞从机体取出，分散成单个细胞，给予必要的生长条件，模拟体内的生长环境，使其在体外继续生长与增殖的技术。该技术为相关基础研究提供了诸多的便利条件。例如，能排除神经体液因素的影响及肝、肾解毒功能的干扰，观察某些因素或药物对培养细胞的直接作用。通过获得某一类型细胞的纯培养，可以使得该类细胞的培养实验基本不受其他类型细胞的干扰，为细胞的生理生化分析以及不同细胞之间相互作用的研究创造了条件。研究者可根据不同的研究内容和目的，十分方便地在细胞培养基中添加或减去某些特殊的物质，如激素或生长因子等，这样就可以确切地了解这些因子对细胞生长发育的效应及其生理生化本质。在细胞培养实验中还可利用电镜、同位素标记、放射免疫法和免疫组化法等方法来研究细胞形态结构及细胞内化学物质的分布，或直接观察培养细胞生命活动的动态过程。此外，包括从低等动物、高等动物到人类的各种细胞系和细胞株的建立——其中有正常细胞株、病毒或其他因子转化的细胞株、基因突变细胞株、杂交瘤细胞株等，已成为动物细胞生物学、发育生物学、遗传学、免疫学、肿瘤生物学、神经生物学等学科研究的重要模型。动物细胞培养技术不仅对生命科学领域的基础研究有重要的促进作用，也是大规模生产抗体、疫苗和某些基因工程药物等生物工程产品的关键技术，而且也为组织和器官培养以及现代生物技术中前沿的转基因动物技术、克隆技术、干细胞技术等一系列技术的发展奠定了基础。

12.1　原代培养

由机体取得材料（细胞和组织等）培养到第一次传代前即为原代培养（primary culture)，也称为初始培养。任何动物细胞的培养均需从原代培养做起，但不同动物、不同组织的细胞培养难易程度差别较大。原代培养步骤一般包括从生物体切取欲培养的材料，制备成可用于培养的组织块或细胞，接种到合适的无菌培养液中，在适宜的环境条件下进行体外培养等。

12.1.1　取材

取材是原代培养的第一个环节。取材部位是否准确、所取材料是否保持活性、材料处理是否得当等，都关系到实验的成败。一般选择在动物幼小时取材，有利于细胞成活和生长。

整个取材过程一般要在超净工作台或其他无菌台面上进行。在无菌条件下取出组织或器官，放在BSS或培养液中，立即送往培养实验室。如果不可避免地要延误时间，如去屠宰场或临床手术室取材时，解取的组织应立即冷却，然后尽快送往实验室。几种常用材料的取材步骤简介如下。

12.1.1.1　鸡胚组织

选取受精新鲜鸡蛋，置孵化箱中38℃孵育，每天翻动1～2次，可在温箱内放一水盘以维持箱内湿度。根据实验要求选用一定孵育时间的鸡胚，将鸡蛋大头向上放在小烧杯中，用碘酒和酒精消毒卵壳后，用剪刀环形剪除气室端蛋壳，切开蛋膜暴露出鸡胚。用于净玻璃棒轻轻挑起鸡胚，或用消毒的弯头镊子轻轻镊住鸡胚颈部，放入无菌培养皿中，根据需要解取材料。在鸡的病毒与疫苗研究中经常用到鸡胚培养技术。

12.1.1.2　鼠胚组织

选择所需胎龄的怀孕母鼠，用引颈法处死，即一手捏住鼠颈，另一只手捏住鼠尾，分别向两端牵拉，直至拉死为止（但如取脊髓组织，则宜用其他方法处死）。然后将整个动物浸入盛有75%酒精的烧杯中3～5s，注意时间不能太长，以免酒精从口和其他孔道进入体内而影响组织活力。取出后固定在已经消毒的木板上，用眼科剪和止血钳剪开皮肤解剖取材。也可在酒精消毒后，在动物躯干中部环形剪开皮肤，用止血钳分别钳住两端皮肤拉向头尾两侧，暴露出躯干，然后再固定，解剖出包含鼠胚的子宫，放置在一事先盛有BSS的培养皿中，稍事清洗后换入另一培养皿中。撕破或剪破子宫，取出所有胚胎，置于一新的盛有BSS的培养皿中，洗去血污，备用。由于鼠胚组织取材方便，易于培养，又是与人类相近的哺乳动物，所以是较常用的培养材料。

12.1.1.3　血细胞

多采用静脉取血，取血时常用肝素抗凝剂防止凝血。抽血前先用注射器吸少量500U/mL生理盐水配制的肝素液湿润针管，抽出血后拔掉针头，立即将血注入无菌容器中备用。微量培养时也可从指尖或耳垂取血。

12.1.1.4　人体肿瘤

人体肿瘤组织主要来源于外科手术或活检组织，体积较大的瘤体中央多有坏死或变性，取材时应尽可能取外层的新鲜组织。对带菌瘤块，尤其是开放器官的肿瘤组织，在进行培养前，需用含500～1000U/mL青霉素、链霉素的PBS液反复洗涤5～10min。

12.1.2　分离细胞

动物体内的各种组织均由多种细胞和纤维成分组成，一般体积大于1mm^{3}的组织块置于培养瓶后，处于周边的少量细胞可能生存和生长，而大部分内部细胞因营养物质穿透有限而代谢不良，且受纤维成分束缚而难以移出。为获取较大量生长良好的细胞，必须把组织分散开，使细胞解离出来。对于不同的实验目的和材料，分离的方法和条件各有不同。常用的主要有机械分离法和消化分离法两类，二者也可以联合使用。

12.1.2.1　机械分离法

机械法是指通过适当的物理学处理手段，将动物组织解离分散成单个细胞的方法。

（1）离心分离法　对于血液、羊水、腹水和胸水等中细胞的分离，可采用离心分离法，一般用500～1000r/min离心5～10min即可。如悬液量大则可适当延长离心时间，但离心速度不能过快或时间过长，否则容易使细胞因挤压受损甚至死亡。

（2）机械解离法　有些纤维性成分含量很少的软组织如胸腺、脾脏、胚胎、脑组织和间质成分少的软肿瘤组织等可以用机械解离法分散细胞。这类方法易对细胞造成损伤，但细胞不受化学物质的影响，所需时间较少。

① 针芯挤压过网法　该方法也称过筛法，是挤压组织通过一系列筛孔逐渐缩小的筛网，直到组织解离为单细胞或小组织块的方法（图12-1）。

a. 取组织经修剪、BSS漂洗后，粗剪成3～5mm^{3}的小块。在一个加有培养液的培养皿

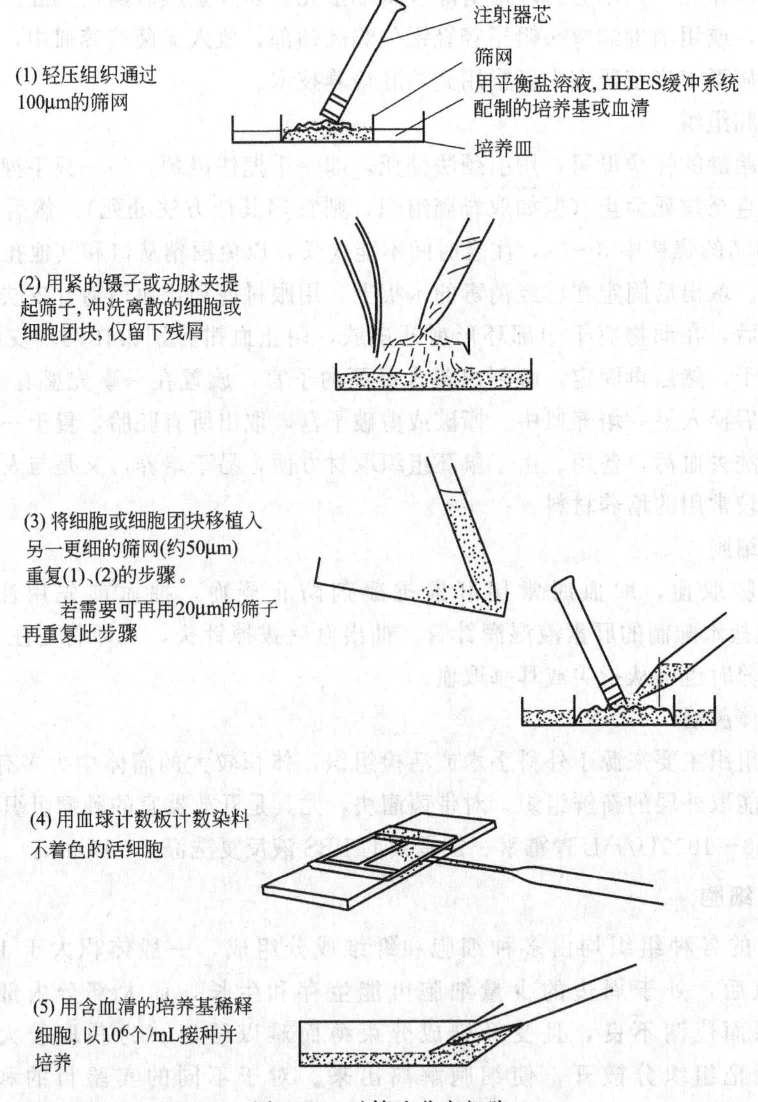

图 12-1 过筛法分离细胞

内，放一张网眼孔径为 1mm 的不锈钢网筛。将漂洗过的组织小块放到筛子上，用注射器内芯轻轻挤压组织小块，使组织通过网孔流到培养液内。用 BSS 液将网上剩余的组织细胞冲下。

b. 用滴管吸取皿中滤过的细胞悬液，加到 100μm 孔径的筛子上，同“a.”操作，将细胞悬液过筛到另一个培养皿内。

c. 再吸取细胞悬液，通过另一个网眼更小的筛子（如 50μm）过滤到另一个培养皿内。如有必要还可再通过更细的筛孔（如 20μm）过筛。

d. 计数细胞，调整至所需密度，接种培养。

挤压过网法对组织有损伤，网眼愈小，压力愈大，组织细胞受损越重。

② 针头抽吸法　软组织块先经修剪和 BSS 漂洗，长时间反复剪切后，加 BSS 液或基础培养液，用吸管（空针或移液器也可）反复吹打，至组织基本分散或刚好分散。静置片刻，收集可通过 4 号针头的单细胞悬液。进行细胞计数，接种培养。

12.1.2.2　消化分离法

消化法是用酶或螯合剂把已经剪切成较小体积的组织进一步分散，使之成为小细胞团或单个细胞状态的方法。消化作用主要是除掉细胞间质，使细胞相互散开，但不损害细胞本身。不同组织可选用不同的消化手段。

(1) 胰蛋白酶消化法　胰蛋白酶是从动物胰脏分离的一种水解酶，适于消化细胞间质较少的软组织，如胚胎、上皮、羊膜、肝肾等组织，对传代细胞也适用，但用于消化纤维性组织及较硬的癌组织时则效果较差。Ca^{2+} 和 Mg^{2+} 对胰蛋白酶活力有一定的抑制作用，故一般需用不含这些离子的BSS配制。血清有抑制胰蛋白酶活性的作用，因此含血清的培养液中残留的微量胰蛋白酶对细胞无影响。

胰蛋白酶的消化效果与pH、温度、组织块的大小和硬度以及酶的浓度等都有关系。该酶常用的浓度一般在0.1%～0.5%范围，pH8～9。一般温度低、组织块大、酶浓度低时消化时间长，反之则应减少消化时间。酶浓度过大和消化时间过长，细胞会被消化掉，当然消化不足也达不到分散细胞的目的。因此使用胰蛋白酶时，需做预实验，以确定最佳参数。

胰蛋白酶消化法有热（37℃）和冷（4℃）两种不同的处理条件（图12-2）。热处理法所需时间较短，较常用；而冷处理法对细胞的损伤较小，有利于获得较多的活细胞和较多的细胞类型。热胰蛋白酶处理法的一般程序如下：

① 将组织用刀切成1mm^{3}大小的小块，或用剪刀剪碎。用不含钙镁离子的Hanks液洗涤组织小块。

② 将组织小块转移到试管或离心管中，加入上述BSS，静置10min，间或摇动或搅拌。

③ 吸去BSS，加入酶液。密封管口后，在37℃条件下消化15～45min，中间摇匀数次。在组织块量较大时，可以将材料转移到消化瓶或三角瓶内，加入胰蛋白酶消化液，放在磁力搅拌器上，37℃下搅拌消化。

④ 消化一定时间后，停止搅拌，待组织小块下沉，将细胞悬液倒出，立即离心去除胰蛋白酶液，再加含血清的培养液重新悬浮，冰浴保存或放入4℃冰箱。下沉小块内再加入新鲜的胰蛋白酶液，重复进行步骤③的消化过程，再次收集细胞悬液，同④处理并与前面收集的已冷却的悬液合并。可以反复重复消化和收集过程，直至消化完为止。

⑤ 将得到的细胞悬液用不锈钢筛过滤，收集滤液，离心去除胰蛋白酶消化液。

⑥ 将细胞重新悬于培养液中，用血球计数板计数。用培养液将细胞悬液稀释，一般为10^6个细胞/mL，接种到培养瓶内，大约每平方厘米接种2×10^5个细胞。若尚不知接种细胞的成活率，可在几个培养瓶内分别接种不同的细胞密度。

冷胰蛋白酶处理法与热处理法的主要区别是：用胰蛋白酶液进行消化时的温度为4℃，消化时间延长至4～24h。

(2) 胶原酶消化法　胶原酶（collagenase）是一种由细菌中提取出的酶，对胶原成分有强烈的消化作用，适用于消化较硬、含较多结缔组织或胶原成分的组织。该酶在Ca^{2+}和Mg^{2+}存在下仍有活性，血清亦不易使其失活，因此可用含有Ca^{2+}和Mg^{2+}的BSS配制或溶于含血清的培养液中。

将剪碎并用BSS洗涤过的组织小块放入培养液内，加入胶原酶溶液，使胶原酶的最终浓度为200U/mL或0.1～0.3mg/mL，37℃温育。温育时间与所需解离的组织有关，一般

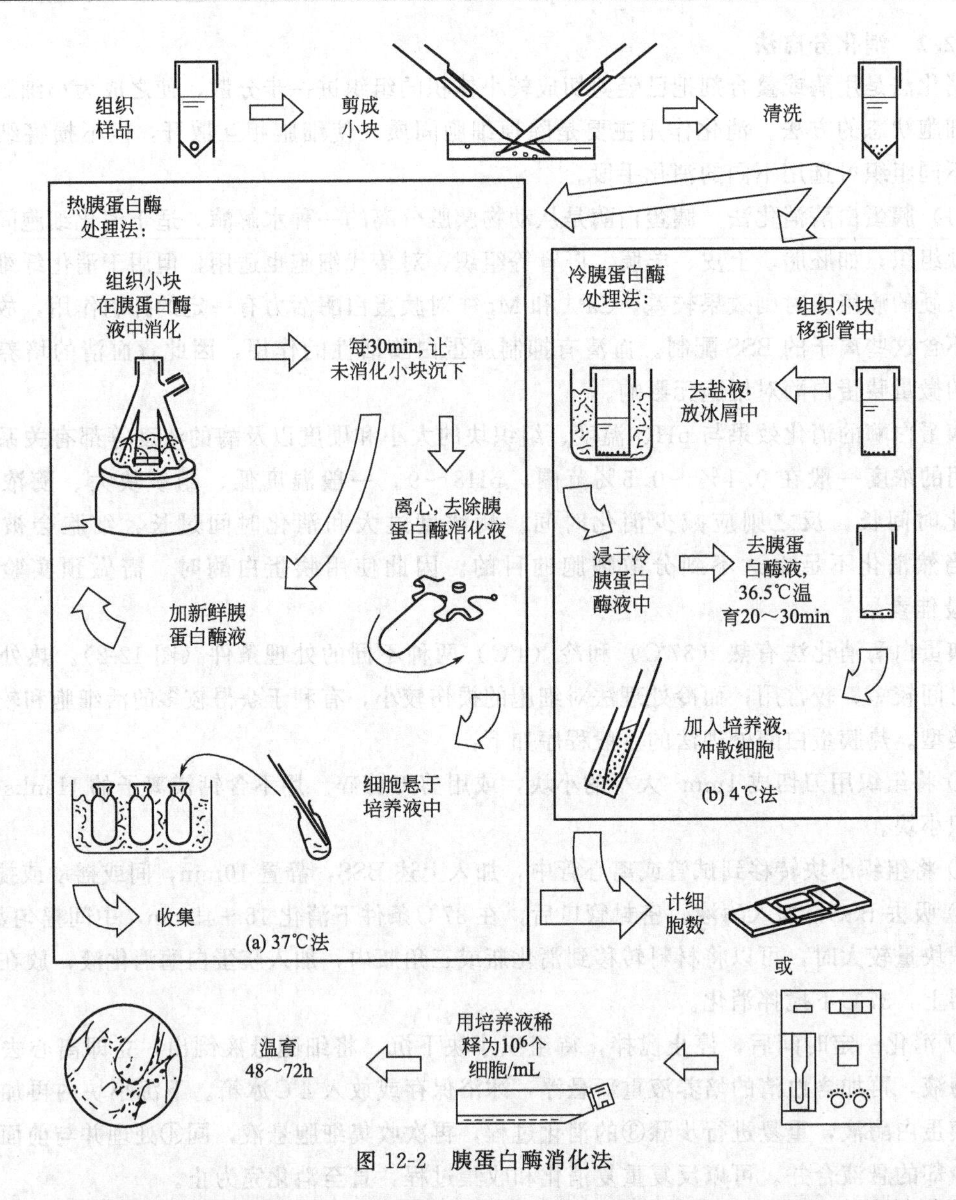

图 12-2　胰蛋白酶消化法

需 4～48h；解离某些肿瘤组织时，可能需要更长时间。此外，静置时组织小块易黏附于瓶底而影响解离效果，轻轻振动有利于细胞松散。胶原酶也可和胰蛋白酶混合使用。

(3) 其他消化酶消化法　除上述两种常见的消化酶外，还有其他一些消化酶。如链霉蛋白酶，据报道该酶适应范围较广，分散效果也好。但该酶不受血清影响，故消化后应充分漂洗，此酶也不适于做传代时的消化处理。黏蛋白酶、蜗牛酶、透明质酸酶、溶菌酶、木瓜蛋白酶等也是可以用于制备培养细胞的消化酶。在使用时，应根据欲解离的组织的具体成分而定，需要时可几种酶联合使用，如胶原酶和透明质酸酶协同作用有助于解离大鼠或兔的肝脏。

(4) 螯合剂消化法　可用来消化组织的螯合剂有柠檬酸钠、EDTA-Na_2 等，常用不含 Ca^{2+} 和 Mg^{2+} 的 BSS 配成 0.02％的工作液。EDTA 的主要作用是通过螯合细胞间质中的 Ca^{2+} 和 Mg^{2+}，从而破坏细胞连接。

EDTA 的作用比胰蛋白酶缓和，单独消化新鲜组织时较少使用。EDTA 最适于消化传代细胞，消化 5～10min 后，用 BSS 洗 2～3 次，加入培养液，再用吸管从瓶壁上把细胞吹打下来，制成悬液进行培养。EDTA 和胰蛋白酶以不同比例联合使用效果较好。EDTA 不受血清抑制，因此消化后需彻底漂洗，否则会影响细胞生长。

12.1.3　原代培养常用方法

12.1.3.1　组织块培养法

组织块培养法也称为外植块培养法，是 Harrison（1907）和 Carrel（1912）等最先建立和发展的体外组织培养方法。由于外植块（explant，用于开始体外培养而切下的一小块组织或器官）能在一定限度内保持其原有的组织结构，有利于适应体外培养环境，而且操作简便，因此外植块培养法是动物细胞培养技术中最常用的原代培养方法。

将欲进行体外培养的组织先用 BSS 漂洗，用剪刀或解剖刀将材料切割成 1～2mm^3 的组织块，以 BSS 漂洗后，用润湿的吸管将这些组织块移至培养瓶内，轻轻翻转培养瓶，向瓶内注入适量培养液，盖上瓶塞，放置一定时间，以使组织块能贴附于瓶壁上，然后再翻转过来继续静置培养。也可将组织小块转移到培养瓶内后，只加入少量培养液，轻轻地倾斜摆动培养瓶，使外植块均匀地分布于培养瓶内壁表面上。盖上瓶盖，放入恒温培养箱内，静置。待外植块贴壁后，再向培养瓶中补加培养液继续培养（图 12-3）。

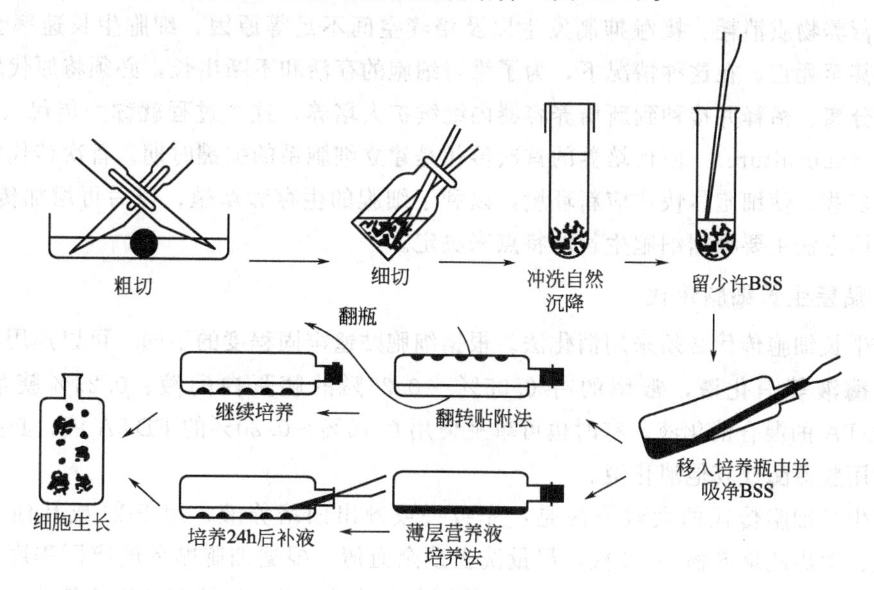

图 12-3　组织块培养法

12.1.3.2　单层细胞培养法

单层细胞培养（monolayer cell culture）是将解离得到的细胞，根据实验要求，用培养液配制成所需浓度的细胞悬液（对多数动物细胞而言，细胞密度在 10^5 个/mL 左右比较合适），接种到培养瓶/皿内，水平放置进行培养。每隔 1～2 天更换培养液一次。细胞可在瓶/皿底壁黏附并贴壁生长，培养一定时间后形成一细胞单层。

单层细胞培养方法更换新鲜培养液比较容易，例如，先用含血清培养液培养，然后可以方便地更换为无血清培养液培养，用于观察某些因子加到培养液后的作用，以及从培养液中减去某些因子后对细胞生长的影响；如果实验要求细胞密度较高时，较容易采用灌注技术提供高密度细胞所需要的营养成分；另外，当细胞黏附在基质上后，更容易表达某些产物；而且单层细胞培养适用许多细胞系。

12.1.3.3 悬浮细胞培养法

悬浮细胞培养（suspension cell culture）是指细胞悬浮在培养液中生长增殖的培养方式。来源于血液和淋巴组织的细胞、许多肿瘤细胞（包括杂交瘤细胞）以及某些转化细胞等非贴壁依赖性的动物细胞，都可以悬浮在培养液中生长。

悬浮培养的一般步骤是：①将制备的细胞悬液用吸管反复吸、吹，以分散细胞团块；②取样计数细胞并调整细胞密度；③在准备好的培养容器中加入足够的培养液；④接种细胞，进行培养。对于生长快、倍增时间短的细胞，接种的细胞量可以少些；反之则应多些。用于动物细胞培养的装置很多，但其原理无非是采用合适的方式对培养物进行搅拌、振荡或旋转，使细胞保持悬浮状态。例如，可在培养容器内放一个有聚四氟乙烯外膜包被的磁棒，盖上瓶盖，放在恒温箱内磁力搅拌器上搅拌培养；也可将培养瓶固定在恒温摇床上振荡培养；还可采用转瓶（spinner bottle）和滚瓶（roller bottle）培养等。

12.2 传代培养

随着培养时间的延长，原代培养的细胞不断分裂增殖，细胞数量不断增加。到一定程度后，由于营养物质消耗、接触抑制发生以及培养空间不足等原因，细胞生长速率会逐渐减慢、停滞甚至死亡。在这种情况下，为了维持细胞的存活和不断生长，必须将原代培养容器内的细胞分离、稀释并接种到新培养容器内继续扩大培养，这个过程就称为传代（passage）或再培养（subculture）。原代培养的首次传代是建立细胞系的关键时期。首次传代的细胞接种数量要多些，使细胞尽快适应新环境，以利于细胞的生存和增殖；以后可增加传代比率。传代的具体方法主要根据细胞生长的特点来决定。

12.2.1 贴壁生长细胞传代

贴壁生长细胞传代必须采用消化法。根据细胞贴壁牢固程度的不同，可以选用不同浓度的胰蛋白酶液等消化液，常用的有 0.05%～0.25% 的胰蛋白酶液、0.25% 胰蛋白酶和 0.02%EDTA 的混合消化液，有时也可单独使用 0.10%～0.20% 的 EDTA 液，必要时还需要联合使用胶原酶或其他消化液。

贴壁生长细胞传代的大致方法是：先吸去或倾出旧培养液，用 PBS 或其他无钙镁的 BSS 溶液轻缓漂洗培养物 1～2 次，尽量洗去残余血清。根据细胞贴壁的牢固程度，加入适当浓度的消化液使贴壁的细胞游离。加入蛋白酶抑制剂或者血清培养液终止消化。离心，弃去上清液及混含于其中的胰酶等。换入新鲜培养液，重新悬浮细胞，计数并调整细胞密度，根据实验要求按一定比率分别接种到新的培养容器中继续培养。

12.2.2 半悬浮生长细胞传代

此类细胞部分呈现贴壁生长现象，但贴壁不牢，可用直接吹打方法使细胞从瓶壁脱落下来，进行传代，但直接吹打会造成一些细胞的损伤，亦可采用消化法传代。

12.2.3 悬浮生长细胞传代

悬浮细胞多采用离心法传代。将培养物转移到离心管内，以 1000r/min 离心后弃去上清液，沉淀细胞加新培养液后再混匀传代。也可直接传代，即待悬浮细胞慢慢沉淀在瓶壁后，将上清培养液去除 1/2～2/3，然后用吸管直接吹打形成细胞悬液再传代。

12.3　细胞系与细胞克隆

12.3.1　细胞系（株）的建立

传代培养的过程就是细胞系的建立过程，原代培养物经首次传代成功后即成细胞系(cell line)。所以，细胞系就是指从原代培养物经传代培养后得来的一群不均一的细胞，是由原先存在于原代培养物的各种细胞类型所组成。原代培养物所含的细胞类型多而杂，因此在培养初期，存活和生长的细胞类型也是多种多样的。随着培养时间的延长，培养物所含各种类型细胞间的生长显现出差异。有的经过适应生长阶段而增殖生长，而另一些细胞，或者死亡，或者经过逐步退化而至死亡，培养物的细胞类型往往由复杂逐步变为以一种细胞为主的细胞群体。各种细胞系的寿命是不同的，如果细胞系不能继续传代或传代数有限，可称为“有限细胞系”(finite cell line)，大多数二倍体细胞为有限细胞系；当一个细胞系在体外培养表现出具有无限传代的潜力时，即可称之为“连续细胞系”(continuous cell line)或“无限细胞系”(infinite cell line)，以前也有称“已建成的细胞系”(established cell line)。

通过选择或克隆化培养，从原代培养物或细胞系中获得的具有特殊性质或标志的细胞群称为细胞株(cell strain)，这些特殊性质或标志在以后的培养中必须持续存在。与细胞系类似，不能继续传代或传代数有限的细胞株，称为“有限细胞株”(finite cell strain)；可连续传代的细胞株，则称之为“连续细胞株”(continuous cell strain)。

由于细胞系和细胞株组成比较均一，生物性状比较清楚，能传代培养，已被广泛应用于生命科学研究和生物医药的生产中。当前世界上已建立的各种细胞系（株）已难胜数，并在不断增多。常用的有 HeLa（人宫颈癌）细胞系、Vero（非洲绿猴肾）细胞系、BHK（小仓鼠肾）细胞系、CHO（中国仓鼠卵巢）细胞系等，用这些细胞系已经进行了大量的工作。

12.3.2　细胞克隆技术

细胞克隆(cell cloning)又称单细胞克隆(single cell cloning)或单细胞培养(single cell culture)，即把单个细胞从群体内分离出来单独培养，使之繁衍成一个新的细胞群体的技术。理论上，各种培养细胞都可用来进行克隆培养，但实际上，能够进行克隆培养的细胞一般只是一些细胞活力、增殖能力以及对体外生长环境适应性都较强的细胞。原代培养细胞和有限细胞系($2n$)克隆培养比较困难，无限细胞系、转化细胞系和肿瘤细胞则比较容易。单细胞克隆技术有多种方法，常用的有稀释铺板法、饲养层克隆法、胶原膜板或血纤维蛋白膜层板克隆法以及琼脂克隆法等。

12.3.2.1　稀释铺板法

先制备低密度的细胞悬液，在多孔塑料培养板的各孔中分别接种细胞悬液，使每孔平均含1个细胞，也可用培养皿或培养瓶作为培养器皿。置37℃、5% CO_2 培养箱中培养，培养6～12h后，待细胞下沉并贴附于培养板孔底后，取出在倒置显微镜下观察，标记含单细胞的孔，然后放回 CO_2 培养箱中继续培养。数日后，凡在已标记的孔中有生长增殖的细胞即为克隆细胞。待孔内细胞增殖至500～600个时，将克隆分离，重新接种扩大培养（图12-4）。

12.3.2.2　饲养层克隆法

细胞的生长增殖除了取决于细胞特性、培养体系和培养条件外，还需要一定的细胞密

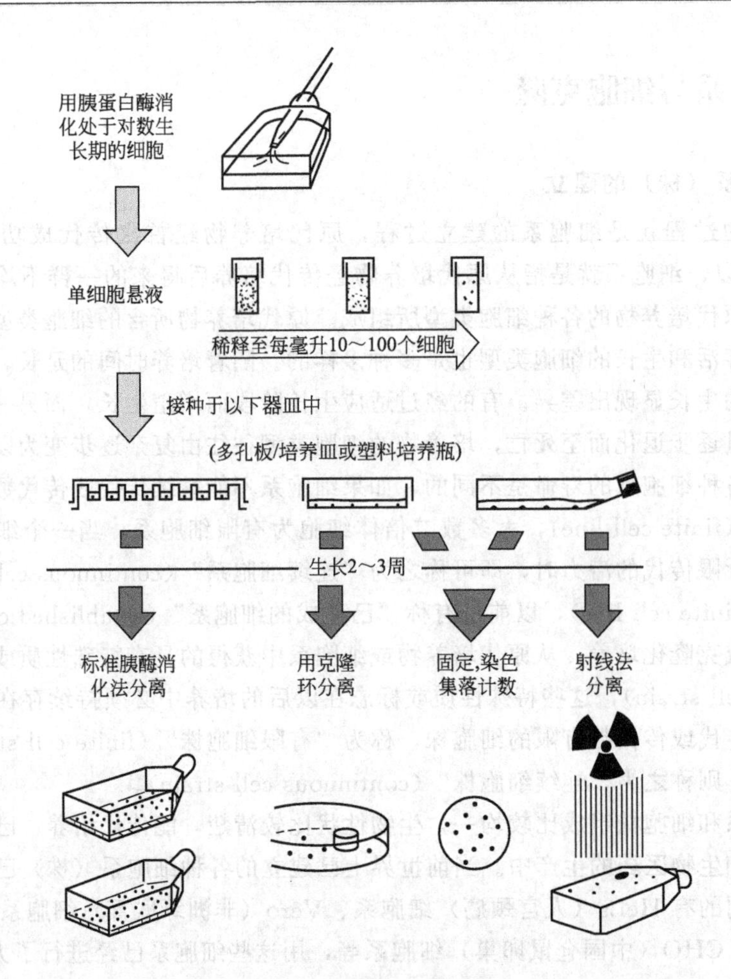

图 12-4　稀释法克隆培养

度。为了促使欲克隆的极少量细胞生长增殖，可使用“饲养细胞”(feeder cell) 来促进克隆的形成。“饲养细胞”也称滋养细胞，是经过丝裂霉素 C 处理或射线照射后失去分裂能力，但仍存活，能促进克隆细胞生长的细胞。常用的有成纤维细胞、胸腺细胞和巨噬细胞等。巨噬细胞不仅能起饲养作用，还能清除培养体系中的死伤细胞及其碎片。因为饲养细胞制备烦琐，在应用稀释铺板法克隆细胞后，已很少有人再用。但作为生长基质，用以培养某些难培养的细胞时尚有应用价值。

饲养层的常用制备方法是：取人或动物胚胎成纤维细胞等，用胰蛋白酶消化后接种入培养瓶内。待细胞长到半汇合时，按 $2\mu g/10^6$ 个细胞的量加入丝裂霉素 C，过夜，或者用30～50Gy 射线照射处理培养物，以 BSS 漂洗培养物后换新鲜培养液再培养 24h，用胰蛋白酶消化后，再用培养液制成细胞悬液。一般按 10^4 个细胞/cm^2 接种到培养皿内，放置于 CO_2 培养箱内培养 24～48h 后，去掉旧培养液，细胞层作为克隆化的饲养层。

将稀释为 20～30 个细胞/mL 的细胞悬液接种到具有饲养层的培养器皿内，另外将细胞悬液接入没有饲养层的培养器皿内作为对照。接种后放置于 CO_2 培养箱内培养。每周或 2～3 天更换培养液，培养 2～3 周观察克隆的形成。培养液为完全培养液。最后检测并计克隆数目。

12.3.2.3　胶原膜板或血纤维蛋白膜层板克隆法

原代培养细胞容易黏附于胶原膜层或血纤维膜层等生长基质之上。在细胞克隆中，用胶原膜层或血纤维膜层代替饲养细胞，可帮助单个细胞和密度极低的分散细胞黏附和贴壁、存活并逐渐增殖。

血纤维蛋白膜层板的制备：取0.2μg凝血酶（thrombin）溶于100mL克隆培养液中作为A液；取250mg牛血纤维蛋白原、800mg NaCl、25mg柠檬酸钠溶于1000mL重蒸水中作为B液。取B液1mL和A液4mL放入组织培养器皿内，尽快混合，几分钟之内形成透明胶层。

取对数生长期培养物用胰蛋白酶消化后制备细胞悬液，用克隆培养液稀释细胞悬液，一般以每一培养皿可生长1～10个克隆的细胞浓度为最适。将细胞悬液按所需数量接种入铺有生物基质层的培养器皿内，于CO_2培养箱内培养。每周更换培养液，几周后可见有由500～1000个细胞形成的群落。观察并计克隆数目。

12.3.2.4 琼脂克隆法

琼脂层可帮助细胞贴附生长，不过琼脂中含有酸性硫酸多糖，对多数细胞有一定的抑制作用。但是，对有些细胞，特别是病毒转化细胞以及恶性转化细胞却无大的影响。因此，测试细胞能否在软琼脂上生长，已成为测试转化细胞恶性程度的重要指标。琼脂克隆法的一般操作步骤简介如下。

配制2%琼脂母液，经高压蒸汽灭菌后储存备用。准备进行实验时，将2%琼脂母液加热熔化后，室温降温，然后浸入45℃水浴中。将完全培养液也浸于45℃水浴中保温。取完全培养液和2%琼脂液配成含有0.33%琼脂的培养液。分装试管中，每管加2.5mL琼脂培养液，仍浸于45℃水浴中，以保持琼脂呈液化状态。

细胞用胰蛋白酶消化，用克隆培养液逐级稀释细胞悬液，并将稀释悬液浸于冰浴中。在琼脂试管内各加入不同浓度的细胞悬液0.5mL，混合后立即倾入培养皿内铺平。放置于4℃使凝固。然后置于CO_2培养箱中培养，观察培养结果，计克隆数。

有时也可采用双层培养的方式。如底层为含0.5%琼脂的培养基，上层为不同密度的细胞悬液与0.5%琼脂液混匀配成的0.3%琼脂培养基。用琼脂糖可以代替琼脂，可减少硫酸多糖的含量。有些类型的琼脂糖形成凝胶的温度较低，可以在37℃条件下操作。

12.3.2.5 在琼脂培养基底上用甲基纤维素克隆化

将细胞悬浮在含甲基纤维素（methocel，美希索）的培养基中，再将其加在铺有琼脂（或琼脂糖）凝胶底层的培养皿中，集落会在甲基纤维素与琼脂层（或琼脂糖）的界面上形成。具体实验方案举例如下：

取2%琼脂加热熔化后，略冷却，浸于45℃水浴中。取一瓶2倍浓度的培养液，也预浸于45℃水浴中。琼脂与培养液以1∶1混合，配制成1%琼脂培养液，仍浸于45℃水浴中。取一定体积琼脂培养液铺于培养皿内，4℃凝固10min，使成一薄层琼脂底层。取细胞悬液，用培养液逐级稀释。将不同浓度的细胞悬液分装入小试管内。在各管细胞悬液内分别加入等体积的1.5%甲基纤维素（溶于培养液内）。混合后铺于琼脂层上面。放入CO_2培养箱内培养。经一段时间培养后，在琼脂与甲基纤维素间出现群落。观察并计细胞克隆数目。

12.3.3 克隆的分离

克隆形成后，需将克隆分离出来并进行培养。常用的方法有如下几种。

12.3.3.1 克隆化环分离法

在克隆过程中，形成的细胞群落在培养皿上分布不均一，而且群落与群落之间没有天然界限。因此必须人为地给克隆群落创建一个隔离环境，以利进一步分离。克隆化环就是一种可以用来隔离克隆的工具。磁环、厚壁不锈钢环、尼龙或特氟隆塑料环等都可用作克隆化环

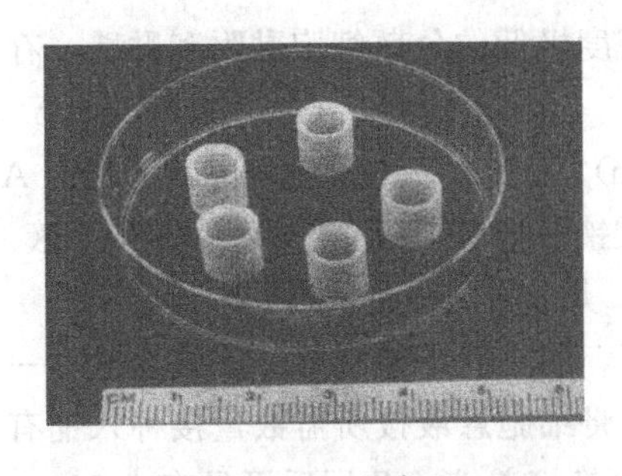

图 12-5　克隆环

(图 12-5)。克隆环基底必须光滑，内径要恰好将一个克隆圈进，而不碰到邻近克隆。

取已形成克隆的培养皿，在显微镜下检查并用笔将选择到的克隆做好标记，去除培养液。用消毒镊子取一消毒过的克隆环，将其基底压到预先已倒入培养皿内的已灭菌的硅润滑油上，使润滑油扩散到克隆环的基部。然后将浸有润滑油的克隆环放到选定的克隆上，将克隆圈起，借助硅润滑油和克隆环将克隆隔离。按同样方法将所有选中的克隆都分别圈好。在每一个环内加入足够的 0.25%胰蛋白酶，停留 20s 后，将胰蛋白酶吸出，盖好器皿，37℃温育 15min。在每个环内加入足够的培养液（约 0.4mL），用弯头滴管吹打分散细胞。将细胞移入竖立的培养瓶内。注意每一个克隆用一只滴管，以免克隆间的交叉污染。再用新鲜培养液洗环内剩余细胞，合并放入同一培养瓶内。加入约 1mL 培养液，维持培养瓶竖立培养。待细胞生长茂盛时，去除培养液，用胰蛋白酶消化细胞。重悬于 5mL 培养液中，然后将培养瓶平放，继续培养（图 12-6）。

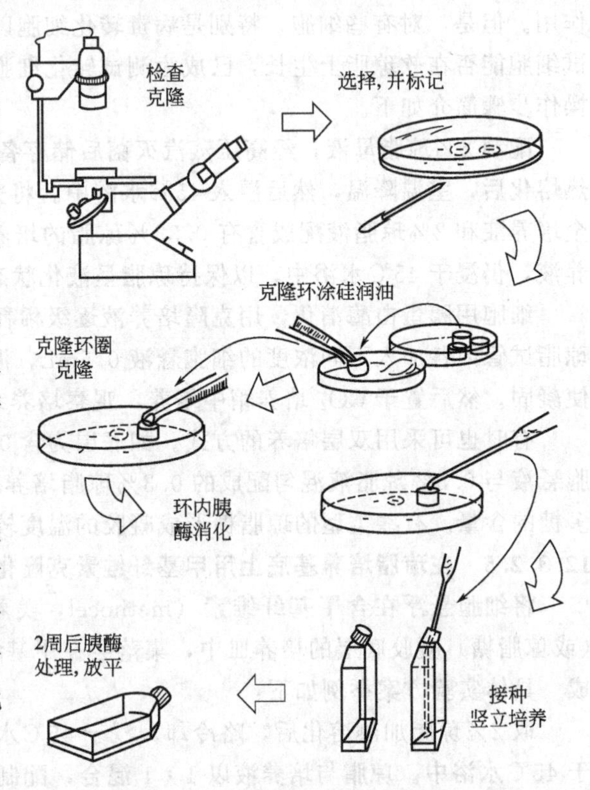

图 12-6　克隆环分离克隆图解

从克隆环内消化所得的细胞也可以用多孔板培养。将细胞接种入孔内，待细胞生长充满孔时，用胰蛋白酶消化细胞，并移入培养瓶内，加入约 5mL 培养液，继续培养。

12.3.3.2　射线照射分离法

先在显微镜下检查克隆，将选中的克隆用笔做好标记。将培养瓶倒置放于 X 射线机下或钴-60 源下，用一片 2mm 厚的铅片盖住选中的克隆，用 30Gy 照射（参看图 12-4）。去除培养液，用胰蛋白酶消化细胞。加入新鲜培养液继续培养。此时，经射线照射过的细胞作为饲养层存在。

12.3.3.3　半固体培养基细胞克隆的分离

取一 24 孔培养板，每孔内加入 1mL 培养液。借助解剖镜挑选群落。用毛细滴管的尖端插入半固体培养基，并靠近选中的克隆，轻轻吸取群落。将吸取的群落转移到培养板的孔内，吸吹培养液，将克隆细胞冲入孔内。也可直接放入竖立的培养瓶内进行培养。待细胞长满孔或者在竖立的培养瓶中生长茂盛后，用胰蛋白酶消化并移入培养瓶内平放继续培养。

12.4　动物细胞的大规模离体培养技术

动物细胞的大规模培养是在生物反应器中高密度大量培养有用的动物细胞，以生产珍贵的生物制品的技术。动物细胞的大规模培养与实验室常规培养的主要区别，不仅表现在培养规模的不同，而且还表现在所采用的培养方式及培养工艺的不同。实验室培养一般是用含血清的培养液，将细胞培养在培养板、培养皿和各种培养瓶等不同容器中进行培养。培养容器的体积一般很小，最大为 1～2L，因此培养的细胞数量及其分泌的产物都是有限的，难以满足研究和应用的需要。应用大规模细胞培养系统，不仅可以获得足够量的有应用价值的细胞，而且也可以得到大量的由哺乳动物细胞合成并分泌的、在临床或研究中有应用价值的生物活性物质，如各种疫苗、干扰素、激素、生长因子和单克隆抗体等多种生物制品。该技术的建立和发展，不仅大大促进了生物学和医学的进步，也带来了巨大的社会效益和经济效益，而且将获得越来越广泛的应用。

由于动物细胞无细胞壁，易受外力损伤，对剪切力敏感，适应环境能力差；而且生长缓慢，对营养要求复杂而严格，对温度、pH 和溶解氧等环境条件也很敏感；再者，动物细胞在离体培养时多具贴壁依赖性，还有接触抑制等特点，因此对培养系统有比较高的要求。一般情况下，适于动物细胞培养的生物反应器应具备以下特点：①混合系统设计应能提供均匀、温和的混合状态，剪切力小，保证良好的传质效果；②反应器内空间利用率高，选用合适的载体系统和材料；③能严格保证无菌环境；④能精确地控制温度、酸碱度、溶解氧和 CO_2 浓度等条件；⑤能够方便、快捷地实现培养液的连续添加以及样品的采样和观察等。目前已开发出了一些各具特点的适用于动物细胞大规模培养的技术和系统。

12.4.1　气升式培养系统

气升式生物反应器的基本原理在 8.3.4.2 已有介绍，主要包括内循环式和外循环式两种类型。动物细胞的大规模培养多采用内循环式，但也有用外循环式的。在气升式生物反应器内，气体既为细胞生长提供足够的溶解氧，又为细胞提供了混合均匀的营养环境。

英国的 Celltech 公司最早成功应用气升式生物反应系统进行了动物细胞培养，该公司在 1985 年就用 100L 的气升式生物反应器培养杂交瘤细胞生产单克隆抗体，以后又逐级放大，已开发出 10000L 规模的气升式生物反应器用于各类单抗的大量生产。和传统的培养瓶、滚瓶等培养方法相比，利用气升式生物反应器能够大大提高抗体产量。目前已有不少利用气升式反应器培养哺乳动物细胞、昆虫细胞、杂交瘤细胞生产生物产品的报道。

12.4.2　微载体培养系统

微载体培养技术是 1967 年 Van Wezel 首先创立的。其基本原理是利用固体小颗粒作为载体，使细胞在载体的表面附着，通过连续搅拌悬浮于培养液中，并成单层生长增殖。这样既能使贴壁依赖性细胞贴附在微载体表面进行生长，又可将贴附着细胞的微载体像非贴壁依赖性细胞一样，在生物反应器中进行大规模的悬浮培养，因此该技术兼具单层细胞培养和悬浮培养的优点。

12.4.2.1　微载体

微载体（microcarrier）是指直径在 50μm 到数百微米不等、适合动物细胞贴附和生长的微珠。目前微载体已经商品化，制备微载体的材料主要有葡聚糖类（如常用的 Cytodex 系列）、各种合成的高分子聚合物、纤维素、明胶和玻璃等。

(1) 微载体细胞培养的主要步骤

① 微载体的选择　微载体的选择主要根据所用细胞种类和培养目的来进行。为了获得最高产量的细胞，应先用少量几种微载体做细胞培养试验，计算细胞贴壁率和细胞数，并绘制成曲线，通常是比较细胞容纳量、微载体用量以及搅拌速度等，由此选出适宜的微载体。

② 浸泡水化和消毒　在玻璃容器内加入适量的微载体，按一定比例加入无 Ca^{2+}、Mg^{2+} 的 PBS 浸泡 3h 以上，轻轻搅动，使微载体水化膨胀，然后加入新鲜的 PBS 再洗 1 次。常用高压蒸汽灭菌，也可在水化后用 70%酒精浸泡消毒，再用 PBS 漂洗 1～2 次。

③ 接种　接种应该用对数生长期的分散的单细胞。不同细胞种类和细胞株的接种浓度不同，一般依据植板率或小规模接种密度试验来确定，适当增加细胞接种量往往对提高细胞产量有利。不同微载体所用浓度也不相同，多为 2～5g/L。接种时还应避免温度、pH 和渗透压的突然变化。

④ 培养　在培养容器内加入培养液、小球和细胞。通常的操作方法是：在贴壁期采用低速搅拌，时搅时停；待细胞附着于微载体表面后，再连续搅拌进行培养。不同规模或结构的生物反应器搅拌速度会有所不同，一般能使微载体悬浮即可。例如，在 250mL 培养液中，微载体浓度为 3mg/mL 时，搅拌速度以 50～70r/min 为宜。

⑤ 观察与细胞计数　随着细胞增殖，微球越来越重，需要增加搅拌速率。经过几天培养，培养液开始呈酸性时，需要换液。在显微镜下可直接观察微载体上细胞的生长情况，也可将微载体上的细胞消化后计数并计算其浓度。

⑥ 传代培养　微载体上分离后的细胞可进一步做微载体传代培养。如果进行放大培养，可在细胞脱离微载体后加入一些新的微载体以增加培养体积；也可在微载体上长满细胞后直接加入新的微载体进行球传接种，实现培养规模的放大。

⑦ 分离细胞与收获　收获细胞或传代培养均需使细胞脱离微载体，通常采用酶消化法。脱离微载体的含细胞培养液可用离心方法收集细胞；也可采用过滤方法，选用合适孔径的尼龙网、不锈钢网等将细胞与微载体分离开。

(2) 微载体培养系统的特点

① 微载体可在反应器中提供比较大的比表面积，因而单位体积培养液的细胞产率高；

② 采用悬浮培养，生长环境均一，条件易于控制；

③ 细胞与培养液易于分离，较容易收获细胞、取样及计数细胞；

④ 大规模培养只需对微生物发酵罐或气升式深层培养系统稍加改进即可；

⑤ 适合于多种贴壁依赖性细胞培养，包括原代细胞和二倍体细胞株等。

但是，由于细胞生长在微载体表面，易受剪切损伤，不适合贴壁不牢的细胞生长；微载体价格较贵，一般不能重复使用；需要较高的接种细胞量，以保证每个微载体上都有足够的贴壁细胞。另外，即使是贴壁细胞，在培养后期细胞由于老化而降低了贴壁能力时，容易从微载体上脱落下来，同时细胞贴壁需要血清中的一些因子帮助。为了克服这些不足，近年来人们又开发出了系列多孔载体用于动物细胞培养。

12.4.2.2 多孔微载体

多孔微载体（porous microcarrier）或称大孔微载体（macroporous carrier），是一种可用于大规模高密度动物细胞培养的支持物，其内部具有网状结构的小孔，其大小能使细胞在其内部生长，比表面积可以是实心微载体的几倍甚至几十倍，大的比表面积保证了细胞具有充分的生长空间；细胞生长在载体内部，增加了细胞的固定化稳定性，能使细胞免受机械损伤，同时又可以提高搅拌强度和通气量；还可以减少血清用量。多孔载体不仅能培养贴壁细胞，也适合于悬浮细胞的固定化连续灌流培养。

12.4.3 中空纤维培养系统

自 Knazek 等（1972）模拟体内微循环，设计了小型中空纤维细胞培养装置以来，该技术得到了不断的改进和完善，应用这种生物反应器已经培养了多种动物细胞并获得了珍贵的生物产品（图 12-7）。

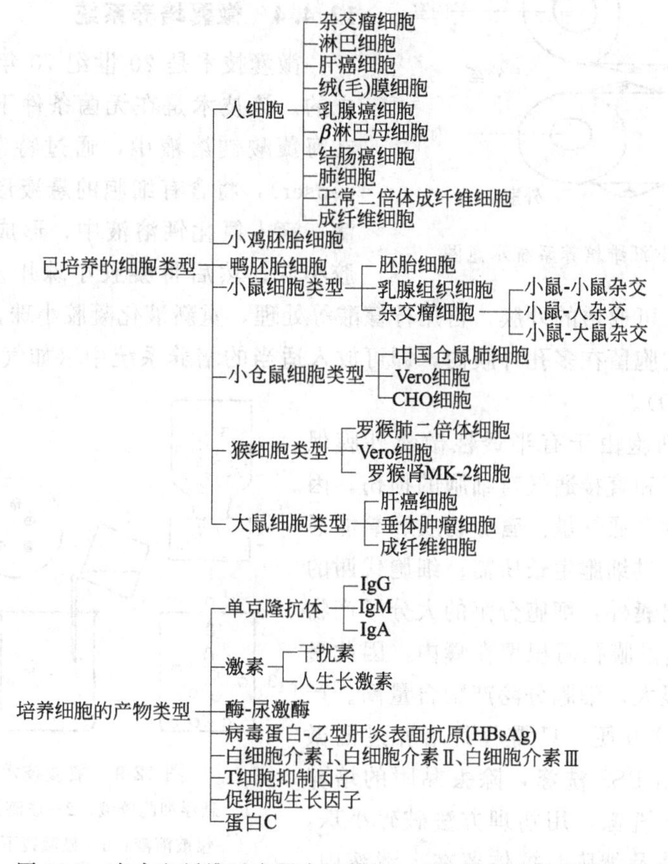

图 12-7　在中空纤维反应器中培养的一些细胞类型及分泌产物

中空纤维的微观结构已经在 8.3.4.3 做过介绍。中空纤维反应器是一个特制的容器（如圆筒），其中可以封装数千根中空纤维。因为这种纤维内部是空的，纤维之间有空隙，所以在容器内就形成了两个空间：每根纤维的管内成为“内室”，可以灌流无血清培养液供细胞生长；管与管之间的间隙，就成为“外室”，接种的细胞就贴附在“外室”的管壁上，并吸取从“内室”渗出的养分，迅速生长增殖。细胞培养所需的血清也输入到“外室”。由于细胞分泌产物（如单克隆抗体）的分子量大而无法穿透到“内室”去，只能留在“外室”并且不断被浓缩。当需要收集这些产物时，只要把管与管之间的“外室”总出口打开，产物就能流出来。至于细胞生长增殖过程中的代谢废物，因为都属小分子物质，可以从管壁渗进“内室”，最后从“内室”总出口排出，不会对“外室”的细胞产生毒害作用。在该系统中，细胞可以向三维空间生长增殖，形成类似组织的多层细胞群体，细胞密度可达 10^9 个/mL。而且一旦达到最大细胞密度，通常就可以用无血清培养液代替含血清培养液。此时，细胞虽已不再增殖，但细胞依然存活并继续分泌所需要的蛋白质分子或其他有用的因子，长达几个星期甚至几个月。

中空纤维反应器的优点是无剪切、传质效率高，因此，培养细胞的密度和产物浓度都可达到比较高的水平，而且细胞生长周期长，培养系统占用空间小，既可培养悬浮细胞，也可培养贴壁依赖性细胞等。缺点是反应器内存在培养液成分和代谢产物浓度梯度，培养规模不

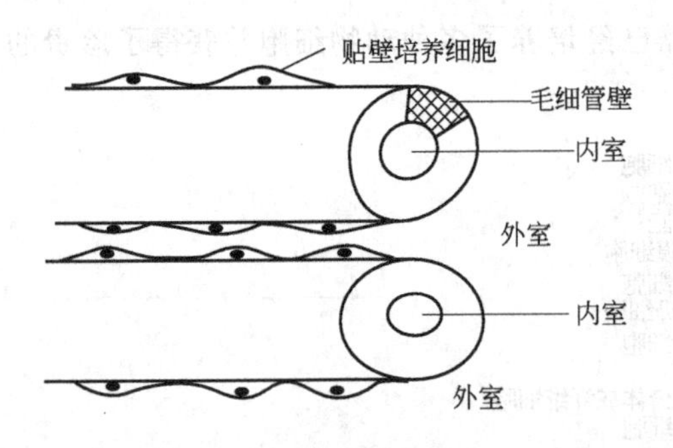

图 12-8　中空纤维培养系统示意图

易放大等。如图 12-8 所示为中空纤维培养系统示意图。

12.4.4　微囊培养系统

微囊技术是 20 世纪 70 年代 Lin 和 Sun 创立的。该技术是在无菌条件下，将活细胞悬浮在海藻酸钠溶液中，通过特制的成滴器（dispenser），将含有细胞的悬液形成一定大小的小滴，滴入氯化钙溶液中，形成内含活细胞的凝胶小珠。然后将凝胶小珠用多聚赖氨酸包被，形成坚韧、多孔、可通透的外膜。再用柠檬酸等处理，重新液化凝胶小珠，使其成胶物质从多孔膜流出，活细胞留在多孔外膜内，即可放入适当的培养系统中（如气升式生物反应器）进行培养（图 12-9）。

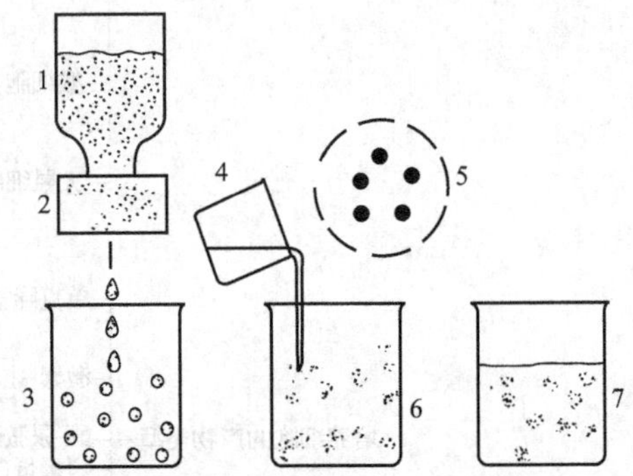

图 12-9　微囊技术操作图解

1—悬浮细胞胶液；2—成滴器；3—胶化小珠；4—包被溶液；5—显微镜下微囊；6—多孔微囊膜；7—完成操作后的微囊

微囊内的活细胞由于有半透性微囊外膜保护，可以防止搅拌和直接通气对细胞的损伤，因此可加大搅拌速度和通气量。营养物质和氧能通过膜孔进入囊内，供细胞生长所需；细胞代谢的小分子产物可排出囊外，细胞分泌的大分子产物如 IgG，因不能透过膜孔而积聚在囊内，因此囊内细胞密度可以很大，细胞分泌产物含量高。产物分离纯化也比较方便，只需收集培养过的微囊，离心沉淀，用 BSS 洗涤，除去黏附的培养液，再用生理盐水洗涤，用物理方法破碎小珠，离心去除微囊碎片及细胞，抗体留在上清液中。其起始纯度可达 40%～75%，在某些应用中可直接使用此抗体，经过纯化后可得到 95%以上纯度的产品。但微囊制作过程较复杂，成功率不高，培养液用量大，囊内部分死亡的细胞会污染产物等问题还有待进一步改进。

目前，还有一些用其他材料和方法来制作用于细胞固定化培养微囊的成功例证和尝试。例如，将细胞直接包埋于海藻酸钙形成固体微囊（solid capsules）、再进行悬浮培养的方法已得到应用，收获时只需收集凝胶珠并用柠檬酸钠或 EDTA 等使其重新液化，即可分离获得大分子产物；或在海藻酸钙包埋的细胞胶球外面，再包上多聚物（如聚乙烯亚胺）的外膜，构成被膜固体微囊（membrane-coated solid capsules），以增强其对机械力的抵抗能力；或用其他物质如硫酸纤维素钠（NaCS）和聚二甲基二烯丙基氯化铵（pDADMAC）制备膜包被的中空微囊（membrane-coated hollow spheres）；还可用血纤维蛋白原（fibrinogen）制作包被细胞的微囊等。目前研究用于微囊制作的材料有天然、半合成和合成高分子三大类，除了上面提到的材料外，其他如琼脂糖、壳聚糖、硅酸酐、多聚鸟氨酸、聚乙二醇、羧甲基纤维素钠、透明质酸及其衍生物等的应用也在探索和研究中。

12.4.5　旋转式细胞培养系统

20 世纪 90 年代，美国宇航局（NASA）开发了一系列旋转式细胞培养系统（the rotary cell culture system，RCCS），又叫转壁式生物反应器（rotating wall vessel bioreactor,

RWVB），由于可模拟空间微重力环境，该反应器也被称为空间生物反应器（图 12-10）。这类生物反应器主要由控制装置和培养容器两部分组成：控制装置主要检测和控制温度、pH、转速、溶解氧含量、二氧化碳含量等；培养容器主要由内外两个同心圆柱体组成，内、外筒可相对独立地旋转，整个容器由电机驱动沿水平轴旋转。细胞与培养液置于内外筒之间，利用旋转离心力和浮力、重力等的共同作用，为细胞生长提供微重力环境。

图 12-10　几种 RCCS 培养系统

和其他细胞培养系统相比，RCCS 培养系统具有低剪切力、高传质效率和微重力的独特环境以及良好的温度等条件控制，提供了稳定的、与生物体内相似的体外环境。在该系统中，细胞有一定程度的三维空间自由，有利于细胞-细胞、细胞-基质之间按组织学特性相互接触，促进细胞的增殖和分化，使得在普通培养条件下只能成二维贴壁生长的哺乳动物细胞可以表现出三维增殖与细胞分化，进一步形成有功能的组织块，因而这种生物反应器可用于当前十分热门的组织工程研究，也可用于探索微重力环境对细胞生长、分化的影响，在有关科研和生产领域已显示出良好的应用前景。

12.4.6　大规模动物细胞培养技术的应用和存在的问题

利用生物反应器大规模培养动物细胞生产有重要价值的产品，已经成为生物医药高技术产业的重要部分。目前用动物细胞培养生产的生物制品主要有疫苗、干扰素、单克隆抗体、基因重组产品等。由于动物细胞能精确地转录、翻译和加工较大且复杂的蛋白质，而且还可以把目的蛋白分泌到培养液中，从而简化了蛋白质的分离和纯化过程，因此利用动物细胞大规模培养技术生产相关生物制品越来越受到人们的重视。

由于动物细胞离体培养的生物学特性、产物的复杂性以及质量一致性的要求，动物细胞大规模培养技术尚不能很好地满足生物制品规模化生产的要求。目前存在的问题主要有：①细胞密度和产物浓度低；②细胞群体在大规模、长时间的培养过程中分泌产物的能力易丢失，或产物活性易降低；③培养成本高，产品价格昂贵；④对细胞代谢和生长特性的基础研究比较欠缺；⑤在线监测技术尚不完善，限制了优良培养系统的开发等。当然，由于大规模动物细胞培养技术不仅在生产药用成分方面，而且在基因治疗、疫苗和人工器官、组织移植用细胞的培养等领域都有着广泛的应用和光明的前景，随着相关培养技术和设备的不断发展和改进，动物细胞工程将会在人类生活，特别是在医学领域发挥越来越大的作用。

12.5　动物细胞的超低温保存技术

细胞系和细胞株在反复传代过程中，许多生物学性状容易发生变化，对有限细胞系

(株)来讲，可传代的次数也是有限的，而且传代和换液要花费时间和人力，也增加了污染的机会。因此，需要选择合适的方法对细胞进行保存。在第10章介绍过的植物材料的超低温冻存方法，也是动物细胞长期保存的常用技术。细胞在液氮中冻存1～2年后，存活率可达80%～90%。

12.5.1 冷冻保护剂

和植物细胞冻存的原理相似，在动物细胞超低温保存时也必须使用冷冻保护剂。各种细胞适用的冷冻保护剂种类和用量不完全一样，常用的也是DMSO和甘油等，DMSO的常用浓度为5%～10%。DMSO有一定的毒副作用，而在4℃时，其毒副作用大大减弱，且仍能以较快的速度渗到细胞内。因此，一般DMSO的处理在4℃下进行，一般需要40～60min。

不同冷冻保护剂有不同的特点，目前有联合使用两种以上冷冻保护剂的趋势。如造血干细胞冻存时，采用5%DMSO和6%羟乙基淀粉（HES）两种冷冻保护剂结合使用。在冷冻保护液中加入血清有利于冻存细胞活性的保持，许多实验室将冷冻保护液中的血清浓度提高至30%、50%，甚至完全用血清+DMSO冻存。

12.5.2 常规冷冻方法

动物细胞冻存和复苏的基本原则是慢冻快融。慢冻结冰在细胞外形成，因此不致损害细胞。不同细胞的最适冻存速率、过程、冷冻保护剂种类和用量等不同。目前广泛应用的是二步冻结法，即先将细胞慢速冷冻至一定温度，如－30℃（随细胞种类不同，有一定变化范围），使细胞胞外冻结、胞内脱水，然后再快速降温，在液氮中长期贮藏。

复苏（thawing，即解冻）是以一定的复温速度将冻存的培养物恢复到常温的过程。快速化冻可防止损害细胞，具体操作是将装有细胞的冻存管从液氮中取出，立即投入37℃水浴中化冻，以避免再次结冰。由于DMSO等保护剂在常温下对细胞有害，故在细胞复温解冻后要及时洗掉冷冻保护剂。

12.5.3 玻璃化冻存方法

玻璃化冻存法对动物细胞、皮肤和角膜等组织，尤其是胚胎等的保存有着良好的效果。下面以人单核细胞为例介绍动物细胞的玻璃化冻存方法。

12.5.3.1 冻存过程

(1) 用常规方法分离全血中的单核细胞。

(2) 在冰浴中预冷冰冻保护液：Hanks中加20.5%的DMSO、15.5%乙酰胺、10%丙二醇和10%聚乙二醇（相对分子质量8000），用2mol/L NaOH调pH为7.4。现配现用。

(3) 将装有单核细胞的离心管放入冰浴中。

(4) 沿离心管壁缓缓滴加预冷的保护液。滴加过程为：前3min以0.3mL/min速度滴加；后5min以0.6mL/min速度滴加；余下的冻存液以0.75mL/min速度滴加。2×10^7个细胞要滴加15mL冻存液，滴加的时间约在15min左右，最终细胞密度要在1×10^6～1.5×10^6个/mL。边滴加边轻轻晃动离心管。

(5) 轻轻吹吸混匀细胞冷冻悬液。将该悬液分装于冻存小管中。

(6) 将冻存管用火焰封口。最后将冻存管直接投入液氮中保存。

为减弱冷冻保护剂对细胞的毒性，冷冻保护液的滴加全过程必须在4℃冰浴中进行。滴加速度要慢，以保证使保护剂有足够的时间缓慢地渗入细胞内，达到细胞内外的平衡。

12.5.3.2 玻璃化冻存细胞的复苏

(1) 将冻存管从液氮中取出，立即放入冰浴中5min。一次可以复苏多管。

(2) 将冻存管两端剪断，可以将5mL细胞冻存悬液移至50mL离心管内。

(3) 沿离心管壁缓慢加入在冰浴中预冷的含20%胎牛血清的Hanks液。前10min以0.2mL/min速度加入；后10min以0.5mL/min速度加入；接着15min以0.75mL/min速度加入；最后30min以1mL/min速度加入。全过程为65min，都在冰浴中进行。将稀释后的细胞悬液以400r/min离心5min，弃上清液。

(4) 向细胞沉淀中加入培养液重新悬浮细胞，用于培养。

以上复苏时冷冻保护液的稀释和弃除过程与冻存前冷冻保护液的滴加一样，必须在4℃冰浴中进行，以避免在室温下冷冻保护剂对细胞产生毒性。稀释过程也要缓慢进行，以保证有足够时间使保护剂从细胞内渗出到细胞外，达到细胞内外的平衡，避免引起渗透损伤。

思 考 题

1. 动物原代细胞培养取材时应注意哪些问题？
2. 概述动物细胞原代培养和传代的方法以及各种方法的适用范围。
3. 什么是细胞系和细胞株？进行动物单细胞克隆的方法主要有哪几种？
4. 大规模培养动物细胞的技术主要有哪几种？各类培养系统的工作原理是什么？目前有哪些应用？还存在哪些问题？查阅资料了解其最新的发展动态。
5. 试比较动物细胞的超低温保存与植物离体材料的超低温保存在技术上的异同。

第 13 章　动物细胞融合和杂交瘤技术

自然存在的细胞融合现象最初是在动物细胞中发现的，例如受精过程中雌雄生殖细胞间的融合；骨骼肌在分化过程中通过几个成肌细胞的融合形成多核的肌细胞而发育成为成熟的肌纤维；在机体的防御反应中，巨噬细胞吞噬感染因子或异物时，也是通过膜的包裹和融合而完成的。但除了受精现象外，生理状态下的动物细胞发生自发融合的频率极低。

1957 年，日本的 Okada 等发现紫外线灭活的仙台病毒（Sendai virus）可以诱发艾氏腹水瘤（Ehrlich's tumor）细胞相互融合，其后，在此基础上又用灭活的仙台病毒诱导产生了第一个种间的杂交细胞。人工诱导的体细胞融合逐渐发展成为一门技术，建立了更有效的融合及选择杂交细胞的方法，可广泛应用于种内、种间、属间、科间乃至动植物细胞间的融合，包括植物和微生物原生质体融合技术都是在动物细胞融合的基础上建立和发展起来的。

动物细胞的融合作用虽然在形式上同精卵结合的受精过程有些类似，但两者在本质上是截然不同的。动物的精卵结合是一种有性过程，有着十分严格的时空关系和种族界限，这为确保种的遗传稳定性起到了十分重要的作用。而体细胞融合属于无性杂交，它通过人工手段克服了存在于物种之间的遗传屏障，从而能够按照人们的主观意愿，把来自不同物种和不同组织类型的细胞融合在一起。该技术无论在生命科学的基础理论研究，还是在医学和生物工程等的应用研究方面，都具有重要的意义。

13.1　动物细胞融合技术

动物细胞虽然没有细胞壁，但细胞间的连接方式多样而复杂，在进行细胞融合之前，也必须先获得分散的单个细胞，其技术主要包括组织的分离和消化等过程，具体操作可参看本书第 12 章的有关内容。

13.1.1　诱导细胞融合的方法

动物细胞融合的原理和基本技术总体上和植物原生质体融合的类似，但在一些具体细节上又有所不同。动物细胞融合的途径主要有以下几条。

13.1.1.1　病毒诱导融合

自从冈田善雄偶然发现已灭活的仙台病毒（副黏病毒的一种）可诱发艾氏腹水瘤细胞相互融合形成多核体细胞以来，研究已证实，其他的副黏病毒、天花病毒和疱疹病毒等也能诱导细胞融合。用仙台病毒诱导细胞融合的方法如下：

双亲本细胞→分别制成细胞悬液→混合离心（↗弃上清）→双亲细胞沉淀＋灭活仙台病毒悬液

→混匀 —冰浴 20min，间歇摇动→ 细胞凝集 —水浴 37℃，30min，间歇摇动→ 细胞融合→选择培养基培养

该方法虽然建立较早，但由于病毒的致病性与寄生性，制备比较困难，诱导产生的细胞融合率较低，重复性不高，所以近年很少使用。但是对各种病毒通过融合入侵细胞时涉及的表面分子、病毒颗粒释出时的膜融合过程，以及病毒膜融合蛋白的作用机理等都是目前研究

的重要问题。

13.1.1.2 化学诱导融合

1974年高国楠等用聚乙二醇成功诱导植物原生质体融合后，次年，Potecrvo即用该法成功融合动物细胞。以后随着方法的不断改进，进一步显示其具有来源方便、使用简便、不需特殊仪器设备、融合效率高等显著优点，因而迅速取代仙台病毒成为诱导动物细胞和植物细胞融合的主要手段。

对动物细胞而言，由于没有坚硬的细胞壁，它们的融合更为简便，关键在于亲本双方要有较明显可识别的筛选标志。

动物细胞的PEG诱导融合方法可参照植物原生质体融合的方法（参看9.3.2.2）进行。但由于动物细胞的pH多为中性至弱碱性，PEG溶液的pH值一般应调至7.4～8.0为宜。常用于融合的是平均相对分子质量为1000～6000的PEG，虽然分子量大的PEG促进细胞融合的能力更高，但其黏度随之增大，使它们在用于诱导细胞融合时难以操作，所以通常选用平均相对分子质量为1000～4000、含量在30%～50%的PEG进行动物细胞的诱导融合。

融合的条件也要兼顾动物细胞的融合率和存活率。常用方法是将PEG逐滴加入，短期温育后再在几分钟内缓慢加入不含血清的培养液，以终止PEG的作用。在PEG作用期间需不断振摇，因为PEG会使细胞结团。然后将细胞进行洗涤，最后加入到培养板内让其生长和经受选择。利用PEG进行动物细胞融合的报道很多，但方法细节上常有差别。另外，PEG在细胞毒性和融合效率方面可能有批间差异，使用时应注意。

13.1.1.3 电诱导融合

电诱导融合动物细胞的原理和技术路线也与诱导植物原生质体融合的类似（参见9.3.2.3）。细胞首先在交变电场中极化并沿电力线排列成串，形成细胞间的紧密连接；然后在高强度、短时程的直流电脉冲作用下，在其膜上会短暂地形成小孔，如果这时两个细胞是贴紧的，在紧贴的部分就会融合而导致杂交细胞的产生。

就目前常用的PEG法和电诱导融合而言，PEG融合技术发展较早，因此更多的融合是用PEG进行的。但随着对电融合经验的积累，发展了简单易用而又不太昂贵的仪器，扩大了应用的范围。在比较两种方法产生的淋巴细胞杂交瘤时，产生的免疫球蛋白的类别和抗原特异的杂交瘤比例方面都没有显著差异；在植物原生质体融合上，两者的区别也不大。究竟采用哪种融合方法要基于多种考虑，包括进行融合的次数、支出的费用、一次融合中有效杂交细胞的获得率以及融合细胞的特性等。

在动物细胞融合过程中，除融合方法外，还有其他一些因素会影响细胞的融合率。如细胞种类不同，融合效果也不同。细胞融合时需要适宜的温度和运动状态，如仙台病毒诱导欧利腹水癌细胞融合时，于37℃振摇时易于融合，且融合率与病毒量成正比；但在34℃振摇则融合率下降；在37℃不振摇则几乎不融合。有些细胞融合时需要钙离子，否则不融合等。

13.1.1.4 微流控制细胞配对融合技术

虽然上述几种方法在技术上已经非常成熟，而且也已广泛应用于科研和生产实际中，但所需的异源亲本配对融合的概率仍然很低。2009年，美国麻省理工学院（MIT）的Skelley等在“Nature Methods”杂志上报道了一种新开发的微流控制细胞配对和融合技术（microfluidic control of cell paring and fusion，图13-1），通过简便而精巧的方法，同时可以进行多个细胞的固定和配对，大大提高了细胞融合的成功率，具体结构如图13-1(a)所示。细胞配对过程大致由三个步骤完成：A亲本细胞从一个方向流过微流装置（microfluidic device)，并被捕获在只能容纳一个细胞的小捕获杯（capture cup）中［图 13-1(b)］。当陈列(array) 饱和后，液流就会开始从反方向流过，将细胞从这种只能容纳一个细胞的小杯中推出，进入对面能容纳两个细胞的大一些的捕获杯里［图 13-1(c)］。当每个大杯中都有了一个A 细胞后，使 B 亲本细胞也流入大杯。由于每个大杯只能容纳 2 个细胞，最后杯中就是 1 个A 细胞和 1 个 B 细胞［图 13-1(d)］。当细胞在杯中配对后，就可以通过诱导融合，使这两个细胞融合在一起。该装置可与常规的 PEG 和电诱导融合方法配合使用，作者的实验发现，在这里使用电融合比 PEG 法更有效。

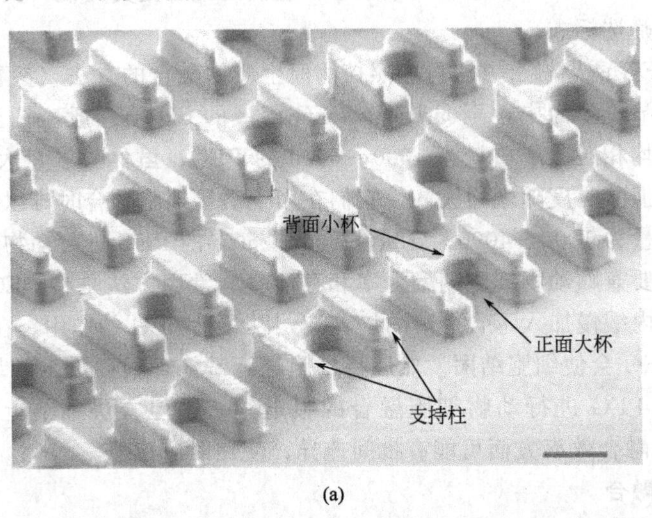

(a)

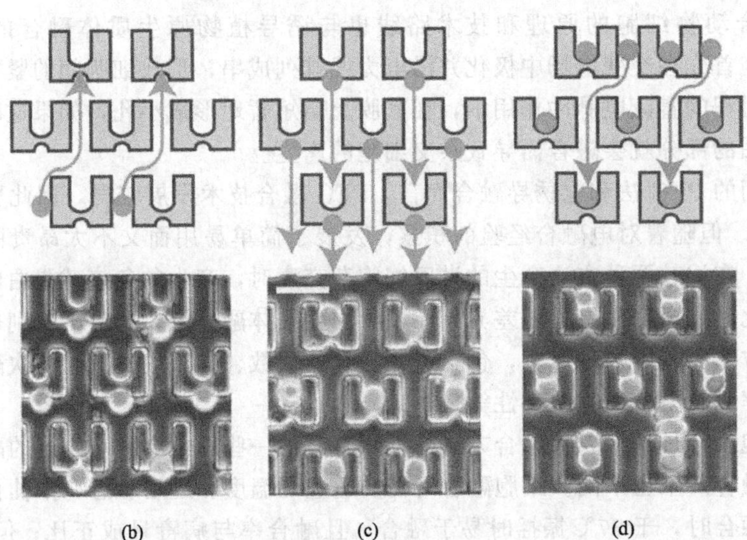

(b) (c) (d)

图 13-1 微流控制细胞配对装置和工作原理

(a) 微流控制装置的结构 正面大杯（front-side capture cup）和背面小杯（back-side capture cup）的大小分别为：14μm 高，18μm 宽×(25～40)μm 深和 10μm 宽×5μm 深；支持柱（support pillars）：7.5μm 宽×(35～50)μm 长×(6～8)μm 高；比例尺：20μm；

(b) A 亲本细胞（绿色）上行装载到较小的背侧捕获杯中（load green cells “up”）；

(c) 流动方向颠倒，细胞被下行运转到较大的捕获杯中（transfer cells “down”）；

(d) B 亲本细胞（红色）下行装载，被捕获在 A 细胞的上面（load red cells “down”）

作者还报道了应用该技术对成纤维细胞（fibroblast）、小鼠胚胎干细胞（mouse embryonic stem cell）以及骨髓瘤细胞（myeloma cell）等多种细胞进行实验的结果，配对率（pairing efficiencies）可达70%。应用该装置还可以在单细胞水平观察融合的过程，而且也为同时平行观察大量细胞配对融合提供了可能。

在植物原生质体诱导融合的方法部分（9.3.2）介绍过的一些新型诱导融合技术，在动物细胞融合领域也有着良好的应用前景。

13.1.2　融合细胞的筛选

和植物原生质体融合一样，动物细胞融合后，也会形成由未融合的亲本细胞、同核体以及异核体组成的细胞混合群体。杂交细胞的筛选可根据不同细胞生理生化特性的差异，设计具体的筛选方案和选择体系，优先选择杂交细胞或只允许杂交细胞生长，以淘汰亲本细胞。把含有两种亲本染色体的动物杂交细胞筛选出来的最常用方法是应用合适的选择培养基，使亲本细胞死亡，而仅让杂交细胞存活下来。目前已建立了多种选择系统，并已成功地用于动物杂交细胞的筛选。细胞株具备愈多的可识别的突变性状，以它为亲本进行细胞融合和筛选也就愈容易做到。

13.1.2.1　基于酶缺陷型细胞和药物抗性所建立的杂交细胞筛选

HAT选择培养法是动物杂交细胞筛选中最常用的方法。在细胞内，DNA的生物合成有两条路线，一条是主要途径，即从头合成途径（de novo nucleotide synthesis），是从氨基酸和其他小分子合成核苷酸开始，进而合成DNA的过程；另一条是应急途径（salvage pathway）。在应急途径中需要有两种酶参与，一种是胸腺嘧啶核苷激酶（thymidine kinase，TK），另一种是次黄嘌呤磷酸核糖转移酶（hypoxanthine guanine phosphorybosyl transferase，HGPRT）。它们可以分别利用胸腺嘧啶核苷及次黄嘌呤来合成DNA。HAT培养基中含有次黄嘌呤（H）、氨基蝶呤（A）和胸腺嘧啶核苷（T）。氨基蝶呤是一种叶酸的类似物，能阻断从头合成DNA的正常途径。在这种含有氨基蝶呤的HAT培养基中，细胞只能使用应急途径合成DNA，因而只有具有HGPRT和TK的细胞才能在这种培养基中生长。因此就可以利用酶缺陷型的细胞结合药物抗性来筛选杂交细胞。

在抗药性研究中发现，某些细胞系在一些毒性的核苷酸类似物中，如在嘌呤类似物8-氮鸟嘌呤（8-azaguanine，8-AG）或6-硫代鸟嘌呤（6-thioguanine，6-TG）存在的条件下会产生HGPRT缺乏的突变株；而5-溴脱氧尿嘧啶核苷（5-bromouracil deoxyriboside，BUdR）诱生的突变株则缺乏TK。所以可以通过这些方法制备酶缺陷型的细胞株。在体外培养系统中，动物细胞有时也能通过自发突变产生抗药性，但其突变频率很低。紫外线、电离辐射或化学诱变剂处理可增加细胞基因突变的频率，将诱变处理和含嘌呤类似物或嘧啶类似物的选择培养结合起来，便于获得以抗药性为选择标志的缺陷型突变细胞株。

13.1.2.2　基于营养缺陷型细胞所建立的杂交细胞筛选

营养缺陷型是指一些细胞在合成如氨基酸、碳水化合物、嘌呤、嘧啶或其他产物的能力上有缺陷，因而在缺乏这些营养物的培养基中难以生存，所以用不同营养缺陷型细胞生成的杂交细胞，就可像上述筛选抗药性细胞一样，能用适当的选择培养基把它们筛选出来。例如在缺乏甘氨酸和脯氨酸的培养基中甘氨酸营养缺陷型细胞和脯氨酸营养缺陷型细胞都会死亡，而只有通过融合后基因互补的杂交细胞才能存活，由此可以将融合细胞分离出来。对由不同基因突变产生的对同一营养物的营养缺陷型细胞，它们融合后的杂交细胞也可以按同样原理筛选得到。

13.1.2.3 由温度敏感突变型细胞组成的杂交细胞的筛选

如果用于融合的两个亲本细胞是温度敏感型细胞（可通过一定的诱变措施获得），一种适宜在较高温度下生长，另一种适宜在较低温度下生长，那么融合的杂交细胞就可以通过分别在较高和较低温度下培养而被筛选出来，因为只有杂交细胞才可以既能在较高温度下又能在较低温度下生长。另外，具有不同生存温度的两种动物的正常细胞融合而产生的杂交细胞，也可通过温度来筛选。例如昆虫（25℃）和人（37℃）细胞的融合。当然，也有可能出现由于基因之间的相互作用或丢失等原因，使所获得的杂交细胞既不能在25℃下也不能在37℃下生存，或只能在其中之一条件下生存。

13.1.2.4 应用荧光激活细胞分选仪进行杂交细胞的筛选

应用荧光激活细胞分选仪（FACS）也可进行杂交细胞的筛选。首先用不同荧光素标记的脂质染料（如交联四乙基罗丹明——RB200，激发后发射明亮橙色荧光；异硫氰酸荧光素——FITC，激发后发射黄绿色荧光）分别处理参与融合的亲本细胞，使不同的亲本细胞带上不同的荧光标记，在激光的激发下，融合细胞因能发射两种荧光而可以被筛选出来。

以上各方法只能筛选出融合了的杂交细胞，但这些杂交细胞不一定都具备所需的性状，因此必须对筛选得到的杂交细胞高度稀释后进行单细胞克隆，从中选择出遗传稳定的、具有所需性状的杂交细胞系。

13.1.3 杂交细胞的遗传表型

动物杂交细胞的遗传表型也具有多样性和不稳定性的特征。其多样性表现在有些杂交细胞表现某一亲本特征，有些表现中间型特征，有些同时具备两个亲本的特征，有的甚至会表现出二亲本均不具备的新的遗传特征。不稳定性主要表现在种间细胞融合后染色体的相互排斥、杂交细胞在体外培养过程中基因的突变或丢失、杂交细胞原有遗传表型发生的变化等。

如果两个亲本体细胞是来自同一物种的不同组织，那么在融合细胞中，这两套染色体能彼此相容而不发生排斥现象，能表达双亲的遗传表型，这是杂交瘤细胞形成和单克隆抗体分泌的遗传基础；如果两个亲本体细胞来自不同物种，则将产生排斥现象，其中总有一套亲本染色体易于被优先排斥，而另一亲本的染色体却保持完整。如在小鼠和人的细胞融合形成的杂交细胞中，总是趋向于丢失人的染色体。这一特点为染色体上的基因定位提供了有效的手段。

13.2 杂交瘤技术与单克隆抗体生产

动物受到抗原刺激后可发生免疫反应，产生相应的抗体，这一作用由B淋巴细胞（简称B细胞）完成。但一个B细胞只能产生一种抗体，要想获得大量的针对某一特定抗原决定簇的抗体，就必须使B细胞大量增殖。但令人遗憾的是，B细胞在体外不能分裂增殖。为了攻克上述难关，以充分利用单克隆抗体纯度高、专一性强的优点，1975年Köhler和Milstein利用肿瘤细胞无限增殖的特征，将B细胞与之融合，获得了既能产生单一抗体又能在体外无限生长的杂合细胞，在生物医学领域做出了重大贡献，并荣获1984年诺贝尔生理学或医学奖。

肿瘤细胞与体细胞融合形成的杂交细胞称为杂交瘤细胞，建立杂交瘤细胞系的技术即为杂交瘤技术（hybridoma technique）。通常所说的杂交瘤技术多指B细胞杂交瘤技术。该技术将骨髓瘤细胞与B细胞融合，以建立能分泌针对某一种抗原决定簇的均质抗体的杂交瘤细胞系为目的，也称为单克隆抗体（monoclonal antibody）制备技术。该技术涉及动物免疫、细胞培养、细胞融合、细胞筛选和克隆培养以及免疫学测定等一系列方法。

根据淋巴细胞的来源，B淋巴细胞杂交瘤技术可分为小鼠体系、大鼠体系和人的体系，它们各自产生不同种系的抗体以适应不同的实验要求和应用目的。由于小鼠的骨髓瘤细胞比较容易培养，免疫操作比较简单，容易获得致敏的B淋巴细胞，它们融合后形成的杂交瘤细胞也比较稳定，可以在同属的小鼠体内诱导腹水或移植瘤，因此小鼠体系的B淋巴细胞杂交瘤技术已成为当前应用最为广泛的杂交瘤技术。

13.2.1　亲本选择

设计免疫方案时首先应确定适当的动物品系。在单克隆抗体制备过程中，一般采用与骨髓瘤供体细胞来源同一品系的动物进行免疫。这样杂交融合率高，也便于建系后的杂交瘤细胞能在同系动物中生长，以收获大量腹水制备单克隆抗体。

13.2.1.1　瘤细胞

作为融合亲本之一的瘤细胞一般是丧失合成自身免疫球蛋白能力的骨髓瘤细胞系，否则杂交细胞不但会产生来自两个亲本的两种抗体，而且可能会产生两种抗体轻重链杂合的抗体。此外该瘤系必须是对选择剂敏感的，这样在融合后就可以用选择剂把未融合的瘤细胞除去。用于融合的骨髓瘤细胞最好处于对数生长期，如果是冻存的细胞系，最好在融合前两周复苏细胞。

非分泌型的、具有药敏特性的大鼠、小鼠骨髓瘤系等均已建立。在杂交瘤技术中，最常用的是小鼠HGPRT酶缺陷的骨髓瘤细胞株，即$HGPRT^-$骨髓瘤细胞。这类细胞缺乏通过应急途径合成DNA所需的酶——HGPRT，这为融合细胞通过HAT培养基进行选择性培养提供了基础。由于代谢缺陷型细胞株在培养过程中可能会有一定的突变率，可以呈现“返祖”现象，极少数细胞可以变回到$HGPRT^+$，重新表达HGPRT酶，这些$HGPRT^+$细胞对HAT选择培养基是不敏感的。因此，为了确保所有参与融合的骨髓瘤细胞均为$HGPRT^-$细胞，在进行融合前要将骨髓瘤细胞在含8-氮鸟嘌呤的培养液中培养1周。8-氮鸟嘌呤（$20\mu g/mL$）对$HGPRT^+$骨髓瘤细胞具有选择性毒性作用，能清除所有的$HGPRT^+$细胞，经过这样处理后的细胞再转入完全培养基中培养2周就可以参与细胞融合，确保融合的效果。

骨髓瘤细胞一般培养在37℃、含5%CO_2、饱和湿度的培养箱中。融合前收集对数生长期骨髓瘤细胞，用0.5%的台盼蓝（Trypan blue）1mL与等量的细胞悬液混合染色，活细胞数在95%以上即可用于融合。

13.2.1.2　抗体生成细胞

高度免疫个体的激活淋巴细胞是B细胞的最佳来源。一般在实验的数周内分次用特异抗原免疫小鼠，使其脾内产生大量处于活跃增殖状态的特异B细胞。适当的免疫途径对免疫效果的好坏也有重要意义，不同的抗原可经不同的途径进行免疫，最为常用的是腹腔注射。免疫的具体实施方案在各实验室有所不同，可按自己的要求设计。

免疫脾细胞悬液的一般制备方法是：将加强免疫后3天的小鼠用颈椎脱臼法处死，在无菌条件下取出脾脏；剔除脂肪和和结缔组织，撕开脾包膜，用注射器内管将脾淋巴细胞轻轻挤压到培养液中；将脾细胞悬液移入离心管内，1000r/min离心5min沉淀细胞，弃上清液；用4℃的0.91%NH_4Cl溶液混悬沉淀的细胞，冰浴中静置5min，使从脾脏释放出的红细胞破裂；加入基础培养液终止 NH_4Cl 的作用，1000r/min 离心5min，弃上清液；再加入基础培养液重新悬浮沉淀的脾淋巴细胞，取样进行脾细胞计数，此即为待融合的脾淋巴细胞。

13.2.1.3 饲养层细胞的制备

在杂交瘤制作和杂交瘤细胞培养中，常用饲养细胞以促进杂交细胞的生长。常用的饲养细胞为小鼠腹腔巨噬细胞，制备方法举例如下：用颈椎脱臼法处死 2～3 只小鼠，75%乙醇浸泡 2min 消毒；无菌条件下在小鼠腹腔剪开一小口，从剪开的小口向腹腔注入无菌的基础培养液或 PBS，反复冲洗腹腔，收集小鼠的腹腔冲洗液，离心，弃上清液；用 HAT 培养液稀释离心沉淀的细胞，调整细胞密度至 1×10^5 个/mL；此即为收集到的小鼠腹腔巨噬细胞。将细胞悬液按每孔 0.1mL 加到 96 孔培养板的各个孔中，置 37℃、5% CO_2、饱和湿度的培养箱中培养过夜，备用。

13.2.2 细胞融合

制得含大量 B 细胞的脾细胞和鼠骨髓瘤细胞后，一般采用 PEG 法进行细胞融合。文献中记载的方法有多种，在杂交瘤技术中采用的具体操作方法以及细胞混合的比例、融合剂的浓度等方面都可能有所不同。主要过程大体如下：

将处于对数生长阶段的免疫脾淋巴细胞和小鼠骨髓瘤细胞以一定比例混匀，离心，尽量吸净上清液，以免残液稀释 PEG 而降低细胞融合率。逐滴加入 40%～50%的 PEG，静置。然后加培养液终止 PEG 的作用，离心，弃上清液。用 HAT 培养液悬浮细胞，加到已含有饲养细胞的 96 孔培养板内，置 37℃、5% CO_2、饱和湿度条件下培养。每隔 3 天更换 1/2 HAT 选择培养液。用倒置显微镜观察融合细胞的生长情况，融合细胞一般在 3～6 天开始形成克隆，而其余细胞逐渐死亡。

13.2.3 杂交细胞的筛选

常用 HAT 选择培养基对杂交细胞进行筛选。由于选用的骨髓瘤细胞是 $HGPRT^-$ 细胞（TK^- 细胞也可），不能在 HAT 培养液中生长。因为其 DNA 的从头合成途径被 A 所阻断，而应急途径的酶又是缺损的，因此不能利用培养基中现成的次黄嘌呤 H 和胸腺嘧啶核苷 T 通过应急途径合成 DNA。而正常的淋巴细胞具有一整套应急途径的酶，能够通过应急途径合成 DNA，所以可在 HAT 培养液中生长。当它们和 HGPRT 或 TK 酶缺损的骨髓瘤细胞融合时，能使杂交细胞产生足够的 HGPRT 酶或 TK 酶，使融合细胞能在含次黄嘌呤和胸腺嘧啶核苷的 HAT 培养液中生存。未融合的这两种酶缺陷型骨髓瘤细胞将在选择培养基中死亡，未融合的正常 B 细胞在体外只能短期生存约 10～14 天，由于不能增殖最终也会死亡。因而只有融合的杂交瘤细胞才能存活下去并继续生长。这样就可把杂交细胞筛选出来。

脾中有多种 B 细胞，融合后也必然产生很多种杂交细胞，而其中只有部分能分泌针对特定免疫原的特异性抗体，因此必须对杂交瘤细胞生长孔内的上清液进行测定，找出可以分泌特异抗体的杂交瘤细胞。检测抗体的方法应根据抗原性质、抗体类型的不同来选择不同的筛选方法。一般以方法快速、简便、特异、灵敏为选择原则。常用的检测抗体的方法有放射免疫测定法、酶联免疫吸附测定法（ELISA）、免疫荧光检测法、间接血凝测定法和免疫组织化学检测法等。其中，以 ELISA 的应用最为广泛。无论采用哪一种方法，都应设置阳性（免疫小鼠的血清）和阴性（正常小鼠血清）的对照。

13.2.4　杂交瘤细胞的克隆培养

由于筛选出的上清液为阳性的生长孔内常会含有 2 个以上的杂交瘤细胞集落，其中有的集落可能不分泌抗体，或分泌的不是所需抗体，有时也许只有其中的某一个集落是所需要的能够分泌特异性抗体的杂交瘤细胞，所以，必须利用克隆培养方法及时把它们分开。最常用的杂交瘤克隆培养法是有限稀释法和软琼脂培养法。前者是将稀释到一定密度的杂交瘤细胞接种到 96 孔培养板中，尽可能使每个孔中只有一个细胞生长；后者是利用软琼脂的半固态性质，使单个的杂交瘤细胞在相对固定的位置上增殖形成细胞克隆。其他克隆培养法可参看 12.3.2。

克隆过程应及早进行，以避免无关克隆的过度生长。一旦克隆成功，应该对这一克隆细胞再连续克隆几次，并同时再检测上清液中抗体的特性。如果原先有阳性抗体分泌，但再克隆过程中未能发现阳性孔，可能是由于不分泌细胞或分泌无关抗体细胞过度生长，也可能是由于杂交瘤本身分泌表型不稳定。杂交瘤细胞是准四倍体，遗传性质不稳定，随着每次细胞有丝分裂，都可能丢失个别或部分染色体，直到细胞呈现稳定状态为止。

13.2.5　单克隆抗体的生产

获得稳定的单克隆杂交瘤细胞后，可以将它们注射入小鼠腹腔，然后从腹水中分离、提取单克隆抗体。这种方法可以在短时间内获得足够的单克隆抗体供实验室应用，但因需要大量活的小鼠而不适合规模化生产。同时，腹水中可能混有小鼠本身的其他抗体，这给抗体的纯化和临床应用造成了困难。也可将杂交瘤细胞在培养瓶或生物反应器——如气升式培养系统、中空纤维培养系统或微囊培养系统中进行离体培养，再从培养液中回收产生的抗体。

通过上述培养之后获得的培养液或腹水，其中除了单克隆抗体之外，还有无关的蛋白质

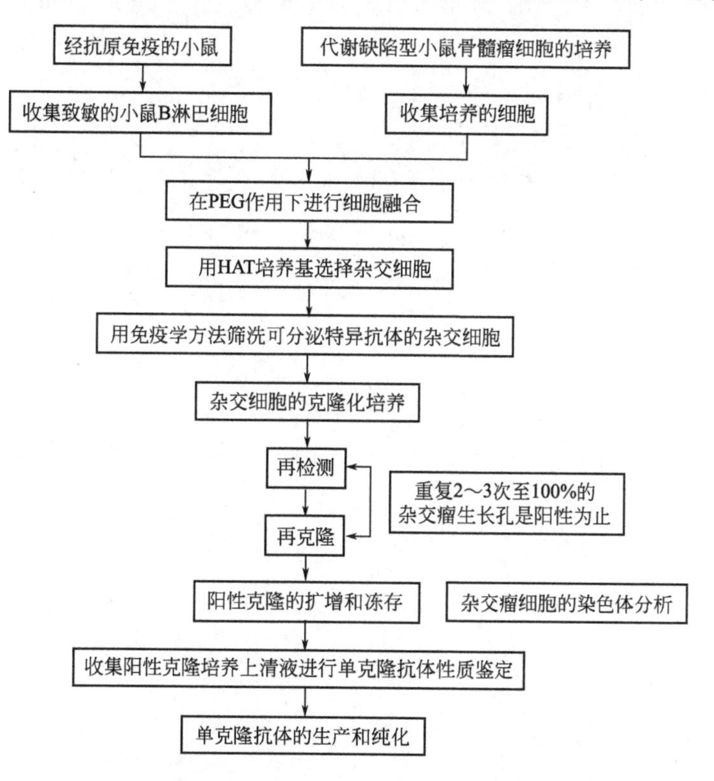

图 13-2　杂交瘤技术与单克隆抗体生产的实验流程

等其他物质，因此必须对产品做分离纯化。目前，常用的方法有硫酸铵沉淀法、超滤法、盐析法等。一般采用几种方法分步进行纯化。

利用淋巴细胞杂交瘤生产单克隆抗体的技术自1975年问世以来，已取得了飞速的发展，几乎可以用这项技术获得任何针对某个抗原决定簇的高纯度抗体，其应用范围已经扩大到了生物医学的众多领域，如免疫学、遗传学、肿瘤学等，但目前主要是利用其高特异性和高纯度的突出优点大量应用于临床诊断方面。由于单克隆抗体的应用领域广阔，有着相当好的经济效益和社会效益，淋巴细胞杂交瘤产生单克隆抗体的技术必将得到更大的发展。

杂交瘤技术与单克隆抗体生产的实验流程如图13-2所示。

思考题

1. 试比较动物细胞融合与植物原生质体融合技术的异同。
2. 诱导动物细胞融合及融合细胞筛选的主要方法有哪些？原理各是什么？
3. 简述用杂交瘤技术生产单克隆抗体的原理和技术要点。

第14章 细胞重组及动物克隆技术

细胞重组（cell reconstruction）是采用一定的实验方法，从活细胞中分离出细胞器及其组分，然后在体外一定条件下将不同细胞来源的细胞器进行重组，使它们重新装配成为具有生物活性的细胞或细胞器的一种实验技术。该技术为重新构建不同类型的杂种细胞提供了可能，还可以结合基因转移技术人为地使细胞表达新的性状和产生新的产物，因此成为现代生物技术中令人瞩目的热点之一。

细胞重组技术是随着核-质关系的研究而逐步发展和完善起来的。细胞核携带了细胞的遗传物质，而细胞质在维持细胞生命活动中起着十分重要的调控作用。为了认识细胞核和细胞质在动物细胞生命活动中的作用和相互关系，以及探讨已分化细胞核的遗传全能性等问题，研究人员进行了大量的工作。在异种核-质关系研究方面，我国著名学者童弟周教授和美籍华人牛满江教授等人取得的成就令人瞩目。他们早在20世纪60年代就开展了鱼类核移植工作。他们取出鲤鱼胚胎囊胚期细胞的细胞核，放入鲫鱼的去核受精卵中，结果有部分移核卵发育成鱼。经检查，这些鱼确为杂种鱼。它们的口须和咽区像鲤鱼，脊椎骨的数目却像鲫鱼，而侧线鳞片数为介于二者之间的中间类型。血红蛋白鉴定及血清电泳分析都支持杂种鱼的结论。此外其他多种鱼组合的核移植实验，也得到杂种鱼。这一系列的实验都表明细胞核和细胞质对杂种鱼的遗传性状有着复杂的、综合性的影响。

在细胞核遗传全能性的研究方面，Briggs做出了重要的贡献。1952年，他将豹纹蛙囊胚期细胞的细胞核取出，送入去核的同种蛙卵中，部分移核卵发育成个体；而他从胚胎发育后期、蝌蚪和成蛙细胞中取出的细胞核进行类似的实验却都以失败告终。这使人们认识到，胚胎早期（囊胚期）细胞是一些尚未分化的细胞，其核具有发育成完整个体的遗传全能性；而胚胎后期乃至成体的细胞已出现明显分化，其核已难以重演胚胎发育的过程。然而1964年Gurdon的实验却取得了突破。他首次将非洲爪蟾体细胞（小肠上皮细胞）的细胞核取出，植入到经紫外线照射去核的同种卵中，有1.5%的卵发育至蝌蚪期。虽然实验没有取得完全成功，但至少提示了体细胞核仍具有遗传全能性，是有可能脱分化而重新发育的。在近半个世纪后的2012年，Gurdon和山中伸弥因他们发现了“成熟细胞可被重编程，恢复多能性”而同获诺贝尔生理学或医学奖。不过由于当时科学技术水平的限制，利用体细胞核发育成个体的研究屡遭挫折。后来，多数生物学家转向以未成熟胚胎细胞克隆动物的领域，并很快取得成效。1981年Illmensee率先报告用小鼠幼胚细胞核克隆出正常小鼠。1986年Willadsen等用未成熟羊胚细胞核克隆出一头羊。进入20世纪90年代，利用幼胚细胞核克隆哺乳动物的技术几近成熟，世界许多国家和地区都相继报道了猴、猪、绵羊、牛、山羊、兔等动物的成功克隆。不过最让生物学家和全世界震惊的重大突破是Wilmut博士1997年2月在“Nature”杂志上宣布的用成年绵羊乳腺细胞的细胞核克隆出一只绵羊“多莉（Dolly）”的消息。“多莉”的诞生，既说明了体细胞核的遗传全能性，也翻开了人类以体细胞核竞相克隆哺乳动物的新篇章。该成果因而荣登美国“Science”杂志评出的1997年十大科学进展的榜首。

14.1 细胞重组技术

14.1.1 细胞重组的方式

细胞重组的方式一般分为以下三种：

① 胞质体与完整细胞重组形成胞质杂种（cybrid）；

② 微细胞与完整细胞重组形成微细胞异核体；

③ 胞质体与核体重新组合形成重组细胞。

胞质体（cytoplast）是除去细胞核后由膜包裹的无核细胞。核体（karyoplast）是与细胞质分离得到的细胞核，带有少量细胞质并围有质膜。微细胞（microcell）又称为微核体，由一条或几条染色体、少量细胞质和完整质膜包裹而成。将微细胞与完整细胞融合后，就可重组产生能存活的杂交细胞，是进行细胞遗传和基因定位等研究的重要方法。胞质体与核体的重组，即核移植技术，是利用显微操作等方法，将一个细胞的核移植到另一个细胞中，或者将两个细胞的细胞核（或细胞质）进行交换。核移植是动物克隆技术的重要基础。

14.1.2 细胞重组原料的制备

14.1.2.1 细胞器的分离

在需要研究细胞内某种细胞器的组成、功能或用于细胞重组时，就要将其从细胞中分离出来。常用的方法是先用研磨、捣碎、反复冻融、低渗或超声破碎等方法将组织细胞破碎，然后采用密度梯度离心等方法进行分级分离。

14.1.2.2 胞质体、核体和微细胞的制备

（1）细胞松弛素　在制备胞质体、核体和微细胞这三种细胞重组原料时，一般都要用到细胞松弛素。1967 年，Carter 在用培养细胞系统进行抗癌抗生素的筛选时意外发现，从一种霉菌培养物滤液中分离出的代谢产物能诱发小鼠 L 细胞的排核作用，并具有一些其他生物学效应。他把这种化合物定名为细胞松弛素（cytochalasin），其结构如图 14-1 所示。现已发现多种不同的类似结构，已分离纯化的有细胞松弛素 A、细胞松弛素 B、细胞松弛素 C、细胞松弛素 D、细胞松弛素 E、细胞松弛素 F、细胞松弛素 G、细胞松弛素 H 等，以细胞松弛素 B（CB）较为常用。细胞松弛素能干扰细胞质的分裂，引起细胞表面形状的改变和排出细胞核等。虽然细胞松弛素对广泛的细胞活动有抑制作用，但它并不明显影响细胞内的 DNA、RNA 和蛋白质的合成，而且大多影响可逆，除去后几分钟细胞就可恢复正常。不同类型的细胞对细胞松弛素的敏感性不同。一般细胞发生排核作用的快慢和比率，取决于所使用的细胞松弛素剂量的大小以及处理时间的长短。

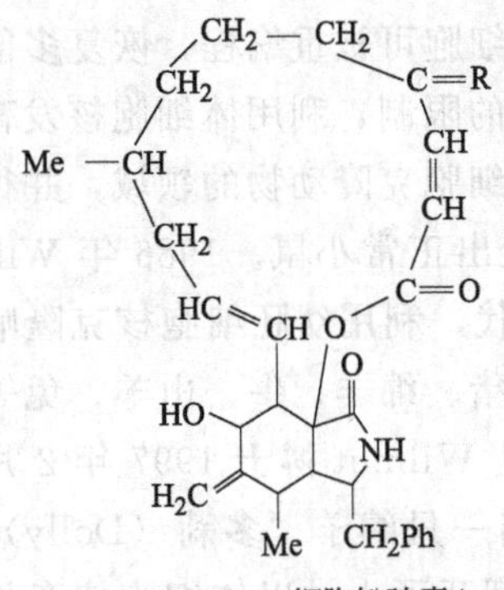

图 14-1　细胞松弛素的结构

（2）胞质体的制备　虽然用 CB 处理离体培养的细胞能诱发其排核，但在一般情况下，CB 的自然脱核率最高只有 30% 左右，脱核时间也比较长（8～24h），而且对有些细胞无脱核作用。20 世纪 70 年代初，Prescott 等首先应用离心技术结合 CB 排核作用，分离哺乳类细胞的胞质体获得成功。去核方法经不断改进后，使细胞能在短时间内（15～30min）去核，而且脱核率大大提高。

制备胞质体的方法很多，但无论采用哪种方法，要获得纯度高、得率多的胞质体，均应根据实验用的细胞类型，选择合适的细胞密度、CB剂量以及离心时的温度、速度与时间等。陈瑞铭等采用塑料片法制备人体肝癌细胞BEL-7404系、人宫颈癌HeLa细胞以及小鼠A9/25DKS系细胞等的胞质体的条件见表14-1。适当增加培养液内的血清含量，可防止BEL-7404系细胞在CB与离心力协同作用下大片脱落，并提高去核率。

表14-1　胞质体的制备条件与纯度

细胞系	去核条件				去核率(胞质体纯度)/%
	培养液内血清浓度/%	CB浓度/(μg/mL)	离心速度/(r/min)	离心时间/min	
BEL-7404	30	10	14000	40	93.2
HeLa	10	5	14000	40	97.4
A9/25DKS	10	10	14000	40	98.8

细胞去核前需先把细胞培养在玻璃或塑料板上，应根据所用离心机机型和离心管的大小以及细胞的贴附特性，选择制备脱核用的圆板。圆板应比离心管内径稍小，经水洗、硫酸、乙醇、蒸馏水处理后干燥保存。用前在75%的乙醇中消毒15min。多数细胞在这类板上贴壁增殖，能在高速离心下脱核。有的细胞在圆板上的贴壁附着力弱，离心时细胞易从板上剥离脱落。这类细胞在培养前需对圆板加以特殊处理，以增强细胞的贴壁性能。要使培养的细胞生长连成一片，若细胞生长汇合密度在50%以下时，则脱核率明显降低。

细胞培养好进行脱核时，将经37℃预温的CB溶液（含小牛血清）5mL加入50mL离心管内，把生长有细胞的塑料板面朝下，水平放入CB溶液中（注意在板下面勿形成气泡），在圆板上压上一个圆形栓，以防止圆板移动位置。圆板如果是玻璃制品时，则先用硬质聚乙烯制作的脱核环放入离心管，再加CB溶液10mL，把玻璃板细胞朝下放在圆环上。盖好离心管后，放入经37℃预温过的转头内进行离心。多数细胞株在11000～15000r/min离心15～30min，有80%以上的细胞脱核，个别细胞株脱核率高达99%。离心脱核法如图14-2所示。

采用类似的方法，也可制备植物的无核原生质体和微型原生质体（核外仍有少量的细胞质和质膜）。

(3) 核体的制备　按上述去核过程，可同时得到无核的胞质体和细胞核，但在被分离出的核中，一般都混有完整细胞和细胞质的碎片，需要分离纯化。在去核前作预离心，可去除贴壁不牢的完整细胞。去核后一般用贴壁法纯化核体，即利用核体贴壁附着性弱（当再次在平皿上培养时，一般需5～10h才能贴壁）、完整细胞附着性强（仅2h就有95%细胞贴壁）的特点进行纯化。去核处理后把从离心管底部收集的材料接种于培养皿内温育1～2h，这样，残留的完整细胞已黏附于培养皿的表面，而未贴壁的核体随培养液移出，如此重复两次，可把大部分完整细胞除掉。随细胞株的不同，贴壁条件要视实际情况而定。材料中夹杂的胞质体一般可于1%～6%的Ficoll液中梯度自然沉降分层后予以排除。

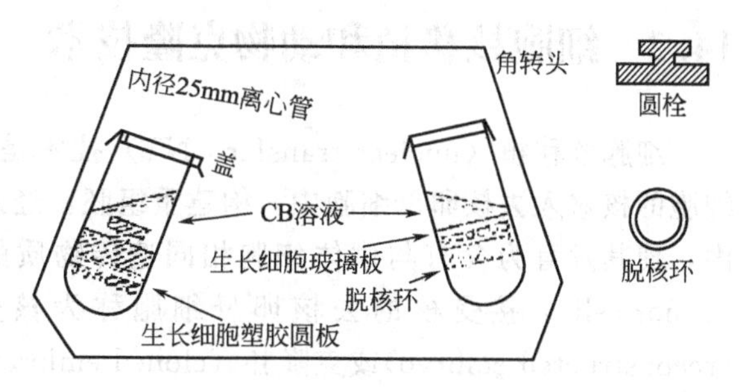

图14-2　离心脱核法

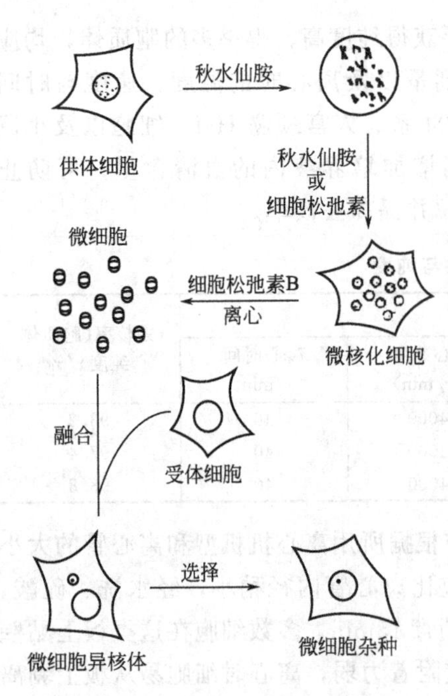

图 14-3　微细胞杂种制备过程

(4) 微细胞的制备　制备微细胞时，用秋水仙素等有丝分裂抑制剂对细胞进行较长时间处理(48h以上)，使染色体停滞在有丝分裂中期。当核膜重新形成时，在单个染色体或染色体群周围就会重现核膜，形成多个大小不一的微核，此时的细胞就叫微核化细胞。随着处理时间的延长，微核化细胞增加。然后借CB与离心并用的脱核法使微核从细胞中分离出来，再用牛血清白蛋白梯度重力沉淀，即可得到纯化的微细胞。微细胞中只含有一条或数条染色体，适用于进行融合。微细胞杂种的制备过程如图 14-3 所示。

14.1.2.3　去核细胞的性质

在去核后的一段时间内，去核细胞的形态和生物学行为与有核细胞的近似。刚去核不久的细胞为圆形，以后逐渐铺展开。去核细胞质内一些细胞器的形态、结构、分布排列等均已被证明与真核细胞的相似。而且，去核细胞在一段时间内，其胞质内细胞器的超微结构也是正常的。

细胞在无核状态下不仅仍然可以呈现贴壁、铺展及膜运动等行为，而且可以用胰酶或EDTA溶液把它们从支持面上脱落下来。当制成悬液后重新培养于新的玻片或塑料片上时，这些去核细胞仍具有与有核细胞一样的行为特征。不仅如此，去核的正常细胞，一旦与邻近的细胞相接触，立即呈现接触抑制；而由病毒转化的细胞去核后，与邻近细胞接触时，则呈堆叠样排列，即丧失接触抑制作用。

在纯的去核细胞内，没有发现DNA合成能力，但线粒体内的DNA复制尚能有限进行。然而蛋白质合成在细胞去核后的一段时间内则持续存在，但随时间延长而下降。去核细胞的存活时间一般在16～36h之间。

14.2　细胞核移植和动物克隆技术

细胞核移植（nuclear transfer，NT）技术是目前最常用的动物克隆技术。它是将外源细胞的核移入去核卵母细胞中，构建重组胚，经人工活化和体外培养后，再移植入代孕母体内，使其发育为含有与供体细胞相同遗传物质的个体。其中提供核的细胞称为供体细胞(donor cell)，接受核的去核卵母细胞称为核受体（recipient），这个胚胎称为重组胚(reconstructed embryo)或克隆胚（cloned embryo）。

14.2.1　核移植技术的一般操作程序

细胞核移植的实验工作主要包括核受体和核供体的制备、核移植、重组胚的活化和培养及胚胎移植等几个环节。哺乳类的核移植实验一般是利用显微操作仪进行的。

14.2.1.1　核受体细胞的准备

去核受精卵和卵母细胞都可作为核受体，但目前的动物克隆大多用去核的MⅡ期卵母细胞作为受体。卵母细胞的来源可用雌激素对雌体进行超排处理，从输卵管冲出体内成熟到MⅡ的卵母细胞；也可从屠宰场收集卵巢，吸出滤泡中的卵丘-卵母细胞复合体（COC），在体外培养成熟后作为受体；还可采用冷冻保存的卵母细胞。但不同来源的卵母细胞，其质量会有所不同。卵母细胞的成熟程度及其质量是影响核移植成功率的重要因素之一。

卵母细胞去核的方法有多种，如盲吸法、化学法、功能性去核法等。在对不同动物的卵母细胞或同种动物不同时期的卵母细胞去核时，可参考有关文献选择适当的方法。

14.2.1.2　核供体细胞的准备

核供体细胞应该是完整的二倍体，保持有供体动物完整的基因组，而且能在受体细胞质的作用下，像合子一样完成发育为一个正常动物的全过程。核供体细胞可以是不同来源和发育阶段的胚胎细胞和体细胞等。

供体细胞与受体胞质各自所处的细胞周期是影响体细胞克隆效果的重要因素之一，而在哺乳动物核移植实验中的核供体和核受体可能处在细胞周期的不同阶段，故应采取适当措施使供受体之间的细胞周期同步，如采用血清饥饿法（serum starvation）。另外，不同动物、不同类型的细胞甚至细胞系、不同分化程度和传代次数以及供体动物的年龄等，可能都对核移植效率有一定影响，但具体机制尚有待进一步研究。

14.2.1.3　细胞核移植

常用胞质内注射和透明带下注射两种方法进行。胞质内注射是借助显微操作仪用注核针吸取供体核后，直接注射进卵母细胞质内的方法（图14-4）。透明带下注射则是把供体细胞核或卵裂球注射在透明带和卵母细胞之间的卵周隙中，核移植后用电刺激促进细胞核质的融合。

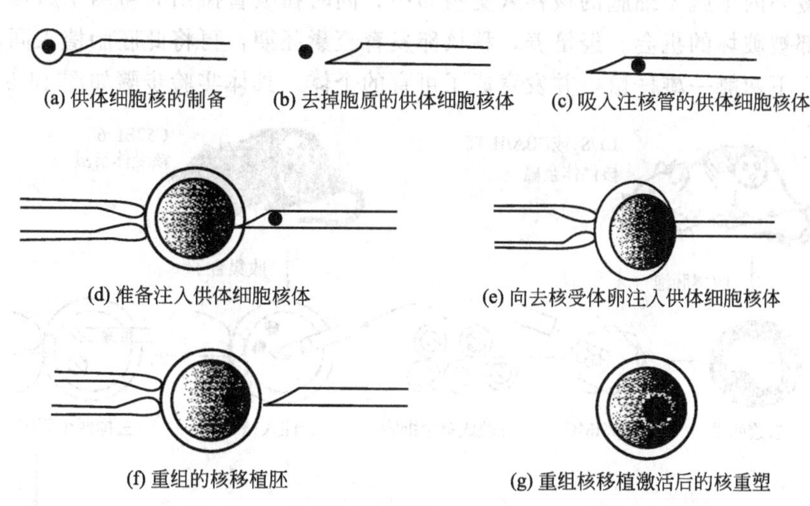

图14-4　直接注射法制作重组胚过程示意图

电融合技术是目前动物核移植的最佳融合方法。研究发现，电融合条件如电场强度、脉冲次数和持续时间以及融合液等对核移植胚的融合和发育均有影响；卵子的日龄、来源、卵裂球的大小等也都与融合率有关。

14.2.1.4　激活

核移植产生的重组胚，其胚胎的发育程序需要人工启动。一般而言，重组胚电融合时所施加的电脉冲在诱导融合的同时，也具有激活重组胚的作用。但也有一些重组胚还需进一步的激活处理才能发育。激活的方法一般包括电激活及化学激活两类。电激活时可把重组胚放在电融合槽两电极之间，用几次瞬时直流电脉冲刺激使其激活。化学激活常用于已通过其他方式融合的重组胚的激活，常用的化学激活剂包括：乙醇、$SrCl_2$、放线菌酮、离子霉素(ionomycin)、钙离子载体A23187、6-DAMP（6-二甲基氨基嘌呤）、三磷酸肌醇（IP_3）、精子提取物等。

14.2.1.5　重组胚的培养

重组胚胎激活后，有体内和体外两种培养方式。体内培养是将激活的重组胚胎植入同种或异种动物的输卵管中，经数天后检测发育正常的囊胚或桑葚胚，然后进行胚胎移植。体外培养是将激活后的重组胚在培养液中培养至囊胚，再挑选优质的胚胎进行移植。

14.2.1.6　重组胚胎的移植

一般选择皮毛颜色与供体品种不同、繁殖力强、体格稍大的当地品种母畜作为重组胚胎的受体，进行同期发情处理。根据重组胚胎的发育阶段将其移植到代孕母畜的输卵管或子宫内，待其发育到产仔。胚胎移植后的妊娠率和产仔率是判断核移植效率的最终标准。

14.2.1.7　核移植后代的鉴定

对于核移植的后代，一般可以从形态、性别上鉴定，还可采用分子生物学技术进行鉴定。

14.2.2　胚胎细胞核移植

1981年，Illmensee等报道通过核移植方法克隆了小鼠，这是哺乳动物克隆的首例成功。他们将囊胚内细胞团细胞的核移入受精卵中，同时在吸管撤出时将两个原核吸出，以减少受精卵内部被破坏的机会。经培养，移核卵发育至囊胚期，再将此胚胎植入同步孕鼠的子宫内，最后产下两雌一雄仔鼠，并发育成了可育的个体。具体实验步骤如图14-5所示。

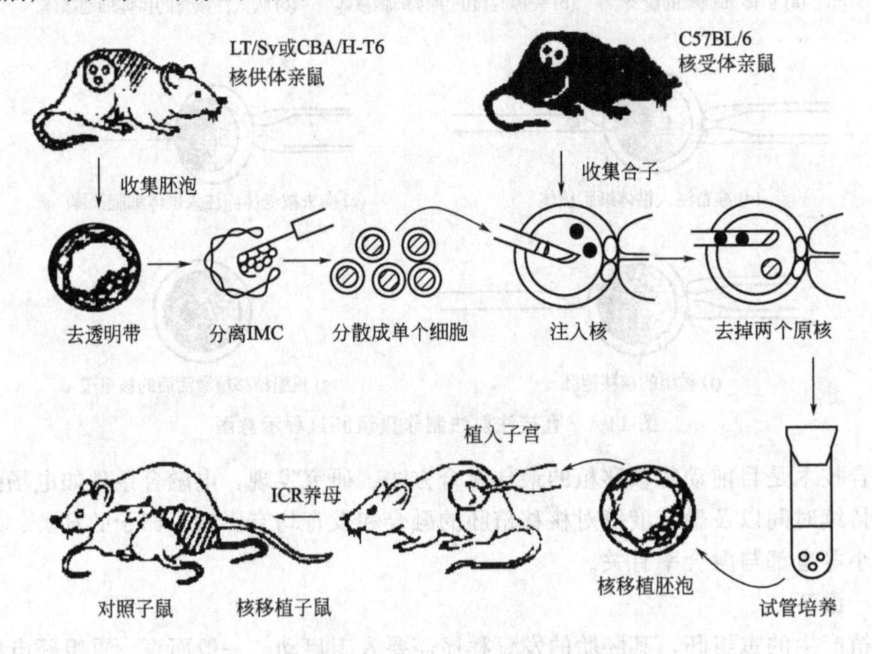

图14-5　胚胎细胞核移植培育克隆鼠的过程

胚胎细胞在分化程度上远比体细胞低，因此，以胚胎细胞作为核供体进行核移植容易成功。从理论上讲，一枚早期胚胎有多少个细胞，就可以克隆出多少个个体。还可利用发育的核移植克隆胚的卵裂球作为核供体再进行核移植，如此可反复克隆出更多的胚胎，产生更多的克隆动物。

1983 年，McGrath 和 Solter 对核移植技术进行了改进，他们将显微操作技术与细胞融合技术相结合，使得哺乳动物的核移植技术向实用性迈进了一步。1986 年，Willadsen 将绵羊 8-细胞期胚胎的卵裂球移入未受精的成熟卵子中，成功地克隆了一只小绵羊，开启了家畜哺乳动物克隆的先河。1987 年，利用显微操作技术和电融合技术首次培育出了克隆牛，值得说明的是，这里用的是 MⅡ期的卵母细胞，而不是以前所用的受精卵或成熟卵子。1988 年，在克隆兔的研究中又首次应用了电激活技术。随着克隆技术的不断发展和应用，对山羊、牛、猪、兔、鼠以及灵长类的猴等一些主要的哺乳动物的胚胎细胞核移植都获得了成功。

14.2.3　体细胞克隆

早在 20 世纪 50 年代就有利用体细胞克隆成体蛙的尝试，其后科学家们一直在努力期望利用体细胞克隆出哺乳动物个体，但均未成功。直到 1997 年，Wilmut 等利用成体绵羊的乳腺细胞进行核移植，才成功获得了一只雌性小绵羊——“Dolly”（图 14-6）。Wilmut 解释他的 Dolly 是“有史以来第一次通过成熟细胞的核移植生产出来的动物后代”。Dolly 与以往的克隆动物的最大区别是它的核供体是高度分化了的体细胞——乳腺上皮细胞，而不是尚保留细胞全能性的早期胚胎细胞。克隆 Dolly 羊的大致过程如下（Wilmut，1997）：

图 14-6　克隆羊“Dolly（多莉）”

从一只 6 岁大的妊娠的 Finn Dorset 母羊取乳腺细胞作为核供体，体外培养传代至 3～6 代时（at passage numbers 3～6）用作核供体。在 5 天中将培养基中的血清从 10% 降低到 0.5%，使细胞退出生长周期并停滞在 G_0 期。

注射促性腺素释放激素（GnRH）促使 Scottish Blackface 母羊排卵，于注射后 28～33h 之间取卵母细胞，并尽快去核。先将去核卵母细胞在不含钙镁的含 1%FCS 的 PBS 中恢复（recover），然后转入 37℃的不含钙的 M_2 培养基。

利用电脉冲诱导供体细胞融入去核卵母细胞并使卵母细胞激活。将重组胚植入羊的结扎输卵管内，6 天后将发育为桑葚胚或囊胚的胚胎移植到假孕受体母羊子宫内继续发育。最后产下 Dolly。

自 Dolly 克隆成功之后，全世界范围内都掀起了体细胞核移植的热潮。1998 年，Wakayama 等对 Wilmut 的方法进行了改进，他们采用了一种被称为“檀香山技术”的方法，选用自然状态处于 G_0 期的卵丘细胞作为核供体，直接注入去核的卵母细胞中。另外不同于 Wilmut 的电脉冲诱导融合同时激活重组胚，他们将核移植的重组胚胎放置 0～6h 后再激活，采用在培养基中添加 Sr^{2+} 和 CB 的化学方法激活重组胚胎。其后又对克隆鼠进行了克隆，成功获得了连续三代小鼠共 50 只。其成功率比 Wilmut 等的工作大大提高。在猪的克隆中，Polejaeva（2000）运用了两次核移植的方法，绕过了人工激活过程。也就是用受精卵作为受体细胞质，第一次核移植将粒细胞移入去核的 MⅡ期卵母细胞，经电融合形成假原核；第二次核移植将假原核移入去核的受精卵形成重组胚。他们利用这种技术成功克隆了 5

头小猪。

图 14-7 从冷冻小鼠体细胞获得的克隆（左）

随着体细胞克隆技术的不断改进和发展，近年来，世界多国的科学家相继用多种不同类型的体细胞成功克隆出了绵羊、山羊、牛、小鼠、猪、马、大鼠、水牛、兔和猫等多种哺乳动物。而且研究还发现，不仅活体的动物细胞能进行克隆，用已经死亡的动物细胞也有可能获得成活的克隆。例如，Wakayama 等（2008）利用体细胞克隆技术，从冷冻了 16 年的小鼠体细胞成功获得了健康的小鼠（图 14-7）。

14.2.4 异种克隆

异种克隆也叫异种核移植（interspecies nuclear transplantation），是指将某一种动物的细胞核通过显微操作移植到另一种动物的去核卵母细胞中，并使之发育的过程，可用于探索细胞核在异种动物卵母细胞中分化的潜能。

异种动物体细胞核移植最早是在两栖类和鱼类中进行的。1998 年，Dominko 等对异种核移植的研究获得了突破性进展，他们将牛、绵羊、猪、猴及鼠的皮肤成纤维细胞核移入去核的牛卵母细胞获得早期胚胎。该实验表明，去核的卵母细胞对体细胞的重新编程无种属差异，且可支持早期胚胎发育，这成为异种克隆的依据。其后，相关成果不断涌现。例如，我国陈大元等将大熊猫体细胞核植入去核后的兔子卵母细胞中，培育出了大熊猫的早期胚胎，其后又成功地使大熊猫的重构胚胎在猫的子宫中着床。Vogel 等用印度野牛的体细胞与家牛去核卵母细胞融合后，得到的重构胚移植到家牛体内获得了一头发育正常的野牛“Noah”（但出生后两天因细菌感染而死亡）。Loi 等将欧洲盘羊的颗粒细胞核移植入绵羊去核卵母细胞中，重构胚移植到绵羊体内，成功克隆出一只正常盘羊。Woods 等用骡子成纤维细胞和马的卵母细胞成功克隆出一头骡子。2003 年我国首例种间北山羊在新疆诞生，其后，种间克隆盘羊、亚洲黄羊的成纤维体细胞和普通山羊卵母细胞克隆的亚洲黄羊等顺利降生。2003 年，美国还用冷冻了 20 多年的爪哇野牛皮肤细胞和普通家牛去核卵母细胞成功克隆出两头野牛。这些异种克隆动物的诞生，进一步说明已经分化的细胞核保留有发育为完整个体所需的全部遗传信息，动物异种体细胞核移植技术具有可行性。该技术为珍稀濒危动物保护繁殖展示了新的希望，也是研究核-质相互作用关系、基因表达和线粒体遗传等核移植基础理论的良好模型。

从初步的研究来看，在异种克隆技术中，以分化程度低的细胞作为供核细胞有利于异种克隆胚胎的发育；供体细胞和受体细胞的亲缘关系越近越有利于异种克隆胚胎的发育。在克隆胚胎构建环节，连续核移植似有利于已分化细胞的核染色体重编程，还可能有利于增强异种核与胞质的亲和性，从而促进异种克隆胚胎的发育。在胚胎培养过程中，培养液对异种克隆的胚胎发育也有影响。当然，作为一种最新的技术，异种克隆还有很多问题有待进一步深入研究。

动物克隆的一般技术路线如图 14-8 所示。

14.3 动物克隆技术的意义及展望

克隆技术的不断发展和完善，特别是以 Dolly 诞生为代表的体细胞克隆技术的重大突破，不仅具有重要的科学意义，而且潜在的经济效益巨大，应用前景十分广阔。

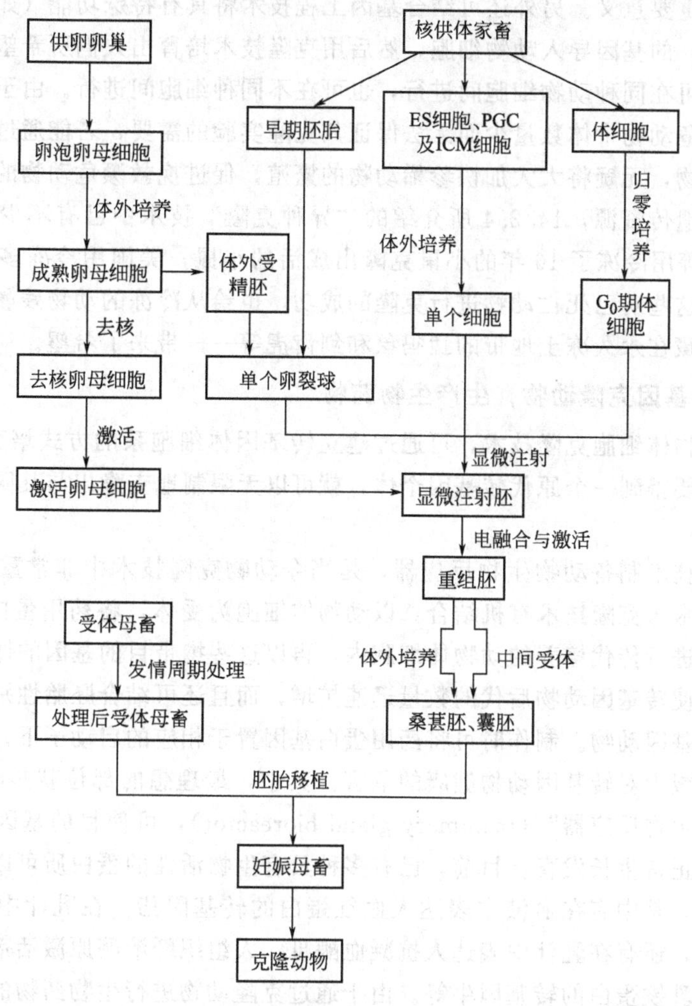

图 14-8　动物克隆技术路线

14.3.1　促进生物学基础问题的研究

在多莉羊诞生之前，人们普遍认为低等生物和高等植物的细胞具有全能性，而高等动物的体细胞则没有。体细胞核移植技术的研究成果，不仅证实了已经分化的体细胞核也具有发育的全能性，而且也为治疗性克隆技术奠定了理论基础。

核移植技术的建立，对于胚胎发育过程中的细胞分化、基因调控、核-质关系等生物学基本问题的研究，将发挥更加重要的作用。而且由于克隆动物的遗传背景完全一致，可以消除动物实验中个体间的遗传差异，减少实验误差，具有良好的稳定性和重复性，因此以克隆的动物为实验材料将更加有利于开展对生长、发育、衰老和健康的机理以及疾病治疗等方面的研究。

14.3.2　加速良种繁育，保护濒危动物

在长期的发展中，人们已经培育出大量优良家畜品种和一些用于特定目的的实验动物品系，如近交动物、无特定病原动物、基因敲除动物等。为完整保持它们的优良性状，有效扩大种群，克隆技术是理想的方法。利用克隆技术，可充分发挥动物的生产潜力，加快优良品种的繁育，满足人们对畜产品和实验动物的需求。对于那些品质优秀，但正常繁殖能力低下

的动物尤其具有重要意义。另外还可结合基因工程技术将具有特殊功能（如某些经济性状好或抗病能力强等）的基因导入动物细胞，然后用克隆技术培育出人们所希望的动物新品种。

核移植不仅可在同种动物细胞间进行，也可在不同种细胞间进行。由于目前克隆的成功率很低，某些濒危动物个体数量少而无法保证其克隆实验的需要，若能通过异种动物克隆来繁殖珍稀濒危动物，无疑将大大加快珍稀动物的繁殖，促进挽救濒危动物的工作，更有效地保护珍贵的动物遗传资源，14.2.4 所介绍的"异种克隆"技术中已有不少成功的例证。另外，Wakayama 等用冷冻了 16 年的小鼠克隆出成活的小鼠，美国用冷冻多年的爪哇野牛细胞克隆出野牛，这些对已死亡动物进行克隆的成功，也给从冷冻的动物残骸中克隆出已灭绝的生物——如埋藏在永久冻土地带的猛犸象和剑齿虎等——带来了希望。

14.3.3 培育转基因克隆动物，生产生物药物

利用哺乳动物体细胞克隆技术，可通过建立转基因体细胞系的方式培育出转基因动物。从理论上讲，只要得到一个原代转基因个体，就可以无限制地克隆出与其同基因型的转基因后代。

结合转基因技术制备动物生物反应器，是当今动物克隆技术中非常重要的应用方向之一。将转基因技术与克隆技术有机结合，以动物体细胞为受体，将药用蛋白基因以 DNA 转染的方式导入能进行传代培养的动物体细胞内，再以这些携带目的基因的体细胞为供体，进行动物克隆，可使转基因动物后代的数量迅速扩增，而且还可结合胚胎性别鉴定技术生产出所期望性别的转基因动物。制作时可将药用蛋白基因置于相应的启动子下，令产物进行组织特异性表达，以减少对转基因动物健康的危害。其中，最理想的部位就是哺乳动物的乳腺，即所谓的"乳腺生物反应器"（mammary gland bioreactor)，可使目的基因得到高效的表达而不影响动物的正常生长发育。目前，已有多种具有生物活性的蛋白质可以利用动物生物反应器来进行生产，其中有在血液中表达人血红蛋白的转基因猪，在乳汁中表达 α-抗胰蛋白酶的转基因绵羊，还有在乳汁中表达人抗凝血酶Ⅲ、人组织纤溶酶原激活剂的转基因山羊和在乳汁中表达人乳铁蛋白的转基因牛等。由于通过克隆动物进行生物药物的生产可大幅度降低生产成本，获得更大的经济效益和社会效益，可以预言，在今后的制药工业中，动物生物反应器将占有非常重要的地位。

14.3.4 与基因和干细胞技术结合，开展治疗性克隆

克隆技术与转基因技术的结合，是目前医学领域极富发展前景的研究方向之一，对解决人类器官移植来源、医药生产和疾病治疗、生物学理论研究等都具有非常重要的意义。例如，将某种疾病基因转入实验动物的细胞内，再用这个细胞构建胚胎，就可克隆出带有某种疾病的实验动物。克隆技术与基因疗法结合，也使得一些遗传疾病的预先治疗成为可能。比如，可将修改后的基因导入早期胚胎细胞，使其具备正确的基因，然后将此正常细胞移入去核卵母细胞中，再将重构胚胎移入母体，就可能发育成正常的胎儿。转基因克隆技术也有可能用于解决人类器官移植来源短缺的问题。正在进行的利用克隆猪提供人类器官的研究，其思路就是利用猪的器官在大小、形状及生理特点等方面与人的器官相似，且比灵长类动物易繁殖的特点，先把导致人类对猪器官免疫排斥反应的 *GT* 基因［编码催化引发排斥反应的半乳糖-1,3-半乳糖（galactose-1,3-galactose）合成的 α-1,3-半乳糖基转移酶（α-1,3-galactosyl tranferase）的基因］敲除，再结合克隆技术，就可大量生产适合人体移植的猪器官。目前，*GT* 基因敲除猪的培育已获得很大进展，标志着异种器官移植距付诸实用的目标已越来越

近。一旦此项工作能成功应用到临床，就可缓解捐献器官严重不足这个一直困扰医学界的难题。

克隆技术与人的干细胞技术和基因打靶技术等相结合，就有可能用患者本人的细胞在体外培育出所需要的细胞、组织甚至器官，以替换或修补患者损伤或患病的细胞、组织或器官。由于用这种方法培育出的组织源于患者自身，因此应该不会产生免疫排斥反应，此即治疗性克隆（therapeutic cloning）。首先，要进行体细胞的核移植，构建重组胚，并培育到囊胚期；然后，从这个囊胚的内细胞团分离出胚胎干细胞（ES细胞）；再经过特殊的诱导，将ES细胞在体外培育成不同的细胞、组织和器官。这样，就能为需要的病人提供不具排斥反应的细胞、组织和器官。利用核移植技术获得ES细胞已在小鼠等实验动物中得到验证，这一技术目前已显示出巨大的应用潜力。

14.3.5　动物克隆技术中存在的问题

动物克隆研究虽然已取得很大进展，但是克隆技术在理论和技术上都还很不成熟，距实际应用尚有很大距离。目前存在的问题主要有以下几个方面。

14.3.5.1　成功率低

目前动物核移植技术的最大缺陷是克隆实验的成功率始终很低。例如，在培育Dolly的过程中，Wilmut等共克隆出277个绵羊胚胎，而发育到桑葚期的只有29枚。将这些胚胎植入13只母羊子宫后，最终仅有一头母羊受孕并生产，总成功率只有0.23%。克隆小鼠的“檀香山技术”虽然将克隆成功率提高到2%以上，但也不高。迄今为止，成功率很低仍是一个影响克隆技术应用的棘手问题。自Dolly羊诞生至今，已获得了许多成活的体细胞克隆动物，但在大多数研究中，都出现了孕期流产率高、围产期死亡率高、出生后对环境的适应性较差以及不少克隆动物患有疾病等问题。导致动物克隆存活率低和异常发育的原因很多，相关基础理论研究还很薄弱便是其中之一。该技术的不断完善，还需要遗传学、细胞学、发育生物学等相关基础学科的进一步研究和发展。

14.3.5.2　克隆动物的遗传问题

就遗传的角度而言，克隆动物的性状应该与其来源的亲本完全相同，但克隆所用的体细胞是否的确都具有相同的基因，核移植中带入的细胞质中的遗传物质是否有影响，这类问题目前都尚不清楚，再加上细胞突变和后期生长的环境等因素，都可能影响克隆动物的遗传性状。

基因突变与DNA复制次数紧密相关。分裂次数越多的体细胞发生突变的可能性就越大，这与通过克隆迅速获得大量动物个体的目的相矛盾，也是克隆动物材料来源不可避免的问题。由于正常体细胞分裂的代数是有限的，因此克隆动物的寿命是否会受到体细胞分裂代数的影响尚不清楚。世界上首只体细胞克隆羊Dolly 6岁时死于肺部感染，而绵羊通常能活到11～13岁，肺部感染是老年绵羊的主要疾病和死亡原因。鉴于多莉的核供体是一只6岁大的母羊，这使科学家对克隆生命的前景表示担忧，在体细胞克隆后代的早衰问题上出现争议。

14.3.5.3　可应用性

有性生殖是生物在长期进化过程中自我选择、适应环境的结果，是一种有利于种族繁衍和生存的生殖方式。从这个角度来讲，用克隆技术无性繁殖动物和其他生物可能给生物的生存和自然界带来意想不到的后果。由于克隆是无性繁殖，克隆动物没有遗传物质的交流和互补，将会加剧一些遗传疾病的发生。同时，这种繁殖方式可能会造成基因的丢失，不利于遗传物质和生物多样性的保护。因此，有学者认为，克隆动物是违反生物进化规律的，是一种倒退。因此，在什么场合、什么领域使用克隆技术才有意义，是一个值得人们在热衷于克隆高技术研究时应该认真思考的问题。

另外，在异种器官移植方面，即使培育出了可用于器官移植的“基因敲除”猪，而且在完全解决了排斥反应的情况下，在人体环境内的猪器官寿命能有多长？不同动物体内有不同的微生物群，对一种动物无害的病毒，对另一种动物可能造成严重的危害。如猪体内普遍存在的“猪内生反转录病毒”能感染人体细胞，还发现将猪胰腺细胞移植给免疫功能受到抑制的实验鼠后，病毒会被激活，鼠机体多种组织受到感染。那么，倘若人体被该病毒感染，将会产生怎样的后果？

克隆人类也是一个问题。事实上，克隆人一直面临着科学、伦理与宗教等方面的争议。克隆技术，尤其是与人有关的克隆研究已激发了人们对传统伦理的重新思考。包括我国在内的许多国家已明确表示禁止生殖性克隆人的实验，并且得到了科学界与社会大多数人的赞同。英国等国政府出于医学研究的需要，允许克隆人类胚胎供研究之用，但只允许发育到一定阶段，其后包括人-兽混合胚胎都获得了成功。由于动物克隆技术有着广泛的应用前景，因此，美国、英国、日本等国在禁止进行克隆人研究的同时，都明确表示将继续支持或不反对进行动物克隆实验。显然，克隆技术只有沿着正确的方向健康发展，才能为人类做出贡献。

综上所述，虽然动物克隆研究已经取得重大成就，但该技术尚不成熟，相关基础理论研究还很薄弱，在实践中得到真正应用还需不懈的努力。不过，动物核移植研究已在理论基础、技术改进及实际应用等方面有了很大进展，其在建立人类疾病的动物模型、进行疾病治疗、研究基因活动的调控机制、制造动物生物反应器以及培育新品种等方面的应用前景无疑是激动人心的。有理由相信，克隆技术将不断发展和完善并得到更为广泛的应用。

思　考　题

1. 什么是胞质体、核体和微细胞？概述它们的制备方法。
2. 试述哺乳动物细胞核移植的一般操作程序。
3. 查阅资料了解胚胎细胞和体细胞克隆以及异种核移植技术领域的最新研究成果。
4. 动物克隆技术的应用前景如何？还存在哪些问题？

第15章 干细胞技术

自20世纪末以来，干细胞的研究不断取得突破性进展，引起了生命科学界的强烈反响。在“Science”杂志评选出的1999年度世界十大科技成果中，干细胞研究荣登榜首，2000年再度入选。2007年Evans等三位学者因他们在干细胞研究和基因敲除领域中做出的杰出贡献而荣获诺贝尔生理学或医学奖。2008年，人类诱导性多潜能干细胞（iPS细胞）的成功获得又被“Science”杂志评选为年度世界十大科技进展之首；2010年iPS细胞的研究进展再次入选年度十大科学突破；2012年，山中伸弥（Shinya Yamanaka）和戈登（John Gurdon）又因他们在细胞核重新编程研究领域的杰出成就而获得诺贝尔生理学或医学奖。可以说，干细胞研究是当前最具活力、最有影响和最有应用前景的生命科学领域，它不仅将大大促进人类对细胞生长、分化、生物发育机制等基本规律的研究，而且对生命科学的发展和人类健康都具有重大意义。

15.1 干细胞概述

15.1.1 干细胞研究的发展

早在1896年，Wilson就在一篇论述细胞生物学的文献中第一次使用了干细胞这个名词，描述存在于寄生虫生殖系的祖细胞。当时人们认为干细胞只是能够产生子代细胞的一种较原始细胞。随着科学的发展和实验手段的进步，对于干细胞的认识也在逐渐深入。

1917年，Pappenhein等根据对骨髓中造血细胞发生过程的观察，提出了骨髓组织中存在着未分化干细胞的设想，第一次提出了成体干细胞的概念。1961年，Till和McCulloch将骨髓细胞悬液通过静脉注入受致死剂量X射线照射的小鼠体内，注入的细胞在脾中形成集落（clone）。他们研究后认为，这种来自于集落的细胞，同时具有多向分化潜能和自我更新能力，具有造血干细胞的特点。而多向分化潜能和自我更新也正是目前所认为的干细胞的基本特征。自20世纪中期起，临床上就开始研究利用骨髓移植治疗血液系统疾病。1969年，Thomas首次成功进行了异体骨髓移植，并于1990年与Murray一起由于在“人体器官和细胞移植的研究”方面的杰出贡献而获得诺贝尔生理学或医学奖。1979年，医学界首次发现脐带血中含有恢复白血病患者造血功能的细胞，脐带血造血干细胞治疗技术也已在相关血液系统疾病的治疗中显示出良好的应用前景。到20世纪80年代末，外周血干细胞移植技术逐渐推广开来，提高了治疗有效率并可缩短疗程。目前，造血干细胞移植已成为治疗相关血液系统疾病的重要手段。

1981年，Evans和Kaufman成功地从小鼠延迟着床的囊胚中分离获得了小鼠的内细胞团并建立了胚胎干细胞（embryonic stem cell，ESC）系，开创和推动了胚胎干细胞生物学研究的蓬勃发展。此后，一系列其他动物的胚胎干细胞相继分离和建系取得成功。1998年，Thomson等分离了人的内细胞团并成功建立了人的胚胎干细胞系。同年，Gearhart等从人的原始生殖细胞建立了胚胎生殖细胞（embryonic germ cell，EGC）系。随后，许多国家的学者先后从体外受精卵分离得到了人胚胎干细胞系，并诱导胚胎干细胞生成了神经细胞、造血细胞、肌肉细胞、胰岛细胞等。ES/EG细胞系的建立为哺乳动物的发育和遗传以及细胞分化的研究创立了理想的实验模型，在ES/EG细胞建系成功的基础上，干细胞工程技术开始了飞速的发展，这使人们看到了在体外培育所需的细胞、组织甚至器官，用来修复或取代人体内坏损组织器官等方面临床应用的曙光，也在世界范围内带来了研究干细胞的热潮。而且一系列研究又发现，包括源自人类的哺乳动物的成体干细胞具有“可塑性”（plasticity），在一定条件下具有跨系甚至是跨胚层分化的能力，可以横向分化（transdifferentiation）为多种细胞类型。2006年，日本学者将已分化的小鼠皮肤细胞，改造成具有类似于胚胎干细胞分化潜能的诱导性多潜能干细胞（iPS细胞）；2007年，源自人体皮肤细胞的iPS细胞又由美国和日本学者分别培养成功。由于胚胎干细胞的研究与应用目前面临伦理、宗教及免疫排斥等问题，成体干细胞可塑性的发现以及iPS细胞研究的突破性进展，为干细胞的临床应用开辟了更为广阔的空间。总之，干细胞研究已经获得了大量令人瞩目的杰出成就，在生命科学的基础研究和生物医药领域展示出了极为光明的应用前景。

15.1.2 干细胞的定义和分类

15.1.2.1 定义

由于干细胞的复杂性，以及其生物学研究尚处于初始阶段等原因，目前对干细胞的定义尚无统一说法，而且干细胞的定义随着研究的进展也在不断地进行修正，并从不同层面上进行定义。一般认为，干细胞是来自胚胎、胎儿或成体内，具有无限自我更新和增殖能力以及不同程度分化潜能的一类细胞，在一定的条件下能够产生表现型和基因型与自己完全相同的子细胞，也能产生组成机体组织、器官的已特化细胞，还能分化为祖细胞（progenitor cell）（图15-1）。

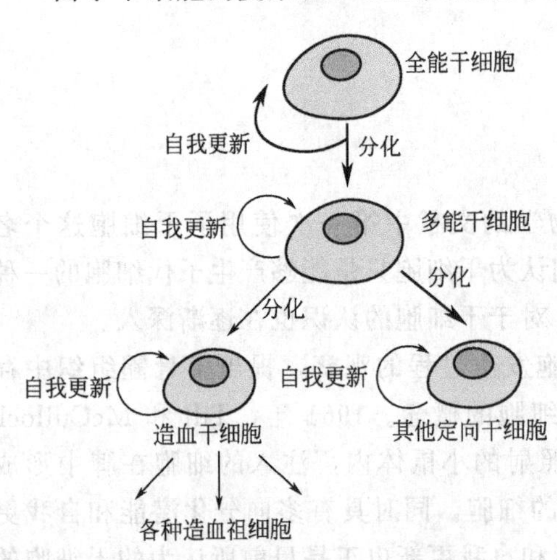

图15-1 干细胞的分化及自我更新

15.1.2.2 分类

干细胞一般根据其来源或分化潜能的不同进行分类。

（1）根据来源分类　根据来源不同，干细胞可以分为胚胎干细胞（embryonic stem cell，ESC；ES细胞）、成体干细胞（somatic stem cell或adult stem cell，ASC）和诱导性多潜能干细胞（induced pluripotent stem cell，iPSC；iPS细胞）等。

① 胚胎干细胞　ES细胞通常是指由哺乳动物早期胚胎分离克隆出来的未分化细胞，能在体外长期培养和增殖，具有稳定的二倍体核型，在适合的条件下可以分化为机体的各种组织细胞，并具有形成嵌合体的能力。ES细胞一般从着床前囊胚内细胞团（inner cell mass，ICM）或早期胚胎原始生殖细胞（primordial germ cell，PGC）分离，还可利用体细胞核转移（SCNT）技术获得，该技术在第14章已经介绍。

② 成体干细胞　也称为组织干细胞，是指存在于已经分化组织中的未分化细胞，这类细胞能够自我更新并可特化形成相应组织的细胞。其主要作用是维持机体功能的稳定，替代由于损伤和疾病导致的衰老和死亡的细胞等。目前已经在多种成体组织中发现了干细胞，如：造血干细胞、间充质干细胞、神经干细胞、肝脏干细胞、肌肉卫星细胞、皮肤表皮干细

胞、肠上皮干细胞、视网膜干细胞、胰腺干细胞等。

③ 诱导性多潜能干细胞　iPS 细胞是指由已分化的体细胞诱导而来，具有类似胚胎干细胞的高度自我更新能力和多向分化潜能的干细胞。目前，已从小鼠、人、猴、大鼠和猪等的多种体细胞诱导出 iPS 细胞。

(2) 根据分化潜能分类　根据最新的分类方法，依照分化潜能的大小，干细胞可以分为以下几类：全能干细胞、亚全能干细胞、多能干细胞和单能干细胞。

① 全能干细胞（totipotent stem cell）　可以发育成一个完整个体的干细胞称为全能干细胞。一般认为，哺乳动物的受精卵和 8 个细胞期以前的卵裂球（blastomeres）是全能干细胞，具有发育成完整个体的分化潜能。

② 亚全能干细胞（pluripotent stem cell）　失去了发育成完整个体的能力，但仍具有形成内、中、外三个胚层来源的所有细胞类型潜能的干细胞被称为亚全能干细胞，或多潜能干细胞、万能干细胞、三胚层多能干细胞等。源自囊胚内细胞团和原始生殖细胞的胚胎干细胞、核移植胚胎干细胞（embryonic stem cells via nuclear transfer）及诱导性多潜能干细胞（iPS）属于此类。

③ 多能干细胞（multipotent stem cell）　这类干细胞的分化潜能较前两者要差，只能分化出部分类型的细胞。如造血干细胞能分化出各种血细胞；神经干细胞可以分化成各类神经细胞；间充质干细胞可以分化为多种中胚层组织的细胞（如骨细胞、软骨细胞、肌肉细胞、肝细胞、心肌细胞和脂肪细胞等）及其他胚层的细胞（如神经元等）。

④ 单能干细胞（unipotent stem cell）　也称专能干细胞、偏能干细胞或定向干细胞（committed stem cell）。这类干细胞只能向一种类型或密切相关的两种类型的细胞分化。在许多已分化的组织中，成体干细胞是典型的单能干细胞，如上皮组织基底层的干细胞、肌肉中的成肌细胞又叫卫星细胞等。这种组织一般处于一种稳定的自我更新状态，但如果这种组织受到伤害并需要多种类型细胞来修复时，则需激活多能干细胞来修复受伤的组织。

可以预期，随着干细胞研究的进一步拓展和深入，还将有新的干细胞被发现，干细胞这一生物学名词也将被赋予新的、更多的内涵。

15.1.3　干细胞的生物学特点

干细胞是同时具有自我更新能力、分化能力和增殖能力的非特化细胞。一般而言，干细胞的发育阶段越早，这三种能力也越强。对哺乳动物来说，生理状态下最原始的干细胞是受精卵，其后是胚胎干细胞、胎儿干细胞、成体干细胞等。在个体发育的不同阶段以及成体的不同组织中均存在着干细胞。

干细胞的自我更新是指干细胞分裂后子代干细胞能保持与自己相同的基因型与表型，维持未分化状态并具有相同的分化潜能。自我更新同时受到细胞生长环境和内源性调节因子的控制。

干细胞的分化是指干细胞分裂后转变为形态上、机能上、化学构成上与自己相异的子代细胞。研究表明，干细胞的分化是转录因子、生长因子、膜蛋白及外在接触环境等多方面因素共同调控、相互协调，导致基因按照一定的时间、空间顺序表达的结果。iPS 细胞的成功获得，证明细胞分化是可逆的。

干细胞的增殖是指通过细胞有丝分裂实现细胞数量的扩增。干细胞的自我更新和分化都是以细胞增殖为基础的。干细胞有两种分裂方式，一种是对称分裂，形成两个相同的干细胞；另一种是不对称分裂，其中一个保持亲代的特征，仍作为干细胞保留下来，另一个子细胞不可逆地走向分化的终端，成为功能专一的分化细胞。

15.1.3.1 胚胎干细胞

ES细胞具有在一定条件下无限增殖并保持未分化状态的能力，它可以在体外大量扩增、冻存和复苏而不会丧失其原有的特性。

(1) 形态学特征　ES细胞的形态结构与早期胚胎细胞相似，细胞体积小、核大、核质比例高，核仁明显。体外培养时，呈集落状生长。形成的克隆细胞彼此界限不清，形态多样，细胞克隆和周围存在明显界限。不同种的ES细胞形态学特征有所不同。

(2) 高分化潜能　ES细胞具有在一定条件下向三个胚层细胞分化的能力，在理论上可以诱导分化成机体中各种类型的细胞。

① 形成畸胎瘤　将ES细胞注入同源动物或免疫缺陷动物的皮下，可形成由三个胚层细胞构成的畸胎瘤。

② 形成类胚体　ES细胞置于无饲养层和无分化抑制因子的条件下培养时，能发生自发分化，产生具有三个胚层的类胚体（embryoid body，EB）。在去除分化抑制物后，通过控制ES细胞的生长环境（如添加适当的分化诱导物质等）或遗传操纵特定的基因表达，ES细胞可能直接分化为某种特定的细胞。

③ 形成嵌合体　若把ES细胞用胚泡注射法或桑葚胚聚集法与受体胚胎结合在一起，再移植到假孕母体子宫中进一步发育，可发育得到嵌合体（cheimera）动物，ES细胞可参与嵌合体各个组织器官包括生殖系的发育。

(3) 与亚全能性相关的标志物　ES细胞可以特异性地表达多种分子，可用于ES细胞的鉴定，常用的几种简介如下。

① 碱性磷酸酶（alkaline phosphatase，AKP）　未分化的ES细胞碱性磷酸酶呈强阳性，而在已分化的细胞中该酶活性明显降低。故通过对碱性磷酸酶活性的检测，结合克隆形态的观察，便可知ES细胞是否分化。

② 转录因子Oct-4（octamer-binding transcription factor 4）　Oct-4是在早期胚胎发育中起重要作用的转录因子，目前被广泛用于鉴定ES细胞是否处于未分化状态。细胞分化后，Oct-4表达迅速下降。

③ 端粒酶（telomerase）　端粒酶与细胞的永生化高度相关。ES细胞表现出高水平端粒酶活性，且随着细胞传代端粒酶活性不降低。ES细胞端粒酶活性的高表达表明，其复制的寿命长于体细胞复制的寿命。

④ 阶段特异性胚胎细胞表面抗原（stage-specific embryonic antigens，SSEA）　阶段特异性胚胎细胞表面抗原是一种糖蛋白，它常表达于胚胎发育早期，在未分化的多能干细胞中SSEA也常为阳性，故它可作为ES细胞的标志分子之一。在鼠和人的ES细胞之间它的表达存在种属差异性。如小鼠ES细胞表达SSEA-1，但不表达SSEA-3和SSEA-4。而从ICM分离得到的人ES细胞SSEA-1呈阴性反应，但表达SSEA-3和SSEA-4。从人PGC分离的EG细胞SSEA-1、SSEA-3和SSEA-4均呈阳性反应。

15.1.3.2 成体干细胞

成体干细胞除了具备多能或单能分化能力（但不具备分化的全能性）、增殖能力和自我更新能力三大基本要素外，细胞形态和生长特性、表面标志物、体内外定向分化能力等生物学特点都随成体干细胞种类的不同而有较大差别。

成体干细胞不仅对其所在的组织器官有重建和修复功能，而且有实验显示，在特殊的外界条件诱导下，一种组织的成体干细胞能超越该特定组织，分化成其他组织的功能性细胞，甚至具有跨越胚层分化为其他类型细胞的多潜能性。如骨髓干细胞可以被诱导分化为包括外、中、内三个胚层的多种不同类型的细胞。除骨髓干细胞外，神经干细胞、肌肉干细胞等多种成体干细胞也都被发现具有分化的“可塑性（plasticity)”。成体干细胞的这种可塑性为其广泛应用提供了基础，使得它有可能像胚胎干细胞一样，将在修复、替代受损的细胞、组织甚至器官等方面发挥重要作用。

成体干细胞具有可塑性，这是干细胞研究中的又一里程碑，这一发现给干细胞生物学的研究注入了新的活力，有关报道日益增多。但成体干细胞的可塑性在体内是否普遍存在目前还不能确定；可塑性会发挥到哪种程度，是否能够以及如何来利用它，现仍在探讨中。尤其是成体干细胞可塑性的机制，目前尚不清楚，而且近年来一些学者还对成体干细胞的可塑性研究提出了质疑。主要的几种观点简介如下。

（1）可塑性与细胞异质性　为了证明某种成体干细胞的可塑性，首先需要排除多种干细胞同时存在所导致的多向分化的可能性。而目前有关成体干细胞可塑性的研究多是采用未经严格纯化的干细胞群进行的，单个的成体干细胞或基因型相同的成体干细胞群体是否也具有分化为别种细胞的能力，迄今尚不清楚。由于成体组织中可能含有一种以上的干细胞，如骨髓中至少含有造血干细胞（hematopoietic stem cell，HSC）及间充质干细胞（mesenchymal stem cell，MSC）两种类型的干细胞；在不同组织中，也可能存在相同的干细胞，如HSC不仅存在于骨髓，同时也在血液中循环，并且在肌肉等组织中也发现有HSC的存在；还有人认为，极少数胚胎干细胞可能在成体组织中余存，这样就无法确认究竟是某成体干细胞改变了自己的分化方向，还是该组织中原本就存在着可以沿这一方向分化的干细胞。

（2）可塑性与细胞融合　有实验显示，干细胞的可塑性可能与细胞融合有关。例如，在体外培养体系中，ES细胞可以与神经干细胞（NSC）融合，融合细胞拥有两类细胞的表面标记，它们在维持表达来自NSC的某些基因的同时，还具有胚胎干细胞样的多潜能性，能在体外形成类胚体，注射到囊胚后也能参与形成某些组织，并有致瘤性。但有研究者认为，由于在严格的培养条件下，细胞融合出现的概率很低，因此用细胞融合现象来解释干细胞可塑性现象有些勉强，细胞融合似乎也不能解释所有的细胞跨系转变。

（3）可塑性与脱分化　干细胞的可塑性也可能是因为发生了细胞的脱分化（dedifferentiation)。组织特异的完全分化的细胞或定向干细胞可能通过脱分化产生一种更原始更多能的细胞，然后经过新的途径再分化（redifferentiation）为其他细胞，例如比较被接受的两栖类动物肢再生等现象。但成体哺乳动物细胞的脱分化理论还没有得到普遍认同。

（4）可塑性与横向分化　横向分化（transdifferentiation）是成体干细胞跨系分化的一种机制。骨髓干细胞和外周血干细胞向非造血组织分化以及神经干细胞向血细胞分化的现象，一度被认为是证明横向分化是造血干细胞和神经干细胞可塑性机制的有力证据。研究人员认为，通过激活静止的分化程序，细胞的组织特异性发生改变，而直接导致了这种跨系转变。成体干细胞“横向分化”与微环境的关系近来受到广泛关注，有学者认为，造血系统微环境是影响造血干细胞分化的重要因素。还有观点认为，干细胞可塑性现象可能是机体损伤修复的生理特性。成体干细胞不仅可归巢到相应的组织中，也可进入血液循环，一旦机体受到损伤或需要时，即形成适当的微环境，成体干细胞就能改变其固有的增殖方式，分化成其他种类的组织细胞。但横向分化理论目前尚缺乏充分的直接证据。

总之，成体干细胞可塑性的研究仍处于初始阶段，其决定和影响因素尚无定论。很多学者认为，成体干细胞的可塑性是基因表达和微环境共同作用的结果。微环境中的各种细胞因子，细胞间、细胞与基质间的相互作用以及细胞特性决定了成体干细胞某些基因的开启和关闭，从而导致它分化成不同的细胞，但其具体机制还需要进一步的科学的、严谨的研究。

15.1.3.3 诱导性多潜能干细胞

2006 年，日本的 Takahashi 和 Yamanaka 首次发现，外源导入特定的转录因子能够使已分化的体细胞重编程回归到胚胎细胞状态，成功诱导小鼠皮肤细胞转变为具有高度自我更新能力和多向分化潜能的 iPS 细胞。2007 年，美国科学家 Thomson 等和日本 Yamanaka 等两个研究小组分别在“Science”和“Cell”杂志上同时宣告成功利用人类皮肤细胞培养出类似 ES 细胞的 iPS 细胞。2009 年我国学者周琪等又在“Nature”上公布，利用 iPS 细胞通过四倍体囊胚注射得到存活并具有繁殖能力的小鼠（图 15-2），首次证明 iPS 细胞具有与 ES 细胞相似的发育多潜能性，该成果被美国《时代周刊》评为 2009 年全球十大生物医学进展之一。

图 15-2 世界上第一只出生的 iPS 四倍体补偿小鼠“小小”（Tiny）

iPS 细胞的生物学特征与 ES 细胞有很大的相似性。2006 年，日本的 Takahashi 和 Yamanaka 采用体外基因转染技术，通过反转录病毒将 *Oct-4*、*Sox2*、*c-Myc* 和 *Klf4* 等 4 个转录因子的基因导入小鼠成纤维细胞，在小鼠 ES 细胞的培养条件下获得了 $Fbx15^{+}$ 的多潜能干细胞系。该细胞系在细胞形态、生长特性、表面标志物、形成畸胎瘤等方面与小鼠 ES 细胞非常相似，但在基因表达谱、DNA 甲基化方式及形成嵌合体动物方面却不同于小鼠 ES 细胞。而 2007 年该研究组用 Nanog 代替 Fbx15 进行筛选，得到的 $Nanog^{+}$ 的 iPS 细胞系不仅在细胞形态、生长特性、标志物表达、移植到小鼠皮下可形成包含 3 个胚层细胞的畸胎瘤等方面与小鼠 ES 细胞非常相似外，而且在基因表达谱、DNA 甲基化方式、染色体状态、形成嵌合体动物等方面也与小鼠 ES 细胞几乎完全相同。有关进展将在 15.5 予以介绍。

15.2 细胞分离纯化常用技术

分离不同细胞时，首先需解离组织制备细胞悬液，具体方法可参考第 12 章的有关内容，然后可选用以下方法进行分离纯化。

15.2.1 利用细胞体积和密度进行分离纯化

在离心力作用下，细胞在一定介质中的沉降速度与细胞的体积及细胞密度和其周围介质的密度之差成正比，因此，可以采用沉降技术将不同细胞分离开。对于特定的待分离细胞来说，其体积和密度是一定的，需要选择的只是具有一定密度与黏度的分离介质。使之沉降的细胞密度应该比介质大；使之漂浮的细胞密度应比介质小。因此，用沉降技术分离细胞的关键在于选择密度梯度形成介质，故沉降技术也称为密度梯度（离心）技术。而离心力的大小只是决定了分离的速度。

分离细胞常用的密度梯度形成介质有：牛血清白蛋白（BSA）；Ficoll，是一种合成的蔗糖聚合物；泛影酸盐，常与 Ficoll 配合使用，国外常用商品 Isopaque 或称 Triosil（sodium metrizoate）和 Hypaque（sodium diatrizoate），国内常用造影剂泛影葡胺（meglumine diatrizoate）代替，其商品名为Urografin；Percoll，是用聚乙烯吡咯烷酮（PVP）包被的硅胶颗粒。

15.2.2　选择性细胞凝集

羟乙基淀粉和甲基纤维素可以使红细胞形成大的"钱串"，加速其沉降，从而比其他细胞更快地从造血细胞悬液中沉降出去。这一方法通常用于快速除去大量成熟的红细胞，而不会对有核细胞造成太大的损失。但是和密度梯度离心等方法类似，这一方法并没有使干细胞相对于有核细胞发生太多的富集。

某些细胞如人T淋巴细胞具有异种红细胞的受体，在一定的条件下，T淋巴细胞可与红细胞相互识别而结合，形成一个T淋巴细胞被数个红细胞围绕的现象，被形象地称为玫瑰花环（rosette）。由于玫瑰花环的体积和密度都显著增大，故用密度梯度离心法很容易将花环形成细胞与游离细胞分离开。血液或骨髓中的T细胞就可应用此法通过与绵羊红细胞发生凝集而除去。

15.2.3　基于不同黏附特性的细胞分离方法

一些类型的细胞能黏附于某些固相物质如玻璃或塑料的表面，但另一些细胞却缺乏这种能力；或者有些细胞的黏附能力强、黏附作用快，而另一些细胞黏附能力弱或黏附作用慢。利用这些差异，可以分离或消除某些类型的细胞。这种将黏附较快的细胞与黏附较慢（或无黏附能力）的细胞分开并分别收集的过程就称为差速黏附处理。该技术常用于分离细胞悬液中的成纤维细胞与其他组织细胞。另外，葡聚糖凝胶G10等也可用来分离细胞。其原理同样是利用细胞的黏附特性，使某些细胞黏附于葡聚糖凝胶，从而将异质性细胞悬液中具黏附能力的细胞去除。

15.2.4　利用细胞表面标志分离纯化细胞的方法

利用单克隆抗体的特异性和多样性，用不同抗体的合理组合就可能分离不同类型的细胞。从混杂的细胞群体中获得表达与抗体相应膜抗原的细胞群，称为阳性细胞选择法；相反，从混杂的细胞群体中除去表达与抗体相应膜抗原的细胞，而收集其余的细胞群体，称为阴性细胞选择法。

15.2.4.1　免疫溶解法

这类方法是利用抗体/补体介导的细胞溶解法，也称免疫消除法。当补体存在时，用抗细胞某一表面标志的特异性抗体与异质性细胞一起温育，可以使具有该特异性表面标志的细胞溶解。利用这一原理，将待消除细胞的特异性表面标志的抗体和补体加入细胞悬液或细胞培养物中，使抗体及补体作用于具相应抗原的细胞并溶解之，而对该抗原阴性的细胞进行富集。细胞溶解法适用于细胞悬液或培养物中待消除细胞数量不是很大的情况。

15.2.4.2　流式细胞分选术

流式细胞仪（flow cytometer，FCM）是一种将流体喷射技术、激光技术、空气技术、射线能谱技术及电子计算机等技术与显微荧光光度计密切结合的仪器。流式细胞术（flow cytometry）就是应用FCM检测，分析生物颗粒（包括细胞）的物理和/或化学特性，或借这些特性进行分离纯化的技术。分选细胞是流式细胞术应用的一个重要方面，它是用FCM将目的活细胞从异质性细胞群中分离出来，获得高纯度的细胞制剂，以进行有关活细胞的特性及其功能的各种研究。

荧光激活细胞分选技术是将单克隆抗体荧光染色与流式细胞分选相结合，应用装有分选器的流式细胞仪将符合预设参数的目标细胞从悬浮细胞群中分离出来。荧光激活细胞分选仪

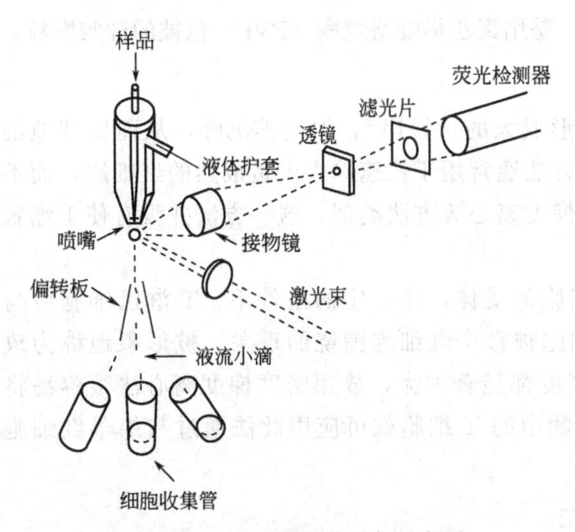

图 15-3　荧光激活分选仪示意图

(fluorescence-activated cell sorter，FACS) 主要由 4 部分组成（图 15-3）：① 细胞流动系统及气压流速控制系统；② 激光系统；③ 检测与信号处理系统；④ 细胞分选系统。其主要原理是细胞经荧光染色后，通过高速流动系统，细胞排成单行，逐个流经检测区进行测定。当细胞从流动室喷嘴处流出时，超声振荡搅动液流，使液流断裂成一连串的均匀小滴，每小滴内最多含一个细胞，细胞经激光束照射产生荧光和散射光，由光电倍增管接收，转换成脉冲信号，数据经计算机处理，分辨细胞的类型。如识别的是所需的细胞，在细胞样品流断裂成小滴时，使液滴瞬即感应正电荷、负电荷或不带电荷，使所需的细胞在电场偏转下进入不同的收集管。

应用该技术分选细胞的依据是不同细胞往往具有不同的表面标志。细胞表面标志的检测常用抗该表面标志的特异性单克隆抗体或多克隆抗体，当然也可应用该标志（如果是受体）的配体。因此，首先要对待分离目的细胞的特异性表面标志进行荧光染色，而且一般都是免疫荧光染色，即以荧光抗体与细胞表面标志结合，然后进行分选。进行免疫荧光染色常用的荧光素有异硫氰酸荧光素（FITC，发射绿色荧光）、藻红素（PE，发射红色荧光）和 Texas 红（Texas Red，发射长波红色荧光）等。

用该技术分离细胞准确快速，并能保持细胞活力，可在无菌条件下进行；但因价格昂贵，故极少用于常规，而多数仅作为研究的手段。随着流式细胞仪的不断改进和完善以及细胞生物学、分子生物学等研究的不断深入和发展，这项技术在生命科学中的应用将越来越广泛。

15.2.4.3　淘选技术

该技术也称为平面黏附分离法（panning technique）等。这是一种在固相表面进行亲和分离细胞的技术。它是利用蛋白质分子可吸附于聚苯乙烯塑料表面和抗原-抗体或配体-受体特异性结合的原理，以聚苯乙烯塑料作为亲和剂的不溶性基质，将抗体（或抗原）、配体（或受体）蛋白吸附于其表面，然后加上异质性细胞悬液。带有相应表面抗原（或抗体）或表面受体（或配体）的细胞将结合于塑料表面，从而将其从异质性细胞悬液中分离出来（阳性筛选）或除去（阴性筛选）。

15.2.4.4　免疫磁珠分选技术

免疫磁性微珠（immunomagnetic bead，IMB；简称免疫微珠）是以直径为几个微米的磁性微珠作为载体，将抗体或抗原结合在此载体上，即成为带有免疫配基的磁性微珠。

磁性微珠是一种人工合成的含金属小颗粒，由三部分组成：核心是金属小颗粒（Fe_2O_3、Fe_3O_4），核心的外层均匀包裹着一层高分子材料（如聚苯乙烯、聚氯乙烯等），最外层是功能基团，如氨基、羧基、羟基等，以便与生物大分子偶联。

免疫磁珠分离技术的原理是：磁珠既可结合蛋白质，又可被磁铁所吸附，经过一定处理将抗体（或抗原）结合在磁珠上，使之成为抗体（或抗原）的载体。磁珠上抗体（或抗原）

与特异性抗原（或抗体）物质结合后，形成抗原-抗体磁珠免疫复合物。这种复合物在磁力作用下发生移动，可使复合物与其他物质分离。

免疫磁珠法可用于分离带有相应表面标志的各种细胞。将针对靶细胞表面抗原的特异性抗体结合到微珠上，再将细胞悬液与 IMB 混合，微珠表面包被的抗体与样品中带有相应表面抗原的细胞特异性结合，在外加磁场作用下，IMB 连同相应的靶细胞一起被分离。最后用胰蛋白酶消化法等可使细胞与磁珠分离。

15.3　胚胎干细胞

15.3.1　胚胎干细胞的分离

目前 ES 细胞主要有两个来源，即胚泡内细胞团和生殖嵴中的原始生殖细胞，前者更为常用。另外，经体外授精形成的胚胎或由核移植获得的重组胚在体外培养至所需发育阶段也是分离 ES 细胞的有效材料。

不同动物、不同品系动物的胚胎在发育速度和方式（pattern）等方面存在差异，因此应注意选择适当的品系和取材时间等。例如，小鼠 ES 细胞（mESC）分离常用的品系是 129 小鼠或 ICR 小鼠，多取自 3.5 天的早期胚泡或 2.5 天的桑葚胚。由于体外培养 ES 细胞的技术在小鼠最为成熟，成功率最高，故下面主要以小鼠 ES 细胞为例进行介绍。

从胚泡中分离内细胞团的方法主要有免疫外科学方法、显微外科学方法和组织培养法等。

（1）免疫外科学方法　该法的基本原理是利用囊胚腔对抗体的不通透性，通过抗体、补体结合对细胞的作用，去除滋养层细胞，保留 ICM 细胞进行培养。以小鼠为例，将体外培养的小鼠胚泡去除透明带后，经抗小鼠脾细胞抗血清作用一定时间后再移入含新鲜豚鼠血清的培养液中处理，这样滋养层细胞即被破坏，去除死去的滋养层细胞，即可将 ICM 用于接种培养。

（2）显微外科学方法　小鼠受精后 3～4 天，由子宫冲取胚泡，利用显微操作系统直接从胚泡中吸出 ICM 细胞进行培养。

（3）组织培养法　在小鼠受精 2.5 天后切除卵巢，给予外源激素，使胚胎继续发育，但延缓着床，4～6 天后，从子宫中取胚泡进行培养。滋养层细胞生长并在培养皿底上铺展，而 ICM 细胞增殖，垂直向上生长，形成卵圆柱状结构，在显微镜下挑出这种柱状结构，消化传代。

15.3.2　胚胎干细胞的培养

体外培养 ES 细胞的基本原则是，在促进 ES 细胞增殖的同时，维持其未分化的二倍体状态。由于 ES 细胞在体外培养过程中极易分化和失去正常二倍体核型，进而失去亚全能性和丧失形成嵌合体动物的能力，因此需要特殊的培养条件阻止其分化，以确保维持其多潜能性。目前常用的细胞分化抑制物主要有三种：饲养层细胞；特殊细胞的条件培养液，如 Buffalo 大鼠肝细胞条件培养液（BRL-CM）；分化抑制因子（differentiation inhibitory factor，DIF），如白血病抑制因子（leukemia inhibitory factor，LIF）。此外，添加其他一些细胞因子，如白介素 6（IL-6）、抑瘤素 M（oncostatin M，OSM；或称制瘤素、制癌蛋白）和睫状神经营养因子（ciliary neurotrophic factor，CNTF）等，也可维持小鼠 ES 细胞的未分化状态。不同来源干细胞的具体培养条件有差异。体外培养 ES 细胞的方法可分为两大类：饲养层培养法和无饲养层培养法。

(1) 饲养层细胞培养法 ES 细胞原代或初期培养阶段一般都需要饲养层细胞，后者能分泌使 ES 细胞在体外存活和增殖所必需的生长因子等。不同类型的饲养层细胞分泌的生长因子略有不同，但都要求在 ES 细胞培养过程中保持不分裂增殖而仍然具有代谢活性的特性。

常用的饲养层是由小鼠成纤维细胞无限系（STO）或小鼠胚胎成纤维细胞（MEF）制备而成。它们可以分泌成纤维细胞生长因子（FGF）、分化抑制因子（LIF）等，这些因子有助于 ES 细胞增殖，而且能抑制细胞的凋亡和分化。STO 细胞或 MEF 细胞经过 γ 射线或丝裂霉素 C（mitomycin C）等有丝分裂抑制剂处理后，将早期胚胎或原始生殖细胞置于饲养层细胞上培养，当胚胎 ICM 增殖后或 PGC 出现 ES 样克隆后即可传代，常用胰蛋白酶-EDTA 消化，稀释细胞后转接到新的有饲养层细胞的培养基上继续培养。一般培养条件为 37℃、5%CO_2。

(2) 无饲养层培养法 饲养层细胞的制备在一定程度上使 ES 细胞的培养过程显得较为繁杂。添加分化抑制因子 LIF 或某些特定细胞的条件培养液至含 FCS 的正常培养液，可以在某种程度上替代饲养层细胞。有三种培养液可用于小鼠 ES 细胞的培养：①直接在 ES 细胞基础培养液中加入重组 LIF，使终浓度为 1000U/mL；②Buffalo 大鼠肝细胞条件培养液（BRL-CM）；③2～3 周幼年大鼠心肌细胞条件培养液（RH-CM）。一般以 2～3 份上述细胞条件培养液加 1～2 份新鲜的 ES 细胞培养液，再添加 10%～20% FCS，共同组合成无饲养层的 ES 细胞培养系统。但在 ES 细胞原代和建系初期缺乏饲养层时，用这种条件培养液培养 ES 细胞的成功率往往不高，因此，正确使用饲养层细胞和条件培养液在 ES 细胞建系初期仍是实验成败的一个关键因素，特别是 EG 细胞培养建系除了饲养层细胞外，还需补充适当的生长因子。一旦建系成功后，在一定的实验期间，一般可撤除饲养层细胞，只需在常规培养液中添加适量 LIF 和其他细胞因子或含有 LIF 的 BRL 条件培养液，ES 细胞就可在体外增殖，维持不分化的生长状态。

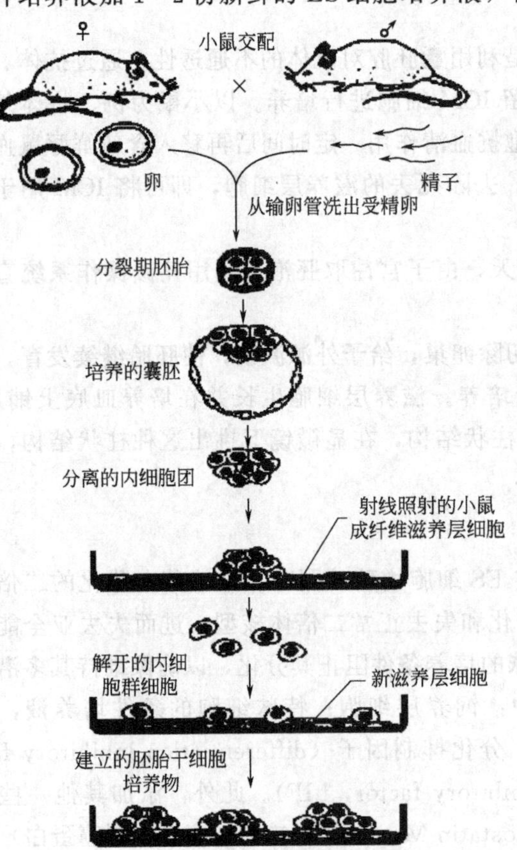

图 15-4 小鼠胚胎干细胞建系的技术路线

ES 细胞的研究已逾 30 年，积累了很多成功的经验，但各实验室采用的具体实验方案有所不同，进行实验时，可参考有关资料进行设计和实施。小鼠 ES 细胞的建立过程大致如图 15-4 所示。

(3) 人胚胎干细胞的培养 与小鼠 ES 细胞相比，人类 ES 细胞（hESC）的分离和培养要难得多。近年来，为优化人类 ES 细胞的分离和培养条件进行了大量的研究，实现了人 ES 细胞的无饲养层培养，并对其在体外培养中的生长特性等有了更多的认识。现已发现，人 ES 细胞与小鼠 ES 细胞有许多不同之处。比如，人 ES 细胞生长缓慢，培养中易出现自发分化；LIF 不能支持人 ES 细胞处于未分化状态；人 ES 细胞表达阶段特异性胚胎细胞表面抗原 SSEA-3 和 SSEA-4，而小鼠 ES 细胞表达 SSEA-1 等。

人类 ES 细胞的具体培养方案在不同实验室各不相同，各实验室可根据自己的条件参考有关文献确定培养方法。由于人类早期胚胎极其珍贵，因此必须严格按照伦理和临床规范进行操作。一般在获取了生长第 5 天或第 6 天的囊胚后，用免疫学方法进行分离。内细胞团接种到小鼠饲养层细胞上培养 10 天左右，便可将细胞团切割成小块并转移到新的饲养层上继续培养。人类 ES 细胞的连续培养常用胰蛋白酶消化进行传代，也有使用胶原酶消化或用机械法进行传代的。此外应注意传代密度，接种的细胞太少不易生长，一般 4～6 天传一次。人 ES 细胞对营养要求很高，一般需要每天换液。在人 ES 细胞培养中使用明胶有利于饲养层细胞贴壁。

15.3.3　胚胎干细胞的鉴定

目前尚没有单一、简便的方法能完成干细胞鉴定，需要综合判断。一般多从细胞形态、细胞表面标志、分化潜能等方面对其进行鉴定。ES 细胞具有独特的细胞形态；常用的 ES 细胞标志分子有 Oct-4、碱性磷酸酶、阶段特异性胚胎抗原等，它们在胚胎干细胞中多呈强阳性；将 ES 细胞移植到小鼠皮下可形成畸胎瘤；若将它与早期胚胎结合后再转移到假孕母鼠子宫中，会进一步发育成嵌合体动物等。iPS 细胞及核移植胚胎干细胞的鉴定可参考 ES 细胞的鉴定方法进行。

15.3.4　胚胎干细胞的诱导分化

ES 细胞在体外培养时，需在饲养层细胞或分化抑制因子作用下，才能保持其未分化状态；一旦脱离饲养层，就自发地进行分化。在不同物质、不同刺激因素的作用下，ES 细胞可向不同方向分化，表现出高度分化潜能。通过控制 ES 细胞生长环境或遗传操纵特定基因表达，ES 细胞可能被定向诱导分化为功能性细胞，也可能被诱导分化为组织干细胞，后者可继续被诱导分化为终末分化细胞。ES 细胞诱导分化的常用方法如下。

15.3.4.1　改变细胞的培养条件

该法是 ES 细胞进行定向分化的基本策略，常用方法有 3 种。

一是向培养基中添加生长因子、化学诱导剂等诱导物，该法的研究最为广泛和深入。利用诱导物使 ES 细胞朝一定方向分化一般采用分阶段的办法，即先经悬浮培养或悬滴培养，使 ES 细胞形成类胚体（embryoid body，EB），再将 EB 消化成单细胞贴壁培养，并于不同的培养阶段添加不同种类和不同浓度的化学物质、条件培养液或细胞因子等，直接促进 ES 细胞定向分化为某种特殊类型的细胞。也可用单层 ES 细胞诱导分化，即直接将 ES 细胞分散成单个细胞接种，撤除 LIF 并添加适当浓度的细胞分化诱导剂，定期换液。一般细胞分化类型随诱导剂种类及其组合、浓度、细胞密度和培养条件等，特别是 ES 细胞本身的分化潜能和特性而异。

二是将 ES 细胞与其他细胞一起进行培养。ES 细胞生长的微环境对其分化有很大影响。当 ES 细胞同其他细胞一起进行培养时，它可能随着细胞种类的不同而向不同方向分化。如 PA6 是一种骨髓来源的基质细胞系，当小鼠 ES 细胞与 PA6 细胞一起培养时，ES 细胞将向神经细胞分化。

三是将细胞接种在适当的底物上，这些因素将促使ES细胞中某些特定基因的表达上调或下降，从而引发细胞沿着某一特定谱系进行分化。研究发现，将小鼠ES细胞接种在胶原表面，将有利于它分化成内皮细胞。

15.3.4.2 导入外源基因

诱导ES细胞发生定向分化的另一种方法是导入外源基因。若把在特定发育阶段中起决定作用的基因导入ES细胞的基因组中，将会使ES细胞准确地分化为某一特定类型的细胞。但在应用这一方法时，首先需确定细胞向不同方向分化的关键基因是哪些；其次还需保证在适当时间将该基因导入ES细胞基因组的正确位置上。目前已有研究表明，这种方法可以使ES细胞定向分化为神经细胞、肌肉细胞和胰腺细胞等。

15.3.4.3 体内定向分化

若将ES细胞移植到动物体内的不同部位，在不同的微环境中，这些ES细胞多数将分化为该组织特异性的细胞。例如，将小鼠ES细胞直接移植到帕金森病模型大鼠的纹状体中，这些细胞多数分化为多巴胺能神经元及5-羟色胺能神经元。除神经系统外，其他组织也存在类似的现象，如将小鼠ES细胞移植到小鼠心脏，这些细胞多数将分化为心肌细胞。

被诱导分化的细胞还可作进一步的筛选培养，以获得高度纯化的分化细胞。

在ES细胞的诱导分化实验中，所用诱导物质的种类繁多，诱导模式也不尽相同。而且在ES细胞的分化过程中，诱导作用的结果不仅和各种诱导物质的性质、浓度、诱导作用模式和细胞所处微环境等因素有关，而且也决定于被诱导细胞的反应能力（competence），后者受遗传、细胞本身的发育潜能等内在因素限制。

准确的分化诱导是干细胞治疗的基础，但怎样诱导ES细胞定向分化产生单一类型的分化细胞，这是至今仍在探索中的难题，还需要对干细胞发育有关的信号调节及微环境的影响进行更深入、详细的研究。一旦掌握了ES细胞定向分化的规律，必将会引起生物学和医学领域内的一场重大革命。

15.3.5 胚胎干细胞的应用前景及存在问题

随着干细胞技术的快速发展和不断完善，按照一定的目的分离和培养ES细胞已成为可能，而且ES细胞具有在体外特定培养条件下无限增殖和分化为机体内任何种类细胞的潜能，因此，ES细胞在研究哺乳动物胚胎发育和疾病发生、基因和细胞治疗、药物筛选与新药开发、动物克隆及改良等诸多方面都具有广阔的应用前景。但干细胞的研究才开始不久，在诱人的前景面前也同时面临着许多难题和挑战。

15.3.5.1 应用前景

（1）探讨胚胎发育的调控机制　发育生物学是生命科学的前沿领域，但仍存在着许多未解的问题，其中最大的奥秘就是一个受精卵如何发育成复杂的生物体。但哺乳动物早期胚胎一般很小，又在子宫内发育，在体内研究胚胎发育和各类细胞的分化及其机理几乎是不可能的。ES细胞不仅具有完整的发育潜能，而且也具有对调节正常发育所有信号的应答能力，因此，胚胎干细胞系的建立将有助于探讨胚胎发育过程中的影响因素和调控机制。例如，可以比较胚胎干细胞和不同时空的分化细胞之间的基因表达差异，研究参与胚胎发育和分化的分子机制等。也可用不同的外源基因转染ES细胞，或在ES细胞水平上进行基因打靶，经体外筛选后建立带有目的基因的细胞系，或将筛选后的带有目的基因的ES细胞注射到宿主着床前胚胎内，并移植到假孕母体子宫内使之发育成个体，从而建立转基因动物或基因打靶动物，用于研究基因在发育过程中的表达与调控等。当然，ES细胞在体外的分化途径和机制与在体胚胎的可能有所不同，但仍有共同或相似之处。如小鼠悬浮生长的类胚体在结构排列上与在体胚体的有些不同，但一些类型的细胞分化秩序和方式却非常类似于在体胚体。因此，小鼠 ES 细胞已被公认为是研究哺乳类动物发育的较理想模型。

（2）临床应用　ES 细胞在适宜条件下能保持未分化状态并能无限扩增，可为应用研究提供无限的细胞来源。理论上 ES 细胞能被诱导分化为构成机体的任何一种细胞类型，可用于临床细胞、组织和器官的修复和移植治疗，还可用来建立研究疾病和病理过程的动物模型。

为克服异体细胞移植中的免疫排斥反应，可考虑以遗传工程来改变人的 ES 细胞，如破坏细胞中表达主要组织相容性复合物（MHC）的基因，躲避受者免疫系统的监视，从而达到防止免疫排斥发生的目的（图 15-5）。也可结合胚胎干细胞技术和体细胞核移植技术来解决这一问题。将患者的体细胞作为核供体进行核移植，获得克隆胚胎，然后用这些克隆胚胎分离 ES 细胞，再对 ES 细胞进行诱导，分化成患者已发生病变特定类型的细胞（如造血细胞、神经细胞、肝细胞等）移植给患者，以达到理想的治疗目的（图 15-6）。另外一种考虑就是建立干细胞库。根据储存的干细胞来源和种类的不同，干细胞库包括 ES 细胞库、成体干细胞库、iPS 细胞库和造血干细胞库等，可根据具体情况用于自体或经配型后用于异体病损或衰老组织器官的修复。

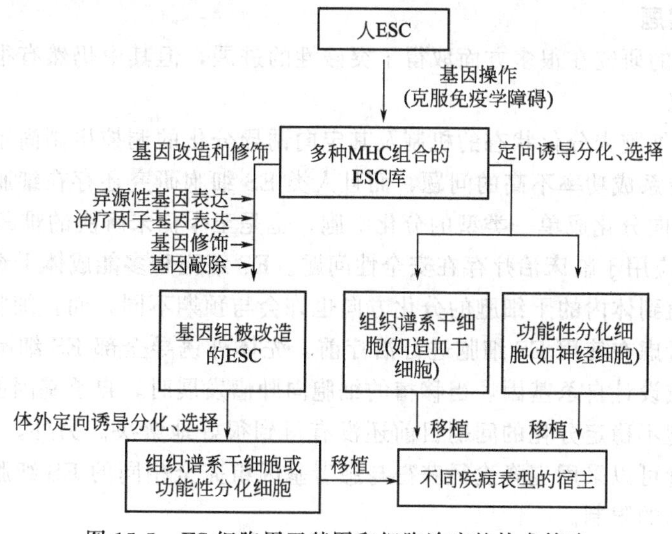

图 15-5　ES 细胞用于基因和细胞治疗的技术策略

（3）建立药物筛选和研究平台　目前用于药物筛选的细胞多是来自动物或癌细胞这样非正常的人体细胞，而 ES 细胞可以经过体外诱导，提供各种组织类型的正常细胞，因此它们可以作为药物、毒物等的检测系统，这不仅有可能避免现今动物模型检测系统引起的物种差异等问题，也比较经济，还有助于人类疾病细胞模型的建立以利进行包括针对患者的特异性药物等新药的开发。

（4）动物克隆及改良　ES 细胞具有可以无限传代增殖且不改变其基因型和表现型的特点，如果以 ES 细胞作为核供体进行核移植，可以在短时间内克隆获得大量基因型和表现型完全相同的个体。这不但可以充分发挥良种动物的生产潜力，还可以加速动物良种化进程。

ES 细胞还可作为外源基因载体生产转基因动物，以获得生长快、质量优、抗病力强的

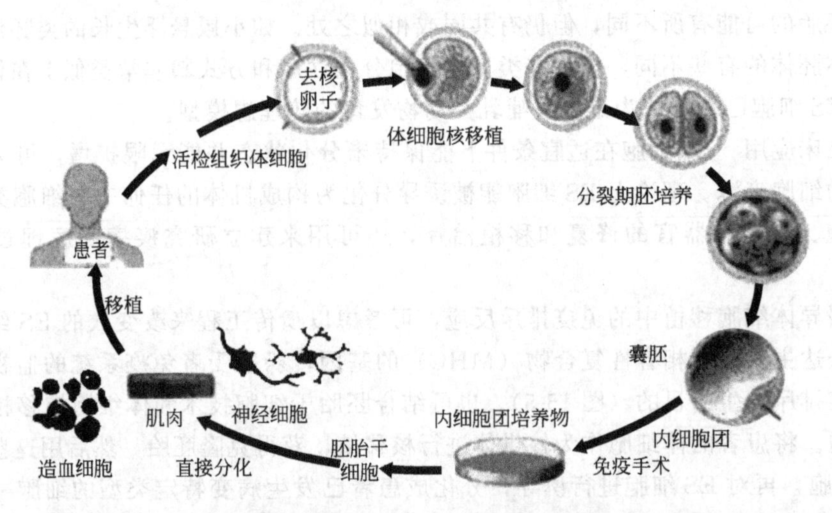

图 15-6 体细胞核移植用于人 ES 细胞系建立技术路线图

家畜品种以及用来大量生产基因工程药物等。用 ES 细胞与胚胎嵌合进行异种动物克隆，可以在某种程度上解决哺乳动物远源杂交的困难。嵌合体动物对于发育生物学、动物生理学和遗传学等的研究也具有特殊意义。

15.3.5.2 存在问题

虽然 ES 细胞的研究在很多方面取得了突破性的进展，但其中仍然有很多问题需要不断地深入探索和研究。

(1) 维持 ES 细胞未分化状态的机制及其定向诱导分化的调控机制尚不清楚。目前在干细胞研究中存在建系成功率不高的问题，而且人类 ES 细胞研究还存在细胞来源的限制。如何诱导 ES 细胞定向分化成单一类型的分化细胞，也是至今仍未解决的难题。

(2) ES 细胞应用于临床治疗存在安全性问题。ES 细胞和多能成体干细胞的自发分化方向是多向的，移植到体内的干细胞的分化方向也许会与预期不同，而且细胞移植后的成瘤风险也较大。可以考虑在使用 ES 细胞进行治疗前，先体外诱导全部 ES 细胞分化产生某种特异的组织细胞；或设计自杀基因，当移植的细胞向肿瘤发展时，自杀基因能启动自毁机制使其凋亡。但干细胞不稳定分化的问题目前还没有得到很好地解决。另外，ES 细胞能引起免疫排斥反应，尽管可以采用克隆途径获得与患者基因组完全相同的 ES 细胞系，但是还存在技术、成本等方面的限制。

(3) ES 细胞真正用于器官克隆与移植仍有待于技术上的突破。虽然人类 ES 细胞在培养条件下可以形成各种类型的细胞和简单的组织，但其是否具有形成复杂器官的能力目前还远未清楚，ES 细胞诱导分化为人体的组织器官并进行移植目前还存在着很多问题。

(4) 因为在获取人的 ES 细胞、建立 ES 细胞系时必须要破坏胚囊，体外培养的胚囊是否有生命还存在着争议，ES 细胞应用于细胞和组织替代治疗目前还面临着一系列的伦理、宗教和社会学问题。

15.4 成体干细胞

与胚胎干细胞相比，成体干细胞的分离、纯化要困难得多。首先，成体干细胞在组织中比较分散，而且数量非常少；再者，虽然可以根据成体干细胞的表面标志设计特异性结合物，以荧光标记后就可利用流式细胞仪分离获得干细胞，而且目前越来越多的成体干细胞标志物被发现，为成体干细胞的检测与分离提供了可能，但是目前很多成体干细胞尚缺乏或未发现合适的特异性表面标志分子，因此对它们的分离、纯化仍然较为困难，人们还需继续寻找适宜的能得到较纯成体干细胞的方法；另外，由于不同成体干细胞的特点和鉴定依据都不同，这也使得成体干细胞鉴定的难度要比有相对统一标准的胚胎干细胞大得多。

与胚胎干细胞的分化情况相似，成体干细胞所处微环境对于其分化的影响也极为重要。干细胞处于三维的空间结构中，接受的分化信号也是三维的——干细胞的分化受细胞-细胞、细胞-细胞外基质相互作用等多重因素影响。目前对于成体干细胞的体外培养和诱导分化研究还处在起步阶段，其中间充质干细胞和骨髓造血干细胞研究相对较多，因此这里主要介绍它们的分离和培养技术。

15.4.1　间充质干细胞

间充质干细胞（mesenchymal stem cell，MSC）是存在于全身结缔组织和器官间质中的多能干细胞，是研究最多的干细胞之一。由于间充质干细胞具有高增殖能力和多向分化潜力，因此在成体干细胞的应用领域，尤其在患病和损伤修复方面备受关注。

由于来源不同，间充质干细胞分离扩增的方法存在差异，为此，国际细胞治疗学会(ISCT）制定了界定间充质干细胞的三条基本标准：①贴壁生长；②具有以下表型特征，即≥95%的细胞表达 CD105、CD73 和 CD90 等，而绝大多数不表达 CD45、CD34、CD14 、CD11b、CD79a 及 CD19 等，也不表达 MHC Ⅱ类分子，如 HLA2DR 抗原等；③具有分化为成骨细胞、脂肪细胞、成软骨细胞等三类细胞的能力。

15.4.1.1　间充质干细胞的分离和培养

间充质干细胞是近来干细胞研究的热点，但不同来源的间充质干细胞在表型上差异较大，分离方法尚无统一方案。研究较多的骨髓间充质干细胞的分离目前较多采用的是密度梯度离心法和贴壁培养法，还有利用细胞的表面标志采用流式细胞仪或免疫磁珠等通过表面带有或缺少抗原成分进行正选或负选从而进行富集的方法。

密度梯度离心法主要是根据骨髓中细胞成分的密度不同，常用 Ficoll 或 Percoll 密度梯度离心分离 MSC，可有效地从骨髓中分离出单个核细胞（mononuclear cell，MNC），去除红细胞和粒细胞等。再取单个核细胞层进行培养，待大部分 MSC 贴壁生长后，通过更换培养液可使不贴壁的细胞被冲洗掉，便可得到成纤维细胞样、贴壁、快速增殖的骨髓间充质干细胞。

贴壁培养法也称全骨髓法，它主要是根据间充质干细胞贴壁生长的特性，将收集到的骨髓培养至大部分 MSC 已贴壁生长后，更换培养液。红细胞不贴壁，通过换液可被洗除，因此首次传代就是较为均一的成纤维样细胞。其中混杂的巨噬细胞、单核细胞、造血细胞等，由于它们的贴壁黏附能力不同，通过调整胰蛋白酶-EDTA 的消化时间，保证在短暂消化时间内，使 MSC 与培养皿底脱离，而其他细胞仍贴附于培养皿底，从而使 MSC 在传代期间进一步得到纯化。

目前 MSC 培养液的配方并不统一，但不同的培养基培养的 MSC 都基本具备间充质干细胞的共同特征。骨髓来源的 MSC 的原代培养液包括含血清和无血清培养液两种。基础培养基包括 α-MEM、IMDM、DMEM-LG、DMEM/DF12 和 RMPI-1640 等，在成人骨髓来源的 MSC 细胞培养中，前三种基础培养液多用。含血清培养液常用胎牛血清（但不同动物适宜的血清并不一定相同），再配上基础培养液，一般不再添加辅助的干细胞生长因子或其他微量添加剂。而无血清培养液或低血清培养液，由于缺少细胞生长的必需成分及细胞增殖所必需的生长因子，必须补充一些因子。对于骨髓来源的 MSC 的培养液的使用，不同实验室有不同的组合。

MSC 的生长受多种因素影响。MSC 的生长特性具有一定的种属差异性，对培养的方法和条件、接种的密度和取材的条件等都有着比较严格的要求。

15.4.1.2 间充质干细胞的体外诱导分化

间充质干细胞具有多向分化潜能，但是其调节机制尚不清楚。和 ES 细胞类似，诱导物的选择和 MSC 对诱导物的反应以及其所处的微环境是影响 MSC 体外定向诱导分化的主要因素。例如，MSC 在维生素 C、β-磷酸甘油和地塞米松的作用下可被诱导分化为成骨细胞；在地塞米松、胰岛素和 3-甲基-异丁酰黄嘌呤等的作用下，被诱导分化为脂肪细胞；脂肪中分离出的 MSC，在用 5-氮杂胞苷诱导后可向心肌细胞分化等。另外，有实验表明，MSC 是否与邻近的细胞有直接接触、与何种细胞接触也可能影响着它的分化过程。

15.4.2 造血干细胞

造血干细胞（hematopoietic stem cell，HSC）是发现较早、研究最多、应用最广的成体干细胞之一，体内所有的血细胞都由它分化而来。胎儿出生前，胚胎肝脏是主要的造血组织，内含较多的造血干细胞；出生后，造血干细胞主要存在于骨髓、外周血和脐带血中。

造血干细胞的自我更新通过细胞的不对称分裂完成。两个子代细胞中，一个仍然保留造血干细胞的特征；另一个子细胞进入细胞周期活跃状态，通过系定向（lineage commitment）产生各种类型的成熟血细胞群体，反映出其多能性。自我更新分裂是造血干细胞的重要特征，在补充大量消耗的成熟血细胞的同时，又保持体内造血干细胞的数量相对恒定。日益增多的证据表明，造血干细胞这一独特的生物学特性依赖于与造血微环境（microenvironmental niche）的相互作用。造血微环境中的细胞成分还不十分清楚，包括破骨细胞、血管内皮细胞和交感神经元的轴突末端都可能是其中的一部分，能调节造血干细胞的功能。微环境细胞可能通过提供多种分泌因子和多种信号路径来维持造血干细胞的“干性”（stemness）。

从造血干细胞发生和分化的角度可将其大致分为 3 类，即全能造血干细胞（totipotential hematopoietic stem cell，THSC）：指造血组织内能分化发育成各种血细胞的最原始细胞；造血祖细胞（hematopoietic progenitor cell）：是一类由全能造血干细胞直接分化来的已经失去自我更新能力的过渡型增殖性细胞群；以及造血前体细胞（precursor cell）。造血干细胞实际上是由不同胞龄等级（hierarchy）的包括干细胞和祖细胞组成的复合体。血细胞的产生不仅是一个细胞增殖的过程，而且同时是一个细胞分化的过程。如成熟红细胞的产生需要经历一个从造血干细胞、造血祖细胞、前体细胞，最后生成成熟血细胞的过程。

15.4.2.1 造血干细胞的分离

无论是从成体的骨髓、脐带血还是外周血中分离造血干细胞，通常需先分离其中的单个核细胞（MNC），然后再利用造血干细胞表面的特异标志蛋白将其分离出来，CD34 分子是目前应用最广的造血干细胞的表面标志。不同实验室采用的方法有所不同，一般先用密度梯度离心等方法去除待分离物中的红细胞和成熟粒细胞等成分，获得单个核细胞，从而使 $CD34^+$ 细胞初步富集；然后利用荧光激活细胞分选、免疫吸附分离等方法将 $CD34^+$ 细胞分离出来（表 15-1）。

表 15-1　造血干细胞的分离纯化方法

方法	原　理	常用技术
物理学方法	干细胞体积小，浮力（密度）低	密度梯度离心，逆流离心淘洗，速度离心沉淀
化学方法	对特定物质的黏附性	塑料黏附，基质黏附，植物凝集素亲和
免疫学方法	表面标记特性	荧光激活细胞分选（FACS），免疫吸附分离（淘选技术、免疫吸附柱色谱和磁珠分离）
生物学方法	干细胞处于 G_0 期，对细胞周期特异性的细胞毒性药物不敏感；活体染料拒染；高表达醛脱氢酶（ALDH）活性	细胞周期药物杀伤（如 5-Fu 和 4-HC 等），罗丹明 123 或 Hoechst33342 染色，ALDH 荧光底物染色，结合 FACS 分选

$CD34^+$ 细胞在骨髓、脐带血以及外周血中都有存在，但 $CD34^+$ 细胞是异质性的细胞群，其中不仅包括造血干细胞，还包括早期的造血祖细胞等。近年又有一些新的表面标志被发现。例如，$AC133^+$ 的多能造血干细胞分化为造血祖细胞时，AC133 的表达量迅速下调；当其分化为成熟血细胞时 AC133 则完全消失，因此 AC133 分子可能是更早期造血祖细胞和造血干细胞的特异性标志。KDR 即血管内皮生长因子受体-2（vascular endothelial growth factor receptor 2，VEGFR-2）可能是确定造血干细胞的关键标志物。多能造血干细胞存在于 $CD34^+KDR^+$ 亚群，而造血祖细胞主要存在于 $CD34^+KDR^-$ 亚群，据此可区分造血干细胞和造血祖细胞。虽然对其表面标志的研究已经取得了多方面的进展，但目前大多数工作仍然是基于对 $CD34^+$ 细胞的富集来筛选造血干细胞的。

15.4.2.2　造血干细胞/祖细胞的体外培养

由于分离的造血干细胞一般包括各系列祖细胞，因而可将其培养称为“造血干细胞/祖细胞的体外扩增”。造血干细胞的培养方式大致如图 15-7 所示。

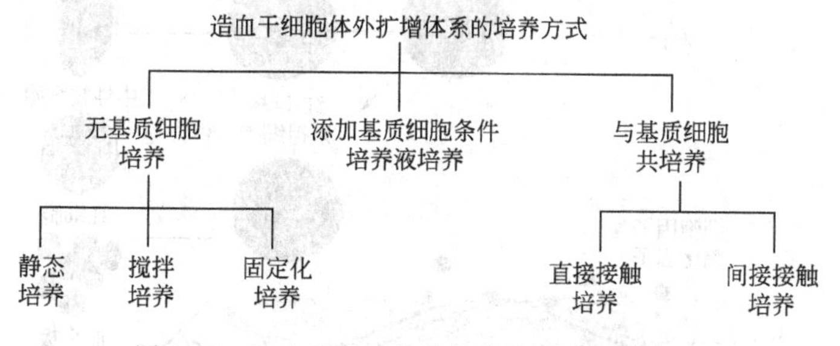

图 15-7　造血干细胞体外扩增体系的培养方式

（1）基质支持的培养体系　是在体外模拟骨髓造血微环境的培养方法。骨髓基质细胞是体内造血微环境的重要组成部分，它通过与造血细胞密切接触、分泌细胞外基质和产生许多至今未知的对造血有着无可替代作用的细胞因子，来调节造血细胞的自我复制和增殖分化过程，两者之间复杂的相互依存和相互调控保证了体内造血过程的正常进行。因此，基质细胞及其产生的多种造血调控因子的存在，对体外扩增时造血细胞功能活性的维持同样具有重要的支持作用。

（2）无基质支持的培养体系　基质支持的培养体系原理是通过构成造血微环境中基质细胞分泌的细胞因子实现的，这启发人们直接将合适的细胞因子加入含血清或无血清的培养液中培养造血细胞，建立了无基质悬浮培养体系。该方法简便易行，既无需建立骨髓基质细胞层，又便于随时收集细胞，较适于临床应用扩增培养纯化的 $CD34^+$ 细胞。研究已经证实，细胞因子在造血干细胞/祖细胞的体外培养中起着非常重要的作用，必须在基本培养基中加入合适的细胞因子，干细胞才能有效增殖。迄今研究者们已试用过多种细胞因子的组合，包括 SCF、IL-1、IL-3、IL-6、GM-CSF、G-CSF、EPO、TPO、FL 以及 EPO 等。但是，尽管已有大量工作对许多不同的组合进行了研究，但由于造血调控和造血因子作用的复杂性，以及各项研究之间缺乏可比性，目前对于扩增造血细胞的最佳因子组合尚有待进一步研究。而且由于缺乏了与维持造血细胞自我复制能力密切相关的造血微环境的支持，可能会影响扩增的造血细胞维持永久植活的能力。还有实验显示，在扩增体系中加入基质细胞系培养上清液（SCM），对支持造血干细胞/祖细胞的体外扩增有利。

15.4.2.3 造血干细胞的分化

造血干细胞/祖细胞的主要任务是在整个生命过程中源源不断地产生各系的血细胞。HSC 是一系列造血祖细胞的来源，通过祖细胞的增殖和分化最终实现多系造血（图 15-8）。

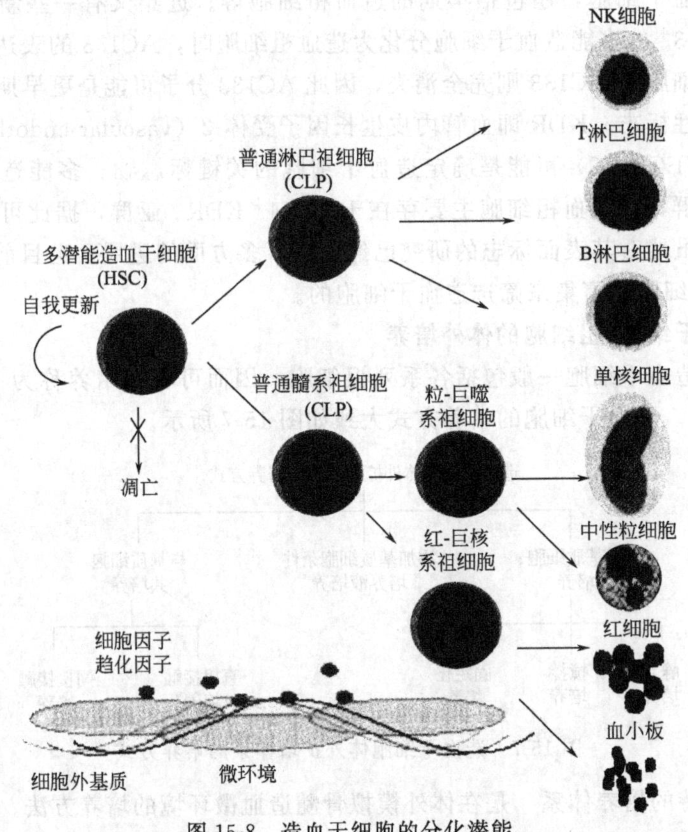

图 15-8 造血干细胞的分化潜能

体外扩增造血干细胞/祖细胞的同时，也明显地加速了其分化。这是造血干细胞/祖细胞扩增所面临的一个难题，但同时又为研究者展开了一个新的研究领域——利用造血干细胞具有的多向分化潜能，可以通过细胞因子的不同组合，定向地诱导其分化，产生大量功能细胞，以满足基础研究与临床应用的需要，这也是细胞治疗中极富发展前景的方向。当然，对造血干细胞发育分化过程的体外研究不一定能真实反映体内的情况，分析实验结果时，必须注意这种局限性。

在造血干细胞/祖细胞向不同类型的血细胞分化的过程中，许多关键的细胞因子起着诱导作用（图 15-9），它们之间通过复杂的相互作用精确地控制和协调血细胞的生成。但对于决定造血干细胞分化、成熟过程的机制人们仍知之甚少，并且对此长期存在着争议。造血干细胞/祖细胞分化的随机性模型（stochastic model）认为，造血干细胞/祖细胞的分化是细

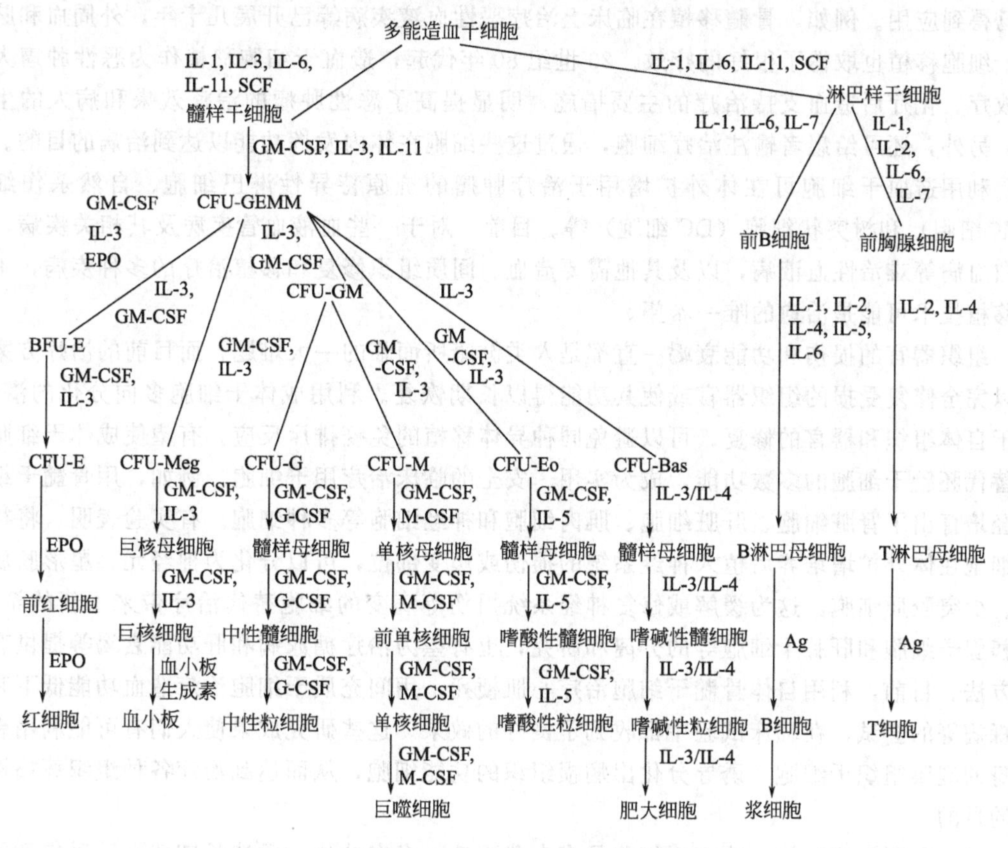

图 15-9　不同细胞因子对造血细胞分化的影响

胞固有基因表达所决定的。造血细胞固有的整套基因按所编程序在正常调控条件下逐一表达，以决定细胞的形态、行为和功能的有序变化，进而决定细胞定向于各自的分化方向。对于单一细胞而言，这种定向分化的决定是随机的，外部环境如造血生长因子对单个细胞的命运不起决定作用。而造血干细胞/祖细胞分化的指导性模型（instructive model）则认为，它们的分化是由细胞外信号分子所决定的。所有造血细胞内的基因及其表达程序都是相同的。对单一细胞而言，外部环境中的生长刺激或抑制因子的作用决定了其分化方向，这种定向是非对称、非随机的。显然，目前仍有很多关于造血干细胞发育分化的问题有待阐明。

15.4.3　成体干细胞的应用前景和存在问题

15.4.3.1　应用前景

与胚胎干细胞相比，成体干细胞在研究和应用方面有其优点：首先，来源方便，可以从自身获得，因此可以避免免疫排斥，分离和使用成体干细胞不存在伦理问题，便于在临床上应用；其次，不像 ES 细胞具有无限的自我更新能力，成体干细胞在正常情况下大多处于静止状态，只有在病理状态或在外因诱导下才显示出不同程度的再生和更新能力，因此致癌风险较小，临床使用比较安全；再者，成体干细胞有明显的趋化性（chemotaxis），注入体内后，能较集中地到达受损伤的部位，并在局部微环境的诱导下，发生明显的诱导分化，使成体干细胞向损伤组织修复所需的组织细胞分化，从而促进损伤组织的修复。这些特点为成体干细胞的应用提供了很大便利。

（1）临床治疗　成体干细胞的研究时间不长，但用其治疗疾病已开始进入临床试验阶段或已得到应用。例如，骨髓移植在临床上治疗恶性血液疾病等已开展几十年，外周血和脐带血干细胞移植也取得了很好的疗效。20世纪80年代起，造血干细胞移植作为恶性肿瘤大剂量放疗、化疗后造血支持治疗的主要措施，明显提高了恶性肿瘤的治疗效果和病人的生存期。另外，还可给患者输注治疗细胞，通过这些细胞在体内发挥功能以达到治病的目的。例如，利用造血干细胞可在体外扩增用于治疗肿瘤的抗原特异性淋巴细胞、自然杀伤细胞（NK细胞）和树突状细胞（DC细胞）等。目前，对于一些血液血管疾病及其相关疾病，包括白血病等难治性血液病，以及其他需要造血、间质组织修复和移植治疗的多种疾病，干细胞移植技术可能是治愈的唯一希望。

组织器官的损伤和功能衰竭一直都是人类健康所面临的一大难题，而目前的治疗方案均难以完全修复受损的组织器官或使其功能得以长期恢复。利用成体干细胞多向分化的潜能，用于自体组织和器官的修复，可以避免同种异体移植的免疫排斥反应，有望使成体干细胞可以替代胚胎干细胞的多数功能，成为实用、安全的临床治疗用干细胞。例如，用骨髓干细胞已经培育出了肾脏细胞、肝脏细胞、肌肉细胞和神经细胞等多种细胞。有实验表明，将神经干细胞在体外扩增培养后植入神经系统的损伤或病变部位，可以分化为神经元、星形胶质细胞、少突胶质细胞，这为缓解或修复神经系统损伤等病变的细胞替代治疗带来了新的希望。对胰腺干细胞和肝脏干细胞等的分离和研究，也有望为治疗糖尿病和肝功能衰竭等提供有效的方法。目前，利用自体骨髓干细胞治疗心肌梗死、用间充质干细胞治疗造血功能低下和帕金森病等的尝试，在临床试验中都收到了良好的效果。这些研究成果使人们有可能利用患者自身的健康组织干细胞，诱导分化出病损组织的功能细胞，从而达到治疗各种组织坏损性疾病的目的。

（2）基因治疗载体 造血干细胞具有自我更新、多向分化、重建长期造血、采集和体外处理容易等特点，是基因治疗中理想的载体细胞之一，在重症免疫缺陷、遗传性疾病、恶性肿瘤、AIDS治疗等方面有着广阔的应用前景。间充质干细胞来源广泛，容易在体外培养增殖，利于外源基因的导入和表达，而且具有多向分化潜能。因此一些学者认为，与造血干细胞相比，MSC是一种更为理想的基因治疗的靶细胞。

（3）组织工程的种子细胞来源 组织工程是将细胞工程和材料科学相结合，利用具有较好生物相容性的材料，按缺损组织或器官的结构要求制成模型或支架放在体外培养系统中，使细胞沿着模型或支架不断地生长扩增，构建成新的组织、器官。该技术的建立，将有望在不同程度上解决坏损组织或器官的修复问题。

理想种子细胞的标准主要包括：①来源广，数量充足；②容易培养，黏附力大，增殖力强，可大量扩增；③遗传背景稳定，具备特定的生物学功能；④纯度高，具有特定功能的细胞占主导；⑤免疫排斥反应极小或无免疫排斥反应；⑥分子结构和功能与再生组织的正常细胞相似；⑦临床上易取得，供体损伤小，具有实用性；⑧植入体内能高质量地修复组织并能保持良好的远期效果等。满足这些条件，是种子细胞能够再生特定组织或修复特定组织缺损的重要保证。

ES细胞和成体干细胞都可以作为组织工程的种子细胞，但由于人们还不能有效地诱导ES细胞向特定的细胞类型分化，而且ES细胞在体外培养有形成畸胎瘤的倾向，临床使用有风险，再加上ES细胞应用涉及的伦理道德方面的制约等诸多问题，人类ES细胞及其组织工程要真正在医学中得到应用尚待时日。而成体干细胞中的间充质干细胞因具有高度自我更新能力、多向分化潜能，来源广泛，分离和培养较简单，可以避免免疫排斥等优点，被认为是组织工程的理想种子细胞。

脂肪干细胞（adipose-derived stem cells，ADSC）是存在于人或动物不同部位脂肪组织中的一种间充质干细胞，也具有多向分化潜能。由于脂肪组织可能是机体最大的成体干细胞库，因此有望彻底解决干细胞来源困难的问题。脂肪干细胞研究起步相对较晚，但在组织工程研究应用中具有很多宝贵优势，主要包括：①来源广泛，获取容易，体外培养条件要求较低；②扩增迅速，多次传代后遗传稳定；③具有非常优越的体外增殖能力，完全可以满足临床对种子细胞数量上的要求；④脂肪组织比骨髓中所含的间充质干细胞比例大；⑤自体移植，可以避免排斥反应等。因此，脂肪干细胞是继骨髓间充质干细胞后组织工程种子细胞研究的又一热点。此外，皮肤干细胞、胰腺干细胞、眼角膜缘干细胞等和其他一些已经分化的细胞也都可用作组织工程的种子细胞。

成体干细胞的研究时间不长，但用其治疗疾病已显示出良好的应用前景。有学者认为，采用干细胞技术治疗疾病将经历几个时期：早期是把一种组织成体干细胞直接移植给相应组织坏损的患者以治疗疾病；当掌握了干细胞向某种组织细胞诱导分化的条件时，就可以在体外对干细胞进行诱导使之定向分化成所需要的细胞；对于某些遗传性疾病，还可以对干细胞进行基因修饰后移植给患者；器官克隆时期即在体外形成一个具有正常生理功能和结构的人体器官以供患者移植，但目前这还只是一个远期目标。

15.4.3.2　存在问题

目前成体干细胞的研究还处于起步阶段，应用成体干细胞治疗疾病和胚胎干细胞一样仍存在许多尚待解决的问题。

首先，成体干细胞增殖分化的理论以及体内外诱导分化和信号调节的机制、所处微环境中调控因素如何起作用等都有待进一步全面深入地研究。成体干细胞的生物学特性如表面标记等以及分离和培养方法还需深入探讨。目前尚未在人体的所有部位分离出成体干细胞，在研究中存在建系成功率不高的问题，而且多数成体干细胞在体外培养中的存活时间要比 ES 细胞短，在体外增殖一段时间后，就会走向分化。因此如何控制其体外增殖条件、延长增殖代数而又能维持未分化状态也是一个很重要的课题。

另外，尽管成体干细胞可能具有可塑性，但其可塑性的机制还不清楚，目前尚未证实它们是否可以产生体内所有的细胞类型，而且成体干细胞也没有胚胎干细胞的增殖能力强等。这些制约因素使得成体干细胞的应用受到限制，尚无法完全取代胚胎干细胞。

再者，由成体干细胞诱导分化而来的细胞是否具有正常的结构与功能，它们能否归巢到相应的组织中，移植的相容性如何以及转基因的安全性等，这些都有待进一步的研究。成体干细胞在体外长期传代后会发生表型改变，也可能有基因突变等 DNA 异常；一些遗传性疾病中，遗传错误也会出现在患者的干细胞中，这样的干细胞是不适合移植的；而且成体干细胞也可能参与肿瘤的形成。因此，有关成体干细胞临床应用的安全性也越来越受到人们的关注。

15.5　诱导性多潜能干细胞

iPS 细胞在细胞形态、生长特性、多向分化潜能等各方面都与 ES 细胞非常相似。由于个体特异来源的 iPS 细胞不涉及免疫排斥和胚胎毁损等伦理学问题，因而在干细胞研究、新药筛选及临床应用等生物医药领域具有广阔的应用前景。也正因为如此，这项重大科学成果引发了全世界科学家在 iPS 研究领域的狂热竞逐，从 2006 年创立至今短短的几年时间里，新的突破层出不穷。但也必须看到，iPS 细胞的研究尚处于起步阶段，一些重要的技术问题还有待更深入广泛的研究来加以解决。

15.5.1 iPS 细胞的建立

iPS 细胞的建立大致需要以下几个步骤（图 15-10）：首先，将几个重要的多能性相关因子导入已分化的体细胞中；其次，细胞经培养后进行相应筛选；最后，检验筛选所得的细胞，并与 ES 细胞进行比较，从而证明其分化的多潜能性。

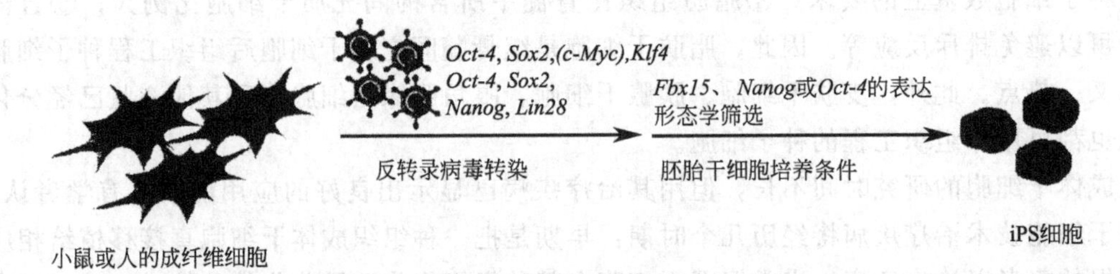

图 15-10 iPS 细胞的建立

15.5.1.1 多能性相关因子的选择

细胞的多能性受到许多因子精密而又复杂地调控。Takahashi 和 Yamanaka 最初对 24 个与多能性维持相关的候选基因进行了组合及筛选，分别将不同的基因组合通过反转录病毒导入鼠成纤维细胞来观察细胞集落的形成情况，最终发现了 4 个重编程中至关重要的因子——*Oct-4*、*Sox2*、*c-Myc* 和 *Klf4*。随后，Thomson 等用慢病毒作为载体，从 14 种高表达基因中筛选出了另外一套基因组合——*Oct-4*、*Sox2*、*Nanog* 和 *Lin28*，成功诱导胎儿成纤维细胞转换为具有 hES 细胞基本特征的人类 iPS 细胞，证明了这 4 种因子的确具有使体细胞发生重编程的能力。Thomson 小组的 4 个诱导基因中有两个与 Yamanaka 小组的不同，说明体细胞重编程可能存在多个信号途径。Liao 等（2008）采用携带 *Oct-4*、*Sox2*、*c-Myc*、*Klf4*、*Nanog*、*Lin28* 等 6 个基因的慢病毒转染诱导成功了人类 iPS 细胞，且 6 个转录因子的诱导效率比 4 个转录因子的高，iPS 细胞克隆也出现得更早。在多能性相关因子的选择上，新的发现还在不断出现。

15.5.1.2 iPS 细胞的筛选

在诱导 iPS 细胞的过程中，检测细胞的变化并利用直观的方法挑选出可能具有多潜能性的细胞对整个工作至关重要。Yamanaka 小组在最初的研究中选用了 *Fbx15* 作为筛选 iPS 细胞的报告基因，利用这种筛选策略得到的细胞集落具有小鼠 ES 细胞的部分特征。然而，这种细胞在基因表达模式和 DNA 甲基化模式等方面都与 ES 细胞的有所不同。因此，通过 *Fbx15* 筛选出来的 iPS 细胞与严格定义上的多潜能性细胞还有区别。鉴于 *Oct-4* 和 *Nanog* 在 ES 细胞的自我更新和多潜能性的维持中都起着更为关键的作用，2007 年，Yamanaka 小组以及 Maherali 和 Wernig 等人分别尝试以 *Oct-4* 和 *Nanog* 来替代 *Fbx15*，结果显示，利用新的筛选策略建立的 iPS 细胞系在各个方面都表现出与 ES 细胞极为相似的特性。Wernig 等人还比较了 *Nanog* 和 *Oct-4* 筛选的效果，发现利用 *Oct-4* 选出的细胞比利用 *Nanog* 选出的细胞在数量上少很多，但前者中获得 ES 细胞特性的细胞比后者多。而 Maherali 等认为，仅依赖形态学标准就足以分离出可能已重编的细胞，在保证质量的同时也更加安全。

15.5.1.3 iPS 细胞的鉴定

要确定 iPS 细胞是否具有多能性，筛选出的细胞需要经过一系列严格的鉴定。目前一般利用细胞表型、表面标志、生长特性、发育潜能和表观遗传学特征等来鉴定获得的 iPS 细胞是否具有自我更新能力和多潜能性（图 15-11）。实验证实，目前建立的鼠源和人源 iPS 细胞都具有拟胚体和畸胎瘤形成能力，而且在形态学特征、标志分子表达、生长特性、分化潜能等方面都与 ES 细胞基本一致，可以分化为三个不同胚层细胞及形成嵌合体生物，将小鼠胚胎成纤维细胞与 iPS 细胞融合后，出现类似于 ES 细胞的表型，这也是对 iPS 细胞多能性的肯定。

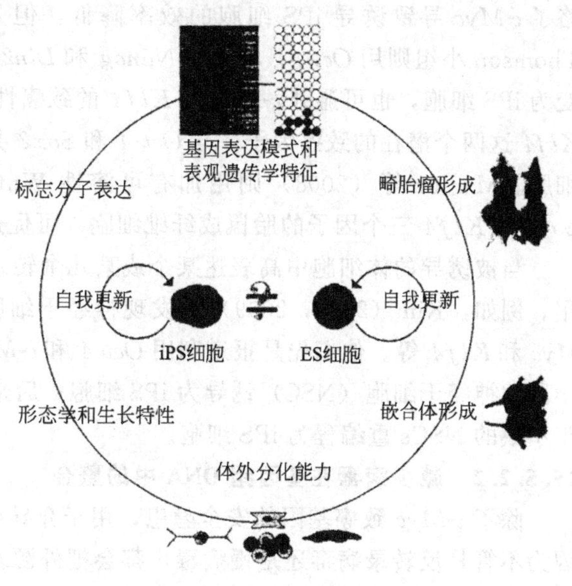

图 15-11 iPS 细胞的鉴定

15.5.2 iPS 技术的改进

日本与美国的科学家最先将人类皮肤细胞改造成了类似于胚胎干细胞的 iPS 细胞，为干细胞的应用开辟了崭新的道路和美好的未来。然而，新发现并非完美，干细胞转化的成功率非常低，而且存在 iPS 细胞安全性的重要问题。最初日本选用的是鼠的 *Oct-4*、*Sox2*、*c-Myc* 和 *Klf4* 等 4 个转录因子（称为 Yamanaka 因子），但 *c-Myc* 是致癌基因，*Klf4* 也有一定的致癌能力；而且无论利用反转录病毒还是慢病毒转染均存在着基因组的整合风险。鉴于 iPS 细胞有重要的临床应用潜能，科学家们在解决这些安全问题和提高 iPS 细胞建系效率的研究方面进行了不懈的努力，从多方面改进构建 iPS 细胞的方法（图 15-12）。

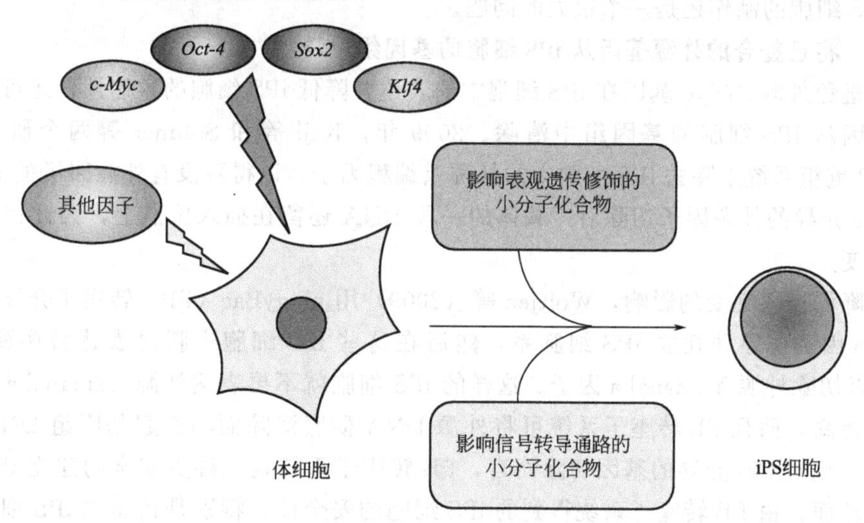

图 15-12 构建 iPS 细胞及提高建系效率的一些策略

15.5.2.1 避免或减少使用致癌基因

为了降低 iPS 细胞的成瘤趋势，Yamanaka 等（2007）和 Wernig 等（2008）尝试了只用 *Oct-4*、*Sox2* 和 *Klf4* 三个因子，而不用 *c-Myc* 来诱导 iPS 细胞，并获得了成功。尽管省

略了 *c-Myc* 导致诱导 iPS 细胞的效率降低，但是得到 iPS 细胞的质量和多潜能性较好。Thomson 小组则用 *Oct-4*、*Sox2*、*Nanog* 和 *Lin28* 四种因子，成功诱导人的成纤维细胞转变为 iPS 细胞，也可避开 *c-Myc* 和 *Klf4* 的致癌性。Feng 等（2009）用 *Essrb* 替代 *c-Myc* 和 *Klf4* 这两个潜在的致癌因子，与 *Oct-4* 和 *Sox2* 共同作用，把胎鼠成纤维细胞重编程为 iPS 细胞。Marson 等（2008）则用加有可溶性 Wnt3a 的 ES 培养基来培养诱导表达 *Oct-4*、*Sox2* 和 *Klf4* 三个因子的胎鼠成纤维细胞，可促进 iPS 细胞的形成。

当被诱导的体细胞中高表达某个或某几个转录因子时，也可以减少其相应转录因子的使用。例如，Kim（2008，2009）等发现神经干细胞（NSC）不仅可表达 *Sox2*，还能表达 *c-Myc* 和 *Klf4* 等。他们先是报道利用 *Oct-4* 和 *c-Myc* 或 *Oct-4* 与 *Klf4* 两种转录因子将成年小鼠的神经干细胞（NSC）诱导为 iPS 细胞；后来又发现，只用 *Oct-4* 一个因子就可以将成年小鼠的 NSCs 重编程为 iPS 细胞。

15.5.2.2 减少病毒在基因组 DNA 中的整合

除了 *c-Myc* 致癌基因的安全隐患，用于介导外源基因表达的病毒也有潜在的安全问题。因为不管是反转录病毒还是慢病毒，都会把外源基因整合到基因组 DNA 中，有可能引起插入突变。这就要求在建立 iPS 细胞的过程中，尽量减少使用甚至不用反转录病毒或慢病毒。寻找更为安全有效的载体成为 iPS 相关研究需要解决的问题之一。

Sommer 和 Mostoslavsky 等（2009）以及 Carey 和 Jaenisch 等（2008）通过结合使用 2A 肽和 IRES（internal ribosomal entry site）技术，只用一个慢病毒载体（lentiviral vector）就可同时表达 4 个 Yamanaka 因子，将病毒载体数量缩减至一个，从而可减少 iPS 细胞中病毒整合位点，降低插入突变的概率。

Stadtfeld 等（2008）尝试用不整合入基因组 DNA 的腺病毒（adenovirus）来介导 4 个 Yamanaka 因子，成功诱导小鼠的成纤维细胞和肝细胞为 iPS 细胞，避免了插入突变的潜在危险，也表明插入突变并非离体重编程所必需。但该工作的重编程效率很低，能否进一步用于人类 iPS 细胞的制作还是一个很大的问题。

15.5.2.3 将已整合的外源基因从 iPS 细胞的基因组中清除

为了避免外源 *c-Myc* 基因在 iPS 细胞中的表达并降低 iPS 细胞的致癌性，还可将已整合的外源基因从 iPS 细胞的基因组中清除。2009 年，Kaji 等和 Soldner 等两个研究小组用 Cre/LoxP 重组系统来除去 iPS 细胞中的外源重编程因子，以得到没有外源因子的 iPS 细胞。但是，Cre 介导的外源因子切除后，载体的一段 DNA 还留在插入位点上，因此仍然无法避免插入突变。

为了降低插入突变的影响，Woltjen 等（2009）用 piggyBac（PB）转座子介导表达 4 个 Yamanaka 因子诱导并建立 iPS 细胞系，然后在这些 iPS 细胞中瞬时表达转座酶（transposase）以切除外源 Yamanaka 因子。这样的 iPS 细胞就不再表达外源 Yamanaka 因子，安全性有所提高，而且 PB 转座子系统可将外源 DNA 彻底清除而不引起基因组 DNA 序列的任何变化。相对 Cre 介导的基因切除而言，PB 转座子系统是一种更安全的建立 iPS 细胞系的方法。然而，由 PB 转座子系统得到的 iPS 细胞的安全性，特别是在建立 iPS 细胞过程中转座子插入对 iPS 细胞安全性的长期效应，还有待更多的实验来验证。

15.5.2.4 利用质粒介导

Okita 等（2008）采用质粒分别携带 *Oct-4*、*Sox2* 和 *Klf4* 三种转录因子以及 *c-Myc* 共转染小鼠成纤维细胞并使之诱导成为 iPS 细胞，经过检测并无质粒整合进入 iPS 细胞基因组中。Yu 等（2009）利用非整合型附着体载体（non-integrating episomal vectors）获得了人类 iPS 细胞，在去除附着体后，这些 iPS 细胞就成为了没有外来基因的 iPS 细胞，从而解决了可能癌变的问题。然而，与用腺病毒的情况类似，用质粒诱导 iPS 的效率很低，因此，如何在安全的前提下进一步提高再编程的效率，显得非常重要。

15.5.2.5 用小分子化合物替代转录因子

有实验室进行了小分子化合物的筛选，希望找到可替代重编程因子的小分子化合物，以提高 iPS 细胞的安全性。组蛋白甲基转移酶 G9a 的抑制剂 BIX-01294 最早被发现可替代 *Oct-4*，与其余的 3 个 Yamanaka 因子一起诱导 NPC 形成 iPS 细胞，此外，BIX-01294 还可提高 *Oct-4* 和 *Klf4* 两个因子重编程 NPC 的效率。后来，又发现 BIX-01294 和 BayK8644（一个 L-通道钙离子兴奋剂）两个小分子化合物可以协同 *Oct-4* 和 *Klf4* 将小鼠胚胎成纤维细胞（MEF）诱导成为 iPS 细胞（Shi 等，2008）。组蛋白去乙酰化酶抑制剂（HDAC inhibitor）丙戊酸（valproic acid，VPA）与 *Oct-4* 和 *Sox2* 两个因子也可把人的成纤维细胞诱导成 iPS 细胞，VPA 还可提高 iPS 细胞的建系效率（Huangfu 等，2008）。

15.5.2.6 直接导入重编程因子的蛋白质

另外一种更吸引人的方法是直接导入重编程因子的蛋白质，而不是基因，来诱导 iPS 细胞的形成。在重编程因子蛋白上连接细胞穿膜肽（cell-penetrating peptide），这样的融合蛋白可穿透细胞膜进入细胞内部，进而执行其重编程的功能。蛋白质诱导的小鼠和人 iPS 细胞都已实验成功（Zhou 等，2009；Kim 等，2009）。因为蛋白质直接诱导 iPS 细胞在重编程过程中不会涉及任何的遗传修饰，所以，从 iPS 细胞临床应用的安全角度来看，它是当前最安全的方法。但是目前诱导 iPS 细胞的效率仍很低，还需要进一步提高。

15.5.2.7 提高 iPS 细胞的制备效率和安全性

目前，已从小鼠、人、猴、大鼠和猪等的体细胞诱导出 iPS 细胞。除成纤维细胞外，还从其他多种体细胞成功获得了 iPS 细胞，如肝脏细胞、胃上皮细胞、MEF 细胞、头发角质细胞、神经干细胞、B 淋巴细胞、脑膜细胞、胰岛细胞、羊水细胞、脂肪干细胞等。这些研究表明，不仅仅是成纤维细胞，其他细胞同样可以通过类似的方法再编程为 iPS 细胞。

由于目前关于 iPS 细胞的研究还处于起步阶段，细胞被重编程为 iPS 细胞所需要的时间比较长，获得 iPS 细胞的概率很低。就目前的研究结果看，不同来源或不同发育阶段的细胞重编程为 iPS 细胞的难易程度、效率、所需因子组合和形成克隆所需时间都可能不同，因此，选用适当的供体细胞来诱导 iPS 细胞，应该是提高 iPS 细胞建系效率的有效措施之一。例如，Aasen 等（2008）采用反转录病毒运输 *Oct-4*、*Sox*、*Klf4* 和 *c-Myc* 诱导人角化细胞产生 iPS 细胞的效率比诱导人成纤维细胞的效率至少提高 100 倍，而且大大缩短了产生 iPS 细胞的时间。金颖等（2009）从孕妇常规临床检查时剩余的羊水细胞建立了人类 iPS 细胞，因其来源方便和高效快速而显示出良好的应用前景。

iPS 细胞的供体细胞对于肿瘤形成也有不同的敏感性。Aoi 等人（2008）比较不同来源的 iPS 小鼠后代的成瘤趋势和死亡率，发现从肝脏细胞和胃表皮细胞诱导得到的 iPS 细胞形成的小鼠的成瘤趋势比由胚胎成纤维细胞得到的 iPS 小鼠要低很多。Miura 等（2009）利用小鼠胚胎的皮肤细胞、成年小鼠的胃细胞、尾巴的皮肤细胞以及肝脏细胞培育出的 36 种 iPS 细胞移植后，使实验鼠出现肿瘤的危险性存在很大差异。尽管影响 iPS 细胞成癌的机制还不清楚，但是，将来把 iPS 技术应用于临床治疗时，除避免用易致瘤因子诱导 iPS 细胞外，还应选择适当的供体细胞种类，以提高 iPS 细胞的安全性。

除了前面已经提到的BIX-01294和组蛋白去乙酰化酶抑制剂VPA外，DNA甲基化转移酶抑制剂AZA等也可以提高诱导iPS细胞的效率。Ding领导的研究小组（2009）发现，两种化学物质SB43142和PD0325901的组合，可有效促进成纤维细胞转化成干细胞；随后，他们又锁定了一种名为thiazovivin的新型化合物，将其与SB43142和PD0325901结合使用，可提高效率200倍，并将转化周期从原来的4周缩短到2周。

Zhao等（2008）发现，使用4个Yamanaka因子，甚至在不包括*c-Myc*的情况下，同时下调*p53*和过量表达*UTF1*可使诱导iPS细胞的效率大大增加。2009年，来自不同国家的5个科研小组的实验证明，*p53*是调控细胞重编程的重要因子。Hong等发现，去除*c-Myc*基因后阻断*p53*基因的路径，可以显著提高将皮肤细胞转化为iPS细胞的成功率。DNA芯片的分析结果发现，阻断*p53-p21*通路不仅提高了iPS细胞的转化效率，也降低了iPS的致癌性。另外，沉默*p53*基因不仅可用于病毒载体诱导技术，而且对质粒或是蛋白质诱导转化的技术同样可行。

15.5.3 iPS细胞的应用前景和尚待解决的问题

15.5.3.1 应用前景

iPS细胞技术诞生只有短短几年时间，但已受到极大的关注并进行了广泛深入的研究，为生命科学领域的基础研究和临床疾病治疗带来了前所未有的希望。iPS细胞不仅具有和ES细胞非常相似的生物学特性，而且来源更方便、更丰富，获得方法相对简单，不需要卵母细胞或胚胎，不涉及饱受争议的伦理学等问题，也将克服成体干细胞分离的困难；iPS细胞可由患者自身细胞诱导获得，具有与患者相同的基因组成，避免了细胞移植治疗中的免疫排斥难题，这在技术上比其他方法更有优势；而且iPS细胞与ES细胞一样也具有发育的多潜能性，能够分化为多种细胞类型，利用直接重编程并结合基因打靶等技术，可为研究人类细胞的重编程机制以及研究个体特异的疾病发生机理提供新的技术平台。因此该技术自问世以来，已取得了突飞猛进的发展，它将极大地推动干细胞、遗传学及生物医学领域的研究，在临床医学、药物筛选和疾病动物模型的建立等领域中都具有广阔的应用前景。

（1）细胞核重编程机制的研究　因为ES细胞由于伦理问题和难于获得存在很多争议，而iPS细胞排除了这方面的障碍，且在功能上又与ES细胞几乎完全相同，因此，iPS细胞为研究细胞核重新编程提供了一个非常好的方法。利用iPS细胞作为实验模型，只需操纵几个因子的表达，就能深入研究多能性的调控机理。因而iPS细胞比ES细胞在有关基础研究方面更有意义。

（2）临床医学研究　由于iPS细胞与ES细胞一样，也能够分化为多种功能性细胞类型，如神经细胞、胰腺细胞、血管内皮细胞、心肌细胞和肝细胞等，而且研究还发现，初始细胞不仅可以是正常的体细胞，还可以是基因缺陷型细胞。因此，利用从患者体细胞诱导产生的iPS细胞，可以方便地提供体外的疾病模型，用于研究疾病形成的机制、研发特异性新药以及开发新的治疗方法。将罹患遗传性基因缺陷性疾病的患者细胞利用基因打靶等技术纠正其异常核型后再诱导为iPS细胞，就有可能进一步分化为具有正常核型的细胞。因此，这些自体来源的iPS细胞在自体干细胞移植方面显示出巨大的临床应用价值。

Hanna等（2007）进行了iPS细胞医学应用基础研究的首次尝试，他们将镰状细胞贫血症（sickle cell anemia）小鼠的皮肤成纤维细胞建立了iPS细胞，进一步采用基因打靶技术对镰状血红蛋白等位基因进行纠正后，将体外培养的自体iPS细胞诱导分化为具有正常功能的造血祖细胞（HPC），移植后可治疗动物模型的镰状细胞性贫血。这一成功对iPS细胞用于人类遗传性疾病的治疗起到了强有力的推动作用。其后的许多研究显示，iPS 细胞在血液疾病治疗方面具有很大的应用前景。例如，Xu 等（2009）将 iPS 细胞诱导分化为内皮前体细胞，然后移植到患有血友病小鼠的肝脏中，使病鼠出血不止的症状得到了有效改善。Raya 等（2009）获得了基因修饰后的贫血症患者特异性 iPS 细胞，这些 iPS 细胞能够分化形成表型正常的髓系和红系造血祖细胞。Loh 等（2009）成功地以人血液细胞为体细胞供体，诱导出了 iPS 细胞，使得构建一些病症突变只局限于血液细胞的患者特异性 iPS 细胞成为可能。Takayama 等（2008）用人类 iPS 细胞培养出血小板，这项研究成果也表明，从技术上来说，用 iPS 细胞培育人类红细胞和白细胞都是可能的。

在神经系统疾病的研究方面，Dimos 等（2008）和 Ebert 等（2009）分别将肌萎缩侧索硬化症（amyotrophic lateral sclerosis，ALS）患者和脊髓性肌萎缩（spinal muscular atrophy，SMA）患者的体细胞诱导成为 iPS 细胞，并将这些患者特异性的 iPS 细胞成功分化成了运动神经元，为人们提供了一个体外研究 ALS 和 SMA 疾病的系统。Wernig 等（2008）将 iPS 细胞分化为神经前体细胞，然后移植入胎鼠脑中，它们可整合到受体鼠的脑中，形成神经胶质细胞和神经元细胞。将 iPS 细胞在体外诱导分化来的多巴胺神经元移植进帕金森病大鼠模型脑内，一段时间后可有效缓解大鼠疾病症状和改善其行为。Soldner 等（2009）利用帕金森症患者的皮肤细胞培育出 iPS 细胞后，也成功地将其分化为多巴胺神经元细胞。

目前 iPS 细胞已广泛应用于包括心血管疾病、糖尿病、神经系统疾病等多种疾病的研究中，而且已有多种疾病的特异性 iPS 细胞系被建立，包括帕金森病（Pakinson disease）、亨廷顿病（Huntington disease，HD）、唐氏综合征（Down syndrome，DS）、腺苷脱氨酶-重症联合免疫缺陷病（adenosine deaminase deficiency-related severe combined immunodeficiency，ADA-SCID）、Ⅰ型糖尿病（type 1 diabetes mellitus，JDM）、Shwachman-Bodian-Diamond 综合征（SBDS）、三型戈谢病［Gaucher disease（GD）type Ⅲ］、进行性肌营养不良症［duchenne（DMD）and becker muscular dystrophy（BMD）］等。通过体外研究这些疾病特异性的 iPS 细胞，将有助于探索疾病形成的机制以及研发有效的治疗措施。这些研究成果还表明，将来有望为患者量身定制各种细胞，进行个性化治疗。

（3）新药研发及筛选　由于 iPS 细胞很容易产生一系列基因多样性的细胞系，也可能产生特定疾病易感个体的细胞系，并且像 ES 细胞一样提供疾病模型动物，便于进行药效和药理研究。用病人特异性的 iPS 细胞建立筛选系统，有望通过筛选化合物文库，找到能够抑制或改变病人特异性 iPS 细胞的表现型、有潜在的药用价值的化合物。因此 iPS 细胞不仅在基础研究和临床治疗应用上已取得令人鼓舞的结果，而且在新药研发、药物筛选和评估等方面有着广泛的应用前景。

（4）其他物种 iPS 细胞的建立　iPS 细胞不仅在人类的医疗应用领域，而且对其他动物 iPS 细胞的研究，也具有非常重大的意义。

迄今为止，从早期胚胎建立 ES 细胞系的努力，除了小鼠等少数几种动物外，多数尚未获得满意的结果。相比而言，iPS 细胞技术似乎更容易为这些历史上难以建立 ES 细胞系的物种建立多潜能的干细胞系，用于有关的基础研究和生产实际。首先，对于尚未成功建立 ES 细胞系的物种而言，建立 iPS 细胞有助于深入了解其 ES 细胞可能具有的许多特性，包括细胞形态、表面标志和多潜能性等。其次，iPS 细胞有可能直接用来产生转基因动物和基因敲除或敲入动物，或用来产生器官移植治疗的转基因动物，例如，肖磊等（2009）已建立了猪的 iPS 细胞，这将有助于让猪成为人类器官移植的供体及人类遗传病的模型动物。再者，将抗病性基因导入iPS细胞有望用来培育各种具有抗病性的动物；通过对iPS细胞进行基因修饰，导入可以改良生长性状或提高生产性能的基因，将有助于促进畜牧业的发展。另外，通过导入某些特殊蛋白质的基因，就有可能把猪、牛、羊等家畜作为生物反应器，生产人类所需要的药用蛋白等功能成分。iPS技术还可用于挽救一些濒危动物，甚至还可能将已灭绝的生物体内的细胞重编程为多潜能干细胞，从而再繁育出同样的个体。

15.5.3.2 存在的问题和展望

虽然iPS细胞技术在生物医学基础研究和应用上已取得令人瞩目的成就，但在iPS细胞正式用于临床治疗前还有很多问题需要解决和进行深入的研究。

首先，iPS细胞形成的分子机制尚不清楚。实际上，人们对于干细胞（包括iPS细胞、ES细胞和成体干细胞）自我更新与分化等的调控机制都知之甚少，目前还不能完全按照自己的意愿将干细胞在体外定向诱导分化为所需要的功能细胞。随着人类对干细胞分化调控机制认识的不断加深，从人iPS细胞将会衍生出更多种类的人类细胞，将为细胞替代治疗、新药研发及其他用途提供大量的细胞。另外，iPS技术上目前还存在着诱导效率低、速度慢等问题，当然这也有待细胞重编程机制研究的突破。

其次是安全问题。目前iPS细胞尚不能应用于临床治疗，主要是因为其自身存在的安全问题，特别是诱发肿瘤的风险。现在获得的iPS细胞基因组中大多有外源基因及病毒载体DNA，存在致癌和引起插入突变的潜在风险，不能直接用于人体治疗。要得到安全实用的有临床应用价值的治疗型iPS细胞，必须避免使用整合性病毒以及有致癌性的外源基因，需要建立新的方法以避免潜在风险。

再者是iPS细胞来源的细胞植入后的持续效果问题。很多遗传性疾病是由多方面因素共同作用的，患者体内常存在复杂的损伤因子，iPS来源的健康细胞植入后，仍可能会在损伤因子的作用下再次被破坏而导致治疗失败。因此，充分研究疾病发生发展的机制及病理生理的改变也是移植治疗的重要基础。

虽然iPS技术距离临床应用还需要一段时间，但可以预见，随着细胞生物学、分子生物学、发育生物学、功能基因组学以及转基因技术等相关学科的进一步发展，iPS技术必将在细胞移植治疗、药物筛选和发病机制等研究中发挥重要作用，真正造福于人类健康。

总的说来，由于干细胞研究尚处在早期阶段，还有很多问题亟待解决，但干细胞在生命科学的基础研究和对人类疾病的治疗等领域中所具有的重要价值和广阔前景是显而易见的。随着21世纪科学技术的飞速发展以及干细胞研究领域的不断拓宽和深入，人类将真正实现揭示生命发育的奥秘以及利用干细胞治疗疾病和替代损伤组织器官等梦想。

思 考 题

1. 什么是干细胞？它可分为哪些主要类型？
2. 简述胚胎干细胞、成体干细胞和iPS细胞的生物学特点。
3. 什么是成体干细胞的可塑性？关于其机制目前主要有哪些解释和争议？
4. 简述ES细胞、骨髓造血干细胞和iPS细胞建系的主要操作步骤。
5. 怎样鉴定胚胎干细胞和间充质干细胞？
6. 简述各类干细胞的应用前景和存在问题；查阅资料了解干细胞研究的最新进展。

附　　录

附录 1　植物组织细胞培养基（单位：mg/L）

1. MS 培养基

NH_4NO_3	1650	$ZnSO_4 \cdot 7H_2O$	8.6	盐酸吡哆醇	0.5
KNO_3	1900	H_3BO_3	6.2	烟酸	0.5
KH_2PO_4	170	KI	0.83	肌醇	100
$MgSO_4 \cdot 7H_2O$	370	$Na_2MoO_4 \cdot 2H_2O$	0.25	蔗糖	30000
$CaCl_2 \cdot 2H_2O$	440	$CuSO_4 \cdot 5H_2O$	0.025	琼脂	10000
$FeSO_4 \cdot 7H_2O$	27.85	$CoCl_2 \cdot 6H_2O$	0.025	pH	5.8
Na_2-EDTA	37.25	甘氨酸	2		
$MnSO_4 \cdot 4H_2O$	22.3	盐酸硫胺素	0.4		

2. 米勒培养基

KNO_3	1000	Na_2-Fe-EDTA	32	盐酸硫胺素	0.1
NH_4NO_3	1000	$MnSO_4 \cdot 4H_2O$	4.4	盐酸吡哆醇	0.1
$Ca(NO_3)_2 \cdot 4H_2O$	347	$ZnSO_4 \cdot 7H_2O$	1.5	烟酸	0.5
KH_2PO_4	300	H_3BO_3	1.6	蔗糖	30000
KCl	65	KI	0.8	琼脂	10000
$MgSO_4 \cdot 7H_2O$	35	甘氨酸	2	pH	6.0

3. T 培养基

KNO_3	1900	铁盐同 H 培养基		蔗糖	10000
NH_4NO_3	1650	$MnSO_4 \cdot 4H_2O$	25	琼脂	8000
$CaCl_2 \cdot 2H_2O$	440	H_3BO_3	10	有机成分参考 MS 培养基	
$MgSO_4 \cdot 7H_2O$	370	$Na_2MoO_4 \cdot 2H_2O$	0.25	pH	6.0
KH_2PO_4	170	$CuSO_4 \cdot 5H_2O$	0.025		

4. H 培养基

KNO_3	950	$Na_2MoO_4 \cdot 2H_2O$	0.25	盐酸吡哆醇	0.5
NH_4NO_3	720	$CuSO_4 \cdot 5H_2O$	0.025	叶酸	0.5
$MgSO_4 \cdot 7H_2O$	185	Na_2-EDTA	37.3	生物素	0.05
$CaCl_2 \cdot 2H_2O$	166	$FeSO_4 \cdot 7H_2O$	27.8	蔗糖	20000
KH_2PO_4	68	肌醇	100	琼脂	8000
$MnSO_4 \cdot 4H_2O$	25	烟酸	5	pH	5.5
$ZnSO_4 \cdot 7H_2O$	10	甘氨酸	2		
H_3BO_3	10	盐酸硫胺素	0.5		

5. 改良怀特培养基

KNO_3	80	$MnSO_4 \cdot 4H_2O$	7	盐酸吡哆醇	0.1
$Ca(NO_3)_2 \cdot 4H_2O$	300	$ZnSO_4 \cdot 7H_2O$	3	烟酸	0.3
$MgSO_4 \cdot 7H_2O$	720	H_3BO_3	1.5	肌醇	100
Na_2SO_4	200	$CuSO_4 \cdot 5H_2O$	0.001	蔗糖	20000
KCl	65	MoO_3	0.0001	琼脂	10000
$NaH_2PO_4 \cdot H_2O$	16.5	甘氨酸	3	pH	5.6
$Fe_2(SO_4)_3 \cdot 4H_2O$	2.5	盐酸硫胺素	0.1		

6. B_5 培养基

$NaH_2PO_4 \cdot H_2O$	150	H_3BO_3	3	盐酸吡哆醇	1
KNO_3	3000	$ZnSO_4 \cdot 7H_2O$	2	烟酸	1
$(NH_4)_2SO_4$	134	$Na_2MoO_4 \cdot 2H_2O$	0.25	肌醇	100
$MgSO_4 \cdot 7H_2O$	500	$CuSO_4 \cdot 5H_2O$	0.025	蔗糖	20000
$CaCl_2 \cdot 2H_2O$	150	$CoCl_2 \cdot 6H_2O$	0.025	琼脂	10000
Na_2-Fe-EDTA	28	KI	0.75	pH	5.5
$MnSO_4 \cdot 7H_2O$	10	盐酸硫胺素	10		

7. 尼许培养基

$Ca(NO_3)_2 \cdot 4H_2O$	500	$ZnSO_4 \cdot 7H_2O$	0.05	蔗糖	20000
KNO_3	125	H_3BO_3	0.5	琼脂	10000
$MgSO_4 \cdot 7H_2O$	125	$CuSO_4 \cdot 5H_2O$	0.025	有机成分可参考 MS 培养基	
KH_2PO_4	125	$Na_2MoO_4 \cdot 2H_2O$	0.025	pH	6.0
$MnSO_4 \cdot 4H_2O$	3	柠檬酸铁	10		

8. HE 培养基

$CaCl_2 \cdot 2H_2O$	75	H_3BO_3	1	$FeCl_3 \cdot 6H_2O$	1
$MgSO_4 \cdot 7H_2O$	250	$MnSO_4 \cdot 4H_2O$	0.1	盐酸硫胺素	1
$NaNO_3$	600	$ZnSO_4 \cdot 7H_2O$	1	蔗糖(g/L)	20
$NaH_2PO_4 \cdot H_2O$	125	$CuSO_4 \cdot 5H_2O$	0.03	pH	5.8
KCl	750	$AlCl_3$	0.03		
KI	0.01	$NiCl_2 \cdot 6H_2O$	0.03		

9. LS 培养基

成分基本同 MS，唯去掉甘氨酸、盐酸吡哆醇和烟酸。

10. N_6 培养基

KNO_3	2830	Na_2-EDTA	37.25	盐酸硫胺素	1.0
$(NH_4)_2SO_4$	463	$MnSO_4 \cdot 4H_2O$	4.4	盐酸吡哆醇	0.5
KH_2PO_4	400	$ZnSO_4 \cdot 7H_2O$	1.5	烟酸	0.5
$MgSO_4 \cdot 7H_2O$	185	H_3BO_3	1.6	蔗糖	50000
$CaCl_2 \cdot 2H_2O$	166	KI	0.8	琼脂	10000
$FeSO_4 \cdot 7H_2O$	27.85	甘氨酸	2.0	pH	5.8

11. Lloyd 和 McCown 培养基

NH_4NO_3	400	Na_2-EDTA	37.3	盐酸硫胺素	1.0
$Ca(NO_3)_2 \cdot 4H_2O$	556	H_3BO_3	6.2	盐酸吡哆醇	0.5
K_2SO_4	990	$Na_2MoO_4 \cdot 2H_2O$	0.25	烟酸	0.5
$CaCl_2 \cdot 2H_2O$	96	$MnSO_4 \cdot H_2O$	22.5	肌醇	100
KH_2PO_4	170	$ZnSO_4 \cdot 7H_2O$	8.6	蔗糖	20000
$MgSO_4$	370	$CuSO_4 \cdot 5H_2O$	0.25	琼脂	10000
$FeSO_4 \cdot 7H_2O$	27.8	甘氨酸	2.0	pH	5.8

12. C_{17}培养基

KNO_3	1400	H_3BO_3	6.2	烟酸	0.5
$CaCl_2 \cdot 2H_2O$	150	KI	0.83	盐酸硫胺素	1.0
$MgSO_4 \cdot 7H_2O$	150	$CuSO_4 \cdot 5H_2O$	0.025	盐酸吡哆醇	0.5
NH_4NO_3	300	$CoCl_2 \cdot 6H_2O$	0.025	D-生物素	1.5
KH_2PO_4	400	$FeSO_4 \cdot 7H_2O$	27.85	蔗糖	90000
$MnSO_4 \cdot 4H_2O$	11.2	Na_2-EDTA	37.25	琼脂	7000
$ZnSO_4 \cdot 7H_2O$	8.6	甘氨酸	2.0	pH	5.8

13. W_{14}培养基

KNO_3	2000	H_3BO_3	3.0	甘氨酸	2.0
$NH_4H_2PO_4$	380	KI	0.5	盐酸硫胺素	2.0
$MgSO_4 \cdot 7H_2O$	200	$CuSO_4 \cdot 5H_2O$	0.025	盐酸吡哆醇	0.5
$CaCl_2 \cdot 2H_2O$	140	$CoCl_2 \cdot 6H_2O$	0.025	烟酸	0.5
K_2SO_4	700	$Na_2MoO_4 \cdot 2H_2O$	0.005	蔗糖	110000
$MnSO_4 \cdot H_2O$	8.0	$FeSO_4 \cdot 7H_2O$	27.8	琼脂	5000
$ZnSO_4 \cdot 7H_2O$	3.0	Na_2-EDTA $\cdot 2H_2O$	37.3	pH	6.0

14. 马铃薯-Ⅱ培养基

马铃薯水提取液	10%	KH_2PO_4	200	蔗糖	90000
KNO_3	1000	KCl	35	琼脂	5500
$Ca(NO_3)_2 \cdot 4H_2O$	100	$FeSO_4 \cdot 7H_2O$	27.8	pH	6.0
$MgSO_4 \cdot 7H_2O$	125	Na_2-EDTA $\cdot 2H_2O$	37.3		
$(NH_4)_2SO_4$	100	盐酸硫胺素	1.0		

15. 合$_5$ 培养基

KNO_3	3181	$ZnSO_4 \cdot 7H_2O$	1.5	盐酸硫胺素	0.6
$(NH_4)_2SO_4$	231	H_3BO_3	1.6	盐酸吡哆醇	0.6
KH_2PO_4	600	KI	0.8	烟酸	3.0
$CaCl_2 \cdot 2H_2O$	166	$FeSO_4 \cdot 7H_2O$	55.5	蔗糖	45000
$MgSO_4 \cdot 7H_2O$	35	Na_2-EDTA	74.5	pH	5.8
$MnSO_4 \cdot 4H_2O$	4.4	甘氨酸	2.0		

16. 通用培养基

KNO_3	3000	KI	0.8	盐酸硫胺素	1.0
$NH_4H_2PO_4$	400	$CuSO_4 \cdot 5H_2O$	0.025	盐酸吡哆醇	0.5
$CaCl_2 \cdot 2H_2O$	166	$Na_2MoO_4 \cdot 2H_2O$	0.25	烟酸	0.5
$MgSO_4 \cdot 7H_2O$	185	$CoCl_2 \cdot 6H_2O$	0.025	蔗糖	50000
$MnSO_4 \cdot 4H_2O$	4.0	$FeSO_4 \cdot 7H_2O$	27.8	琼脂	7000
$ZnSO_4 \cdot 7H_2O$	1.5	Na_2-EDTA · $2H_2O$	37.3	pH	5.8～6.0
H_3BO_3	1.6	甘氨酸	2.0		

17. SK_3 培养基

KNO_3	2830	$ZnSO_4 \cdot 7H_2O$	1.5	盐酸硫胺素	0.5
$(NH_4)_2SO_4$	315	H_3BO_3	1.6	盐酸吡哆醇	0.5
KH_2PO_4	640	KI	0.8	烟酸	2.5
$CaCl_2 \cdot 2H_2O$	166	$FeSO_4 \cdot 7H_2O$	55.5	蔗糖	60000
$MgSO_4 \cdot 7H_2O$	280	Na_2-EDTA	74.5	pH	5.8
$MnSO_4 \cdot 4H_2O$	4.4	甘氨酸	10		

18. 玉培培养基

KNO_3	2500	$ZnSO_4 \cdot 7H_2O$	1.5	盐酸硫胺素	1.0
NH_4NO_3	165	H_3BO_3	1.6	盐酸吡哆醇	0.5
$CaCl_2 \cdot 2H_2O$	176	KI	0.8	烟酸	0.5
KH_2PO_4	510	$FeSO_4 \cdot 7H_2O$	13.9	蔗糖	120000
$MgSO_4 \cdot 7H_2O$	370	Na_2-EDTA · $2H_2O$	18.7	琼脂	8000
$MnSO_4 \cdot 4H_2O$	4.4	甘氨酸	2.0	pH	5.8

19. 正$_{14}$培养基

KNO_3	3000	H_3BO_3	3.0	甘氨酸	2.0
$(NH_4)_2SO_4$	150	KI	0.75	盐酸硫胺素	10.0
$MgSO_4 \cdot 7H_2O$	450	$CuSO_4 \cdot 5H_2O$	0.025	盐酸吡哆醇	1.0
$CaCl_2 \cdot 2H_2O$	150	$CoCl_2 \cdot 6H_2O$	0.025	烟酸	1.0
KH_2PO_4	600	$Na_2MoO_4 \cdot 2H_2O$	0.25	蔗糖	150000
$MnSO_4 \cdot H_2O$	10.0	$FeSO_4 \cdot 7H_2O$	27.8	琼脂	6000
$ZnSO_4 \cdot 7H_2O$	2.0	Na_2-EDTA · $2H_2O$	37.3	pH	5.8

20. FHG 培养基

KNO_3	1900	$ZnSO_4 \cdot 7H_2O$	8.6	盐酸硫胺素	0.4
NH_4NO_3	165	H_3BO_3	6.2	谷氨酰胺	730
KH_2PO_4	170	KI	0.83	麦芽糖	62000
$CaCl_2 \cdot 2H_2O$	440	$Na_2MoO_4 \cdot 2H_2O$	0.25	Ficoll-400	200000
$MgSO_4 \cdot 7H_2O$	370	$CuSO_4 \cdot 5H_2O$	0.025	pH	5.6
Na_2-Fe-EDTA	40	$CoCl_2 \cdot 6H_2O$	0.025		
$MnSO_4 \cdot 4H_2O$	22.3	肌醇	100		

21. KM8p 培养基

NH_4NO_3	600	烟酸	1.00	丙酮酸钠	20
KNO_3	1900	盐酸吡哆醇	1.00	柠檬酸	40
$CaCl_2 \cdot 2H_2O$	600	盐酸硫胺素	1.00	苹果酸	40
$MgSO_4 \cdot 7H_2O$	300	生物素	0.01	延胡索酸	40
KH_2PO_4	170	氯化胆碱	1.00	果糖	250
KCl	300	核黄素	0.20	核糖	250
Sequestrene 330Fe	28	抗坏血酸	2.00	木糖	250
KI	0.75	D-泛酸钙	1.00	甘露糖	250
H_3BO_3	3.00	叶酸	0.40	鼠李糖	250
$MnSO_4 \cdot H_2O$	10.00	对氨基苯甲酸	0.02	纤维二糖	250
$ZnSO_4 \cdot 7H_2O$	2.00	维生素 A	0.01	山梨醇	250
$Na_2MoO_4 \cdot 2H_2O$	0.25	维生素 D_3	0.01	甘露醇	250
$CuSO_4 \cdot 5H_2O$	0.025	维生素 B_{12}	0.02	水解酪蛋白	250
$CoCl_2 \cdot 6H_2O$	0.025	蔗糖	250	椰子汁	20(mL/L)
肌醇	100.00	葡萄糖	68400	pH	5.6

22. KPR 培养基

NH_4NO_3	600	蔗糖	250	盐酸吡哆醇	1
KNO_3	1900	果糖	125	盐酸硫胺素	10
$CaCl_2 \cdot 2H_2O$	600	核糖	125	D-泛酸钙	0.5
$MgSO_4 \cdot 7H_2O$	300	木糖	125	叶酸	0.2
KH_2PO_4	170	甘露糖	125	对氨基苯甲酸	0.01
KCl	300	鼠李糖	125	生物素	0.005
Sequestrene 330Fe	28	纤维二糖	125	氯化胆碱	0.5
KI	0.75	山梨醇	125	核黄素	0.1
H_3BO_3	3.00	甘露醇	125	抗坏血酸	1
$MnSO_4 \cdot H_2O$	10.00	丙酮酸钠	5	维生素 A	0.005
$ZnSO_4 \cdot 7H_2O$	2.00	柠檬酸	10	维生素 D_3	0.005
$Na_2MoO_4 \cdot 2H_2O$	0.25	苹果酸	10	维生素 B_{12}	0.01
$CuSO_4 \cdot 5H_2O$	0.025	延胡索酸	10	水解酪蛋白	125
$CoCl_2 \cdot 6H_2O$	0.025	肌醇	100	椰子汁	10(mL/L)
葡萄糖	68400	烟酸	1	pH	5.7

23. DPD 培养基

NH_4NO_3	270	$MnSO_4 \cdot H_2O$	5.0	叶酸	0.4
KNO_3	1480	$ZnSO_4 \cdot 7H_2O$	1.5	烟酸	4.0
$MgSO_4 \cdot 7H_2O$	340	KI	0.25	盐酸硫胺素	4.0
$CaCl_2 \cdot 2H_2O$	570	$Na_2MoO_4 \cdot 2H_2O$	0.1	盐酸吡哆醇	0.7
KH_2PO_4	80	$CuSO_4 \cdot 5H_2O$	0.015	生物素	0.04
$FeSO_4 \cdot 7H_2O$	27.8	$CoCl_2 \cdot 6H_2O$	0.01	蔗糖	0.05mol/L
Na_2-EDTA	37.3	甘氨酸	1.4	甘露醇	0.30mol/L
H_3BO_3	2.0	肌醇	100.0	pH	5.6

24. AA 培养基

$CaCl_2 \cdot 2H_2O$	440	$Na_2MoO_4 \cdot 2H_2O$	0.25	盐酸硫胺素	0.5
KH_2PO_4	170	$MnSO_4 \cdot 4H_2O$	22.3	甘氨酸	75
$MgSO_4 \cdot 7H_2O$	370	$CuSO_4 \cdot 5H_2O$	0.025	L-谷氨酰胺	877
KCl	2940	$ZnSO_4 \cdot 7H_2O$	8.6	L-天冬氨酸	266
KI	0.83	$FeSO_4 \cdot 7H_2O$	27.85	L-精氨酸	228
$CoCl_2 \cdot 6H_2O$	0.025	Na_2-EDTA	37.25	蔗糖	30000
H_3BO_3	6.2	肌醇	100	pH	5.6

25. NT 培养基

NH_4NO_3	825	H_3BO_3	6.2	肌醇	100
KNO_3	950	$MnSO_4 \cdot 4H_2O$	22.3	盐酸硫胺素	1
$CaCl_2 \cdot 2H_2O$	220	$ZnSO_4 \cdot 7H_2O$	8.6	蔗糖	10000
$MgSO_4 \cdot 7H_2O$	1233	KI	0.83	D-甘露醇	0.7mol/L
KH_2PO_4	680	$Na_2MoO_4 \cdot 2H_2O$	0.25	pH	5.8
Na_2-EDTA	37.3	$CuSO_4 \cdot 5H_2O$	0.025		
$FeSO_4 \cdot 7H_2O$	27.8	$CoSO_4 \cdot 7H_2O$	0.030		

26. GD 培养基

KNO_3	1000	H_3BO_3	3.0	肌醇	10.0
$Ca(NO_3)_2 \cdot 4H_2O$	347	$ZnSO_4 \cdot 7H_2O$	3.0	盐酸硫胺素	1.0
NH_4NO_3	1000	$MnSO_4 \cdot H_2O$	10.0	烟酸	0.1
KH_2PO_4	300	$Na_2MoO_4 \cdot 2H_2O$	0.25	盐酸吡哆醇	0.1
KCl	65	KI	0.8	蔗糖	30000
$MgSO_4 \cdot 7H_2O$	35	$CuSO_4 \cdot 5H_2O$	0.25	琼脂	10000
$FeSO_4 \cdot 7H_2O$	27.8	$CoCl_2$	0.25	pH	5.8
Na_2-EDTA·H_2O	37.3	甘氨酸	0.4		

27. SH 培养基

KNO_3	2500	$ZnSO_4 \cdot 7H_2O$	1.0	盐酸硫胺素	5.0
$NH_4H_2PO_4$	300	$MnSO_4 \cdot H_2O$	10.0	烟酸	5.0
$CaCl_2 \cdot 2H_2O$	200	$Na_2MoO_4 \cdot 2H_2O$	0.1	盐酸吡哆醇	0.5
$MgSO_4 \cdot 7H_2O$	400	KI	1.0	蔗糖	30000
$FeSO_4 \cdot 7H_2O$	15.0	$CuSO_4 \cdot 5H_2O$	0.2	琼脂	10000
Na_2-EDTA	20.0	$CoCl_2$	0.1	pH	5.8
H_3BO_3	5.0	肌醇	1000		

28. RM 培养基

$Ca(NO_3)_2 \cdot 4H_2O$	1000	$MnSO_4 \cdot 4H_2O$	7.5	烟酸	0.5
$(NH_4)_2SO_4$	400	H_3BO_3	0.03	柠檬酸	150.0
KCl	500	$ZnSO_4 \cdot 7H_2O$	0.03	蔗糖	20000
$MgSO_4 \cdot 7H_2O$	400	$CuSO_4 \cdot 5H_2O$	0.001	琼脂	10000
KH_2PO_4	250	甘氨酸	2.0	pH	5.4
$FeSO_4 \cdot 7H_2O$	10.67	盐酸硫胺素	0.1		
Na_2-EDTA	22.4	盐酸吡哆醇	0.5		

29. ER 培养基

NH_4NO_3	1200	H_3BO_3	0.63	$CoCl_2 \cdot 6H_2O$	0.0025
KNO_3	1900	$MnSO_4 \cdot 4H_2O$	2.23	Na_2-EDTA	37.3
$CaCl_2 \cdot 2H_2O$	440	Zn-Na_2-EDTA	15	$FeSO_4 \cdot 7H_2O$	27.8
$MgSO_4 \cdot 7H_2O$	370	$Na_2MoO_4 \cdot 2H_2O$	0.025	蔗糖(g/L)	40
KH_2PO_4	340	$CuSO_4 \cdot 5H_2O$	0.0025	pH	5.8

30. NN 培养基

NH_4NO_3	720	H_3BO_3	3	烟酸	5.0
KNO_3	950	$Na_2MoO_4 \cdot 2H_2O$	0.25	盐酸硫胺素	0.5
$CaCl_2 \cdot 2H_2O$	166	$MnSO_4 \cdot 4H_2O$	25	盐酸吡哆醇	0.5
$MgSO_4 \cdot 7H_2O$	185	$CuSO_4 \cdot 5H_2O$	0.08	肌醇	100
KH_2PO_4	68	$ZnSO_4 \cdot 7H_2O$	10	甘氨酸	2.0
$FeSO_4 \cdot 7H_2O$	27.8	叶酸	0.5	蔗糖	20000
Na_2-EDTA	37.3	生物素	0.05	pH	5.5

附录 2　一些植物生长物质及其主要性质

名　　称	化学式	相对分子质量	溶　解　性　质
吲哚乙酸(IAA)	$C_{10}H_9NO_2$	175.19	易溶于热水、乙醇、乙醚、丙酮，微溶于冷水、氯仿
赤霉酸(GA_3)	$C_{19}H_{22}O_6$	346.38	易溶于甲醇、乙醇、丙酮，溶于乙酸乙酯、碳酸氢钠和醋酸钠水溶液，微溶于水、乙醚
玉米素(Zt)	$C_{10}H_{13}N_5O$	219.0	—
脱落酸(ABA)	$C_{15}H_{20}O_4$	264.31	易溶于碱性溶液、氯仿、丙酮、乙酸乙酯、甲醇、乙醇，难溶于水、苯
乙烯	C_2H_4	28.05	溶于醇、苯、乙醚，微溶于水
吲哚丁酸(IBA)	$C_{12}H_{13}NO_2$	203.24	溶于醇、丙酮、醚，不溶于水、氯仿
α-萘乙酸(NAA)	$C_{12}H_{10}O_2$	186.20	易溶于热水，微溶于冷水，溶于丙酮、醚、乙酸、苯
2,4-二氯苯氧乙酸(2,4-D)	$C_8H_5ClO_3$	221.04	难溶于水，溶于醇、丙酮、乙醚等有机溶剂
2,4,5-三氯苯氧乙酸(2,4,5-T)	$C_8H_5Cl_3O_3$	255.49	溶于乙醇、丙酮、乙醚，难溶于水
2,3,5-三碘苯甲酸(TIBA)	$C_7H_3I_3O_2$	499.81	溶于乙醚、热乙醇，不溶于水
马来酰肼(MH)(又名青鲜素)	$C_4H_4N_2O_2$	112.09	易溶于热水，微溶于热乙醇
激动素(KT)	$C_{10}H_9N_5O$	215.21	易溶于稀盐酸、稀氢氧化钠，微溶于冷水、乙醇、甲醇
6-苄基氨基嘌呤(BA)	$C_{12}H_{11}N_5$	225.25	溶于稀碱、稀酸，不溶于乙醇
乙烯利	$C_2H_6O_3ClP$	144.49	易溶于水、甲醇、丙酮，不溶于石油醚，pH4.1 以上放出乙烯
B_9	$C_6H_{12}N_2O_3$	160.0	易溶于水、甲醇、丙酮，不溶于二甲苯
2-氯乙基三甲基二氯化铵(矮壮素,CCC)	$C_5H_{13}Cl_2N$	158.07	易溶于水，溶于乙醇、丙酮，不溶于苯、二甲苯、乙醚

附录3 动物细胞培养基（单位：mg/L）

1. Eagle's MEM

精氨酸·HCl	126	叶酸	1
胱氨酸	24	肌醇	2
谷氨酰胺	292	烟酰胺	1
组氨酸·HCl·H_2O	42	吡哆醛·HCl	1
异亮氨酸	52	核黄素	0.1
亮氨酸	52	硫胺素·HCl	1
赖氨酸·HCl	73.1	$CaCl_2$	200
蛋氨酸	15	KCl	400
苯丙氨酸	33	$MgSO_4 \cdot 7H_2O$	200
苏氨酸	48	NaCl	6800
色氨酸	10	$NaHCO_3$	2200
酪氨酸	36	$NaH_2PO_4 \cdot H_2O$	140
缬氨酸	47	葡萄糖	1000
泛酸钙	1	酚红	10
氯化胆碱	1		

2. BEM（Eagle）

精氨酸	21	氯化胆碱	1
胱氨酸	12	叶酸	1
谷氨酰胺	292	肌醇	2
组氨酸·HCl·H_2O	15	烟酰胺	1
异亮氨酸	26	吡哆醛·HCl	1
亮氨酸	26	核黄素	0.1
赖氨酸·HCl	36.47	硫胺素·HCl	1
蛋氨酸	7.5	$CaCl_2$	200
苯丙氨酸	16.5	KCl	400
苏氨酸	24	$MgSO_4 \cdot 7H_2O$	200
色氨酸	4	NaCl	6800
酪氨酸	18	$NaHCO_3$	2200
缬氨酸	23.5	$NaH_2PO_4 \cdot 2H_2O$	158
生物素	1	葡萄糖	1000
泛酸钙	1	酚红	10

3. Dulbecco's MEM

精氨酸·HCl	84	叶酸	4
胱氨酸	48	肌醇	7.2
谷氨酰胺	584	烟酰胺	4
甘氨酸	30	盐酸吡哆醛	4
组氨酸·HCl·H_2O	42	核黄素	0.4
异亮氨酸	105	盐酸硫胺素	4
亮氨酸	105	$CaCl_2$	200
赖氨酸·HCl	146	$Fe(NO_3)_3 \cdot 9H_2O$	0.1
蛋氨酸	30	KCl	400
苯丙氨酸	66	$MgSO_4 \cdot 7H_2O$	200
丝氨酸	42	NaCl	6400
苏氨酸	95	$NaHCO_3$	3700
色氨酸	16	$NaH_2PO_4 \cdot 2H_2O$	125
酪氨酸	72	葡萄糖	4500
缬氨酸	94	丙酮酸钠	110
泛酸钙	4	酚红	15
氯化胆碱	4		

4. Iscove's DMEM

丙氨酸	25	叶酸	4
精氨酸·HCl	84	肌醇	7.2
天冬酰胺·H_2O	28.4	烟酰胺	4
天冬氨酸	30	盐酸吡哆醛	4
胱氨酸·2HCl	91.24	核黄素	0.4
谷氨酸	75	盐酸硫胺素	4
谷氨酰胺	584	维生素 B_{12}	0.013
甘氨酸	30	胆固醇	0.02
组氨酸·HCl·H_2O	42	$CaCl_2$	165
异亮氨酸	105	KCl	330
亮氨酸	105	$MgSO_4$	97.67
赖氨酸·HCl	146	NaCl	4505
蛋氨酸	30	$NaHCO_3$	3024
苯丙氨酸	66	$NaH_2PO_4 \cdot H_2O$	125
脯氨酸	40	KNO_3	0.076
丝氨酸	42	$Na_2SeO_3 \cdot 5H_2O$	0.0173
苏氨酸	95	葡萄糖	4500
色氨酸	16	丙酮酸钠	110
酪氨酸二钠盐	104.2	大豆脂肪	50～100
缬氨酸	94	转铁蛋白	1.0
生物素	0.013	牛血清白蛋白	400
泛酸钙	4	HEPES	5958
氯化胆碱	4	酚红	15

5. Joklik's MEM

精氨酸	105	肌醇	2
胱氨酸	25	烟酰胺	1
谷氨酰胺	294	吡哆醛·HCl	1
组氨酸·HCl·H_2O	42	核黄素	0.1
异亮氨酸	52	硫胺素·HCl	1
亮氨酸	52	KCl	400
赖氨酸·HCl	75.2	$MgSO_4 \cdot 7H_2O$	242.2
蛋氨酸	15	NaCl	6500
苯丙氨酸	32	$NaHCO_3$	2000
苏氨酸	48	$NaH_2PO_4 \cdot 2H_2O$	1500
色氨酸	10	丙酮酸钠	110
酪氨酸	37.8	葡萄糖	2000
缬氨酸	46	青霉素 G	75000IU
泛酸钙	1	双氢链霉素	50
氯化胆碱	1	酚红	10
叶酸	1		

6. RPMI 1640

精氨酸	200	生物素	0.2
天冬酰胺	50	泛酸钙	0.25
天冬氨酸	20	氯化胆碱	3
胱氨酸	50	叶酸	1
谷氨酸	20	肌醇	35
谷氨酰胺	300	烟酰胺	1
甘氨酸	10	吡哆醇·HCl	1
组氨酸	15	核黄素	0.2
羟脯氨酸	20	硫胺素·HCl	1
异亮氨酸	50	维生素 B_{12}	0.005
亮氨酸	50	对氨基苯甲酸	1
赖氨酸·HCl	40	$Ca(NO_3)_2 \cdot 4H_2O$	100
蛋氨酸	15	KCl	400
苯丙氨酸	15	$NaHCO_3$	2200
脯氨酸	20	NaCl	6000
丝氨酸	30	$Na_2HPO_4 \cdot 7H_2O$	1512
苏氨酸	20	$MgSO_4 \cdot 7H_2O$	100
色氨酸	5	还原型谷胱甘肽	1
酪氨酸	20	葡萄糖	2000
缬氨酸	20	酚红	5

7. Ham's F_{12}

丙氨酸	8.9	烟酰胺	0.04
精氨酸·HCl	211	吡哆醇·HCl	0.062
天冬酰胺·H_2O	15.01	核黄素	0.038
天冬氨酸	13.3	硫胺·HCl	0.34
半胱氨酸·HCl·H_2O	35.12	维生素 B_{12}	1.36
谷氨酸	14.7	硫辛酸	0.21
谷氨酰胺	146	氯化胆碱	13.96
甘氨酸	7.5	$CuSO_4 \cdot 5H_2O$	0.00249
组氨酸·HCl·H_2O	20.96	$FeSO_4 \cdot 7H_2O$	0.834
异亮氨酸	3.94	KCl	223.6
亮氨酸	13.1	$MgCl_2 \cdot 6H_2O$	122
赖氨酸·HCl	36.5	NaCl	7599
蛋氨酸	4.48	$NaHCO_3$	1176
苯丙氨酸	4.96	$MgCl_2 \cdot 6H_2O$	122
脯氨酸	34.5	$Na_2HPO_4 \cdot 7H_2O$	268
丝氨酸	10.5	$ZnSO_4 \cdot 7H_2O$	0.863
苏氨酸	11.9	$CaCl_2 \cdot 2H_2O$	44
色氨酸	2.04	葡萄糖	1802
酪氨酸	5.4	酚红	12
缬氨酸	11.7	丙酮酸钠	110
生物素	0.0073	次黄嘌呤	4.1
泛酸钙	0.48	胸腺嘧啶核苷	0.73
叶酸	1.3	腐胺·2HCl	0.161
肌醇	18	亚油酸	0.084

8. McCoy 5A

丙氨酸	13.9	泛酸钙	0.2
精氨酸·HCl	42.1	氯化胆碱	5
天冬酰胺	45	叶酸	10
天冬氨酸	19.97	肌醇	36
半胱氨酸	31.5	烟酸	0.5
谷氨酸	22.1	烟酰胺	0.5
谷氨酰胺	219.2	对氨基苯甲酸	1
甘氨酸	7.5	抗坏血酸	0.5
组氨酸·HCl·H_2O	20.96	吡哆醛·HCl	0.5
异亮氨酸	39.36	吡哆醇·HCl	0.5
亮氨酸	39.36	核黄素	0.2
赖氨酸·HCl	36.5	硫胺·HCl	0.2
蛋氨酸	14.9	维生素 B_{12}	2
苯丙氨酸	16.5	KCl	400
脯氨酸	17.3	$MgSO_4 \cdot 7H_2O$	200
羟脯氨酸	19.67	NaCl	6400
苏氨酸	17.9	$NaHCO_3$	2200
色氨酸	3.1	$NaH_2PO_4 \cdot H_2O$	530
酪氨酸	18.1	$CaCl_2$	100
缬氨酸	17.6	葡萄糖	3000
丝氨酸	26.3	还原型谷胱甘肽	0.5
生物素	0.02	酚红	10

9. 199 培养基

丙氨酸	25	吡哆醇・HCl	0.025
精氨酸・HCl	70	硫胺素・HCl	0.01
天冬氨酸	30	核黄素	0.01
半胱氨酸・HCl	0.1	维生素 E	0.01
半胱氨酸・Na_2	23.66	维生素 A	0.115
谷氨酸	66.82	骨化醇(维生素 D_2)	0.01
谷氨酰胺	100	$CaCl_2 \cdot 2H_2O$	265
甘氨酸	50	KCl	400
组氨酸・HCl・H_2O	21.88	$Fe(NO_3)_3 \cdot 9H_2O$	0.72
羟脯氨酸	10	$NaH_2PO_4 \cdot H_2O$	158.3
异亮氨酸	20	KH_2PO_4	60
亮氨酸	60	$MgSO_4$	200
赖氨酸・HCl	70	$NaHCO_3$	2200
蛋氨酸	15	NaCl	6800
苯丙氨酸	25	胆固醇	0.2
脯氨酸	40	2-脱氧核糖	0.5
丝氨酸	25	醋酸钠・$3H_2O$	50
苏氨酸	30	还原型谷胱甘肽	0.05
色氨酸	10	黄嘌呤	0.3
酪氨酸	40	次黄嘌呤	0.3
缬氨酸	25	核糖	0.5
抗坏血酸	0.05	胸腺嘧啶	0.3
生物素	0.01	鸟嘌呤・HCl	0.3
泛酸钙	0.01	硫酸腺嘌呤	10
氯化胆碱	0.5	5′-腺苷一磷酸(5′-AMP)	0.2
叶酸	0.01	三磷酸腺苷二钠盐	1
肌醇	0.05	胸苷	0.03
甲萘醌(维生素 K)	0.01	尿嘧啶	0.3
烟酸(维生素 PP)	0.025	吐温-80	5
烟酰胺	0.025	葡萄糖	1000
对氨基苯甲酸	0.05	酚红	15
吡哆醛・HCl	0.03		

10. Waymonth MB752/1

精氨酸·HCl	75	泛酸钙	1
天冬氨酸	60	氯化胆碱	2.50
胱氨酸	15	烟酰胺	1
谷氨酰胺	350	叶酸	0.4
半胱氨酸	61	维生素 B_{12}	0.2
组氨酸	128	肌醇	1
谷氨酸	150	吡哆醇·HCl	1
赖氨酸·HCl	240	核黄素	1
甘氨酸	50	KCl	150
苯丙氨酸	15	KH_2PO_4	80
缬氨酸	65	NaCl	6000
异亮氨酸	25	$Na_2HPO_4 \cdot 7H_2O$	566
亮氨酸	50	$MgSO_4 \cdot 7H_2O$	200
脯氨酸	50	$CaCl_2 \cdot 2H_2O$	120
蛋氨酸	50	$MgCl_2 \cdot 6H_2O$	240
色氨酸	40	$NaHCO_3$	2240
苏氨酸	75	还原型谷胱甘肽	15
酪氨酸	40	次黄嘌呤	25
硫胺·HCl	10	葡萄糖	5000
抗坏血酸	17.50	酚红	10
生物素	0.2		

附录 4 无血清培养液的添加成分

成分名称	溶剂	贮存液浓度	贮存温度/℃	工作浓度
激素和生长因子				
胰岛素	0.01mol/L HCl	2.5mg/mL	4	0.1～10μg/mL
胰高血糖素	0.01mol/L HCl	0.1mg/mL	−20	0.05～5μg/mL
三碘甲腺原氨酸(T_3)	0.02mol/L NaOH	5×10^{-7}mol/L	−20	1～100pmol/L
氢化可的松	95%酒精	1×10^{-5}mol/L	4	10^{-7}mol/L
甲状旁腺素	H_2O	0.1μg/mL	−20	1ng/mL
生长激素	H_2O	5μg/mL	−20	50～500ng/mL
促黄体激素	H_2O	0.2mg/mL	−20	0.5～2μg/mL
促甲状腺素释放激素	H_2O	1μg/mL	−20	1～10ng/mL
前列腺素 E_1	无水乙醇	1μg/mL	−20	1～100ng/mL
前列腺素 $F_{2\alpha}$	无水乙醇	1μg/mL	−20	1～100ng/mL
黄体酮	无水乙醇	1mmol/L	4	1～100nmol/L
雌激素	无水乙醇	100μmol/L	4	1～10nmol/L
睾丸酮	无水乙醇	100μmol/L	4	1～10nmol/L
表皮细胞生长因子(EGF)	H_2O	2μg/mL	−20	1～100ng/mL
成纤维细胞生长因子(aFGF或bFGF)	H_2O	2μg/mL	−20	1～100ng/mL

续表

成分名称	溶剂	贮存液浓度	贮存温度/℃	工作浓度
神经生长因子(NGF)	H_2O	2μg/mL	−20	1～100ng/mL
胰岛素样生长因子-Ⅰ(IGF-Ⅰ)	H_2O	2μg/mL	−20	1～100ng/mL
血小板源性生长因子-BB(PDGF-BB)	20mmol/L 醋酸钠和 0.3mol/L NaCl	5μg/mL	−20	1μg/mL
低分子量营养因子				
硒酸钠(Na_2SeO_3)	H_2O	10^{-5}mol/L	4	10^{-8}～10^{-9}mol/L
硫酸镉($CdSO_4$)	H_2O	50μmol/L	4	0.5μmol/L
抗坏血酸(vitC)	H_2O	1mg/mL	4	10μg/mL
α-生育酚(vitE)	丙酮	1mg/mL	4	10μg/mL
维生素 A(全反式视黄醛)	无水乙醇	5μg/mL	−20(避光)	50ng/mL
丁二胺	Hanks 液	50mmol/L	4	100μmol/L
亚油酸	无水乙醇	10^{-3}mol/L	−20	10^{-5}mol/L
结合蛋白				
转铁蛋白	Hanks	2.5mg/mL	−20	5μg/mL
去脂牛血清白蛋白	DMEM/F_{12}	10^{-3}mol/L	−20	10^{-5}mol/L

附录 5 一些常用有机物的性质

附录 5.1 一些碳水化合物及其主要性质

名称	化学式	相对分子质量	溶解性质	其他性质	熔点/℃
赤藓糖	$C_4H_8O_4$	120.11	能溶于水、乙醇	有变旋现象	
阿拉伯糖	$C_5H_{10}O_5$	150.13	能溶于水、乙醇	有变旋现象	157～160
核糖	$C_5H_{10}O_5$	150.13	溶于水、微溶于乙醇,不溶于乙醚、丙酮	极易吸湿	
脱氧核糖	$C_5H_{10}O_4$	134.13	溶于水、吡啶,微溶于乙醇	有变旋现象	91
核酮糖	$C_5H_{10}O_5$	150.13	—		
木糖	$C_5H_{10}O_5$	150.13	溶于水、热乙醇、吡啶,不溶于乙醚	有变旋现象	144～145
葡萄糖	$C_6H_{12}O_6$	180.16	易溶于水,能溶于甲醇,难溶于无水乙醇、乙醚、丙酮	有变旋现象	146
果糖	$C_6H_{12}O_6$	180.16	易溶于水、乙醇、甲醇,溶于热丙酮、吡啶、甲胺、乙胺	有变旋现象	103～105
半乳糖	$C_6H_{12}O_6$	180.16	易溶于热水,溶于吡啶,微溶于乙醇	有变旋现象	167
甘露糖	$C_6H_{12}O_6$	180.16	能溶于水、甲醇、吡啶及无水乙醇	有变旋现象	133
鼠李糖	$C_6H_{12}O_5$	164.16	易溶于水	有变旋现象	82～92(水合物)
山梨糖	$C_6H_{12}O_6$	180.16	极易溶于水,不溶于乙醇、乙醚、丙酮、苯、氯仿		159～160
景天庚酮糖	$C_7H_{14}O_7$	210.18	溶于水		151～152
麦芽糖	$C_{12}H_{22}O_{11}$	342.30	溶于水,微溶于乙醇,不溶于乙醚	有变旋现象	102～103
蔗糖	$C_{12}H_{22}O_{11}$	342.30	能溶于水、乙醇、甲醇,在甘油、吡啶中溶解度中等	无变旋现象	186～188
纤维二糖	$C_{12}H_{22}O_{11}$	342.30	能溶于水,几乎不溶于乙醇和乙醚	有变旋现象	225
棉子糖	$C_{18}H_{32}O_{16}$	504.46	溶于水,能溶于吡啶,微溶于乙醇	无变旋现象	80 118～119(分解)
水苏糖	$C_{24}H_{42}O_{21}$	666.0	溶于水	无变旋现象	167～170

附录 5.2　一些维生素及其主要性质

名　称	化学式	相对分子质量	溶解性质	其他性质
硫胺素（维生素 B_1）	$C_{12}H_{17}N_4OSCl$	337.28	易溶于水、甘油、甲醇，溶于乙醇，不溶于乙醚、苯、氯仿	受高温影响小，水溶液能经受110℃灭菌消毒
核黄素（维生素 B_2）	$C_{17}H_{20}N_4O_6$	376.37	溶于无水乙醇，微溶于水、酚、乙酸戊酯，不溶于乙醚、氯仿、丙酮、苯	$pK_1=10.2$，$pK_2=1.7$；等电点pH=6.0；碱性溶液中易变质，光能加速变质
烟酸（维生素 pp）	$C_6H_5NO_2$	123.11	极易溶于水、乙醇、甘油，微溶于乙醚	对空气、pH、光、热稳定
泛酸	$C_9H_{17}NO_5$	219.23	极易溶于水、冰乙酸、乙酸乙酯，中等溶于乙醚、戊醇，不溶于苯、氯仿	易吸湿，易为酸、碱、热破坏
吡哆醇（维生素 B_6）	$C_8H_{11}NO_3$	205.64	极易溶于水，溶于乙醇、丙二醇，微溶于丙酮，不溶于乙醚	对光、空气、热稳定
维生素 B_{12}	$C_{63}H_{88}N_{14}O_{14}P$	1355.42	易溶于水，溶于乙醇，不溶于氯仿、丙酮、乙醚	水溶液 pH=4.5～5.0 时最稳定，能经受120℃高温灭菌
生物素（维生素 H）	$C_{10}H_{16}N_2O_3S$	244.31	溶于水、乙醇，不溶于有机溶剂	对空气、温度稳定
叶酸（维生素 M）	$C_{19}H_{19}N_7O_5$	441.40	微溶于水、甲醇、乙醇、丁醇，不溶于丙酮、氯仿、乙醚、苯，易溶于乙酸、吡啶、氢氧化钠	
抗坏血酸（维生素 C）	$C_6H_8O_6$	176.12	极易溶于水，易溶于乙醇，溶于甘油、丙二醇，不溶于乙醚、氯仿、苯、石油醚	水溶液中易为空气氧化
肌醇	$C_6H_{12}O_6$	180.16	易溶于水，微溶于乙醇，不溶于乙醚	植物中广泛分布
胡萝卜素（原维生素 A）	$C_{40}H_{56}$	356.89	溶于苯、石油醚、二硫化碳，微溶于乙醇、乙醚，不溶于水	热稳定，对光、氧敏感
维生素 E	$C_{29}H_{50}O_2$	430.69	易溶于油脂、丙酮、氯仿、乙醇、乙醚，不溶于水	无氧时对碱、热稳定，高铁盐、银盐加速氧化

附录 5.3　一些氨基酸及其主要性质

名　称	化学式	相对分子质量	pK_1	pK_2	溶解性质	等电点(pH)
甘氨酸	$C_2H_5NO_2$	75.07	2.34	9.60	易溶于水，溶于乙醇、吡啶	6.20
丙氨酸	$C_2H_7NO_2$	89.09	2.34	9.69	易溶于水，溶于乙醇，不溶于乙醚	6.11
缬氨酸	$C_5H_{11}NO_2$	117.15	2.32	9.62	易溶于水，极难溶于乙醇、乙醚、丙酮	6.00
亮氨酸	$C_6H_{13}NO_2$	131.17	2.39	9.60	溶于水、乙酸，难溶于乙醇	6.04
异亮氨酸	$C_6H_{13}NO_2$	131.17	2.36	9.68	溶于水，少量溶于热乙醇、乙酸	6.04
丝氨酸	$C_3H_7NO_3$	105.09	2.21	9.15	溶于水，不溶于乙醇、乙醚	5.68
苏氨酸	$C_4H_9NO_3$	119.12	2.15	9.12	溶于水，不溶于乙醇、乙醚	5.59
苯丙氨酸	$C_9H_{11}NO_2$	165.19	1.83	9.13	溶于水，微溶于甲醇、乙醇	5.91
酪氨酸	$C_9H_{11}NO_3$	181.19	2.20	9.11	微溶于水，溶于碱性溶液，不溶于乙醇、乙醚、丙酮	5.63
色氨酸	$C_{11}H_{12}N_2O$	204.22	2.38	9.39	溶于水，微溶于乙醇、碱液	5.88
脯氨酸	$C_5H_9NO_2$	115.13	1.99	10.60	极易溶于水，易溶于乙醇，不溶于乙醚、异丙醇	6.30
羟脯氨酸	$C_5H_9NO_3$	131.13	1.82	9.65	易溶于水，微溶于乙醇	5.83
半胱氨酸	$C_3H_7NO_2S$	121.16	1.71	8.33	易溶于水、乙醇、乙酸、氨水，不溶于乙醚、丙酮、苯等	5.07
胱氨酸	$C_6H_{12}N_2O_4S$	240.32	1.0	2.1	微溶于水，pH<2 或 pH>8 易溶于水，不溶于乙醇、乙醚	5.02
蛋氨酸	$C_5H_{11}NO_2S$	149.21	2.28	9.21	溶于水、稀乙醇，不溶于无水乙醇、乙醚、丙酮、苯	5.74

续表

名称	化学式	相对分子质量	pK_1	pK_2	溶解性质	等电点(pH)
天冬氨酸	$C_4H_7NO_4$	133.10	1.88	3.65	微溶于水,易溶于盐溶液,溶于酸、碱,难溶于乙醇	2.98
谷氨酸	$C_5H_9NO_4$	147.13	2.19	4.25	微溶于水,易溶于盐溶液,溶于酸、碱,难溶于乙醇	3.22
天冬酰胺	$C_4H_8N_2O_3$	132.12	2.02	8.80	微溶于水,易溶于盐溶液,溶于酸、碱,难溶于乙醇	5.41
谷氨酰胺	$C_5H_{10}N_2O_3$	146.15	2.17	9.13	微溶于水,易溶于盐溶液,溶于酸、碱,难溶于乙醇	5.65
赖氨酸	$C_6H_{14}N_2O_3$	146.19	2.20	8.90	易溶于水,微溶于乙醇	9.47
精氨酸	$C_6H_{14}N_4O_2$	174.20	2.18	9.09	易溶于水,微溶于乙醇	10.76
组氨酸	$C_6H_9N_3O_2$	155.16	1.78	5.97	溶于水,微溶于乙醇	7.64
瓜氨酸	$C_6H_{13}N_3O_3$	175.19	2.43	9.41	极易溶于水,不溶于甲醇、乙醇	5.92
γ-氨基丁酸	$C_4H_9NO_2$	103.12	—	—	易溶于水,难溶于其他溶剂	—
鸟氨酸	$C_5H_{12}N_2O_2$	132.16	1.94	8.65	易溶于水、乙醇,微溶于乙醚	9.70

参 考 文 献

[1] 安利国主编. 细胞工程. 第2版. 北京：科学出版社，2009.

[2] Bhojwani S S，Razdan M K. Plant Tissue Culture：Theory and Practice. Amsterdam：ELSEVIER，1983.

[3] 曹孜义，李唯，李知行等. 葡萄脱毒和无毒苗试管快繁技术. 农业科技通讯，1991，(3)：24.

[4] 曹孜义，刘国民主编. 实用植物组织培养技术教程（修订本）. 兰州：甘肃科学技术出版社，2003.

[5] 陈大元. 动物克隆的研究与建议. 科技纵览，2007，10：70-74.

[6] 陈德西，李仕贵，向运佳等. 植物硫激素 PSK-α 在水稻花药培养中作用初步研究. 西南农业学报，2010，23 (5)：1447-1450.

[7] 陈锋. 无血清细胞培养基的主要补充因子及研究进展. 海峡药学，2006，18 (4)：10-13.

[8] 陈岭曦，王伯初. 生物反应器与药用植物毛状根的大规模培养. 生物技术通报，2007，4：38-41.

[9] 陈凌懿，刘林. 诱导性多潜能干细胞（iPS）的研究现状和展望. 中国科学C辑：生命科学，2009，39 (7)：621-635.

[10] 陈瑞铭主编. 动物组织培养技术及其应用. 北京：科学出版社，1998.

[11] 陈要臻，安群星，陈晓鹏等. 诱导性多潜能干细胞（iPS）的应用进展. 中国医药生物技术，2010，5 (2)：143-146.

[12] 陈云凤，张春荣，黄霞，黄学林. TDZ对植物体细胞胚胎发生的作用. 植物生理学通报，2006，42 (1)：127-133.

[13] Michael R Davey，Paul Anthony. Plant Cell Culture-Essential Methods. UK：Wiley-Blackwell，2010.

[14] Deb K D，Totey S M. Stem Cell Technologies：Basics and Applications——Embryonic Stem Cells. 北京：科学出版社，2010.

[15] 邓守龙，彭涛，吕自力等. 哺乳动物胚胎干细胞研究进展. 中国畜牧兽医，2009，36 (9)：86-93.

[16] 弗雷谢尼 R I著. 动物细胞培养——基本技术指南. 第5版. 章静波，徐存栓等译. 北京：科学出版社，2008.

[17] Freshney R I，Stacey G N，Auerbach F M著. 人干细胞培养. 章静波，陈实平等译. 北京：科学出版社，2009.

[18] 付莉莉，杨细燕，张献龙等. 棉花原生质体“供-受体”双失活融合产生种间杂种植株及其鉴定. 科学通报，2009，54 (15)：2219-2227.

[19] 谷月，张恩栋，王起华. 植物种质的包埋脱水超低温保存. 植物生理学通讯，2007，43 (6)：1157-1162.

[20] Guo B，Abbasi B H，Zeb A，et al. Thidiazuron：A multi-dimensional plant growth regulator. African Journal of Biotechnology，2011，10 (45)：8984-9000.

[21] Halmagyi A，Valimareanu S，Coste A，Deliu C，Isac V. Cryopreservation of Malus shoot tips and subsequent plant regeneration. Romanian Biotechnologycal Letters，2010，15 (1)：79-85.

[22] 霍乃蕊，韩克光. 细胞融合技术的发展及应用. 激光生物学报，2006，15 (2)：209-213.

[23] Yoichiro Hoshino，Tomomi Miyashita，Thuruthiyil Dennis Thomas. *In vitro* culture of endosperm and its application in plant breeding：approaches to polyploidy breeding. Scientia Horticulturae，2011，130：1-8.

[24] 蒋思文主编. 动物生物技术. 北京：科学出版社，2009.

[25] 季晓听. 微重力反应器在细胞培养中的应用. 国外医学生物医学工程分册，2004，27 (3)：161-163.

[26] Anja Kaczmarczyk，et al. Current Issues in Plant Cryopreservation. In：Current Frontiers in cryobiology. Igor I Katkov. Publisher：InTech，2012.

[27] Kati H，Harri K，Sirpa K A. Shoot regeneration from leaf explants of five strawberry (*Fragaria ananassa*) cultivars in temporay immersion bioreactor system. In Vitro Cell Dev Biol—Plant，2005，41：826-831.

[28] 孔德胜，胡龙虎. 微重力旋转细胞培养的研究及应用进展. 航空航天医药，2009，20 (11)：1-3.

[29] Erhard Kranz，Thomas Dresselhaus. *In vitro* fertilization with isolated higher plant gametes. Trends in plant science，1996，1 (3)：82-89.

[30] Maya Kumari，Heather K Clarke，Ian Small. Albinism in plants：a major bottleneck in wide hybridization，androgenesis and doubled haploid culture. Critical reviews in plant science，2009，28：393-409.

[31] Robert Lanza，Irina Kimanskaya 编著. 精编干细胞实验方法. 刘清华等译. 北京：科学出版社，2011.

[32] 李宝香，郭德伦，张莹等. 三维细胞培养技术及相关仪器的进展和应用. 中国医学装备，2006，3 (6)：11-13.

［33］ 李好琢，张志宏．植物单倍体植株的倍性鉴定．北方园艺，2007，(1)：49-51.

［34］ 李胜，李唯主编．植物组织培养原理与技术．北京：化学工业出版社，2008.

［35］ 李守岭，庄南生．被子植物胚乳培养研究及其影响因素．广西农业科学，2006，37（3)：228-232.

［36］ 李志勇编著．细胞工程．北京：科学出版社，2010.

［37］ 李志勇编著．细胞工程学．北京：高等教育出版社，2008.

［38］ 林江维，李劲松．核移植与供体细胞．生命科学，2007，21（3)：347-352.

［39］ Liu ChunZhao，Guo Bin，Praveen Saxena．药用植物组织培养和生物反应器规模化生产．第二届全国化学工程与生物化工年会，2004（南京).

［40］ 刘春朝，王玉春，康学真等．利用新型雾化生物反应器培养青蒿不定芽生产青蒿素．植物学报，1999，41（5)：524-527.

［41］ 刘弘主编．植物组织培养技术．北京：机械工业出版社，2012.

［42］ 刘佳．植物组织培养中污染控制技术研究进展．牡丹江师范学院学报（自然科学版)，2008，(1)：27-28.

［43］ 刘爽，段恩奎．诱导产生多能性干细胞的研究进展．科学通报，2008，53（4)：377-385.

［44］ 刘轶，朱国强．动物细胞培养及微载体技术研究进展．吉林农业大学学报，2007，29（2)：203-206.

［45］ 柳俊，谢从华主编．植物细胞工程．第2版．北京：高等教育出版社，2011.

［46］ 吕丹，张亚楠，何恩铭等．从水稻花粉管分离精细胞．分子细胞生物学报，2007，40（2)：179-184.

［47］ 罗立新，潘力，郑穗平编著．细胞工程．广州：华南理工大学出版社，2003.

［48］ 马利兵，王凤梅，潘建刚．哺乳动物体细胞克隆技术的研究进展．生物技术通报，2009，5：51-54.

［49］ 马明健，宋越冬．基于环境调控的组培苗无糖培养系统．农业工程学报，2009，25（6)：192-197.

［50］ 马千全，徐立，李志英，李克烈．植物种质资源超低温保存技术研究进展．热带作物学报，2007，28（1)：105-110.

［51］ 马勇江，杨学义，窦忠英．干细胞可塑性争议及分化假说．西北农林科技大学学报（自然科学版)，2006，34（10)：37-40.

［52］ Murthy B N S，Murch S J，Saxena P K．Thidiazuron：a potent regulator of in vitro plant morphogenesis．In Vitro Cell Dev Biol-Plant，1998，34：267-275.

［53］ Karl-Hermann Neumann，Jafargholi Imani，Ashwani Kumar．Plant cell and tissue culture—a tool in biotechnology．Springer-Verlag Berlin Heidelberg，2009.

［54］ Shuji Nishizawa，Akira Sakaib，Yoshihiko Amanoa，Tsunetomo Matsuzawaa．Cryopreservation of asparagus（*Asparagus officinalis* L.）embryogenic suspension cells and subsequent plant regeneration by vitrification．Plant Science，1993，91（1)：67-73.

［55］ 宁方勇，王星，杜智恒等．哺乳动物核移植研究进展．黑龙江动物繁殖，2010，18（1)：9-11.

［56］ 潘求真，岳才军主编．细胞工程．哈尔滨：哈尔滨工程大学出版社，2009.

［57］ Ralf Pörtner．Animal Cell Biotechnology-Methods and Protocols．2nd．Humana Press，Totowa，New Jersey，2007.

［58］ 覃灵华，刘华英．玻璃化法超低温保存植物种质资源及其研究进展．作物杂志，2008，3：20-23.

［59］ 秦彤，苗向阳．iPS细胞研究的新进展及应用．遗传，2010，32（12)：1205-1214.

［60］ Sakai A，Kobayashi S，Oiyama I．Cryopreservation of nucellar cells of navel orange（*Citrus sinensis* Osb．var. *brasiliensis* Tanaka）by vitrification．Plant Cell Reports，1990，9（1)：30-33.

［61］ 世界卫生组织．实验室生物安全手册（中文版)．第3版．日内瓦，2004.

［62］ Alison M Skelley，Oktay Kirak，Heikyung Suh，et al．Microfluidic control of cell pairing and fusion．Nature Methods，2009，6（2)：147-152.

［63］ 司徒镇强，吴军正主编．细胞培养．第2版．西安：世界图书出版公司，2007.

［64］ 宋思扬，楼士林主编．生物技术概论．第3版．北京：科学出版社，2007.

［65］ 孙敬三，朱至清主编．植物细胞工程实验技术．北京：化学工业出版社，2006.

［66］ 谈晓林，吴丽芳，王继华，刘飞虎．被子植物离体授粉研究进展．云南农业大学学报，2011，25（6)：884-888.

［67］ 田惠桥．高等植物离体受精研究进展．植物生理与分子生物学学报，2003，29（1)：3-10.

［68］ Uragami A，Sakai A，Nagai M，Takahashi T．Survival of cultured cells and somatic embryos of *Asparagus offici-*

nalis cryopreserved by vitrification. Plant Cell Reports，1989，8（7）：418-421.

[69] 王丹．玉米单倍体育种技术研究进展．内蒙古民族大学学报（自然科学版），2010，25（5）：519-521.

[70] 王佃亮主编．干细胞组织工程技术——基础理论与临床应用．北京：科学出版社，2011.

[71] 王国平．原生质体融合技术在枣育种中的应用展望．分子植物育种，2008，6（3）：555-560.

[72] 王建红，冯慧，王茂良等．植物游离小孢子培养技术研究进展．北京农业职业学院学报，2009，23（2）：32-36.

[73] 王玲仙，蔺忠龙，白现广等．水稻游离小孢子培养最新研究进展．生物技术，2009，19（6）：92-95.

[74] 王茂良，冯慧．花药离体培养研究进展．北京农学院学报，2010，25（3）：70-74.

[75] 王晓蔓，王晨，师校欣，杜国强．植物生长调节剂对苹果组培苗延缓生长保存的效应．中国农学通报，2009，2：89-92.

[76] 王瑶，栾健，张杰涛．微囊化细胞或微囊化材料在糖尿病中的应用．中国组织工程研究与临床康复，2009，13（47）：11-19.

[77] 王艳多，李钟淑，张柏维等．动物种间核移植技术研究的历史、现状与展望．种业研究，2007，5：38-40.

[78] 王永民，陈昭烈．动物细胞无血清培养基的研究与设计方法．中国生物工程杂志，2007，27（1）：110-114.

[79] 王永伟，王慧霞，贺丹，何松林．观赏植物病毒病害及病毒脱除研究现状与发展趋势．中国农学通报，2008，24（5）：313-317.

[80] 王幼平，张莉莉，吴晓霞．原生质体融合．生物学通报，2009，44（8）：7-9.

[81] 王跃华，林抗雪，刘益丽，马良良，江明殊．药用植物种质资源超低温保存研究．成都大学学报（自然科学版），2010，29（4）：281-284.

[82] 王子成，邓秀新．玻璃化超低温保存柑橘茎尖及植株再生．园艺学报，2001，28（4）：301-306.

[83] Wilmut I，Schnieke A E，Mc Whir J，Kind A J，et al. Viable offspring derived from fetal and adult mammalian cells. Nature，1997，385：810-813.

[84] 吴昭，成璐，肖磊．新物种诱导多能干细胞的研究进展．生命科学，2009，5：658-661.

[85] 伍成厚，梁承邺，叶秀麟．被子植物未受精胚珠与子房离体培养的研究进展．热带亚热带植物学报，2004，12（6）：580-586.

[86] 夏海滨，赵俊丽．诱导性多能干细胞的研究进展．细胞与分子免疫学杂志，2009，25（7）：575-580.

[87] 徐永华主编．动物细胞工程．北京：化学工业出版社，2003.

[88] 许传俊等．植物组织培养脱毒技术研究进展．安徽农业科学，2011，39（3）：1318-1320.

[89] 薛庆善主编．体外培养的原理与技术．北京：科学出版社，2003.

[90] 杨弘远，周嫦．被子植物离体受精与合子培养研究进展．植物学报，1998，40（2）：95-101.

[91] 杨江义，李旭锋．植物雌性单倍体的离体诱导．植物学通报，2002，19（5）：552-559.

[92] 杨吉成主编．细胞工程．北京：化学工业出版社，2008.

[93] 杨武振，王荔，侯典云，戴薇．无糖组织培养技术研究进展．云南农业大学学报，2004，19（3）：154，239-342.

[94] 杨学义，刘飞，向双云等．哺乳动物无血清培养基研究进展．动物医学进展，2011，32（2）：69-72.

[95] Junying Yu，Kejin Hu，Kim Smuga-Otto，et al. Human Induced Pluripotent Stem Cells Free of Vector and Transgene Sequences. Science，2009，324（5928）：797-801.

[96] 袁进，邱正良，吴清洪，顾为望．诱导性多能干细胞研究进展．动物医学进展，2010，31（4）：99-102.

[97] 曾斌．植物无糖组织培养技术．经济林研究，2005，23（2）：67-71.

[98] 占爱瑶，詹亚光．植物组织培养新技术：光自养微繁．生物技术通报，2007，（4）：85-89.

[99] 章静波主编．组织和细胞培养技术．第2版．北京：人民卫生出版社，2011.

[100] 张锐，陶勇，张孝荣．哺乳动物异种体细胞核移植技术的应用及影响因素．动物医学进展，2007，28（5）：53-57.

[101] 张世强，宋家驹．测量型光生物反应器的研制．海洋技术，2007，26（1）：26-28.

[102] 张伟伟，仁丽丽，张韩杰．藻类原生质体融合和细胞杂交技术．生物技术通报，2010，8：93-97.

[103] 张馨宇，王永成，刘爱群，姜滨滨．辣椒花药培养研究新进展．中国农学通报，2007，2（8）：331-334.

[104] 张小建，李键，王蕊等．供体细胞对哺乳动物体细胞核移植的影响．动物医学进展，2007，28（3）：82-85.

[105] 赵春华主编．干细胞原理、技术与临床．北京：化学工业出版社，2006.

[106] 周俊辉，周厚高，刘花全．植物组织培养中的内生细菌污染问题．广西植物，2003，23（1）：41-47.

[107] 周权男，孙爱花，李哲，姜泽海．木本植物超低温冷冻保存研究进展．中国农学通报，2010，26（6）：93-96.
[108] 周嫦，杨弘远．花粉原生质体、精子与生殖细胞的实验操作．植物学报，1989，31（9）：726-734.
[109] 周旭红，莫锡君，吴好旻，桂敏．花药培养的研究进展．江西农业学报，2007，19（8）：74-76.
[110] 周逊，向长萍．植物种质资源缓慢生长离体保存研究进展．中国蔬菜，2008，11：39-41.
[111] 钟鹏，黄华，杨承凯等．旋转式组织工程生物反应器检测控制及驱动系统．航天医学与医学工程，2008，21（1）：61-65.
[112] 朱明库，胡宗利，周爽，李亚丽，陈国平．植物叶色白化研究进展．生命科学，2012，34（3）：255-261.
[113] 朱迎春，孙治强，孙德玺，邓云，王志伟，刘君璞等．西瓜花药培养技术研究进展．中国瓜菜，2010，（1）：28-31.
[114] 朱至清编著．植物细胞工程．北京：化学工业出版社，2003.